U0387997

贺高红　大连理工大学，教授

李小年　浙江工业大学，教授

李鑫钢　天津大学，教授

刘昌俊　天津大学，教授

刘洪来　华东理工大学，教授

刘有智　中北大学，教授

卢春喜　中国石油大学（北京），教授

路　勇　华东师范大学，教授

吕效平　南京工业大学，教授

吕永康　太原理工大学，教授

骆广生　清华大学，教授

马新宾　天津大学，教授

马学虎　大连理工大学，教授

彭金辉　昆明理工大学，中国工程院院士

任其龙　浙江大学，中国工程院院士

舒兴田　中国石油化工股份有限公司石油化工科学研究院，中国工程院院士

孙宏伟　国家自然科学基金委员会，研究员

孙丽丽　中国石化工程建设有限公司，中国工程院院士

汪华林　华东理工大学，教授

吴　青　中国海洋石油集团有限公司科技发展部，教授级高工

谢在库　中国石油化工集团公司科技开发部，中国科学院院士

邢华斌　浙江大学，教授

邢卫红　南京工业大学，教授

杨　超　中国科学院过程工程研究所，研究员

杨元一　中国化工学会，教授级高工

张金利　天津大学，教授

张锁江　中国科学院过程工程研究所，中国科学院院士

张正国　华南理工大学，教授

张志炳　南京大学，教授

周伟斌　化学工业出版社，编审

"十三五"国家重点出版物
出版规划项目

国家出版基金项目
NATIONAL PUBLICATION FOUNDATION

化工过程强化关键技术丛书

中国化工学会 组织编写

微化工技术

Micro Chemical Engineering and Technology

骆广生　吕阳成　王　凯　等著

化学工业出版社
·北京·

《微化工技术》是《化工过程强化关键技术丛书》的一个分册。

微化工技术是指微米或亚微米尺度进行化学反应和化工分离过程的技术，被认为是21世纪化工产业的革命性技术。微化工设备具有多相流动有序可控、比表面积大、传递距离短、混合速度快、传递性能好、反应条件均一、反应过程安全性高等特点。这就为化工过程的高效率、低能耗、可控和安全奠定了基础。

本书系统介绍了微化工的技术原理、结构特点，传热、传质、反应过程中的优点，微混合器、微换热器、微分离器、微反应器、微分析器等结构和应用，最新研究成果和工业放大方法、应用实例等。全书共分为9章，内容包括绪论，微尺度单相流动与混合，微尺度多相流动与分散，微尺度传递性能，微尺度反应性能，基于微设备的分离过程强化技术，基于微设备的反应过程强化技术，基于微化工过程的纳微材料可控制备，微化工设备的放大和工业应用等。

《微化工技术》可供化工、化学、能源、电子、材料、环境、医药等专业领域的科研与工程技术人员阅读，也可供高等学校相关专业师生参考。

图书在版编目（CIP）数据

微化工技术/中国化工学会组织编写；骆广生等著.
—北京：化学工业出版社，2020.5（2023.8重印）
（化工过程强化关键技术丛书）
国家出版基金项目 "十三五"国家重点出版物出版规划项目
ISBN 978-7-122-36183-7

Ⅰ．①微⋯ Ⅱ．①中⋯ ②骆⋯ Ⅲ．①化工过程
Ⅳ．①TQ02

中国版本图书馆CIP数据核字（2020）第025114号

责任编辑：杜进祥 孙凤英 黄丽娟　　　　　　　　　　装帧设计：关 飞
责任校对：王 静

出版发行：化学工业出版社（北京市东城区青年湖南街13号 邮政编码100011）
印　　装：北京建宏印刷有限公司
710mm×1000mm　1/16　印张28½　字数567千字　2023年8月北京第1版第4次印刷

购书咨询：010-64518888　　售后服务：010-64518899
网　　址：http://www.cip.com.cn
凡购买本书，如有缺损质量问题，本社销售中心负责调换。

定　　价：299.00元

作者简介

骆广生，清华大学化工系教授，博士生导师，教育部长江学者特聘教授，国家杰出青年科学基金获得者，现任化学工程联合国家重点实验室主任。主要从事微化工技术、分离科学与技术、粉体材料制

备等方面的研究工作。发表 SCI 论文 400 余篇，获授权发明专利 90 余项，入选英国皇家化学会会士（FRSC）、国际溶剂萃取委员会委员、国际微反应会议学术委员会成员、国际标准化组织微气泡分委员会成员、中国化工学会和中国颗粒学会常务理事、中国化工学会化工过程强化专业委员会副主任委员。任"CJChE"、"IECR"、《中国科学 – 化学》、"Reaction Chemistry and Engineering"、"Separation and Purification"等多个杂志的执行主编或编委。以第一完成人获国家技术发明二等奖一项、国家科技进步二等奖一项和省部委科技奖励 10 余项。主持基金委重大项目一项。荣获全国优秀科技工作者、全国优秀博士学位论文指导教师、北京市优秀教师等称号。

吕阳成，清华大学化工系教授，博士生导师。分别于 1998 年和 2003 年在清华大学化工系获工学学士和博士学位。2013 年 2 月至 2014 年 2 月在麻省理工学院任访问学者。研究方向为化工过程强化，致力于

通过对微时空尺度下液相反应分离体系中介稳态物种的稳定机制与形成和演变规律的探究和调控，发展绿色高效的分析、分离与化学合成方法，突破微型化技术与高性能材料实用化的瓶颈。研究内容涉及基于溶剂萃取的分离和材料制备、液相纳米技术、流动体系中的有机合成和聚合、微反应器和微化工系统。任中国颗粒学会青

年理事。曾获国家技术发明二等奖 1 项、科技进步二等奖 1 项，省部级科技进步一等奖 3 项、技术发明一等奖 1 项。2013 年获中国石油和化学工业联合会青年科技突出贡献奖和中国化工学会侯德榜化工科学技术奖青年奖，2014 年获国家优秀青年科学基金资助。

王凯，清华大学化工系副教授，博士生导师。分别于 2005 年和 2010 年在清华大学化工系获工学学士和博士学位。2010 ~ 2012 年在清华大学化工系从事博士后研究。2012 年起在清华大学化工系从事教学和科研工作，2015 ~ 2016 年在麻省理工学院作访问学者。主要研究方向是微反应绿色有机合成和高性能聚合物材料制备，针对微尺度多相流、传递性能、宏观反应动力学和微化工装置放大开展系统研究。以第一 / 通讯作者发表 SCI 论文 40 余篇，获授权中国发明专利 30 余件。先后获得国家技术发明二等奖、科技进步二等奖，中国石油和化学工业联合会技术发明一等奖和科技进步一等奖等科技奖励，荣获中国化工学会侯德榜化工科学技术奖青年奖，全国优秀博士论文。任 Chinese Journal of Chemical Engineering 青年编委、中国颗粒学会青年理事。

丛书序言

化学工业是国民经济的支柱产业，与我们的生产和生活密切相关。改革开放 40 年来，我国化学工业得到了长足的发展，但质量和效益有待提高，资源和环境备受关注。为了实现从化学工业大国向化学工业强国转变的目标，创新驱动推进产业转型升级至关重要。

"工程科学是推动人类进步的发动机，是产业革命、经济发展、社会进步的有力杠杆"。化学工程是一门重要的工程科学，化工过程强化又是其中的一个优先发展的领域，它灵活应用化学工程的理论和技术，创新工艺、设备，提高效率，节能减排、提质增效，推进化工的绿色、低碳、可持续发展。近年来，我国已在此领域取得一系列理论和工程化成果，对节能减排、降低能耗、提升本质安全等产生了巨大的影响，社会效益和经济效益显著，为践行"绿水青山就是金山银山"的理念和推进化工高质量发展做出了重要的贡献。

为推动化学工业和化学工程学科的发展，中国化工学会组织编写了这套《化工过程强化关键技术丛书》。各分册的主编来自清华大学、北京化工大学、中北大学等高校和中国科学院、中国石油化工集团公司等科研院所、企业，都是化工过程强化各领域的领军人才。丛书的编写以党的十九大精神为指引，以创新驱动推进我国化学工业可持续发展为目标，紧密围绕过程安全和环境友好等迫切需求，对化工过程强化的前沿技术以及关键技术进行了阐述，符合"中国制造 2025"方针，符合"创新、协调、绿色、开放、共享"五大发展理念。丛书系统阐述了超重力反应、超重力分离、精馏强化、微化工、传热强化、萃取过程强化、膜过程强化、催化过程强化、聚合过程强化、反应器（装备）强化以及等离子体化工、微波化工、超声化工等一系列创新性强、关注度高、应用广泛的科技成果，多项关键技术已达到国际领先水平。丛书各分册从化工过程强化思路出发介绍原理、方法，突出

应用，强调工程化，展现过程强化前后的对比效果，系统性强，资料新颖，图文并茂，反映了当前过程强化的最新科研成果和生产技术水平，有助于读者了解最新的过程强化理论和技术，对学术研究和工程化实施均有指导意义。

　　本套丛书的出版将为化工界提供一套综合性很强的参考书，希望能推进化工过程强化技术的推广和应用，为建设我国高效、绿色和安全的化学工业体系增砖添瓦。

中国科学院院士：

中国工程院院士：

2019 年 3 月

化学工业在世界经济活动中有着举足轻重的地位，也是我国国民经济的支柱产业。近百年来，在规模效益思想的指导下，化工生产装置都以大型化方式进行发展建设，这种思路一方面使得化学工业快速发展，创造了巨大的经济效益，另一方面也产生了装备投资大、环境污染大、能耗高、安全性不好等亟待解决的难题。面对化学工业发展的严峻挑战，借鉴微型化在精密制造、电子信息、生物技术和新材料等领域的成功经验，20世纪90年代提出微化工技术的概念，以期望通过化工装备的微（小）型化来实现化工过程的安全、高效和绿色。这一全新的发展理念，为化学工程学科的基础研究提出了全新的方向，也为化工产业发展提供了新的模式，微化工技术已成为化工学科的前沿方向和化工产业发展的制高点之一。世界著名研究机构和大型跨国化工公司纷纷开展相关研究，如欧盟推出了F3（Fast，Future and Flexible Factor）计划，日本推出了"微纳空间反应"研究计划，已有研究工作充分展示了微化工技术是化学品绿色、安全和智能制造的关键技术，是化工过程强化的重要手段之一。

微化工技术是以微结构元件为核心，在微米或毫米受限空间内进行化工反应和分离过程的技术，它通过减小体系的分散尺度强化物质混合与传递，提高过程可控性和效率，以"数量放大"为基本准则，进行微设备的集成和放大，将实验室成果快速运用于工业过程，实现大规模生产。微化工设备最显著的特征是具有较小的三维尺寸，典型的微化工设备的元件内部体积在1mL到几毫升，由微结构元件可组成微混合器、微换热器、微分离器、微反应器、微检测器等。以多个微型化工设备或者微化工设备与常规设备组成的化工系统称为微化工系统。由于特征尺寸在微米到亚毫米量级，在微设备内的流动过程主要受黏性力和界（表）

面力控制，因此具有多相流动有序可控、比表面积大、传递距离短、混合速度快、传递性能好、反应条件均一、反应过程安全性高等特点。与常规设备相比，在微结构化工设备内流体的混合和分散尺度要小 1~2 个数量级，热质传递系数高 2~3 个数量级，混合时间降低 1 个数量级，空速高 1~2 个数量级，这就为化工过程的高效率、低能耗、可控和安全奠定了基础。由于普遍采用微通道、微管道等连续流反应装置，微反应过程可以严格控制反应时间，并且十分适合反应与反应或者反应与分离过程的耦合与集成。另外，由于采用平行数目放大的方法和装备尺寸明显减小，可将研究成果快速低成本转化为生产力，微型设备在实际工业运行中还具有快速开停车、过程响应快以及可实现柔性生产和分布移动式生产等优点。

自 20 世纪 90 年代以来，微化工技术一方面作为化工过程强化的重要手段广泛应用于化工分离和反应过程中，另一方面成为新化学合成的重要方法，如高温高压条件、剧毒和强腐蚀反应物进行的反应，易爆原料和易爆中间体参与的反应等。微化工技术得到了学术界和产业界的广泛认可，其基础研究和工业应用均取得了长足的进步，国际上微化工技术的专著也开始出现，但在我国除 2004 年化学工业出版社出版的译著《微反应器》外，还没有一本全面介绍微化工基础知识和微化工系统工业应用的专著。因此，为推动我国微化工技术的发展，使广大科研人员和产业技术人员全面了解微化工技术的基本原理及其最新进展，撰写一本《微化工技术》专著，对于引导微化工技术的研发和新技术的产业化应用，促进我国化学工业的节能减排和绿色发展具有重要的意义。

本书由清华大学骆广生教授、吕阳成教授和王凯副教授共同草拟编写框架，由骆广生教授统稿。本书共分为 9 章，对微化工技术进行全面的介绍和论述，为读者勾勒出微化工技术的整体面貌，以启发研究思路，帮助研究人员更加科学地选择和判断技术路线。第一章绪论，由骆广生教授和邓建博士共同撰写，重点论述微化工技术的发展历程、基本原理、特点和优势、发展趋势和应用展望；第二章微尺度单相流动与混合，由张吉松博士撰写，重点论述微尺度单相流动基本规律、微尺度混合过程及其性能和微尺度混合性能强化；第三章微尺度多相流动与分散，由骆广生教授撰写，重点论述气／液微分散设备和分散规律、液／液微分散设备和分散规律以及气／液／液等多相微

分散过程；第四章和第五章分别是微尺度传递性能和微尺度反应性能，由王凯副教授撰写，重点论述微尺度传热性能、气／液微尺度传质性能、液／液微尺度传质性能、均相微尺度反应和非均相微尺度反应；第六章基于微设备的分离过程强化技术，由吕阳成教授撰写，重点论述吸收过程强化技术和萃取过程强化技术；第七章基于微设备的反应过程强化技术，由张吉松博士撰写，重点论述反应过程强化原理、均相反应过程强化和非均相反应过程强化；第八章基于微化工过程的纳微材料可控制备，由骆广生教授、北京化工大学杜乐副教授和清华大学王玉军教授共同撰写，重点论述材料制备过程强化基本原理、纳米材料制备技术、纤维材料制备技术和特殊结构材料制备技术；第九章微化工设备的放大和工业应用，由吕阳成教授撰写，重点论述微化工设备放大方法、气／液吸收微化工设备及其工业应用、液／液萃取微化工设备及其工业应用、气／液微反应器及其工业应用和液／液微反应器及其工业应用。田佳鑫、韩春黎、许鹏等参与了本书部分文字和图表的校对工作。

四川大学褚良银教授对书稿进行了审读，提出了不少建议，在此表示衷心感谢！在此也特别感谢化学工业出版社相关编辑为本书出版所付出的辛勤劳动。本书的大部分内容是清华大学微化工技术课题组近 20 年来在国家自然科学基金委员会杰出青年基金项目、优秀青年基金项目、自然科学基金重点项目、科技部重点实验室专项课题等支持下完成的研究成果，部分成果还获得国家技术发明二等奖、国家科技进步二等奖、中国优秀专利奖等奖励。在此衷心感谢国家自然科学基金委员会和科技部的大力资助。

本书力求内容较为全面和系统、理论与实践紧密结合，既有微化工技术基础理论的系统论述，又有微化工技术产业化应用效果的生动展示，还有微化工技术的发展动向分析。但限于著者的学识和理解，书中可能存在诸多不妥和不足，恳请有关专家和读者不吝指正。

著者

2020 年 1 月

目 录

第五章　微尺度反应性能 / 179

第六章　基于微设备的分离过程强化技术 / 252

第七章　基于微设备的反应过程强化技术 / 286

第九章　微化工设备的放大和工业应用 / 401

第一章

绪　论

第一节 微化工技术发展历程

　　微型化已成为现代科技进步的一个新模式和重要趋势，微型化不仅推动着科技进步，而且正在深刻影响着我们的生产和生活方式。如微电子、微机器人、微电器、微流控、微检测器、微马达、微创手术、微反应器等正推动着新一轮的技术革命，"微信""微博""微店""微媒体""微营销""微企业"等以"微型化"概念所创造的新名词正改变着人们的生产和生活方式，可以说微型化已成为这个时代的重要特征之一。

　　早在 1959 年，著名物理学家费曼就提出：微型化是未来科学技术发展的方向，需要寻求新的途径促进在纳米尺度进行微型化 [1]。在科技领域，微型化兴起于 20 世纪 80 年代，最早应用在微电子机械系统（MEMS）领域。MEMS 产品尺寸一般在 3mm×3mm×1.5mm，正向更小的尺寸（微米和纳米）发展。MEMS 快速发展促进光刻和蚀刻超精密加工技术的蓬勃发展 [2]。电子设备微型化（图 1-1）[3] 和超精密加工技术的发展开启了科技领域"微时代"的大门，推动越来越多的科技领域走向微型化之路。在航天航空领域，微型器件迅速发展，使得航天器减量化和高性能化成为可能 [4, 5]。在材料领域，纳米颗粒，纳米线、棒、丝、管和纤维，纳米膜和纳米空间材料等极大地促进了一大批高性能陶瓷、半导体、催化、磁性材料等的出现，推动了电子、信息、材料、生物等高技术领域的快速发展 [6-9]。在生物和医学方面，基于微流控技术发展起来的微流控芯片和微全分析系统为人类的生命健康

(a) 1940~1956年：第一代电子管计算机

(b) 1956~1963年：第二代晶体管计算机

(c) 1964~1971年：第三代集成电路计算机

(d) 1971年至今：现代微处理器计算机

▶ 图1-1 电子计算机微型化发展

和高品质生活提供了新的保障 [10, 11]。微型化使得科学技术快速可靠地转化为生产力，产品升级快，风险低，同时易于实现产品多功能化。同样，在以化学工业为代表的流程工业领域，面对化工装备大型化带来的投资大、效率低、安全性不好等问题，科学家不禁会提出是否可在保持相同生产速度和产量的情况下，大大减小传统化工设备的尺寸以达到降低生产成本和提高安全性的可能，甚至提出了"桌面化工厂"的美好梦想 [12, 13]。为此，在英国帝国化学工业公司（ICI）工作的 Ramshaw 教授 [14] 于 20 世纪 70 年代晚期最早提出微型化工设备概念，把三维结构尺寸在亚毫米级的微型反应设备称为微反应器。在 1986 年，民主德国申请了世界上最早的关于微反应器的原始专利 [15]，该专利描述了能够进行化学反应的微反应器系统所应该具有的所有基本特性，并且详细描述了微反应器的制作过程和方法。但由于当时的经济和社会环境，该项先进技术并没有得到学术和产业界的重视。直到 1989 年，德国卡尔斯鲁厄科研中心（Forschungszentrum Karlsruhe）研发出第一台微型换热器，并将早期研究结果公开发表 [16]，其在微化工工程方面的巨大潜力立即引起了学术和产业界的重视。在 1993 年，美国太平洋西北国家实验室（PNNL）正式启动微化工在能量领域的研究 [17]。同年，化工过程微型化的概念由英国 J. W. Ponton 教

授提出[18]。1995 年，在德国美因兹（Mainz）举办的一个专题研讨会上，专门讨论微反应器在化学反应和生物反应研究方面的工作进展，这次研讨会也通常被认为是全球开始微反应器研究的起点。1997 年，第一届国际微技术会议（IMRET 1）在德国举办，标志着微反应器研究进入全球快速增长时期，成为化工学科的一个前沿和热点方向。自此以后，有关微反应器在化学反应中应用的基础研究呈爆发式增长（图 1-2）[19]。相继推出的专刊、综述、杂志、专著和国际会议快速促进了微化工技术的国际交流和合作。各种国际刊物都有专刊报道微化工技术相关研究工作，如 Beilstein 有机化学分别在 2009 年和 2011 年刊出两期专刊介绍微反应器和连续合成[20, 21]，美国化学会的有机合成工艺研究（OPRD）分别在 2012 年、2014 年和 2016 年刊出三期专刊介绍连续工艺、微反应器和流动化学[22-24]。Kappe 教授于 2011 年创办流动化学杂志[25]，专门报道微反应器和流动化学方面的研究工作，该杂志目前由 Springer 出版[26]。其他刊物，像 Lab on A Chip，Microfluidics and Nanofluidics 重点报道微流控和微化工技术的进展。在微化工技术方向的微尺度分散、微尺度传递、微尺度分离过程、微尺度反应和微化工系统等方面，也有大量综述性文章发表[27-47]，读者可以根据自己的兴趣和需求进行专门阅读。除专刊、综述和杂志外，随着研究的不断深入和完善，与微化工技术相关的专著也越来越多，如 Hessel 教授等编写的 Microreactors：New Technology for Modern Chemistry（《微反应器：现代合成化学中的新技术》，该书是第一本被翻译为中文的微化工技术专著，译者是清华大学骆广生教授）、Micro Process Engineering and Novel Process Windows，

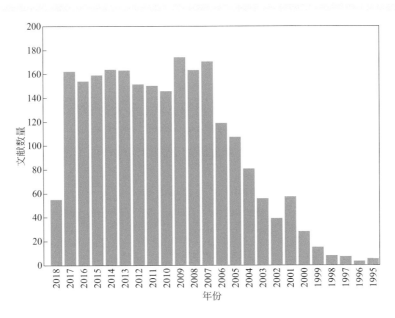

图 1-2　包含"微反应器"关键词的文献数量随年份的增长

Dietrich 教授编写的 Microchemical Engineering in Practice，Yoshida 教授编写的 Flash Chemistry 和 Noël 教授编写的 Organometallic Flow Chemistry。同时，微化工技术也成为化学和化工等相关学科国际会议的重要内容，除每两年举办一次的国际微技术会议（IMRET）和每年举办一次的纳、微和小型通道国际会议（ICNMM）外，在世界化工大会、美国化学会年会、美国化学工程师协会年会、欧洲流动化学会议、欧洲过程强化会议等各种学术和装备会议上都有微反应器相关的专场讨论会。

在我国，清华大学化工系和中国科学院大连化学物理研究所是最早关注并开展微反应器技术的研究单位[48-75]。早在 2002 年 9 月香山科学会议上，汪家鼎院士和骆广生教授第一次提出"发展微型混合及分离设备"的研究方向。2003 年骆广生教授和汪家鼎院士等在《现代化工》杂志发表了有关微混合设备的第一篇综述性文章。汪家鼎院士和骆广生教授共同指导的博士研究生孙永于 1998 年撰写了国内第一篇有关微化工技术的博士论文"液液体系膜分散及传质性能研究"[50]，该论文利用微滤膜为分散介质进行微小液滴可控制备以及微液滴群传质性能的研究，为微尺度条件下分离过程和微型传质设备的发展提供了理论基础。随后，骆广生教授课题组一直在微化工领域开展研究工作，经过 20 多年的不懈努力，已对微尺度单相、多相流动与混合，微尺度传递性能，微尺度化学反应性能，微型设备的放大方法及其工业应用做了系统研究，形成了比较完备的理论基础，积累了较为丰富的微化工技术的工业实践经验，部分研究成果获得了省部级和国家奖励。近年来，微化工技术在学术界和产业得到广泛关注，四川大学、天津大学、大连理工大学、南京工业大学、北京化工大学、华东理工大学、浙江大学、上海交通大学、中国科学院力学研究所、中国科学院过程工程研究所等单位也纷纷开展微化工及其相关技术的研究工作，使得我国成为国际上微化工技术的重要研究力量。第 13 届国际微反应技术大会于 2016 年在北京成功举办，清华大学和中国科学院大连化学物理研究所为会议主办单位，骆广生教授和陈光文研究员为大会主席。

在工业应用领域，国际微技术会议与德国化学工程和生物技术协会（DECHEMA）于 2001 年联合成立模块化微型化工技术产业平台，再次强调微化工技术在工业应用中的重要性。随后，微反应器技术受到国家和企业的高度重视。欧洲于 2009 年 6 月 1 日开始启动 F3 项目[76]，这个持续三年的政府项目是微反应器技术发展的重要里程碑，打开了微反应器技术在化工企业中实际应用的大门。F3 项目由欧盟委员会第七框架社区研究计划主持，投资三千万欧元，9 个欧盟国的 26 家单位参与，包括拜耳、阿斯利康、巴斯夫、宝洁、赢创等企业及卡尔斯鲁厄理工学院等大学和科研机构。该项目的核心目标是研发新型过程强化设备，建立小型化、模块化、连续化和智能化的新型化工厂，实现更安全、更环保、更高效和更经济的生产方式，加强欧洲在全球化学工业技术的核心位置。通过对七个涵盖医药、化学中间体和聚合物领域工业项目的研究，表明微反应器技术不仅可以成功应用在实际工业生产中，而且与传统反应设备相比，在产率、生产能力、时空产率、设备投入、运营成

本和环境影响等多方面都具有明显优势。日本为推进微化工技术产业化应用，专项资助微纳空间研究计划。韩国针对微化工技术的特点和优势，设立了面向药物制造的智能微化工系统项目。在微化工技术产业化应用方面的报告相对较少，特别是西方国家仅有少量中试报告。在 2004 年，Clariant 公司曾报道在工厂进行苯硼酸的微反应器工业试验[77]。日本 Ube Industries 公司研究在微反应器中进行 Swern 氧化反应，并建立了年产 10t 的中试生产线，生产医药中间体[78]。Axiva 公司基于微化工技术，建立了一套年产 50t 的聚丙烯酸酯中试装置，并设计了年产 2000t 的工业化装置[79]。UOP 公司建立了用微反应器技术生产过氧化氢的中试装置，并计划建造一套年产 15 万吨的大规模生产装置[80]。我国则在微化工技术的产业化应用方面走在了西方发达国家前面，如清华大学微化工研究团队，已经在湿法磷酸净化、无机纳米颗粒合成、聚合物材料制备、橡胶助剂和精细化学品中间体等领域成功开发和应用微反应器连续化工艺。其中，湿法磷酸萃取净化微化工成套技术[81, 82]、纳米碳酸钙[83]和溴化丁基橡胶[84]微反应器技术已经成功工业化；溴化间甲醚微反应器技术[85]已经成功完成工业化实验，正在进行大规模工业化生产建设。另外，国内有一些公司也有相关报道，例如西安万德能源化学股份有限公司曾报道基于微通道硝化技术已建立年产 4 万吨的硝酸异辛酯生产线[86]，西安惠安公司基于德国美因兹微技术研究所（IMM）的技术建立了一套用于生产硝化甘油的中试规模的微反应器装置[87]。国内外已有的微化工技术产业应用充分展现了微化工技术在传统产业转型升级和新产品开发过程中的变革性作用，为我国化学工业及其相关产业的绿色和可持续发展提供了重要示范。

现阶段，围绕微反应器技术已经形成较完整的产业链和商业环境。国内外有大量专门从事微反应器技术相关行业的商业公司，主要业务集中在物料输送设备、在线检测设备、微反应器设计和制造、微反应器系统制造和微反应器化学工艺开发等领域。绝大部分商业公司集中分布在欧洲（71%）、亚洲（19%）和北美（10%）。在欧洲，主要集中分布在德国（53%）、英国（20%）、荷兰（13%）、匈牙利（7%）和法国（7%）。国外比较有规模的微反应器设备提供商主要有 Corning、Bayer、Lonza、Syrris、Chemtrix、ThalesNano 和 Vapourtec，见图 1-3。但在我国还没有可以提供工业用微反应器设计和相关完整技术服务的具有国际影响力的商业公司，仅有一些规模较小的公司，在物料输送、微反应器制造和微反应器小试工艺开发方面提供技术服务。当然，近年来一些具有一定实力的化工机械装备公司开始关注微化工技术，相信我国的微化工设备供应商也会很快出现。在商业领域，微反应器技术具有广阔的前景，潜藏着巨大的商业价值，期待更多的有志之士加入，推动微反应器技术的工业应用。

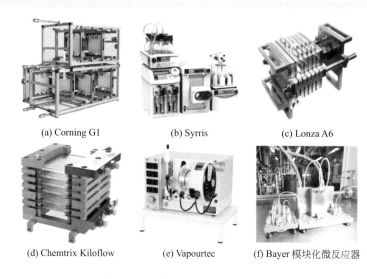

(a) Corning G1　　　(b) Syrris　　　(c) Lonza A6

(d) Chemtrix Kiloflow　　　(e) Vapourtec　　　(f) Bayer 模块化微反应器

▶ 图 1-3　各公司的微反应器示例

1. 合成化学与微化工技术

化学热力学、动力学和反应机理是化学反应研究最基本的问题和研究内容。化学热力学作为反应是否可以自发进行的宏观判据，指出熵增加和焓减小的反应必定是自发反应。自发反应是指在给定的条件下，无需外界帮助，能自动进行的化学反应。例如，铁器在潮湿空气中生锈、铁从硫酸铜溶液中置换出铜、锌从稀硫酸中置换出氢气等反应。然而，在合成化学实际应用中，化学热力学判据一般仅作为一个基本的理论指导，人们更多地关心反应速度。从能量判据上，即使是有利于反应自发进行的过程，也有可能难以很快观察到反应的进行，主要是因为有些自发进行的化学反应速度太慢，可能需要数月甚至数年才能完成反应过程。因此，对于合成化学的研究，化学反应动力学研究更为重要。这是因为合成化学品的生产成本往往是生产企业最为关注的问题，如果可以缩短一个产品的生产时间，则可大大降低生产费用，增强产品的市场竞争力。从经济角度来说，希望化学反应尽量在较短的时间内完成。为此，我们需要回答两个基础问题：理论上，化学反应本身可以有多快？实际生产应用中，在保证过程安全的前提下，化学反应可以进行得有多快？

化学宏观和微观动力学是描述化学反应快慢和过程的重要工具。在化学动力学研究中，化学反应速度描述化学反应进行的快慢程度，用单位时间内反应物或生成

物的物质的量来表示。在容积不变的反应容器中，通常用单位时间内反应物浓度的减少或生成物浓度的增加来表示，化学反应速率的单位是 mol/(L·s)。对于双分子反应（图 1-4）来说，反应速率（r）与反应物 A 和 B 的浓度成正比［方程（1-1）］，比例常数 k 为反应速率常数。反应速度不仅和反应物浓度有关系，还和反应温度有关系。在 1889 年，瑞典物理化学家阿伦尼乌斯总结大量实验数据，提出阿伦尼乌斯公式［方程（1-2）］，是化学反应速率常数随温度变化关系的经验公式。阿伦尼乌斯公式可从宏观上解释反应速度和反应温度之间的关系，该公式中最难理解的是阿伦尼乌斯活化能，因为其本身并没有实际物理意义。为此，阿伦尼乌斯在反应物转化成产物的过程中间，假定一个"活化复合物"的中间态（图 1-5）。活化复合物概念的提出，让分子动力学研究进入微观世界，可从分子水平理解反应动力学，分析一个反应发生的可能性、路径和快慢。从分子水平来说，阿伦尼乌斯活化能就是把反应物转化为活化复合物所需要提供的最小能量，直接决定反应是否可以发生。在阿伦尼乌斯年代，要完美回答什么是活化复合物，无疑是非常困难的。

$$r = k[A][B] \tag{1-1}$$

式中 k——反应速率常数；

     [A]——反应物 A 的摩尔浓度；

     [B]——反应物 B 的摩尔浓度。

$$k = A e^{-E_a/(RT)} \tag{1-2}$$

$$A + B \longrightarrow C$$

▶ 图 1-4   双分子基元反应

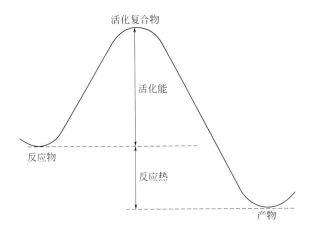

▶ 图 1-5   阿伦尼乌斯活化复合物

式中 k——反应速率常数；

　　R——摩尔气体常量；

　　T——热力学温度；

　　A——指前因子；

　　E_a——阿伦尼乌斯活化能。

　　直到 1935 年，由美国理论化学家埃文斯（Henry Eyring）和匈牙利物理化学家波拉尼（Michael Polanyi）提出的过渡态理论（绝对反应速率理论）才为阿伦尼乌斯活化能赋予明确的意义。过渡理论认为：反应物分子并不是通过简单碰撞（反应碰撞理论）直接形成产物，而必须经过一个高能活化络合物的过渡态，再从过渡态生成产物。如对双分子亲核取代反应，其实际反应过程（图 1-6 和图 1-7）[88] 是：当 CH_3Br 与 OH^- 发生反应时，CH_3Br 和 OH^- 接近并产生作用力，生成不稳定的 $[HO—CH_3—Br]^\ddagger$（过渡态），经过过渡态最终生成甲醇和溴离子。反应物需要一定的活化能（$\Delta G^\ddagger$）才能跨越过渡态形成产物，该活化能就是阿伦尼乌斯活化能。过渡态理论考虑化学键和分子结构特征，可以描述活化能的本质，是该理论最成功之处。理论上，只要知道过渡态的结构，就可以运用光谱数据以及统计力学的方法，计算反应速率常数 k，研究反应动力学中的决速步骤、反应机理和反应立体化学。

　　过渡态理论的一个基本假设：过渡态仅存在于分子振动周期的时间尺度（皮秒量级），即当一个分子裂成碎片或与其他分子作用生成新分子时，原子间的化学键

$$OH^- + CH_3Br \longrightarrow [HO—CH_3—Br]^\ddagger \longrightarrow CH_3OH + Br^-$$

▶ 图 1-6　反应经历过渡态

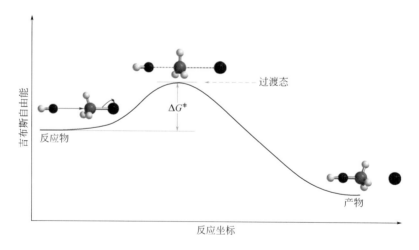

▶ 图 1-7　溴甲烷和氢氧根负离子发生的双分子亲核取代（S_N2）反应

将在不到 10^{-12}s（即 1ps）的时间尺度断裂或形成。想要弄明白化学反应本身有多快的问题，需要在飞秒量级的时间分辨率上来观测。飞秒是 10^{-15}s，是非常短的时间，在这个时间内，光也仅仅可以传播 0.3μm。因此，在过渡态理论提出的时期，要想回答这个问题仅仅是化学家的一个梦想。美国科学家泽维尔（Zewail）教授从 1979 年开始研究飞秒激光闪光光解技术在单分子微观动力学测定中的应用，该技术让实验观测过渡态成为可能，于 1999 年获得诺贝尔化学奖。泽维尔教授在研究四氟二碘乙烷（$C_2I_2F_4$）的单分子离解反应中，发现两个看上去完全相同的 C—I 键，受光照后不是同时裂解的，第一个碘原子离解发生在 200fs，第二个碘原子离解则发生在 32ps[89]。借助该项技术，人类第一次真正知道化学反应发生的真实速度。

使用飞秒激光闪光光解技术可以让化学反应在皮秒时间尺度内完成（飞秒化学），在实际生产应用中能实现吗？要解释这个问题，必须从飞秒激光闪光光解技术和实际生产的不同之处说起。使用飞秒激光闪光光解技术，在飞秒时间尺度内，激光脉冲同时激活反应物分子，此后再没有别的分子被激活。对于单分子反应，所有同时被激活的分子并不需要和其他分子发生碰撞才能反应，而是在皮秒时间尺度上同时发生反应生成产品。动力学研究中，同时激活分子很重要，激活分子的数量并不重要，只要能在实验中观测到即可。在玻璃反应瓶或反应釜中进行的化学反应，气相反应和溶液反应区别较大。在气相双分子反应中，根据化学反应碰撞理论，在反应物 A 和 B 发生碰撞的前提下，反应物分子间发生能量传递跨越过渡态能垒（活化能），生成产物分子，反应速度主要由活化能决定。在溶液双分子反应中，反应物 A 和 B 分散在溶剂中，由于溶剂化作用，溶剂包围着反应物 A 和 B 的分子。溶剂化作用在 100～1000fs 内发生，同时稳定反应物、过渡态和产品分子。溶液中的化学反应，实际发生在溶剂分子形成的溶剂笼中，溶剂笼中分子 A 和 B 发生有效碰撞生成产物 P，P 上多余的能量随后和溶剂分子发生碰撞传递给溶剂。因此，溶剂最重要的角色是移除反应产生的热量。在溶液反应中，通常情况下活化能决定反应速度（反应控制）。在反应活化能比较小的情况下，观察到的反应速度（表观反应速度）主要由反应物 A 和 B 进入溶剂笼的速度决定，此时化学反应由反应物扩散到溶剂中的速度决定（扩散控制）。无论是气相反应还是液相反应，都是被单独连续地激活反应物分子，激活的分子与其他分子发生碰撞获得能量。如果分子获得足够的能量跨越过渡态能垒（活化能），反应物分子继续变化成产品分子，多余的能量转移到其他的未激活分子或溶剂上，然后下一个反应物分子获得足够能量活化后继续参与反应，直到所有的反应物分子都转变成产品分子。因此，其反应时间（将所有反应物分子转化成产品分子所需时间）远远比皮秒长。在玻璃反应瓶或反应釜中进行的化学反应和飞秒化学相比，一个分子发生反应的反应时间是一样的，主要的不同是所有反应物分子不是同时被激活，而是有时间分布，导致每个分子发生反应的时间也不同（反应时间分布）。较宽的反应时间分布，通常会引发副反应。另外一个较大的不同是，在实际合成化学中，短时间内激活的分子数量非常

重要，直接关系到生产效率和产品收率。在工厂生产中，对于放热反应，要在短时间内将 $10^3 \sim 10^8 mol$ 数量级的反应物完成反应，短时间内释放大量反应热是最大的工程难题。反应热聚集不仅会引起大量副反应，还常常引起冲料和爆炸。

通过上面的理论和实际工业反应过程的分析不难看出，想要在工业应用中尽可能快地进行化学反应，必须要解决几个核心问题：提供快速混合的方法使反应物分子实现快速接触、提供足够的能量（高温）让反应物分子快速跨越活化能、提供快速换热的方法即时移除反应产生的热量保证化学反应的安全性、提供所有参与反应的反应物分子一样的反应环境阻止副反应的发生以提高收率、提供控制停留时间和停留时间分布的方法。针对这些实际问题，微化工技术孕育而生。

2. 微化工技术基本原理和特点

微化工技术是指微米或亚微米进行化学反应和化工分离过程的技术，其中微设备是微化工技术的核心。微化工设备最显著的特征是具有较小的三维尺寸，典型的微反应器内部体积在 1mL 到几毫升，实验室典型的玻璃反应瓶的体积在 100mL 到几升，车间典型的反应釜在 1500L 到 10000L。在微反应器中，由于较低的雷诺数，流型以层流为主，反应物之间的混合主要是依靠分子扩散，特征混合时间（t_m）与特征扩散距离（L）的平方成正比，与扩散系数（D）成反比［方程（1-3）］。该方程清楚地描述了特征尺寸和混合时间之间的关系，尺寸越小，混合时间越短，可以实现反应物快速混合。

$$t_m \propto \frac{L^2}{D} \tag{1-3}$$

式中　t_m——特征混合时间；

L——特征扩散距离；

D——扩散系数。

根据换热速率方程［方程（1-4）］可知反应器换热速度（q）与整体换热系数（U）、换热面积（A）和对数平均温差（ΔT_{LM}）正相关。要增加换热速度，可以通过增加换热面积、增大换热系数和增加冷热介质的温差来实现。在实际工业应用中，针对确定的设备，换热面积和换热系数通常不能再改变，能做的仅仅是增加冷热介质的温差。常用的方法是降低冷换热介质的温度，例如将冷却盐水从 −5℃降低到 −10℃以增加换热速度和换热量。另一种可行的做法是通过降低反应体系单位时间内的热量释放来匹配较低的换热速度，例如使用大量溶剂降低反应物浓度，控制一种反应物的加入速度，人为降低化学反应速度。这样做的缺点是不够经济，较好的做法是直接增加反应器的比表面积，同时选择换热系数较大的材料来制造反应器，从根本上解决换热效率和速率问题，让短时间内操作完成放热反应成为可能。不同反应器的比表面积都随反应器体积的增加明显降低。相比较于传统的反应釜设备，由于较小的通道尺寸，微反应器比表面积要大几个数量级（表 1-1）。

$$q = UA\Delta T_{\text{LM}} \tag{1-4}$$

式中　　q——反应器换热速度；

　　　　U——整体换热系数；

　　　　A——换热面积；

　　ΔT_{LM}——对数平均温差。

当反应器特征尺寸减小后，表现出非常明显的尺度效应（表1-1）。当反应器特征尺寸从米减小到微米时，反应器体积大幅度减小，黏性力与惯性力比值显著增加，界面张力与惯性力比值大幅度增加，使得反应器内发生传递所需的浓度梯度和温度梯度显著增加，流场的控制力由大设备内的重力和惯性力控制转变为黏性力和界面张力控制，有效地抑制了由于湍流而出现的随机脉动等无序行为，为反应器的高效可控提供了理论基础。

表1-1　反应器特征尺寸与作用力变化

反应器特征尺寸	μm	mm	m
长度	10^{-6}	10^{-3}	1
面积	10^{-12}	10^{-6}	1
体积	10^{-18}	10^{-9}	1
比表面积	10^{6}	10^{3}	1
黏性力/惯性力	10^{12}	10^{6}	1
界面张力/惯性力	10^{18}	10^{9}	1

3. 微化工技术特点

微反应器的小尺寸、大比表面积、流动有序等特征赋予微化工反应工程独特的性能：本质安全地进行化学反应，实现均相与非均相的快速混合和高效快速的换热能力、较窄的温度分布、较短的停留时间和较窄的停留时间分布，过程有序可控，易于放大等。如此优界的微化工反应工程特点，给化学反应过程带来了很多传统设备不能实现的优点。

微反应器的本质安全性：与间歇式反应釜不同，微反应器采用连续流动反应技术，反应器内停留的化学原料数量很少（克级），反应物体积很小，即使失控，危害程度非常有限。而且，微反应器换热效率极高，即使反应突然释放大量反应热，也可以被迅速导出，从而保证反应温度的稳定，减少发生安全和质量事故的可能性。因此，微反应器可以轻松应对苛刻的工艺要求，实现安全高效生产。

实现快速混合，提供均一的反应浓度，避免由于浓度不均产生的副反应：很多化学反应要求反应物料必须在分子水平达到严格配比，比如缩聚反应中，要得到较大分子量的聚合物，反应物料1:1的精确配比至关重要。在间歇式反应釜中，局部浓度不均很难避免。在反应比较快的情况下，在达到均匀混合之前的这段时间内

容易发生副反应影响收率和后续纯化过程。微反应器的反应通道通常只有数十微米，可以实现物料按精确比例瞬间均匀混合，避免浓度不均，从而消除由此引起的副反应。

实现快速换热，提供均匀的温度分布，避免温度不均产生的副反应：在间歇式反应釜中，由于换热效率不高，很难避免体系局部过热现象，导致副反应发生，降低化学选择性和收率。更严重的后果是热量失控导致冲料、爆炸等安全事故。微反应设备极大的比表面积赋予微反应器极大的换热效率，可以及时地对反应体系温度进行调控，实现反应温度的精确控制，消除反应热点，从而消除因此引起的副反应，例如金属有机化学中常用的丁基锂和叔丁基锂反应。

提供均一的反应时间，避免串联副反应：在间歇式反应釜中，通常采用慢慢滴加一种反应物的方式来减缓换热压力，增强对反应过程的可控性，导致先生成的部分产品在反应釜中停留时间过长（较宽的反应停留时间）。而在很多反应中，反应物、产物或中间过渡态产物在反应条件下会发生串联副反应。微反应器技术是连续流动反应，瞬间均匀混合提供所有反应物分子一致的反应环境和反应开始时间，当反应达到要求转化率后，可以采用有效的淬灭方法同时淬灭所有分子的反应，达到精确控制物料在反应条件下的停留时间和窄的停留时间分布，有效避免因停留时间分布过宽而引起的副反应。

实现超快化学反应过程：在间歇式反应釜中，由于换热和反应过程可控性的限制，通常需要人为降低反应速度，极大影响生产效率。微反应器的本质安全性和极好的可控性为化学反应达到本质动力学时间提供了强有力的工具，可以安全实现毫秒级的反应过程，已经在金属有机领域广泛使用。

实现苛刻的反应条件：由于间歇式反应釜的换热面积和结构限制，实现高于200℃以上的反应和高压反应，难度和成本较高。微反应器可以比较容易和安全地实现500℃和100kgf/cm²（1kgf=9.80665N，下同）压力的反应。

无放大效应：精细化工生产多使用间歇式反应器。由于大生产设备与小试设备传热传质效率不同，一般需要经历小试、中试和放大生产的工艺开发过程。微反应器工艺开发过程中，工艺放大不是通过增大微通道的特征尺寸，而是通过增加微通道的数量来实现的。因此，小试最佳反应条件不需做任何改变就可直接用于生产，不存在常规批次反应器的放大难题，从而大幅缩短产品由实验室到市场的时间。

另外，微化工技术由于装备尺寸和相关系统明显大幅度减小，在实际工业运行中还具有快速开停车、研究成果快速转化为生产力、过程响应快以及可实现柔性生产和分布移动式生产等优点。

基于上述优点，微化工技术在不同种类的合成反应中均有重要应用。在高温高压条件下，合成酯[90]，进行 Claisen 重排[91]和 Kolbe-Schmitt 反应[92]。安全使用高活性、剧毒和强腐蚀反应物进行反应，例如氟气参与的氟化反应[93-95]。对有易爆原料和易爆中间体参与的反应进行有效的安全控制，例如使用叠氮化钠进行叠氮化反

应 [96] 和有重氮盐中间体生成的 Sandmeyer 反应 [97]。避免直接使用有毒和易爆原料作为反应物，采用微反应器原位生成技术进行反应，例如原位生成氯气进行氯化反应 [98] 和原位生成重氮甲烷进行甲基化反应 [99]。对超快反应的停留时间进行有效控制，避免引起副反应，例如在微反应器中制备芳基锂试剂 [100] 和放大生产有机硼酸化合物 [100]。通过准确控制停留时间可对化学反应的化学选择性进行有效控制，例如对 2,2′- 二溴联苯进行高单选择性锂化 [101]。微反应器非常容易实现多步化学反应的连续串联，例如多步连续合成原料药奥氮平和布诺芬 [102]。除了在化学反应中的应用外，微反应器技术也为研究化学反应带来了一些革命性的变化，例如对非常快速的反应进行反应动力学研究和操作不稳定中间体。可以预见，在不久的将来，微化工技术极有可能会改变化学家进行化学研究的方法和生产化学品的方式。

第三节　微化工设备分类

以微型设备为核心构建的系统称为微化工系统。微化工系统主要由物料输送设备、微型功能设备、流体管道、温度传感器、流量传感器、压力传感器和在线分析设备组成。微型功能设备是其核心的组成部件，其他设备都可以使用已有的传统设备。微型功能设备按其功能分类，可分为微换热器、微混合器、微分散器、微反应器和微型检测器等。

微换热器是在两种流体间进行热量传递的微型设备，根据换热方式可分为直接微换热器和间接微换热器。常用的是间接微换热器，按其通道结构不同分为带有宽而扁平流道、窄而深流道和穿透流道的微换热器。

微混合器的作用是在短时间内对两种或多种不同流体进行混合的微型设备，通常分为气相微混合器和液相微混合器。按混合过程中是否需要提供外部动力来分类，可分为主动微混合器和被动微混合器。主动微混合器主要是依靠分子扩散实现快速混合；被动微混合器靠外部提供产生湍流的方法，如电动搅拌、超声波等，实现物质间的快速接触，再依靠分子扩散实现快速混合。对于高浓度或高黏体系，常常使用被动微混合器。

微分散器是指用于实现非均相体系微分散的设备，即形成微小液滴和微小气泡的微型设备，它的作用是实现不互溶介质的快速接触和增大非均相液体的接触面积，按混合前物质的相态可分为气 / 液微分散器、液 / 液微分散器和液 / 液 / 液乳化微分散器。两种以上的物质在微混合器或微分散器上实现混合或分散的过程中，如果物质间可以发生化学反应，则该微混合器或微分散器可以叫微反应器，按照反应物相态主要分为均相微反应器和非均相微反应器。

由于微反应器的孔道尺寸很小，在微反应器内流体流型主要为层流，因此微反应器是基于扩散而不是湍流实现快速混合。要达到快速扩散的目的，必须让流体形成很薄的流体层或小尺寸颗粒来减小扩散距离，这是微反应器的主要设计原理。不同微反应器最本质的区别在于如何让流体形成很薄的流体层或小尺寸颗粒，按照其实现方式的不同，可以将微反应器分为如下几种：在 T 形结构中实现两股支流接触、两股高能流体相互碰撞、让一股流体形成多股支流注入另一股主流体中、让两股流体都形成多股支流再相互注入、提高流速降低垂直于流动方向的扩散长度、两股流体形成薄层后再经多次分叉和重新组合与一股薄层流体的周期性注入。实际应用中，根据体系的需求，通常结合多种方式进行设计。

微型检测器是指用于检测微化工过程中温度、浓度、压力等实时变化的小型化设备。

微型设备按结构分类，可分为单通道设备、多通道设备，其中单通道设备又可分为 T 形、Y 形、十字形、水力学聚焦型、同轴型以及几何结构破碎型等。按分散介质分类，可分为微通道型、毛细管型、微筛孔型、微筛孔阵列型、微滤膜分散型、微槽分散型等。

第四节　微化工技术发展趋势和应用展望

1. 微化工技术发展趋势

从 20 世纪 90 年代到现在，微化工技术历经了 20 多年的发展，已经建立比较完整的基础理论知识。基于微化工技术，在合成化学方面已积累大量基础研究数据，为后续工业应用打下坚实的基础。人们对于微尺度混合、液 / 液微分散、气 / 液微分散、微尺度传递、微尺度反应性能、微尺度流动模型和模拟、微化工设备放大方法以及微系统集成策略和优化方法等进行了一些研究。微化工技术也广泛应用于化工过程强化、有机合成、材料制备、乳液制备、药物合成、环境治理、非均相催化转化等领域，取得了一定的进展。但微化工技术作为化学工程学科的前沿方向和化工产业发展的制高点之一，其研究才刚刚起步，还需要进行大量的工作，同时也需要更多的产业实践来推动微化工技术向前迈进。

现阶段微化工技术主要应用在精细化学品领域，尤其是制药行业的合成中间体和原料药[103-117]。在药物研发和生产的合成化学中，都要经过合成路线设计和筛选、工艺优化（选择工艺简单和收率较高的合成条件）、中试和放大批量生产几个典型的阶段。使用传统的合成化学方式，在每一个阶段都费时费力，对实验工作者的体力、脑力和管理都是很大的挑战。近年来，在工业 4.0 的背景下，基于微化工技术

迅猛发展起来的智能化和自动化合成化学工具及技术正让传统实验室工作模式和生产方式发生着翻天覆地的变化，引领合成化学向小型化、智能化和连续化方向发展。

如何设计和筛选合理的合成路线是开展合成化学研究的第一步工作，也是最重要和最耗时的步骤，需要反复试验调整方案。韩国蔚山国立科学技术研究所（UNIST）的 Bartosz Grzybowski 教授基于"大数据"和"机器学习"技术，用时十五年成功开发出智能合成路线设计软件 Chematica[118]。化学家把目标分子输入 Chematica，只需数秒钟就能得到基于成本、底物易得性和步骤数筛选出的多条反应路线，并采用打分机制对每条合成路线的优异性进行排序。Chematica 将开启计算机辅助合成设计的新纪元，彻底改变合成路线设计方式 [119, 120]。

如何进行工艺优化，选择最优的反应条件，提高目标化合物的收率，对后续的中试和生产放大至关重要。理论上，筛选的反应越多，那么得到最优条件和最高产率的可能性也就越大。这意味着要耗费大量的时间、精力、试剂和金钱，实际应用中很难找到最优反应条件和最高收率。在 2015 年，美国默克公司研发出一种自动化高通量化学反应筛选平台 [119, 120]，该平台将微型反应器阵列和低分辨质谱（LRMS）技术结合，针对 Buchwald-Hartwig 偶联反应的不同底物和反应条件，每天可进行 1536 个纳摩尔量级的反应。美中不足的是这种基于微孔板的反应系统只能使用高沸点极性溶剂 DMSO（二甲基亚砜），反应温度仅限于室温。2019 年，辉瑞（Pfizer）公司基于微化工技术和超高效液相色谱 - 质谱联用（UPLC-MS）技术，开发出更为先进的自动化高通量化学反应筛选平台，可在不同溶剂、温度、压力等条件下进行反应。针对不同的 Suzuki-Miyaura 偶联反应的不同底物和条件，每天可进行 1500 多个纳摩尔量级的反应 [121]。在默克和辉瑞建立的自动化高通量化学反应筛选平台之上，结合人工智能技术，普林斯顿大学 Abigail Doyle 教授与默克 Spencer Dreher 博士等人使用随机森林算法（一种强大的机器学习算法）[122]，接受数以千计的 Buchwald-Hartwig 偶联反应数据的训练后，可以准确预测其他具有多维变量的 Buchwald-Hartwig 偶联反应收率。基于微化工和人工智能技术的自动化高通量化学反应筛选平台的进一步发展和完善，将彻底改变合成化学工艺优化方式和策略。

传统合成化学研究中，在得到优化反应条件后，必须经过中试才能实现最终的生产放大。在精细化学品生产中，基于微化工技术的连续流动合成方法依据数量放大原则，可以省掉中试步骤，直接实现从小试到生产放大。在 2016 年，麻省理工学院 Jensen 教授在科学杂志上发表一篇名为"在小型可重构系统中按需连续合成药物"的论文 [123]。基于微化工技术，他们研发出一种仅冰箱大小的（长 0.7m，宽 1.0m，高 1.8m）连续流系统设备（图 1-8），可按照用户需要，每天连续不断地制备出成百上千份药物制剂。该系统可以用来生产抗组胺药盐酸苯海拉（Benadryl）、局部麻醉剂盐酸利多卡因、镇静剂地西泮（Valium）和抗抑郁药盐酸氟西汀（Prozac

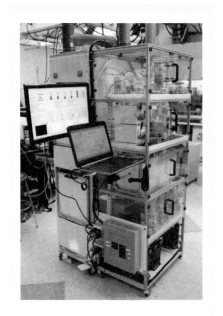

▶ 图1-8　小型可重构药物
连续合成系统

或 Sarafem）的口服和外用液体制剂。虽然这种机器一次只能生产一种药物，但是操作者可以很容易地在不到 2h 的时间里将系统切换成生产另一种药物的状态。该研究入选美国化学会旗下 C&EN 评选出的 2016 年顶级科研成果。对于化学界和制药界来说，这篇论文的发表具有革命性的影响，第一次描述医药合成可以实现小型化、柔性化和智能化。

由于药品制造过程的特殊性，药品生产过程必须满足良好生产规范（GMP），即药品制造过程需要受质量控制系统监控。在 2017 年，制药巨头礼来公司（Eli Lilly）的研发人员 K. P. Cole 等人在科学杂志上发表名为 "在 CGMP 规范下连续制备千克级 Prexasertib 单乳酸盐单水合物" 的文章[124]。在实验室的通风橱中，用 8 个连续的单元操作，包括连续的小型反应装置、萃取装置、旋蒸仪、结晶仪和过滤装置等，每天生产 3kg，一共生产 24kg Prexasertib 单乳酸盐单水合物，以满足临床试验的需求。在整个生产过程中，使用多种过程分析技术（PAT）以保证生产过程和产品质量符合 CGMP 规范，包括在线 HPLC、折射率（RI）检测以及对温度、压力、质量流率等参数的监测。该研究是制药行业第一次公开报道在 CGMP 监管下使用微化工的连续化合成技术实现医药复杂分子（图 1-9）的连续合成，开启了微化工技术在药品连续生产领域的新篇章。

2. 微化工技术展望

上述技术在医药合成化学方面的广泛应用必然会影响其他精细化学品行业，带领整个精细化学品行业向小型化、智能化和连续化方向发展，同时也对微化工技术、合成化学技术和相关领域提出新的研究任务和方向。

在微化工技术方面，进一步深入研究微结构尺度下的微流体基本规律；开发新型微结构的微反应器以实现不同的化学过程；针对精细化学品生产过程，研究连续分离和纯化的小型设备和技术；对广泛应用于工业生产的化学反应过程使用微化工技术进行系统的研究和评价；规范微反应器和其他微化工设备的设计标准，实现设备模块化设计；建立模块化设备的系统集成方法，实现小型集装箱式化工厂；建立微化工工厂的安全、环保和经济评价方法。在合成化学技术方面，需要化学家深刻理解微化工技术的特点和应用范围，改造或开发更适合微化工技术特点的化学反应

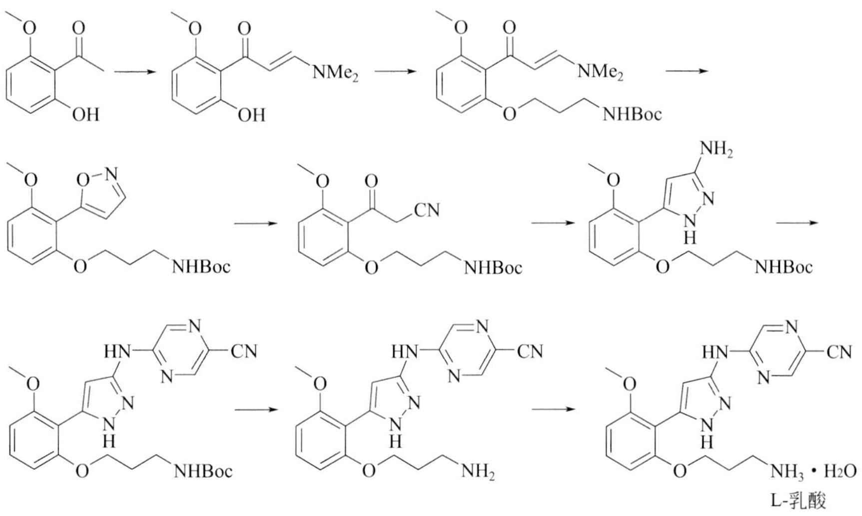

● 图 1-9 Prexasertib 单乳酸盐单水合物适合连续流动生产的合成路线

过程。具体可以从以下这些方面考虑：通过改变反应条件来改造原有化学过程使其适合微化工连续流技术，开发新一代催化剂提高反应速度，高温高压反应，不稳定中间体或产品的合成，高危化学试剂的原位制备，快速和高效热化学反应，避免在合成过程中使用保护基和超低温反应条件，加氢、氧化、硝化、磺化和卤化等危险反应。

微化工技术还与在线检测、人工智能、自动控制等相关领域紧密相关。对这些领域也提出一些新的任务和挑战，例如开发新型高灵敏、快响应的化合物检测技术，开发快响应和小型化的温度、压力和流速传感器，开发适合化学化工过程的人工智能算法，开发微化工技术智能软件平台以实现微化工系统的信号搜集、处理、反馈和自动控制功能。

此外，在微化工技术工程技术方面，一方面要加强发展新型高效抗堵、高鲁棒性微化工设备和微化工技术，另一方面要加强微化工设备工程维护方法和手段的研究，研究微型化设备对于体系清洁度要求和运行过程的变化规律，基于其变化规律和内在机制发展适用于不同化工过程的微型化设备维护方法，以保证微化工设备在工业生产中的长周期稳定运行。

最后需要强调的是，在微化工技术领域，需要政府、高校和企业积极参与、同心协力才能尽快缩短我们和国外的差距。国外较早开展微化工技术的研究工作，由于很多大规模商业公司的加入和积极推动，在国外良好的微化工技术和商业生态圈已经形成。在我国微化工技术起步较晚，目前主要面临国际和国内等多方面的挑战。在国际方面，当前国际化竞争依然激烈，美国、欧洲、日本都曾推出过千万美

元级别的重大研究计划推进微化工技术的基础研究和产业化，十分典型的就是欧洲推出的 F3 计划。同时以康宁、拜耳、IMM 等为代表的跨国公司近年来在我国不断推广和销售微化工设备和相关技术，试图占领我国下一代化工技术和装备市场，对我国形成自主化的化工装备和工艺造成极大挑战。在国内方面，虽然我国在化工技术创新方面投入不断提高，但对微化工方向的基础研究投入仍不足，目前尚未设立以微化工技术为核心的国家重大研究计划，仍缺少与我国微化工技术市场相匹配的研究人员队伍。近年来，虽然国内也涌现出大量微化工技术公司和团队，推进了微化工技术的认知和推广，但是由于不具有相关专利技术和基础研发能力，复制、仿制国外装备技术比较普遍，自主核心微化工技术的积累仍然任重而道远。针对目前国内的实际情况，政府应该加大基础研究投入，凝聚研究人员队伍，大力培养微化工技术人才；促进产学研合作，在橡胶助剂、阻燃剂、染料、磷酸盐、农药、制药等方面推广微化工技术，切实解决精细化学品领域污染重、过程安全性低等难题；进一步促进化工行业对微化工技术认识，通过技术联盟、联合研发中心等形式扩大微化工技术应用领域，推进微化工新技术的进步和发展。对于企业来讲，应该积极学习先进技术、培养和储备相关技术人才、加快完成产品技术升级。

参考文献

[1] Feynman R P. Plenty of Room at the Bottom[Z]. American Physical Society, 1959.

[2] 董永贵 . 微型传感器 [M]. 北京 : 清华大学出版社 , 2007.

[3] [2019-11-6]. http: //museum.ipsj.or.jp/en/.

[4] 朱毅麟 . 航天器微型化的新突破——微电子机械系统 [J]. 中国航天 , 1996, 10: 22-25.

[5] 崔金泰 . 创造奇迹的微型化技术 [J]. 国外科技动态 , 2000, 12: 10-13.

[6] Honary S, Zahir F. Effect of Zeta Potential on the Properties of Nano-drug delivery systems—a review (Part 1) [J]. Tropical Journal of Pharmaceutical Research, 2013, 12(2): 255-264.

[7] Patra J K, Das G, Fraceto L F, et al. Nano based drug delivery systems: recent developments and future prospects[J]. Journal of Nanobiotechnology, 2018, 16: 71.

[8] Holzinger M, Le G A, Cosnier S. Nanomaterials for biosensing applications: a review[J]. Frontiers in Chemistry, 2014, 27(2): 63.

[9] Khitab A, Arshad M T. Nano contsruction materials: review[J]. Reviews on Advanced Materials Science, 2014, 38(2): 181-189.

[10] Jung W E, Han J, Choi J, et al. Point-of-care testing (POCT) diagnostic systems using microfluidic lab-on-a-chip technologies[J]. Microelectronic Engineering, 2015, 132: 46-57.

[11] Mark D, Haeberle S, Roth G, et al. Microfluidic lab-on-a-chip platforms: requirements, characteristics and applications[J]. Chemical Society Reviews, 2010, 39(3): 1153-1182.

[12] 王凯 . 什么是"桌面工厂"？ [EB/OL]. [2011-11-3]. http: //tech.gmw.cn/scientist/2016-06/11/

content_20497713.htm.

[13] 王凯 . 实现 "桌面化工厂" 从理念到实践的突破 [EB/OL]. [2011-11-4]. http: //news.tsinghua. edu.cn/publish/thunews/ 10303/2013/20131202142133666497628/20131202142133666497628_. html.

[14] Burns J R, Ramshaw C. Development of a Microreactor for Chemical Production [J]. Chemical Engineering Research and Designs, 1999, 77(3): 206-211.

[15] W L, L B. Akademie der Wissenschaften der DDR [P].

[16] Brandner J, Fichtner M, Schubert K. Electrically Heated Microstructure Heat Exchangers And Reactors[M]//Ehrfeld W. Berlin, Heidelberg: Springer, 2000: 607-616.

[17] Wegeng R W, Call C J, Drost M K. American Institute of Chemical Engineers Spring National Meeting[C]. 1969.

[18] Benson RS, Ponton JW. Process miniaturization - a route to total environmental acceptability[J]. Chemical Engineering Research & Design, 1993, 71: 160-168.

[19] Web of Science[EB/OL]. [2011-11-2]. http: //apps.webofknowledge.com.

[20] Chemistry in flow systems Ⅱ [J]. Beilstein Journal of Organic Chemistry, 2011, 7.

[21] Chemistry in flow systems Ⅰ [J]. Beilstein Journal of Organic Chemistry, 2009, 7: 15.

[22] Continuous Processing[J]. Organic Process Research & Development, 2014, 18(11): 1259-1592.

[23] Continuous Processing, Microreactors and Flow Chemistry[J]. Organic Process Research & Development, 2016, 20(2): 326-573.

[24] Continuous Processes: Go with the Flow! [J]. Organic Process Research & Development, 2012, 16(5): 843.

[25] Journal of Flow Chemistry [EB/OL]. [2011-11-3]. https: //akademiai.com/toc/1846/1/1.

[26] Journal of Flow Chemistry [EB/OL]. [2011-11-12]. https: //www.springer.com/chemistry/ journal/41981.

[27] McQuade D T, Seeberger P H. Applying Flow Chemistry: Methods, Materials, and Multistep Synthesis[J]. Journal of Organic Chemistry, 2013, 78(13): 6384-6389.

[28] Pennemann H, Watts P, Haswell S J, et al. Benchmarking of microreactor applications[J]. Organic Process Research & Development, 2004, 8(3): 422-439.

[29] Sun B, Zhu H, Jiang J, et al. Application of micromixer and microreactor in improving process safety[J]. Chemical Industry and Engineering Progress, 2017, 36(8): 2756-2762.

[30] Jensen K F. Flow chemistry - microreaction technology comes of age[J]. AICHE Journal, 2017, 63(3): 858-869.

[31] Atobe M, Tateno H, Matsumura Y. Applications of flow microreactors in electrosynthetic processes[J]. Chemical Reviews, 2018, 118(9): 4541-4572.

[32] Porta R, Benaglia M, Puglisi A. Flow chemistry: recent developments in the synthesis of pharmaceutical products[J]. Organic Process Research & Development, 2016, 20(1): 2-25.

[33] Hartman R L, McMullen J P, Jensen K F. Deciding whether to go with the flow: evaluating the merits of flow reactors for synthesis[J]. Angewandte Chemie-International Edition, 2011, 50(33): 7502-7519.

[34] Watts P, Haswell S J. The application of micro reactors for organic synthesis[J]. Chemical Society Reviews, 2005, 34(3): 235-246.

[35] Ahmed-Omer B, Brandt J C, Wirth T. Advanced organic synthesis using microreactor technology[J]. Organic & Biomolecular Chemistry, 2007, 5(5): 733-740.

[36] Yoshida J, Takahashi Y, Nagaki A. Flash chemistry: flow chemistry that cannot be done in batch[J]. Chemical Communications, 2013, 49(85): 9896-9904.

[37] Kita J M, Wightman R M. Microelectrodes for studying neurobiology[J]. Curr Opin Chem Biol, 2008, 12(5): 491-496.

[38] Teoh S K, Rathi C, Sharratt P. Practical assessment methodology for converting fine chemicals processes from batch to continuous[J]. Organic Process Research & Development, 2016, 20(2): 414-431.

[39] Kim H, Min K, Inoue K, et al. Submillisecond organic synthesis: Outpacing Fries rearrangement through microfluidic rapid mixing[J]. Science, 2016, 352(6286): 691-694.

[40] Fanelli F, Parisi G, Degennaro L, et al. Contribution of microreactor technology and flow chemistry to the development of green and sustainable synthesis[J]. Beilstein Journal of Organic Chemistry, 2017, 13: 520-542.

[41] May S A. Flow chemistry, continuous processing, and continuous manufacturing: a pharmaceutical perspective[J]. Journal of Flow Chemistry, 2017, 7(3-4): 137-145.

[42] Roberge D M, Zimmermann B, Rainone F, et al. Microreactor technology and continuous processes in the fine chemical and pharmaceutical industry: Is the revolution underway?[J]. Organic Process Research & Development, 2008, 12(5): 905-910.

[43] Plutschack M B, Pieber B, Gilmore K, et al. The hitchhiker's guide to flow chemistry(II)[J]. Chemical Reviews, 2017, 117(18): 11796-11893.

[44] Silva F, Baker A, Stansall J, et al. Selective oxidation of sulfides in flow chemistry[J]. European Journal of Organic Chemistry, 2018, 18: 2134-2137.

[45] Vile G. Flow Chemistry & Catalysis - Where do we stand and where do we need to go ? [J]. Catalysis Today, 2018, 308: 1-2.

[46] Gerardy R, Emmanuel N, Toupy T, et al. Continuous flow organic chemistry: successes and pitfalls at the interface with current societal challenges[J]. European Journal of Organic Chemistry, 2018, 3(13): 2301-2351.

[47] Hunter S M, Susanne F, Whitten R, et al. Process design methodology for organometallic chemistry in continuous flow systems[J]. Tetrahedron, 2018, 74(25): 3176-3182.

[48] 汪家鼎, 骆广生, 陈桂光. 现代化工, 2003, 4: 427-439.

[49] Guangwen C, Quan Y. Journal of Industrial and Engineering Chemistry, 2003, 4: 429-439.

[50] 孙永 . 液液体系膜分散及传质性能研究 [D]. 北京 : 清华大学 , 2003.

[51] Yang L, Wang K, Mak S, et al. A novel microfluidic technology for the preparation of gas-in-oil-in-water emulsions[J]. Lab on a Chip, 2013, 13(17): 3355-3359.

[52] Riaud A, Tostado C P, Wang K, et al. A facile pressure drop measurement system and its applications to gas-liquid microflows[J]. Microfluidics and Nanofluidics, 2013, 15(5): 715-724.

[53] Wang K, Lu Y C, Xu J H, et al. Liquid-liquid micro-dispersion in a double-pore T-shaped microfluidic device[J]. Microfluidics and Nanofluidics, 2009, 6(4): 557-564.

[54] Wang K, Lu Y C, Xu J H, et al. Determination of dynamic interfacial tension and its effect on droplet formation in the T-shaped microdispersion process[J]. Langmuir, 2009, 25(4): 2153-2158.

[55] Wang K, Lu Y C, Shao H W, et al. Measuring enthalpy of fast exothermal reaction with micro-reactor-based capillary calorimeter[J]. AIChE Journal, 2010, 56(4): 1045-1052.

[56] Wang K, Lu Y C, Xu J H, et al. Generation of micromonodispersed droplets and bubbles in the capillary embedded T-junction microfluidic devices[J]. AIChE Journal, 2011, 57(2): 299-306.

[57] Shao H W, Lu Y C, Wang K, et al. Liquid-liquid flow and mass transfer characteristics in micro-sieve array device with dual-sized pores[J]. Chemical Engineering Journal, 2012, 193: 96-101.

[58] Du L, Wang Y, Wang K, et al. Preparation of calcium benzene sulfonate detergents by a microdispersion process[J]. Industrial & Engineering Chemistry Research, 2013, 52(31): 10699-10706.

[59] Yang L, Tan J, Wang K, et al. Mass transfer characteristics of bubbly flow in microchannels[J]. Chemical Engineering Science, 2014, 109: 306-314.

[60] Riaud A, Zhao S, Wang K, et al. Lattice-Boltzmann method for the simulation of multiphase mass transfer and reaction of dilute species[J]. Physical Review E, 2014, 89(5): 053308.

[61] Lin X Y, Wang K, Zhang J S, et al. Process intensification of the synthesis of poly(vinyl butyral) using a microstructured chemical system[J]. Industrial & Engineering Chemistry Research, 2015, 54(14): 3582-3588.

[62] Wang K, Zhang L, Zhang W, et al. Mass-transfer-controlled dynamic interfacial tension in microfluidic emulsification processes[J]. Langmuir, 2016, 32(13): 3174-3185.

[63] Lin X, Yan S, Zhou B, et al. Highly efficient synthesis of polyvinyl butyral (PVB) using a membrane dispersion microreactor system and recycling reaction technology[J]. Green Chemistry, 2017, 19(9): 2155-2163.

[64] Wang K, Luo G S. Microflow extraction: A review of recent development[J]. Chemical Engineering Science, 2017, 169(21): 18-33.

[65] Liu Z, Lu Y C, Wang J, et al. Mixing characterization and scaling-up analysis of asymmetrical T-shaped micromixer: Experiment and CFD simulation[J]. Chemical Engineering Journal, 2012,

181: 597-606.

[66] Gao M, Lu Y C, Luo G S. Directly suspended droplet microextraction in a rotating vial[J]. Analytica Chimica Acta, 2009, 648(1): 123-127.

[67] Zhang J S, Wang K, Lu YC, et al. Characterization and modeling of micromixing performance in micropore dispersion reactors[J]. Chemical Engineering and Processing, 2010, 49(7): 740-747.

[68] Wang K, Lu YC, Xia Y, et al. Kinetics research on fast exothermic reaction between cyclohexanecarboxylic acid and oleum in microreactor[J]. Chemical Engineering Journal, 2011, 169(1-3): 290-298.

[69] Zhang JS, Lu Y, Wang K, et al. Novel one-step synthesis process from cyclohexanone to caprolactam in trifluoroacetic acid[J]. Industrial & Engineering Chemistry Research, 2013, 52(19): 6377-6381.

[70] Zhao Y, Chen G W, Yuan Q. Liquid-liquid two-phase flow patterns in a rectangular microchannel[J]. AIChE Journal, 2006, 52(12): 4052-4060.

[71] Zhao Y, Chen G W, Yuan Q. Liquid-liquid two-phase mass transfer in the T-junction microchannels[J]. AIChE Journal, 2007, 53(12): 3042-3053.

[72] Chen Y, Su Y, Jiao F, et al. A simple and efficient synthesis protocol for sulfonation of nitrobenzene under solvent-free conditions via a microreactor[J]. RSC Advances, 2012, 2(13): 5637-5644.

[73] Yao C, Dong Z, Zhao Y, et al. An online method to measure mass transfer of slug flow in a microchannel[J]. Chemical Engineering Science, 2014, 112: 15-24.

[74] Yao C, Liu Y, Xu C, et al. Formation of liquidliquidslug flow in a microfluidic T-junction: Effects of fluid properties and leakage flow [J]. AIChE Journal, 2018, 64(1): 346-357.

[75] Wen Z, Jiao F, Yang M, et al. Process Development And Scale-Up Of The Continuous Flow Nitration Of Trifluoromethoxybenzene[J]. Organic Process Research & Development, 2017, 21(11): 1843-1850.

[76] F3Factory[EB/OL]. [2011-11-20]. http: //f3factory.com.

[77] Hessel V, Hofmann C, Lowe H, et al. Selectivity gains and energy savings for the industrial phenyl boronic acid process using micromixer/tubular reactors[J]. Organic Process Research & Development, 2004, 8(3): 511-523.

[78] Kawaguchi T, Miyata H, Ataka K, et al. Room-temperature swern oxidations by using a microscale flow system[J]. Angewandte Chemie-International Edition, 2005, 44(16): 2413-2416.

[79] Lerou J J, Harold M P, Ryley J. Microfabricated mini-chemical systems: technical feasibility[J]. Workshop, Microsystem Technology, 1995, 132: 50-70.

[80] Pennemann H, Hessel V, Lowe H. Chemical microprocess technology-from laboratory-scale to production[J]. Chemical Engineering Science, 2004, 59(22-23): 4789-4794.

[81] 骆广生, 刘国涛, 吕阳成, 等. 一种用氨气从负载磷酸的有机溶剂中脱除杂质离子的方法:

CN 2013 10553236.3[P]. 2014-02-19.

[82] 骆广生 , 吕阳成 , 王绍东 , 等 . 一种磷酸净化方法 : CN101575094A[P]. 2009-11-11.

[83] 骆广生 , 陈祥芝 , 王玉军 , 等 . 一种纳米碳酸钙颗粒的制备方法 : CN106542557A[P]. 2006-05-10.

[84] 骆广生 , 任纪文 , 吕阳成 , 等 . 一种溴化丁基橡胶合成工艺 : CN102775541[P]. 2012-11-14.

[85] 王凯 , 骆广生 . 一种合成芳香基烷基醚的方法 : CN107686441[P]. 2018-02-13.

[86] 大型硝酸异辛酯微反应装置投产 [EB/OL]. [2011-11-19]. http: //www.sci99.com/sdprice/ 18290108.html.

[87] Mleczko L. Micro reaction technology for small-scale production: Bayer Technology Services[C]//3rd International Technology Excellence Congress in Process & Pharmaceuti cal Industry. Shanghai, 2007.

[88] Transition state theory[EB/OL]. [2011-11-25]. https: //en.wikipedia.org/wiki/Transition_state_ theory.

[89] The Nobel Prize in Chemistry 1999[EB/OL]. [2011-11-28]. http: //www.zewail.caltech.edu/ nobel/Press-Extended.pdf.

[90] Adeyemi A, Bergman J, Branalt J, et al. Continuous flow synthesis under high-temperature/ high-pressure conditions using a resistively heated flow reactor[J]. Organic Process Research & Development, 2017, 21(7): 947-955.

[91] Sauks J M, Mallik D, Lawryshyn Y, et al. A continuous-flow microwave reactor for conducting high-temperature and high-pressure chemical reactions[J]. Organic Process Research & Development, 2014, 18(11): 1310-1314.

[92] Hessel V, Hofmann C, Lob P, et al. Aqueous Kolbe-Schmitt synthesis using resorcinol in a microreactor laboratory rig under high-p-T conditions[J]. Organic Process Research & Development, 2005, 9(4): 479-489.

[93] Chambers R D, Fox M A, Holling D, et al. Elemental fluorine-Part 16. Versatile thin-film gas-liquid multi-channel microreactors for effective scale-out[J]. Lab on a Chip, 2005, 5(2): 191-198.

[94] Baumann M, Baxendale I R, Martin L J, et al. Development of fluorination methods using continuous-flow microreactors[J]. Tetrahedron, 2009, 65(33): 6611-6625.

[95] Gustafsson T, Gilmour R, Seeberger P H. Fluorination reactions in microreactors[J]. Chemical Communications, 2008, 26: 3022-3024.

[96] Gutmann B, Obermayer D, Roduit J, et al. Safe generation and synthetic utilization of hydrazoic acid in a continuous flow reactor[J]. Journal of Flow Chemistry, 2012, 2(1): 8-19.

[97] D'Attoma J, Camara T, Brun P L, et al. Efficient transposition of the Sandmeyer reaction from batch to continuous process[J]. Organic Process Research & Development, 2017, 21(1): 44-51.

[98] Fukuyama T, Tokizane M, Matsui A, et al. A greener process for flow C—H chlorination of

cyclic alkanes using in situ generation and on-site consumption of chlorine gas[J]. Reaction Chemistry & Engineering, 2016, 1(6): 613-615.

[99] Maurya R A, Park C P, Lee J H, et al. Continuous in situ generation, separation, and reaction of diazomethane in a dual-channel microreactor[J]. Angewandte Chemie-International Edition, 2011, 50(26): 5952-5955.

[100] Nagaki A, Kim H, Yoshida J. Aryllithium compounds bearing alkoxycarbonyl groups: Generation and reactions using a microflow systern[J]. Angewandte Chemie-International Edition, 2008, 47(41): 7833-7836.

[101] Nagaki A, Takabayashi N, Tomida Y, et al. Synthesis of unsymmetrically substituted biaryls via sequential lithiation of dibromobiaryls using integrated microflow systems[J]. Beilstein Journal of Organic Chemistry, 2009, 5: 16.

[102] Gutmann B, Cantillo D, Kappe C O. Continuous-flow technology a tool for the safe manufacturing of active pharmaceutical ingredients[J]. Angewandte Chemie-International Edition, 2015, 54(23): 6688-6728.

[103] Blakemore D C, Castro L, Churcher I, et al. Organic synthesis provides opportunities to transform drug discovery[J]. Nature Chemistry, 2018, 10(4): 383-394.

[104] Bandichhor R, Bhattacharya A, Bryan M C, et al. Green chemistry articles of interest to the pharmaceutical industry[J]. Organic Process Research & Development, 2016, 20(4): 707-717.

[105] Bandichhor R, Bhattacharya A, Bryan M C, et al. Green chemistry articles of interest to the pharmaceutical industry[J]. Organic Process Research & Development, 2016, 20(7): 1118-1132.

[106] Bandichhor R, Bhattacharya A, Cosbie A, et al. Green chemistry articles of interest to the pharmaceutical industry[J]. Organic Process Research & Development, 2015, 19(12): 1924-1935.

[107] Bandichhor R, Bhattacharya A, Diorazio L, et al. Green chemistry articles of interest to the pharmaceutical industry[J]. Organic Process Research & Development, 2013, 17(11): 1394-1405.

[108] Bandichhor R, Bhattacharya A, Diorazio L, et al. Green chemistry articles of interest to the pharmaceutical industry[J]. Organic Process Research & Development, 2012, 16(12): 1887-1896.

[109] Andrews I, Dunn P, Hayler J, et al. Green chemistry articles of interest to the pharmaceutical industry[J]. Organic Process Research & Development, 2011, 15(4): 748-756.

[110] Andrews I, Cui J, Dudin L, et al. Green chemistry articles of interest to the pharmaceutical industry[J]. Organic Process Research & Development, 2010, 14(4): 770-780.

[111] Baumann M, Baxendale I R. The synthesis of active pharmaceutical ingredients (APIs) using continuous flow chemistry[J]. Beilstein Journal of Organic Chemistry, 2015, 11: 1194-1219.

[112] Bogdan A R, Poe S L, Kubis D C, et al. The continuous-flow synthesis of ibuprofen[J]. Angewandte Chemie-International Edition, 2009, 48(45): 8547-8550.

[113] Snead D R, Jamison T F. A three-minute synthesis and purification of ibuprofen: pushing the limits of continuous-flow processing[J]. Angewandte Chemie-International Edition, 2015, 54(3): 983-987.

[114] Glasnov T N, Kappe C O. Toward a continuous-flow synthesis of boscalid (r)[J]. Advanced Synthesis & Catalysis, 2010, 352(17): 3089-3097.

[115] Harsanyi A, Conte A, Pichon L, et al. One-step continuous flow synthesis of antifungal who essential medicine flucytosine using fluorine[J]. Organic Process Research & Development, 2017, 21(2): 273-276.

[116] Kobayashi S. Flow "fine" synthesis: high yielding and selective organic synthesis by flow methods[J]. Chemistry-An Asian Journal, 2016, 11(4): 425-436.

[117] Pellegatti L, Sedelmeier J. Synthesis of vildagliptin utilizing continuous flow and batch technologies[J]. Organic Process Research & Development, 2015, 19(4): 551-554.

[118] Chematica[EB/OL]. [2011-11-8]. http: //chematica.net/#/media.

[119] Kowalik M, Gothard C M, Drews A M, et al. Parallel optimization of synthetic pathways within the network of organic chemistry[J]. Angewandte Chemie-International Edition, 2012, 51(32): 7928-7932.

[120] Szymkuc S, Gajewska E P, Klucznik T, et al. Computer-assisted synthetic planning: the end of the beginning[J]. Angewandte Chemie-International Edition, 2016, 55(20): 5904-5937.

[121] Santanilla A B, Regalado E L, Pereira T, et al. Nanomole-scale high-throughput chemistry for the synthesis of complex molecules[J]. Science, 2015, 347(6217): 49-53.

[122] Ahneman D T, Estrada J G, Lin S, et al. Predicting reaction performance in C—N cross-coupling using machine learning[J]. Science, 2018, 360(6385): 186-190.

[123] Adamo A, Beingessner R L, Behnam M, et al. On-demand continuous-flow production of pharmaceuticals in a compact, reconfigurable system[J]. Science, 2016, 352(6281): 61-67.

[124] Cole K P, Groh J M, Johnson M D, et al. Kilogram-scale prexasertib monolactate monohydrate synthesis under continuous-flow CGMP conditions[J]. Science, 2017, 356(6343): 1144-1150.

第二章

微尺度单相流动与混合

本章将在阐述微尺度单相流动与混合的基本原理基础上，讨论微混合器的基本设计原则和分类原理，然后着重介绍微尺度混合性能的表征方法，之后结合筛孔微反应器微混合性能、高黏和大流量比体系和纳米浆料体系三个体系详细探讨如何实现对微混合性能的表征以及混合性能强化。

第一节　概述

均相流动和混合是化工过程中的典型过程，在诸如聚合反应、精细化工、制药、食品等工业过程中广泛存在。对于纯粹的物理性混合，混合效果就是评价工艺的标准；而对于带有反应的一些工业过程，尤其是快速反应的体系，都必须以良好的混合作为前提，混合效果对其产物的收率以及产品质量等都有着决定性的影响[1-5]。

液/液均相混合是指两股物料之间可以完全互溶的混合，通常发生在溶剂相同的溶液或者彼此互溶的液体之间。按照流体特征尺寸的大小，可以分为宏观混合、介观混合、微观混合[6]。达到理想混合状态则意味着实现了分子级的混合，也就是在混合流体内部任何区域的任意大小控制体内，分子环境完全相同，每一种分子或离子在空间各处分布均匀。

微尺度均相混合指的是在微结构设备内进行的流体间的混合，它与微观混合是两个不同的概念。在微设备里的大多数流动的 Reynolds 数远小于 2000，为层流流动。因此，微混合的机制主要建立在流体层流流动机制上，包含层流剪切、延伸流动、分布混合与分子扩散[7,8]，其特征混合时间主要由流体特征扩散距离和分子扩

散系数来决定。由公式（2-1）所示，特征混合时间（t_m）被描述为：

$$t_m \propto \frac{L^2}{D} \qquad (2\text{-}1)$$

式中，L 是特征扩散距离；D 是扩散系数。这个公式解释了为什么微反应器中的较小尺寸可以极大地减少混合时间。从设计角度来看，开发能够快速实现极小扩散距离的微混合器是可行的。

由公式（2-1）可知，混合时间跟特征扩散距离的平方成正比，减少特征扩散距离可以极大地减少混合时间。因此，相对于传统混合设备，微混合器在实现高效混合上的优势本质上归结于它极小的设备当量直径，一方面，它大大缩短了分子扩散的路径，另一方面，增大了流体间接触的表面积。所以，在微混合器内，要达到分子级混合的状态，大多数分子只需要通过运动一段较短的距离就能够到达理想混合状态。

第二节　微混合器

微混合器的作用是有效地实现多个流体的接触并快速获得混合良好的流体，其特征尺寸在亚毫米（mm）到亚微米（μm）量级。适当的微混合设计可以决定微化工设备的整体性能[10]。微混合器可以由聚合物、玻璃、钢铁、硅和陶瓷等多种材

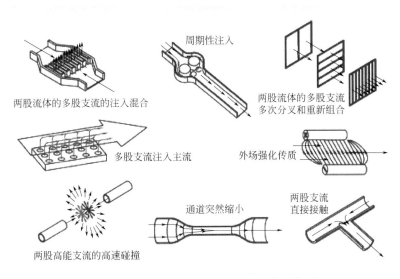

两股流体的多股支流的注入混合　　周期性注入　　两股流体的多股支流多次分叉和重新组合

多股支流注入主流　　外场强化传质

两股高能支流的高速碰撞　　通道突然缩小　　两股支流直接接触

图 2-1　基于不同混合概念的微混合器类型 [9]

料制造[11]，选择取决于材料与试剂的相容性和制造的简易性。常见的微混合器所采用的混合概念如图 2-1 所示：两股流体的多股支流的注入混合；多股支流注入主流；两股高能支流的高速碰撞；通道突然缩小；两股支流直接接触；周期性注入；两股流体的多股支流多次分叉和重新组合以及外加外场强化传质等等。这些典型的微混合概念各自都有自己的特点和适用范围，比如最简单的两股支流直接接触是最常见和最简单的微混合设计，只要尺寸足够小，可以应用于大多数的应用场合；将一股流体的多股支流注入主流是一种简单的微混合器放大方式，但是对于筛孔和狭缝的分布和设计具有很高的要求；两股流体的多股支流多次分叉和重新组合跟宏观的静态混合器比较类似，可以在较宽的流速范围内实现流体的均匀混合，但是这种方式对混合器加工要求比较高，其适用性受到一定的限制。

图 2-2 为基于微尺度混合原理所设计的几种常见的微混合器。与经典的混合器设计一样，微混合器可以分为无源的被动混合器（没有外部能量）和有源的主动混合器（添加外部能量）。最广泛使用的微混合器是无源的，利用混合器的几何形状实现流体的有效接触和混合。

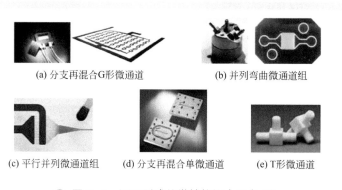

(a) 分支再混合G形微通道 (b) 并列弯曲微通道组

(c) 平行并列微通道组 (d) 分支再混合单微通道 (e) T形微通道

▶ 图 2-2　不同形式的微结构混合设备[12]

图 2-3 总结了目前常见的被动微混合器类型：简单接触结构[13]，分裂复合结构[14]，多层结构[15]，螺旋或弯曲结构[16, 17]和周期性静态结构[18-20]。简单的接触结构包括 T 形连接、Y 形连接、交叉连接和并联连接。正如已经广泛研究的那样[21, 22]，通过改变流体接触方向，能够实现不同的混合效率。虽然这些简单的无源混合器构成了最普遍的混合类型，但是这些简单的混合器可能难以实现高效混合，通常导致环形或不充分的分段流动。采用分流复合设计的微混合器可反复拉伸、剪切和堆积流体，可实现高黏流体的有效混合。类似地，多层结构基于将流体剪切细分为薄膜的原理，由于其扩散距离减小，即使在低流速下也表现出优异的混合性能。具有螺旋或弯曲结构的微混合器可以通过通道中的螺旋或曲线几何形状产生的混沌流来提高混合性能。周期性的静态结构既可以引起混沌流也同时存在剪切效应，对多相流

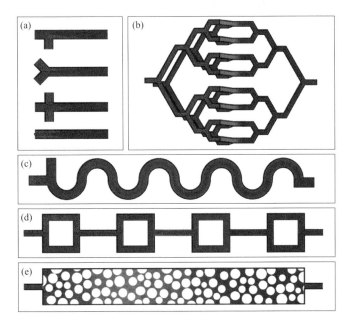

🔵 图 2-3　四种混合结构示意图：（a）简单接触结构；（b）多层结构；
（c）螺旋或弯曲结构；（d）分裂复合结构；（e）周期性静态结构

体也是有效的。在实际应用中，为了提高混合性能，还可以同时将几种微混合结构设计加工在一个微混合器内。例如，康宁流式反应器既有 Y 形连接也有分裂复合结构 [23]。

除无源被动微混合器外，为了进一步控制或提高混合性能，可以将外部能量输入到微混合器中形成有源主动微混合器。这些外场的能量来源包括超声场 [24]，声学诱导气泡振动 [25]，电动力不稳定场 [26]，流动的周期性变化 [27]，电润湿法诱导液滴融合 [28]，压电振动膜 [29]，磁场水力学作用 [30]，微型叶轮机 [31]，集合微阀/泵 [32] 等。相比于被动式混合，主动式混合的强化手段更加丰富 [33]。它的优点在于更高的灵活度（整体或局部）、准确性、能量利用率，避免了引入杂质可能带来的麻烦。它的缺点在于，外场的引入通常须依靠特定装置来实现，由此增加了系统的复杂性和成本。

第三节　微尺度混合性能表征方法

微混合性能是微混合器最关键的性能，如何确定在不同工艺条件下的混合性能

是微混合器设计的关键。因此，需要发展微尺度混合性能的表征方法。目前，文献报道的混合性能的实验表征方法可以分为两大类：一类是基于可视化技术，另一类是基于化学分子探针反应的方法。此外，在 Joëlle 等人[34]关于微结构设备内的混合及流动表征的综述文章中曾提出相似的分类方法，即：一类是以可溶性分子为基础的表征方法，另一类则是以反应为基础的表征方法。前者包括染料示踪和激光诱导荧光示踪两类，后者包括酸碱指示反应、生成带色物质的反应和平行竞争反应三类。

一、可视化表征方法

1. 染料示踪

将两股待混合液体（含带色染料 & 无染料）进行混合，通过显微拍摄并观察混合后液体中的颜色分布及深浅来了解混合效果，这种简单的表征手段就是染料示踪。早期对混合的研究大都采用此法，Hessel 等[35]，Wong 等[36]，Schönfeld 等[14]，Lee 等[37]都在各自的研究中用到这一表征方法（如图 2-4）。比如 Wong 等[36]在 T 形微通道内研究了两股流体在不同雷诺数下的混合效果，如图 2-4（b）所示。通过在一股流体中加入蓝色染料，可以清楚地看到在微通道内流动的不稳定性和涡流的存在。但必须注意的是，这一方法所得结果是混合通道深度方向的叠加效果，以及相机曝光时间内的平均结果，所以难以准确地反映混合通道的时空混合特性。

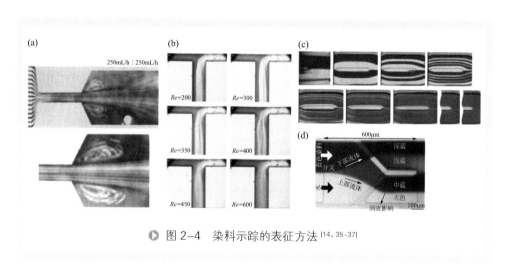

图 2-4　染料示踪的表征方法[14, 35-37]

2. 激光诱导荧光

英文名称为 Laser-Induced Fluorescence，简称 LIF，以荧光剂作为示踪分子，向溶液发射激光，荧光分子受激光激发出荧光，在荧光显微镜及在线显微摄像下能

够得到混合流体的荧光分布图。将激光扫描装置加装在荧光显微镜上，经过图像处理，光学成像的分辨率可提高 30% ～ 40%，这种设备称作共聚焦显微镜（CSLM）。凭借共聚焦显微镜，能够获得三维空间的混合状态。Johnson 等 [38]，Knight 等 [39]，Hoffmann 等 [40]，Stroock 等 [41] 在各自的研究中利用激光诱导荧光技术研究了三维空间的混合状态（如图 2-5）。其中，Johnson 等 [38] 在一股流体中加入荧光物质罗丹明 -B，在 T 形微通道内研究了刻蚀通道对混合性能的影响，如图 2-5（a）所示。结果发现，刻蚀通道由于微细结构带来的对流混合大大增强，在较短距离内就可以实现两股流体的均匀混合。

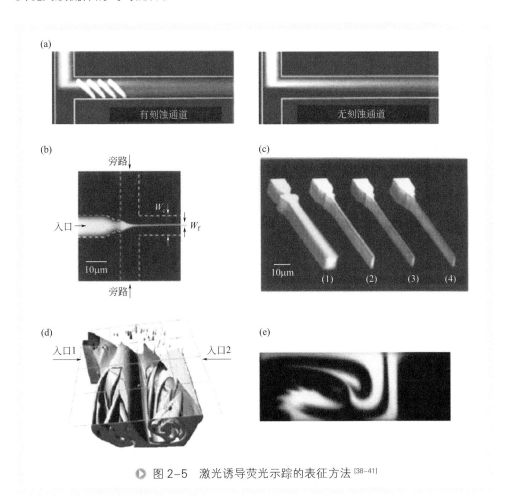

🔵 图 2-5　激光诱导荧光示踪的表征方法 [38-41]

3. 酸碱指示反应

此法是将混合性能对溶液 pH 值产生的影响以酸碱指示剂的显色变化表现出来，以此评价混合效果。如图 2-6，Liu 等 [42]，Cha 等 [43]，Kim 等 [44]，Lee 等 [37] 研究

者试验了诸多不同的指示剂，并以此成功表征了各自研究对象的混合特性。其中，Lee 等 [37] 采用酚酞指示剂表征两股流体的混合，如图 2-6（c）所示。结果发现，采用交叉再汇合微反应器，只需要两级混合单元，溶液颜色就不再变化，混合达到均匀，与直的微通道有明显优势。然而，该方法与染料示踪法类似，难以定量和反映时空混合特性。

4. 生成带色物质的反应

这是一种很巧妙的表征方法，它选择的特征反应体系能够生成可溶性且显色强烈的物质。相较于染料和荧光示踪的方法，这种方法更本质地反映了微观混合的程度，因为显色物质的生成是以流体达到分子级混合为前提。但是，此法仍然只能获得通道深度方向的叠加结果，并且，对于混合时间较短的情况限制较大，如图 2-7[45]。

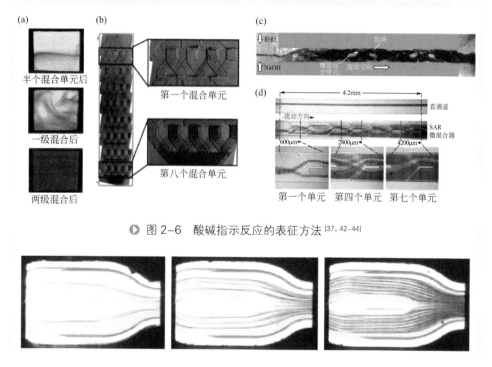

● 图 2-6　酸碱指示反应的表征方法 [37, 42-44]

● 图 2-7　生成带色物质的反应的表征方法 [45]

可视化的表征方法优点在于它的清晰和直观，在快速定性判断混合性能上较为便捷，特别是对于宏观混合的研究很有意义。但从另一个角度来说，定量上的不足也使之无法用作准确评价混合性能的标准，尤其是对于微混合过程，定量化的实验结果是开展相关研究必不可少的基础。由此，有研究者提出了基于化学反应的分子

探针方法。

二、化学分子探针的表征方法

化学分子探针的方法与上述生成带色物质的方法比较相似。与生成带色物质方法不同的是，此方法的检测手段是测量生成物的浓度而非显色情况，这也决定了化学分子探针更能够获得定量化的表征结果。一般满足如下几项要求的反应体系可以用作该方法的分子探针：

（1）反应过程简单（避免分析众多反应物）；

（2）反应产物易于分析；

（3）反应动力学明确，且反应速率≫混合速率；

（4）高灵敏度，可重复性强。

目前，文献中报道的作为混合性能测试的探针反应可以归纳为以下三类：单一反应（A+B$\longrightarrow$R），串联竞争反应（A+B$\longrightarrow$R；R+B$\longrightarrow$S），平行竞争反应（A+B$\longrightarrow$R；C+B$\longrightarrow$S）[46]。作为探针反应，它们的反应速率应远大于混合速率，才能使混合成为整个过程的决速步，从而，检测得到的结果才能直接反映混合性能的好坏。表征体系的要求为：$K_{\text{reaction 1}} \gg K_{\text{reaction 2}} \gg K_{\text{mixing}}$。

相比于光学法，化学反应方法引入简单的化学反应，通过测量产物浓度得到微设备内的混合性能，具有反应产物简单、易于分析、灵敏度高和重复性强等优点。其中，Fournier 等[47, 48]在 1996 年提出的平行竞争反应体系，即 "Villermaux/Dushman" 反应体系，得到了众多研究者的认可，被广泛地应用于各种混合器的混合性能表征，比如搅拌釜[49]，中空膜反应器[50]和静态混合器[51]等。

"Villermaux/Dushman" 反应体系是一组平行竞争反应，由一个瞬时完成的酸碱中和反应和一个快速的氧化反应构成，这两个反应分别如式（2-2）和式（2-3）所示。其中氢离子（H$^+$）作为一股料液的主要组分，含有 $H_2BO_3^-$、I$^-$ 和 IO_3^- 的溶液作为另一股料液。当微混合完全理想，则酸碱中和反应占据绝对优势，H$^+$ 将只参与式（2-2）的反应，但当微混合不完全理想，即混合时间与快速反应时间的量级相当时，H$^+$ 也会在局部参与式（2-3）的反应，得到产物 I_2，I_2 将与 I$^-$ 进一步反应得到 I_3^-。通过紫外 - 可见分光光度计在波长为 353nm 处的测量，可以测得 I_3^- 的浓度，它的浓度高低代表不理想混合的程度。

$$H_2BO_3^- + H^+ \xrightarrow{\ k_1\ } H_3BO_3 \qquad \text{瞬时反应} \qquad (2\text{-}2)$$

$$5I^- + IO_3^- + 6H^+ \xrightarrow{\ k_2\ } 3I_2 + 3H_2O \qquad \text{快速反应} \qquad (2\text{-}3)$$

$$I_2 + I^- \rightleftharpoons I_3^- \qquad (2\text{-}4)$$

根据 Guichardon 等人[52]的研究，式（2-4）的正逆反应速率常数分别为 $5.9 \times 10^9 \text{L} / (\text{mol} \cdot \text{s})$ 和 $7.5 \times 10^6 \text{s}^{-1}$，反应的平衡常数为：

$$K = \frac{c_{I_3^-}}{c_{I_2} c_{I^-}} = 736 \text{L} / \text{mol} \qquad (2\text{-}5)$$

定义分隔因子 X_S 作为表征混合理想程度的标准。当混合极度不理想时，反应等比例发生，以 Y_{ST} 表示按照化学计量比得到的选择性。而实际混合情形下氢离子的选择性记为 Y。X_S 是二者的比值，如式（2-6）所示：

$$X_S = \frac{Y}{Y_{ST}} = \frac{\dfrac{2(n_{I_2} + n_{I_3^-})}{n_{H^+,0}}}{\dfrac{6c_{IO_3^-,0}}{6c_{IO_3^-,0} + c_{H_2BO_3^-,0}}} = \frac{(Q_A + Q_B)(c_{I_2} + c_{I_3^-})}{Q_B c_{H^+,0}} \times \frac{6c_{IO_3^-,0} + c_{H_2BO_3^-,0}}{3c_{IO_3^-,0}} \qquad (2\text{-}6)$$

当混合完全理想时，$X_S = 0$；当混合速率极慢时，$X_S = 1$。

另一常见的用作分子探针的反应体系，也是一组平行竞争反应，包含一个酸碱中和反应和氯乙酸乙酯的碱性水解反应[53, 54]，如式（2-7）和式（2-8）所示。通过色谱检测快速反应的产物浓度就可以来表征混合性能的优劣。

$$HCl + NaOH \longrightarrow NaCl + H_2O \qquad \text{瞬时反应} \qquad (2\text{-}7)$$

$$CH_2ClCOOC_2H_5 + NaOH \longrightarrow CH_2ClCOONa + C_2H_5OH \qquad \text{快速反应} \qquad (2\text{-}8)$$

第四节　微尺度混合性能及其强化

一、微混合器混合性能

1. 微筛孔混合器内混合性能测定

以微筛孔混合器为例，通过"Villermaux/Dushman"反应体系来表征该反应器的混合性能，并研究微混合器结构和操作条件对混合性能的影响规律。实验装置示意图和微筛孔反应器照片如图 2-8 所示。微筛孔反应器主要由分散室和错流通道组成。一块刻有微孔的钢片放入两者之间作为分散微结构，该结构可以近似看作 T 形微通道。实验中酸溶液通过微筛孔进入错流通道与另一股流体混合。错流通道的长是 10mm，宽 0.6mm，高 0.6mm。一个在线紫外测量装置（UV-8345，Hewlett-Packard）放置在微混合器的出口处测量 I_3^- 浓度。实验中用到的"Villermaux/Dushman"体系中各种物质的浓度如表 2-1 所示。

微筛孔反应器的不同微细结构如表 2-2 所示，包括方形筛孔的边长，筛孔的形状、数目、方向和筛孔间距离。

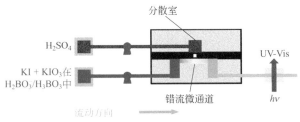

(a) 混合性能表征装置示意图

(b) 微筛孔反应器图片

● 图 2-8　混合性能表征装置示意图和微筛孔反应器照片

表 2-1　"Villermaux/Dushman"体系中各种物质的浓度

物质	浓度 / (mol/L)	物质	浓度 / (mol/L)
KI	0.03	$H_2BO_3^-$	0.09
KIO_3	0.006	H^+	0.04506

表 2-2　微筛孔几何结构和数量

方形筛孔的边长	筛孔的形状	筛孔的数目	筛孔间的距离
100μm	方形	1	0.25mm
200μm	圆形	2	0.50mm
300μm	矩形	3	0.75mm
400μm		4	1mm
			2mm

　　首先研究了物料流速对混合性能的影响，使用单孔微混合器，微孔形状为方形，边长是 300μm。通过改变两股流体的流速，得到 X_S 随流速的变化曲线如图 2-9（a）所示。可以发现，当 v_c 小于 1m/s 时，X_S 随着 v_c 增加从最高的约 0.01 迅速减小；当流速大于 1m/s 时，X_S 随着 v_c 缓慢减小，其最低数值约 0.003。而搅拌釜里的 X_S 在 0.1 ～ 0.7 之间[49]，由此可以看出，微筛孔混合器内的 X_S 比传统搅拌釜要低 1 ～ 2 个数量级，具有显著的优势。

　　其次，研究了筛孔大小对混合性能的影响，使用单孔微混合器，筛孔形状为方形，边长分别是 100μm、200μm、300μm 和 400μm。如图 2-9（b）表示的是在

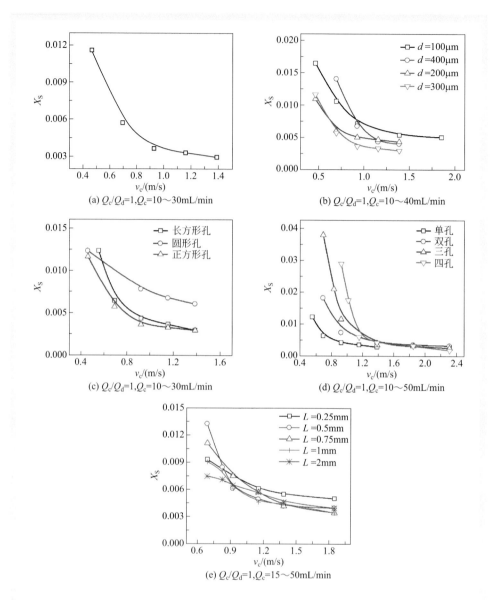

▶ 图 2-9（a）物料流速对混合性能影响：单孔，方形，边长是 300μm；（b）筛孔大小对混合性能影响：单孔，方形，边长分别是 100μm、200μm、300μm 和 400μm；（c）筛孔形状对混合性能影响：单孔，筛孔分别是长方形，400μm×250μm，圆形，直径 300μm，正方形，边长 300μm；（d）筛孔数目对混合性能影响：长方形孔（400μm×250μm），筛孔数目分别是 1 个、2 个、3 个和 4 个，孔间距离是 0.25mm；（e）筛孔间距对混合性能影响：两个长方形孔（400μm×250μm），筛孔间距离分别是 0.25mm、0.5mm、0.75mm、1mm 和 2mm

两股流体比为 1 时，X_S 随连续流体流速 v_c 的变化关系。可以发现，当筛孔边长 d=300μm 时，X_S 的值最小，即这时的混合性能最好，而边长 d 增大或者减小，其 X_S 值都要增加，即混合性能变差。

随后研究了筛孔形状对混合性能的影响，使用单孔微混合器，筛孔分别是长方形，400μm×250μm；圆形，直径 300μm；正方形，边长 300μm。图 2-9（c）表示的是 X_S 随连续流体流速 v_c 的变化关系。可以发现，正方形孔的 X_S 在各种条件下数值最低，长方形孔较高，圆形孔最高，即带有正方形孔的微混合器混合性能最高，长方形次之，圆形最差。

进一步研究了筛孔数目对混合性能的影响 [图 2-9（d）]，使用微混合器的筛孔都是长方形孔（400μm×250μm），筛孔数目分别是 1 个、2 个、3 个和 4 个，孔间距离是 0.25mm。当 v_c 小于 1.4m/s 时，孔数目越多，在相同分散流量条件下，过筛孔的速度越小，X_S 值越大，而当 v_c 大于 1.4m/s 时，孔数目对 X_S 值基本没有影响。

最后，研究了筛孔间距对混合性能的影响 [图 2-9（e）]，使用的微混合器的筛孔都是两个长方形孔（400μm×250μm），筛孔间距离分别是 0.25mm、0.5mm、0.75mm、1mm 和 2mm。从图中可以看出，微孔间距离对 X_S 影响不大，但是微孔间距离小于 0.75mm 时，X_S 随着孔间距的增大而稍微减少。当微孔间距离大于 0.75mm 时，X_S 基本不变。

总结以上结果，筛孔微反应器内的混合性能十分优异，分隔因子 X_S 最低可以达到 0.003，比常规混合器的 X_S 小两个数量级；流量比或分散流体流量不变时，混合性能随着连续流体流速的增大而增强；当微筛孔直径是反应器通道边长的一半时，微反应器混合性能最好，微孔过大或过小，混合性能都变差；当微筛孔的形状是正方形时，混合性能最好，长方形次之，圆孔最差；在较低连续流体流速条件下，孔数越多，混合性能越差，在较高连续流体流速下，孔数对分隔因子影响不大；当微筛孔间距增大时，反应器混合性能增强，间距大于 0.75mm 后，混合性能不再变化。

2. 微筛孔混合器内流动模拟

由于微化工系统尺寸通常只有几十到几百微米，常规手段很难获得其通道内部信息，而 CFD 模拟可以方便地得到通道流动和浓度分布信息，而且在模拟中可以方便地修改混合器结构，从而节省实验时间和费用。由于存在这些优点，数值模拟逐渐成为研究微混合器的有利工具。

为了更清楚地了解微通道内的浓度分布信息，可以采用商业 CFD 模拟软件 CFX5.5 来模拟微筛孔反应器内的流动情况，以更深入了解微通道内混合情况，为建立数学模型提供指导。简化的微筛孔反应器内部通道模型如图 2-10 所示。微通道有两个进口和一个出口，微筛孔以一段小柱体代替。连续流体进口通道和混合溶液出口通道均为 0.6mm×0.6mm，分散流体进口通道为 0.3mm×0.3mm。这些尺寸

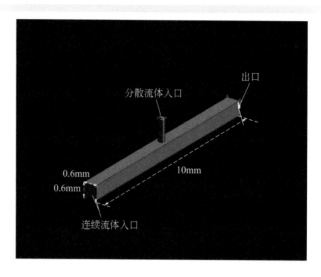

分散流体入口

出口

0.6mm
0.6mm

10mm

连续流体入口

○ 图 2-10　CFD 模型示意图

均与实验中的微筛孔混合器尺寸一致。

　　模拟的条件为不可压缩流体，以水为参考介质，稳态，忽略重力和等温。控制方程为 N-S 方程和连续性方程：

$$u \cdot \nabla u = -\nabla p + \mu \nabla^2 u \qquad (2-9)$$

$$\nabla \cdot u = 0 \qquad (2-10)$$

　　出口压力设定为 0 Pa，连续流体速度为 1m/s，分散流体速度为 3m/s。由于微通道内的雷诺数 Re 约为 600，所以流动模型为层流模型。为了更好地表征微通道中流体的混合过程，我们在两股流体中引入一个变量 p，通过 p 的传递来表征两股流体的混合。令分散物料中 p 的浓度是 1，连续物料中 p 浓度是 0。在微通道中，各处 p 的浓度就表示了混合的效果，若各处 p 的浓度相同，说明混合已经完全。图2-11 给出了不同微细结构下微混合器内的浓度分布，（a）是不同微筛孔大小的影响，（b）是不同微筛孔间距的影响。结果表明，分散流体进入连续流体后形成一个斜柱体区域，这些柱体区域根据微孔的大小有不同的粗细，并且由于分散流体遇到的阻力不同，其进入连续流体的深度也不同。当两孔间距离比较近时（0.25mm），分散流体通过两筛孔进入连续流体后两股流体之间互相影响，当两筛孔间距离比较大时（≥ 0.75mm），两者之间已经几乎没有影响。这也与前面的实验结果相吻合。

3. 微筛孔混合器内混合数学模型建立

　　从前面的 CFD 模拟中可以知道，分散流体进入连续流体中形成斜着的柱状区域，两股流体在柱体表面上进行接触传质。在层流状态下各种物质的扩散系数不变，这样混合性能的好坏取决于接触区域的面积和传质距离的大小，所以接触区域

面积越大，传质距离越小，混合性能越好，分隔因子 X_S 越小。为了简化模型，我们只对连续流体流量大于分散流体流量的情况进行讨论。

图 2-12 为该过程的抽象物理模型示意图。分散流体进入连续流体一定的深度 h，与此同时，分散流体在连续流体的推动下移动距离 l，则柱体与流动方向形成的角度为：

$$\alpha = \arctan\left(\frac{h}{l}\right) \tag{2-11}$$

分散流体在通道方向上的平均速度是 v_c，在垂直流动方向上的平均速度是 $v_d/2$，所以我们得到

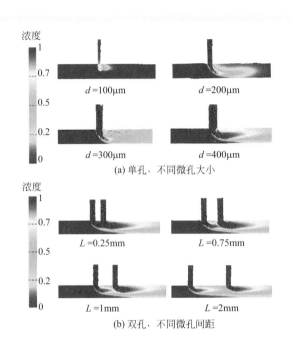

(a) 单孔，不同微孔大小

(b) 双孔，不同微孔间距

▶ 图 2-11　不同微细结构下微混合器内浓度分布

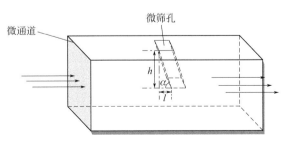

▶ 图 2-12　单孔微混合物理模型示意图

$$\frac{h}{l} = \frac{v_d}{2v_c} \tag{2-12}$$

分散流体进入连续流体深度 h 与分散流体的惯性力有关，而单位截面积的惯性力与 ρv_d^2 成正比 [9]。在本研究中水溶液浓度都不大，所以认为其密度不变，所以我们得到 $h = mv_d^2$，m 为一个数值，与筛孔大小、溶液密度等有关，在后面可由数据拟合得到。因此我们得到斜柱状体的边长 L_s：

$$L_s = \frac{mv_d^2}{\sin\left[\arctan\left(\dfrac{v_d}{2v_c}\right)\right]} \tag{2-13}$$

当筛孔是正方形时，接触面积 A 为

$$A = \frac{4mv_d^2 d}{\sin\left[\arctan\left(\dfrac{v_d}{2v_c}\right)\right]} \tag{2-14}$$

当筛孔是圆形时，接触面积 A 为

$$A = \frac{\pi D_d mv_d^2}{\sin\left[\arctan\left(\dfrac{v_d}{2v_c}\right)\right]} \tag{2-15}$$

当筛孔是长方形时，接触面积 A 为

$$A = \frac{2(d_1 + d_2)mv_d^2}{\sin\left[\arctan\left(\dfrac{v_d}{2v_c}\right)\right]} \tag{2-16}$$

式中，d 是正方形边长；D_d 为圆形直径；d_1 是垂直于流动方向上长方形的边长；d_2 是长方形另一边长。

当微混合器有两个筛孔或更多时，相邻的两孔间存在着相互影响，特别是在两孔间距离比较小的时候。为此，我们引入一个新的参数 φ 来表示孔间距的影响，其由 d_2 和 L 计算得到，如图 2-13（a）所示。

当 $L = 0.75\text{mm}$ 时，$\varphi = 0$，$d_2/(d_2 + L) = 0.25$。

当 $L = 0\text{mm}$ 时，$\varphi = 1$，$d_2/(d_2 + L) = 1$。

因此当 $L < 0.75\text{mm}$，$\varphi = 4/3[d_2/(d_2 + L) - 0.25]$。

当 $L \geqslant 0.75\text{mm}$，$\varphi = 0$。

如图 2-13（b）所示，当有 n 个微筛孔时，接触面积 A 为

$$A = \frac{\left[2n(d_1 + d_2) - 2(n-1)\varphi d_2\right]mv_d^2}{\sin\left[\arctan\left(\dfrac{v_d}{2v_c}\right)\right]} \tag{2-17}$$

表面上筛孔越小，传质距离越小，混合效果就越好。但这只是对于分散流体，对于连续流体，传质距离反而更大。这也是在相同微通道尺寸下，筛孔过大或过小混合性能都下降的原因。为了表示传质距离的影响，需要对面积 A 进行修正。

如图 2-14 所示，当 $L_1 < L_2$，$S = (L_1/L_2)A$；当 $L_1 > L_2$，$S = (L_2/L_1)A$。

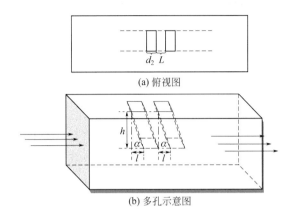

(a) 俯视图

(b) 多孔示意图

◉ 图 2-13　多孔微混合数学模型示意图

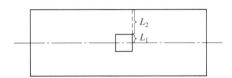

◉ 图 2-14　筛孔与通道相对大小示意图

接下来，我们把实验中各种条件下的操作条件和微结构的参数代入模型中，得到各种条件下的 S 值，然后以 $1/S$ 为横坐标、$\lg X_S$ 为纵坐标，对各组实验数据进行拟合。不同微孔大小的拟合结果如图 2-15（a）所示，不同微孔形状的拟合结果如图 2-15（b）所示，不同微孔数目的拟合结果如图 2-15（c）所示，不同微孔间距的拟合结果如图 2-15（d）所示。

从图中可以看出，$\lg X_S$ 与 $1/S$ 有较好的线性关系，图 2-15（a）和（b）中不同微筛孔大小和形状的 $\lg X_S$ 与 $1/S$ 之间的线性关系有不同的斜率，这是由于 S 中的 m 值与微筛孔的大小和形状有关。图 2-15（c）和（d）两组数据都拟合在一条直线上。根据该模型可知要获得更好的混合性能，只要通过改变微结构设计和操作条件来获得更大的 S 值即可。该数学模型把操作条件和微结构参数都包含在接触面积 S 的计算中，对于微混合器的结构设计和优化操作条件具有较好的指导意义。

通过该数学模型可以很好地解释前面的实验结果。对于流体流速，无论流量比一定还是固定一股流体流量，增大流体的流速都有利于增大 S，所以高流速有利于

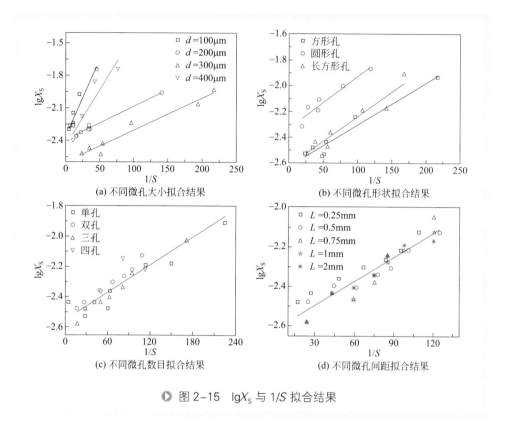

(a) 不同微孔大小拟合结果

(b) 不同微孔形状拟合结果

(c) 不同微孔数目拟合结果

(d) 不同微孔间距拟合结果

▶ 图 2-15　$\lg X_S$ 与 $1/S$ 拟合结果

获得更好的混合性能；对于不同微筛孔大小，筛孔过大或者过小，都会使传质距离增大，使 L_1/L_2 过小，只有当方孔边长为微通道边长一半时，L_1/L_2 最大，所以 S 最大，所以孔边长 300μm 的混合性能最好；对于不同筛孔形状，在相同水力学直径条件下，各个形状的周长是正方形>长方形>圆形，所以相应的 S 值和混合性能也是该顺序；对于不同微筛孔数目，在相同流量条件下，孔数目越多，过孔流速越小，S 越小，混合性能越差；对于孔间距，参数 φ 的存在也可以较好地解释前面的结果，只有 $L \geqslant 0.75$mm 时，φ 才是 0，否则将减小 S 从而使混合性能变差。

二、高黏、大流量比体系微尺度混合性能强化

常规的液／液均相混合通常在较低黏度（$\mu < 1$ mPa·s）、常规混合流量比（≤ 8）。然而，在实际应用中通常存在高黏体系、大流量比的情形，这些过程的混合性能均需要强化。

高黏体系和大流量比之所以成为物料混合的两大挑战，根源在于：在其他条件相同的情况下，黏度的增加使得 Re 数减小，通道中的层流流动状态更加难以被破坏，同时也增大了分子扩散的阻力（扩散系数 D 变小）；而大流量比相比于常规

混合比（比如20：1与2：1）意味着两股流体在通道中占据的空间比例差距悬殊，流体的单位接触面积比常规混合比的情况显著减小，对于分子，尤其是小流股内的分子，从初始状态扩散至另一股流体的平均路径则显著增加。

近年来有研究者提出引入惰性介质的手段，以非均相的方式实现液/液均相混合的强化。Matsuyama 等 [55] 将硅油作为惰性介质引入体系中形成油柱和水柱交替的流动状态。以 "Villermaux/Dushman" 平行竞争反应作为表征体系，他们研究了三种流动形态的混合效果。图 2-16 从（a）到（c）的三种流动形态分别是：两种流体沿径向分布、两种流体沿轴向分布、无惰性流体分隔。以紫外 - 可见分光光度计测量水相中 I_3^- 的浓度，得到反应选择性，并以此为依据评价混合性能。结果表明：沿轴向分布的流动状态混合性能最好，无惰性流体分隔的流动状态效果最差。

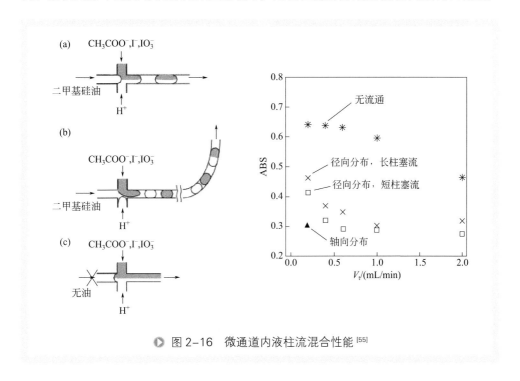

⚫ 图 2-16　微通道内液柱流混合性能 [55]

相似地，Günther 等人 [56] 提出通过引入气相的方式强化液/液均相混合。研究（如图 2-17 所示的荧光示踪、PIV 速度场、CFD 模拟）证明此方法能大大加速混合，缩短物料混合时间，还可大范围地灵活调控物料停留时间。相比于引入惰性液体介质形成液/液两相，气/液相界面更为稳定，更加充分地保证了单个液柱内部的流动与混合，而不引起相间传质。同时，该方法的优势还体现在通道加工的简化、设备的低成本和无杂质的引入。该方法可认为是一种有望解决高黏流体、大流量比下混合难题的方法。

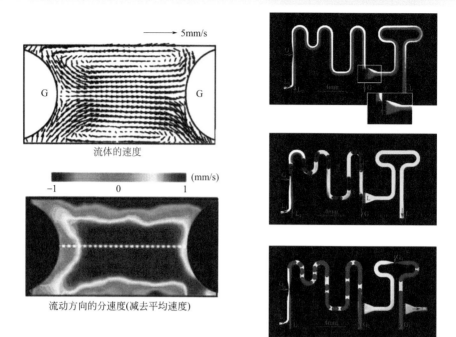

流体的速度

(mm/s)

-1   0   1

流动方向的分速度(减去平均速度)

图 2-17　用于表征混合的 PIV 速度场、CFD 模拟、荧光示踪 [56]

本书作者研究团队对于引入气相强化微混合性能进行了较系统的研究，设计了三种不同结构的微混合器开展研究 [57]，分别是 T 形（T-junction）微混合器、十字形（cross-junction）微混合器和同轴环管（co-flow）微混合器，如图 2-18 所示。

T 形（T-junction）微混合器如图 2-18（a1）所示，选取这个结构的主要原因是构型的简洁和较强的实用性。为了强化混合，在通道中设置了毛细管通道引入气相（N_2），位置如图 2-18（a2）。第二种微混合器是十字形（cross-junction）微混合器，如图 2-18（b1），溶液 A 的进料口在两侧，而引入气相的位置则是在上游，即溶液 B 还未与溶液 A 进行混合的时候，如图 2-18（b2）。第三种同轴环管（co-flow）微混合器与十字形微混合器的轴对称有所不同，属于中心对称式结构，如图 2-18（c1），引入气相的方式则是在尖端拉伸的毛细管内部再嵌套一层毛细管，如图 2-18（c2）。在上述微混合器中，主通道的宽度 w 和深度 h 分别为 600μm 和 400μm，侧通道的宽度 w_s 和深度 h 都是 400μm。

1. 各因素对液/液均相混合的影响规律

针对体系黏度、混合流量比以及通道结构对混合性能的影响规律进行研究。从图 2-19（a）可以看出，X_S 随着体系黏度的增加持续增大，并且在三类微混合器中，黏度的影响效应没有显著差别。正如传统混合理论所述，在最微小的尺度下，分子

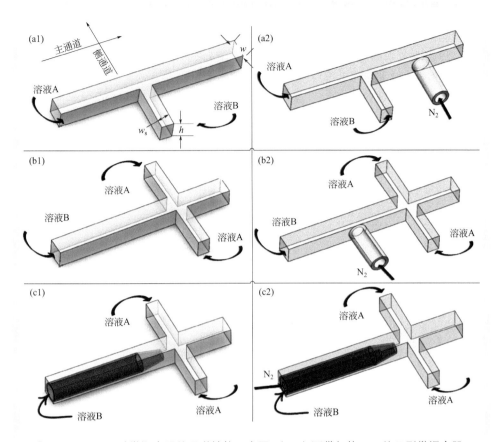

● 图 2-18　三种微混合器的通道结构示意图。（a1）不带气体入口的 T 形微混合器；
（a2）带气体入口的 T 形微混合器；（b1）不带气体入口的十字形微混合器；（b2）带气
体入口的十字形微混合器；（c1）不带气体入口的同轴环管微混合器；（c2）带气体入口
的同轴环管微混合器。对于（a2）和（b2），气相入口内径为 200μm，入口距离混合点
10mm；对于（c1）和（c2），尖端拉伸的毛细管的内径为 300μm（较宽的一头）和
120μm（较窄的一头），拉伸尖端距离混合点 3mm。在（c2）中，内嵌的气相通道毛细
管内径为 100μm，外径为 200μm

级混合的实现最终都是依靠分子扩散，而高黏度则意味着低扩散系数、缓慢的分子
运动速度，因此黏度提高时分隔因子 X_s 变大、混合变差是较容易理解的。正是由
于黏度的效应在此占据了最主要的作用，微通道结构的影响效应在这种条件下基本
上可以忽略。

　　图 2-19（b）表明，混合流量比 R 越高，分子级混合越困难。其中，T 形微混
合器在 R = 25 下的混合变得尤其困难。

2. 气相强化高黏体系、大流量比的液/液均相微混合规律

由图 2-19 可以看到，高黏流体在大流量比的条件下分隔因子 X_S 都在 10^{-2} 量级以上。尽管改变微通道的结构对削弱大流量比带来的影响能起到一定程度的作用，但是仍然存在较大的进步空间。

图 2-20 为引入气相后微混合器的混合性能变化规律。从图 2-20（a）的曲线看到，从引入气体之后的第一个点开始，X_S 就出现跳崖式下跌。在 R_{gas} 不到 0.1 的范围内，X_S 的变化较为显著。当 R_{gas} 大于 0.1 后，X_S 减小的幅度开始趋于平缓，意味着混合的强化已经逐渐趋于这个方法能够实现的极限。

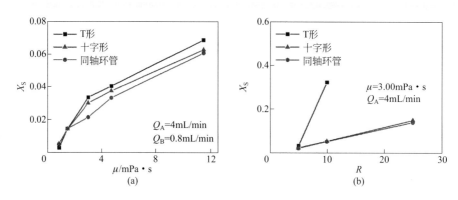

▶ 图 2-19 体系黏度、混合流量比、通道结构对混合性能的影响。（a）三类微混合器中黏度对 X_S 的影响；（b）三类微混合器中混合流量比对 X_S 的影响

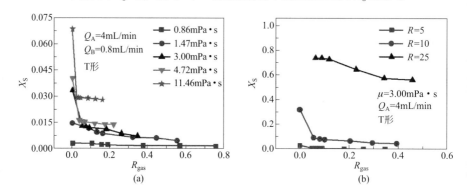

▶ 图 2-20 气相强化 T 形微混合器内的混合。（a）不同黏度下 X_S 随气/液相比 R_{gas} 的变化；（b）不同混合流量比下 X_S 随气/液相比 R_{gas} 的变化

除了黏度的影响，不同混合流量比下的气相混合强化也在图 2-20（b）中得到体现。数据结果表明，在 R_{gas} 不到 0.1 的范围内，X_S 减小到原来的 1/4。从 X_S 的数量级可以发现，混合受到流量比的影响非常显著，尤其当 $R = 25$。因此，在 T 形微

通道内，尽管气相的引入能够显著强化高黏度体系的混合，但是大流量比的问题仍然有待进一步解决。

图 2-21 为分隔因子 X_S 随气 / 液相比 R_{gas} 的变化曲线。从该图可以看到，与 T 形微混合器类似，随着气 / 液相比的增大，X_S 逐渐减小，在 R_{gas} 为 0.05 ~ 0.1 的范围内，强化最为有效。从 X_S 的绝对数值来看，十字形微混合器的混合性能依然优于 T 形，尤其是 $R = 25$ 的情况下，X_S 能够降低到 0.1 以内。

在同轴环管微混合器，气相强化的混合规律与十字形微混合器依然较为类似（图 2-22）。从实验结果来看，当 $R_{gas} = 0.1$ 时，X_S 减小至引入惰性气体之前的 1/4 左右。

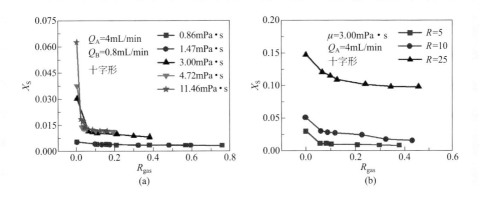

▶ 图 2-21　气相强化十字形微混合器内的混合。（a）不同黏度下 X_S 随气 / 液相比 R_{gas} 的变化；（b）不同混合流量比下 X_S 随气 / 液相比 R_{gas} 的变化

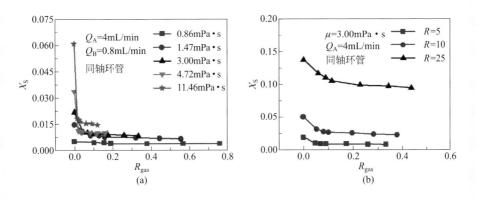

▶ 图 2-22　气相强化同轴环管微混合器内的混合。（a）不同黏度下 X_S 随气 / 液相比 R_{gas} 的变化；（b）不同混合流量比下 X_S 随气 / 液相比 R_{gas} 的变化

3. 气相强化微混合的机理探究

从前面的结果可以知道，气相的引入量并非越大越好，气 / 液相比 R_{gas} 在 0.1

左右就已足够使混合得到强化，继续增加气相流量的强化效果并不显著。为了分析这个现象，在图 2-23 和图 2-24 中，我们利用气 / 液分散的显微照片和荧光示踪的方法，对其机理进行探讨。

很明显，在图 2-23（a）～（c）中，气相的引入将流体分割为活塞流（plug flow）。根据 Günther 等人[56]的研究，可以知道，在通道内形成的液柱中存在内循环。一方面，气相的引入提高了通道内整体流体的流速，另一方面，液柱内存在径向的速度分布，在二者的共同作用下，通道中心位置和壁面位置的流速差被拉大，径向流速梯度的增加为内循环作用提供了动力，从而使得液柱内部的流体得到较为充分的混合，示意图如图 2-23（d）。由此可知，内循环的流场应是中心对称分布。结合图 2-23（e）的荧光示踪结果，在 T 形微混合器内，小流股贴着一侧壁面流动，因而主要参与引入流体那一侧的循环流动。

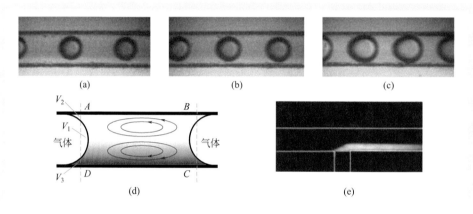

◐ 图 2-23　T 形微混合器内气相强化机理分析。（a）、（b）、（c）微通道内气相引入的显微图像；（d）液柱内循环的示意图；（e）T 形微通道的荧光示踪图片

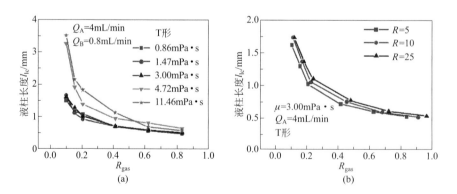

◐ 图 2-24　T 形微混合器内引入气相后液柱长度的变化。（a）不同黏度下液柱长度随气 / 液相比 R_{gas} 的变化；（b）不同混合流量比下液柱长度随气 / 液相比 R_{gas} 的变化

图 2-24 是在 T 形微混合器内各种条件下液柱长度 l_{lc} 的结果，它是基于液相流量和统计的气柱频率计算的平均长度，反映的是图 2-23（d）中与实际液柱等体积的长方形液柱 ABCD 的长度（$V_1 = V_2 + V_3$）。可以看到，随着 R_{gas} 的增大以及黏度和混合流量比的下降，液柱长度 l_{lc} 逐渐减小。更短的液柱意味着更短的内循环路径和周期，对于混合是较为有利的。从图 2-24（a）的曲线斜率可以发现，液柱长度也是在 R_{gas} 达到 0.1 之前变化明显，之后则趋于平缓，后续增加的气体流量主要发挥在拉长气柱的长度上，而对加快气柱与液柱的生成频率帮助不大。这也就解释了为什么 R_{gas} 在 0.05 ~ 0.1 就已足够强化混合。至于在图 2-24（b）中非常接近的三条曲线，由于气柱与液柱的形成主要由气/液相比所决定，混合流量比的变化在这里仅仅引起液相总流量从 4.8mL/min 变到 4.16mL/min，如此小幅度的变化对液柱长度产生的影响也较小，因此三条曲线的接近也是合理的。至此可以说明，在 T 形微混合器中，气相强化作用对解决高黏度造成的混合难题更有效，对于大流量比的难题效果不明显。

我们对比过三类微混合器内的混合性能以及引入气相强化后的混合性能，结果都表明对称式的十字形及同轴环管微通道结构比非对称式的 T 形微通道结构更有优势。图 2-25 显示的是十字形微混合器内液柱长度的变化情况，仅从液柱长度的数值上看，十字形并不比 T 形通道内的液柱长度短，甚至在较高流量比的情况下，T 形通道的液柱长度更短。那么为何十字形通道的气相强化混合效果更理想呢？答案是，对称式结构的内循环流动对两股流体的混合效用更高。

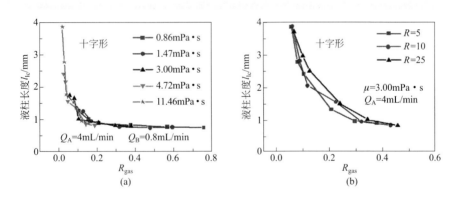

● 图 2-25 十字形微混合器内引入气相后液柱长度的变化。(a) 不同黏度下液柱长度随气/液相比 R_{gas} 的变化；(b) 不同混合流量比下液柱长度随气/液相比 R_{gas} 的变化

图 2-26（a1）与（b1）分别是非对称式的 T 形通道与对称式的十字形通道的荧光示踪照片，尽管十字形通道内的小流股看上去更薄，但是处于通道中心的位置使得它能够同时参与两侧的内循环图 [2-26（b2）]，并且通道中心区域的流速较大，小流股在内循环中的运动速度也更高。相比而言，T 形通道内 [图 2-26（a2）]，小

流股紧贴壁面的流动不仅浪费了一侧的内循环，并且这部分流体尽管参与了内循环流动，但壁面附近的低流速一定程度上影响了这部分分子的移动速度。因而，十字形通道能够在短时间内令整个通道内的流体混合均匀，而 T 形通道则呈现出两侧各自均匀但是浓度不同的现象，正如图 2-26（a3）与（b3）对比的结果。

通过比较图 2-27 中"Villermaux/Dushman"平行竞争反应的结果，可以看到，对于不同黏度下的混合 [图 2-27（a）]，对称式的十字形通道下的 X_S 尽管比非对称

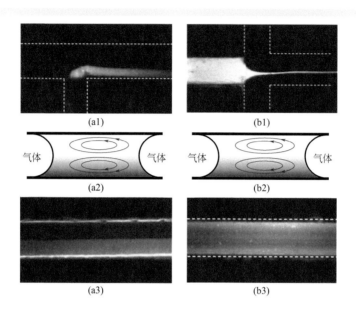

（a1）　　　　　　　　　　　（b1）

（a2）　　　　　　　　　　　（b2）

（a3）　　　　　　　　　　　（b3）

▶ 图 2-26　非对称式与对称式结构微混合器内混合效果差异的机理解释
（μ = 16.5 mPa·s，Q_A = 1mL/min，Q_B = 0.2mL/min）。（a）非对称式 –T 形结构；
（b）对称式 – 十字形结构；（a3）和（b3）中 Q_{gas} = 0.5mL/min

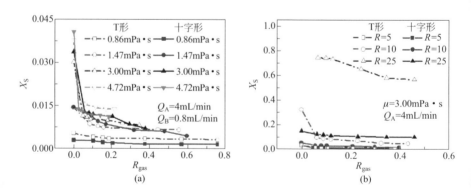

▶ 图 2-27　对称式与非对称式通道内引入气相强化混合的比较。（a）不同黏度下 X_S
随气 / 液相比 R_{gas} 的变化；（b）不同混合流量比下 X_S 随气 / 液相比 R_{gas} 的变化

式的 T 形通道稍低，但二者在 $R = 5$ 的情况下差距并不大。但在提高混合流量比之后，如图 2-27（b），十字形通道体现出非常明显的优势，在 $R = 25$ 的情况下，X_S 几乎只有 T 形通道内 1/10 的量级。这些都表明了，对称式结构的微混合器在解决大流量比带来的混合难题上是一种有效的手段。

而同轴环管微混合器中的液柱长度，如图 2-28 所示，与十字形微混合器相比略长一些，这是由不同混合交叉点结构对气 / 液分散的影响造成。但是这一液柱长度变化的重要性并不如对称式结构在大混合流量比的混合中发挥的作用，所以从定量的表征结果看来二者结果相当。但是如果考虑到通道结构的简洁性，十字形通道在实际应用中将被优先考虑。

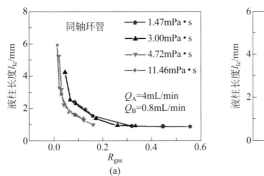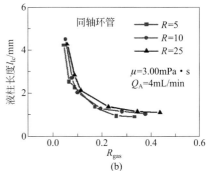

● 图 2-28　同轴环管微混合器内引入气相后液柱长度的变化。（a）不同黏度下液柱长度随气 / 液相比 R_{gas} 的变化；（b）不同混合流量比下液柱长度随气 / 液相比 R_{gas} 的变化

4. 微混合性能的数学模型

根据上述对高黏体系、大流量比液 / 液均相混合及气相强化规律的研究可知，液 / 液混合过程与气相引入强化液 / 液混合过程的流型及其混合性能是不同的，因此，需要建立各自的数学模型。已经知道，流体的黏度、流量比以及流速都会对均相混合产生显著影响，所以可以将分隔因子 X_S 与雷诺数（Re）和混合流量比 R 进行关联，如式（2-18）所示。

$$X_S = kR^\alpha Re^\beta \tag{2-18}$$

其中，参数 k，α，β 需要由实验值拟合得到。R 即是两股待混合流体的流量比 Q_A/Q_B。Re 的定义如式（2-19）所示，其中 ρ 和 μ 分别为密度和黏度，d 是微通道的水力学当量直径。

$$Re = \frac{\rho u d}{\mu} \tag{2-19}$$

针对三种不同的微混合器，我们在表 2-3 中给出三参数的拟合结果。由拟合得到的参数预测 X_S，其数值与实验值在图 2-29 中进行比较，可以看到，二者吻合得较好。通过比较 α 和 β 的数值，我们可以知道，混合流量比在对液 / 液均相混合的影响上作用更突出，尤其对于 T 形微混合器而言。β 的数值为负数，也能够合理说明更高的雷诺数是有利于减小 X_S，提升混合性能。其他未知的影响因素都包含在参数 k 中，它包含了结构参数的影响。此外，十字形与同轴环管微混合器的各个参数数值相近，这也是二者混合机理类似的结果。

表2-3　液 / 液均相混合模型中三参数 k，α，β 的拟合结果

项目	k	α	β	r^2
T 形	0.0018	3.506	−0.731	0.998
十字形	0.0833	1.041	−0.709	0.995
同轴环管	0.0877	1.069	−0.760	0.998

在引入惰性气相强化液 / 液微均相混合的过程中，通道内部形成了液柱，液柱内部产生了内循环。考虑到分隔液柱的长度也显著影响了混合，修正后的分隔因子

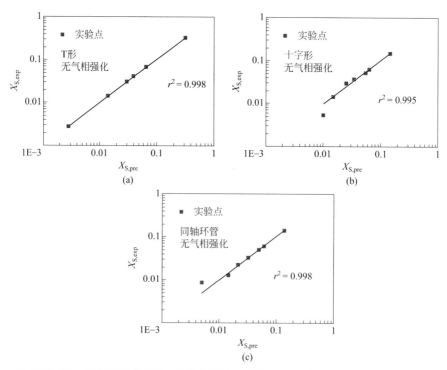

图 2-29　无气相强化的液 / 液均相混合下分隔因子的实验值与预测值的比较。

（a）T 形微混合器；（b）十字形微混合器；（c）同轴环管微混合器

关联式（2-20）可以写成：

$$X_{\mathrm{S}} = kR^{\alpha}Re^{*\beta}\left(\frac{l}{d}\right)^{\gamma}$$ （2-20）

式中，l 即是液柱的长度 l_{lc}；d 是微通道的水力学当量直径，所以二者的比值 l/d 是一个无量纲参数，用于表征分隔液柱的流动。又考虑到引入气相之后，微通道中的层流流动与传统层流流动有所区别，在此对雷诺数也作了修正，如式（2-21）：

$$Re^{*} = \frac{\rho u^{*}l}{\mu} = \frac{\rho l(Q_{\mathrm{A}} + Q_{\mathrm{B}} + Q_{\mathrm{gas}})/S}{\mu}$$ （2-21）

式中，u^{*} 表示气 / 液多相流动的整体表观流速；S 是微通道的横截面积。

式（2-21）中的参数经过拟合得到的结果如表 2-4 所列。

表 2-4　气相强化液 / 液均相混合模型中四参数 k，α，β，γ 的拟合结果

项目	k	α	β	γ	r^2
T 形	0.0018	2.635	−0.673	0.243	0.995
十字形	0.0248	1.405	−0.790	0.064	0.998
同轴环管	0.0038	1.257	−0.319	0.210	0.994

总体上看，k 代表了 X_{S} 的量级，表明了十字形通道在气相强化作用下相较于另外两种通道混合效果更佳。正如没有气相强化的液 / 液均相混合模型中强调的那样，混合流量比 R 的指数 α，在这里依然是各项指数中数值最大的，也同样说明了在气相强化的作用下，混合流量比依然占据了最重要的影响地位，尤其当很多实际应用中不可避免要采用大流量比的操作条件的时候。气相强化的作用同时反映在修正的雷诺数 Re^{*} 和无量纲参数 l/d 上，为负的 β 和为正的 γ 也与我们之前讨论过的气相强化规律相一致。如图 2-30 所示，上述拟合得到的参数结果的预测值与实验值同样也吻合得比较理想。

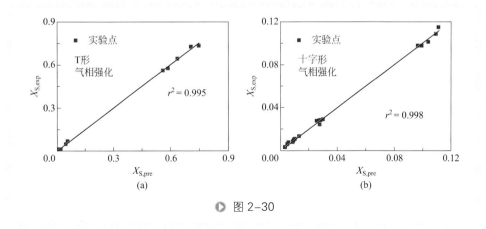

图 2-30

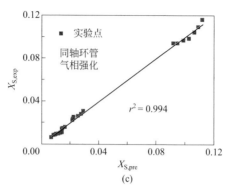

● 图 2-30　气相强化液 / 液均相混合下分隔因子的实验值与预测值的比较。（a）T 形
微混合器；（b）十字形微混合器；（c）同轴环管微混合器

总之，微尺度均相流动与混合相对比多相流动虽然更为简单，但是其流动与混合性能的表征直接决定了均相反应的反应结果。因此，在微反应器内进行均相反应研究时，对微反应器内混合性能的研究是进行其他工作的基础。目前，对微反应器内流动与混合表征方法以及相应的模型化都取得了不错的进展，相关的文献综述也有不少，特别是有关不同结构微混合器的混合性能均有大量的报道，读者可以通过阅读相关文献了解相关设备的性能。但是对于一些特殊情况，比如高黏流体、大相比混合等和微通道内构件对于混合的影响规律还需要读者根据自身的要求来开展进一步研究，以设计出满足要求的微混合器。

参考文献

[1] Wong S H, Bryant P, Ward M, et al. Investigation of mixing in a cross-shaped micromixer with static mixing elements for reaction kinetics studies[J]. Sensors and Actuators B-Chemical, 2003, 95(1-3): 414-424.

[2] Yoshida J, Nagaki A, Iwasaki T, et al. Enhancement of chemical selectivity by microreactors[J]. Chemical Engineering & Technology, 2005, 28(3): 259-266.

[3] Du L, Wang Y J, Lu Y C, et al. Process intensification of BaSO$_4$ nanoparticle preparation with agitation of microbubbles[J]. Powder Technology, 2013, 247: 60-68.

[4] Dong C, Zhang J S, Wang K, et al. Micromixing performance of nanoparticle suspensions in a micro-sieve dispersion reactor[J]. Chemical Engineering Journal, 2014, 253: 8-15.

[5] Zhang J, Tan J, Wang K, et al. Chlorohydrination of allyl chloride to dichloropropanol in a microchemical system[J]. Industrial & Engineering Chemistry Research, 2012, 51(45): 14685-14691.

[6] Johnson B K, Prud'Homme R K. Chemical processing and micromixing in confined impinging jets[J]. AIChE Journal, 2003, 49(9): 2264-2282.

[7] 骆广生, 王凯, 王玉军, 等. 微化工系统的原理和应用 [J]. 化工进展, 2011, 30(8): 1637-1642.

[8] 乐军, 陈光文, 袁权. 微混合技术的原理与应用 [J]. 化工进展, 2004, 23(12): 1271-1276.

[9] Löwe H, Ehrfeld W, Hessel V, Richter Th, Schiewe J. Micromixing Technology//Proceedings of the 4th International Conference on Microreaction Technology, 5-9 March, 2000, Atlanta, USA.

[10] Bourne J R. Mixing and the Selectivity of Chemical Reactions[J]. Organic Process Research & Development, 2003, 7(4): 471-508.

[11] Hartman R L, Jensen K F. Microchemical systems for continuous-flow synthesis[J]. Lab on a Chip, 2009, 9(17): 2495-2507.

[12] Panic S, Loebbecke S, Tuercke T, et al. Experimental approaches to a better understanding of mixing performance of microfluidic devices[J]. Chemical Engineering Journal, 2004, 101(1-3): 409-419.

[13] Wang K, Xie L, Lu Y, et al. Generating microbubbles in a co-flowing microfluidic device[J]. Chemical Engineering Science, 2013, 100: 486-495.

[14] Schönfeld F, Hessel V, Hofmann C. An optimised split-and-recombine micro-mixer with uniform 'chaotic' mixing[J]. Lab on a Chip, 2004, 4(1): 65-69.

[15] Bessoth F G, de Mello A J, Manz A. Microstructure for efficient continuous flow mixing[J]. Analytical Communications, 1999, 36(6): 213-215.

[16] Kockmann N, Gottsponer M, Roberge D M. Scale-up concept of single-channel microreactors from process development to industrial production[J]. Chemical Engineering Journal, 2011, 167(2-3): 718-726.

[17] Kockmann N, Kiefer T, Engler M, et al. Convective mixing and chemical reactions in microchannels with high flow rates[J]. Sensors and Actuators B: Chemical, 2006, 117(2): 495-508.

[18] Faridkhou A, Larachi F. Two-phase flow hydrodynamic study in micro-packed beds-effect of bed geometry and particle size[J]. Chemical Engineering and Processing: Process Intensification, 2014, 78: 27-36.

[19] Tourvieille J N, Philippe R, de Bellefon C. Milli-channel with metal foams under an applied gas–liquid periodic flow: flow patterns, residence time distribution and pulsing properties[J]. Chemical Engineering Science, 2015, 126: 406-426.

[20] Yang L, Shi Y, Abolhasani M, et al. Characterization and modeling of multiphase flow in structured microreactors: a post microreactor case study[J]. Lab on a Chip, 2015, 15(15): 3232-3241.

[21] Zhao C X, Middelberg A P J. Two-phase microfluidic flows[J]. Chemical Engineering Science, 2011, 66(7): 1394-1411.

[22] Falk L, Commenge J M. Performance comparison of micromixers[J]. Chemical Engineering Science, 2010, 65(1): 405-411.

[23] Nieves-Remacha M J, Kulkarni A A, Jensen K F. Hydrodynamics of liquid-liquid dispersion in an advanced-flow reactor[J]. Industrial & Engineering Chemistry Research, 2012, 51(50): 16251-16262.

[24] Yaralioglu G G, Wygant I O, Marentis T C, et al. Ultrasonic mixing in microfluidic channels using integrated transducers[J]. Analytical Chemistry, 2004, 76(13): 3694-3698.

[25] Liu R H, Yang J N, Pindera M Z, et al. Bubble-induced acoustic micromixing[J]. Lab on a Chip, 2002, 2(3): 151-157.

[26] Oddy M H, Santiago J G, Mikkelsen J C. Electrokinetic instability micromixing[J]. Analytical Chemistry, 2001, 73(24): 5822-5832.

[27] Glasgow I, Aubry N. Enhancement of microfluidic mixing using time pulsing[J]. Lab On a Chip, 2003, 3(2): 114-120.

[28] Paik P, Pamula V K, Fair R B. Rapid droplet mixers for digital microfluidic systems[J]. Lab On a Chip, 2003, 3(4): 253-259.

[29] Woias P, Hauser K, Yacoub-George E. An active silicon micromixer for mu tas applications: Mesa Monographs[Z]//Vandenberg A, Bergveld P, Olthuis W. Dordrecht: Springer, 2000: 277-282.

[30] West J, Karamata B, Lillis B, et al. Application of magnetohydrodynamic actuation to continuous flow chemistry[J]. Lab On a Chip, 2002, 2(4): 224-230.

[31] Lu L H, Ryu K S, Liu C. A magnetic microstirrer and array for microfluidic mixing[J]. Journal of Microelectromechanical Systems, 2002, 11(5): 462-469.

[32] Voldman J, Gray M L, Schmidt M A. Liquid mixing studies with an integrated mixer/valve[J]. Micro Total Analysis Systems, 2000, 98: 181-184.

[33] Wang S S, Huang X Y, Yang C. Mixing enhancement for high viscous fluids in a microfluidic chamber[J]. Lab On a Chip, 2011, 11(12): 2081-2087.

[34] Aubin J, Ferrando M, Jiricny V. Current methods for characterising mixing and flow in microchannels[J]. Chemical Engineering Science, 2010, 65(6): 2065-2093.

[35] Hessel V, Lowe H, Schönfeld F. Micromixers - a review on passive and active mixing principles[J]. Chemical Engineering Science, 2005, 60(8-9): 2479-2501.

[36] Wong S H, Ward M, Wharton C W. Micro T-mixer as a rapid mixing micromixer[J]. Sensors and Actuators B-Chemical, 2004, 100(3): 359-379.

[37] Lee S W, Kim D S, Lee S S, et al. A split and recombination micromixer fabricated in a pdms three-dimensional structure[J]. Journal of Micromechanics and Microengineering, 2006, 16(5): 1067-1072.

[38] Johnson T J, Ross D, Locascio L E. Rapid microfluidic mixing[J]. Analytical Chemistry, 2002,

74(1) : 45-51 .

[39] Knight J B, Vishwanath A, Brody J P, et al. Hydrodynamic focusing on a silicon chip: mixing nanoliters in microseconds[J]. Physical Review Letters, 1998, 80(17): 3863-3866.

[40] Hoffmann M, Schluter M, Rabiger N. Experimental investigation of liquid-liquid mixing in T-shaped micro-mixers using mu-lif and mu-piv[J]. Chemical Engineering Science, 2006, 61(9SI): 2968-2976.

[41] Stroock A D, Dertinger S, Ajdari A, et al. Chaotic mixer for microchannels[J]. Science, 2002, 295(5555): 647-651.

[42] Liu R H, Stremler M A, Sharp K V, et al. Passive mixing in a three-dimensional serpentine microchannel[J]. Journal of Microelectromechanical Systems, 2000, 9(2): 190-197.

[43] Cha J, Kim J, Ryu S, et al. A highly efficient 3d micromixer using soft pdms bonding[J]. Journal of Micromechanics and Microengineering, 2006, 16(9SI): 1778-1782.

[44] Kim D S, Lee I H, Kwon T H, et al. A barrier embedded kenics micromixer[J]. Journal of Micromechanics and Microengineering, 2004, 14(10): 1294-1301.

[45] Hardt S, Pennemann H, Schöenfeld F. Theoretical and experimental characterization of a low-reynolds number split-and-recombine mixer[J]. Microfluidics and Nanofluidics, 2006, 2(3): 237-248.

[46] Guichardon P, Falk L. Characterisation of micromixing efficiency by the iodide-iodate reaction system. Part i: experimental procedure[J]. Chemical Engineering Science, 2000, 55(19): 4233-4243.

[47] Fournier M C, Falk L, Villermaux J. A new parallel competing reaction system for assessing micromixing efficiency-determination of micromixing time by a simple mixing model[J]. Chemical Engineering Science, 1996, 51(23): 5187-5192.

[48] Fournier M C, Falk L, Villermaux J. A new parallel competing reaction system for assessing micromixing efficiency-experimental approach[J]. Chemical Engineering Science, 1996, 22(51): 5053-5064.

[49] Legrand J, Benmalek N, Imerzoukene F, et al. Characterisation and comparison of the micromixing efficiency in torus and batch stirred reactors[J]. Chemical Engineering Journal, 2008, 142(1): 78-86.

[50] Baccar N, Kieffer R, Charcosset C. Characterization of mixing in a hollow fiber membrane contactor by the iodide–iodate method: Numerical simulations and experiments[J]. Chemical Engineering Journal, 2009, 148(2-3): 517-524.

[51] Lindenberg C, Schöll J, Vicum L, et al. Experimental characterization and multi-scale modeling of mixing in static mixers[J]. Chemical Engineering Science, 2008, 63(16): 4135-4149.

[52] Guichardon P, Falk L, Villermaux J. Characterisation of micromixing efficiency by the iodide-iodate reaction system. Part ii: kinetic study[J]. Chemical Engineering Science, 2000, 55(19):

4245-4253.

[53] Bourne J R, Gholap R V, Rewatkar V B. The influence of viscosity on the product distribution of fast parallel reactions[J]. Chemical Engineering Journal and the Biochemical Engineering Journal, 1995, 58(1): 15-20.

[54] Bourne J R, Yu S Y. Investigation of micromixing in stirred tank reactors using parallel reactions[J]. Industrial & Engineering Chemistry Research, 1994, 33(1): 41-55.

[55] Matsuyama K, Tanthapanichakoon W, Aoki N, et al. Operation of microfluidic liquid slug formation and slug design for kinetics measurement[J]. Chemical Engineering Science, 2007, 62(18-20SI): 5133-5136.

[56] Gunther A, Khan S A, Thalmann M, et al. Transport and reaction in microscale segmented gas-liquid flow[J]. Lab On a Chip, 2004, 4(4): 278-286.

[57] Zhang J S, Wang K, Lu Y C, et al. Characterization and modeling of micromixing performance in micropore dispersion reactors[J]. Chemical Engineering and Processing: Process Intensification, 2010, 49(7): 740-747.

第三章

微尺度多相流动与分散

　　气/液、液/液、气/固、液/固、气/液/固、液/液/固、液/液/液等非均相体系与化工、能源、冶金、核能、航空航天、化学、生物、医药、环境和材料等学科和产业密切相关，是众多学科和领域共同关心和研究的对象。非均相传递和反应过程与国民经济密切相关，相关过程的节能减排和技术创新是当代流程工业的重要任务之一，它将直接影响到流程工业的绿色和可持续发展。例如，对于服务于化学工业及其相关产业的化学工程学科而言，萃取、萃取精馏、液/液相转移反应、反应萃取、液/液非均相合成、生物产品纯化和分析、乳液制备、乳胶粒子、材料制备等众多过程均涉及液/液体系，吸收、精馏、气/液非均相反应、气泡浮选、生化反应、多孔材料制备等众多过程均以气/液分散体系为主要研究对象。但由于液/液、气/液等非均相体系的复杂性，相关研究还很不成熟。一方面，液/液、气/液体系的流动、分散和传质行为已有大量研究，但均是在常规化工设备内的研究结果，如气流搅拌反应器、气/液吸收塔、液/液搅拌反应器、液/液萃取塔等，相关过程还存在设备体积庞大、放大效应明显、效率低、投资大、可控性差以及安全性能不好等问题。可以说，针对液/液、气/液等非均相体系的高效设备和技术的发展还比较缓慢。另一方面，随着现代科学技术的发展，化工、生物、环境、能源、材料等领域均对分离和反应过程提出了更高的要求，例如，生物产品液/液分离纯化、手性化合物非均相高效合成、环境领域的高效气体吸收和水处理等。因此，开发高效率、低能耗的新型液/液、气/液等非均相体系的分散技术和设备，已经成为化学工程学科和化学工业的重大任务。

　　自20世纪90年代"化工过程微型化"概念提出后，微化工技术迅速成为化学工程学科的前沿和热点方向之一，其中液/液、气/液、液/液/液、气/液/液等非均相体系的微尺度分散和流动作为该前沿方向的最主要的研究内容。多相体系的

微分散技术和微尺度也是微流控技术关注的重点内容，因为在生物检测、化学分析、乳液产品制备、材料制备、流体力学研究等均大量涉及多相微分散技术和流动，一些综述性文章对于相关研究成果进行了较为详细的报道[1-15]。已有研究成果表明，以微结构设备制备液滴或者气泡，具有能耗低、气泡的单分散性能好以及易于实现尺寸调控等优点，特别是所形成的微分散体系相较于传统的多相分散体系，具有传递性能好、混合速度快、反应速率快、转化率和选择性高等优点，甚至可以在温和的条件下实现部分在传统设备中要在苛刻的条件下才能实现的过程。由此可见，微分散技术的研究是化学工程学科和化学工业迎接新的机遇和挑战的重要研究内容。

液/液、气/液等非均相体系的分散和流动性能研究是微化工技术领域的一个重要研究方向，尤其是液/液和气/液两相微分散过程和流动的研究十分丰富，近年来液/液/液和气/液/液三相微分散过程和流动以及多相微分散技术的研究也开始活跃起来。在化工及其相关学科的专业性杂志上已有液/液、气/液微分散过程和流动的综述性文章发表[12-18]，如 Stone 等人[11]较为全面地综合了细小管道内多相流动行为，Shui 等人[16]综述了微米和纳米通道内多相流流动行为，Zhao 等人[15]则对于液/液和气/液两相流动的分散机制、作用力变化以及流型变化等进行了综述，本书作者[12-14]则对于液/液两相分散、传质和反应，以及多相复杂流动微化工系统的构建等进行了综述，Wörner 等人[17]则较为全面地分析了典型的模拟方法在微流体和微化工过程应用研究现状。本章将在全面考虑微分散理论与技术发展的基础上，以气/液和液/液两相微分散过程和流动的基本规律为重点进行论述，主要将针对微尺度条件下作用力和分散机制、微尺度分散规律、微分散尺寸的模型化等方面进行较为详细的分析，同时针对近年来开展新型多相微分散过程，如气/液/液、液/液/液等三相微分散过程进行简略论述，以为读者提供微分散技术的方法和理论，为进一步开展科学研究和工程实践提供参考。

第一节　微尺度下作用力和无量纲特征数

在常规尺度的化工设备内，在常规操作条件下重力和惯性力在气/液、液/液等非均相体系的分散过程中占主导地位，分散相尺寸通常在毫米到厘米量级。当设备的特征尺寸减小到微米量级时，流体与壁面之间、非均相流体之间的作用力大小会发生很大的变化，原来对于分散过程基本没有影响的作用力会成为决定分散过程的主要作用力，如界（表）面力和黏性力，在微尺度下非均相体系会出现新的流动现象和分散规律。量纲，对于气/液、液/液等非均相体系在微尺度条件下作用力

进行分析，并通过无量纲特征数对于作用力大小进行比较，将会十分有助于了解微尺度条件下流型和分散尺寸变化规律，深入认识气/液、液/液等非均相体系微化工技术的本质规律。

一、微尺度下气/液作用力分析和无量纲特征数

在常规尺度的化工设备内，通常认为气/液体系的分散过程主要取决于重力和惯性力。当化工设备的特征尺寸减小到微米甚至纳米量级时，通道壁面与流体、流体与流体之间的相互作用将逐渐增强，设备的比表面积不断增大，分散体系的比表面积不断增大，微通道内流体的速度梯度也不断增大，因此相应的界（表）面力和黏性力会不断增大，这些作用力会取代惯性力和重力，成为影响流动过程和分散行为的主要作用力。因此，对于微尺度下多相分散体系的作用力进行对比将十分有助于了解微通道设备与常规化工设备不同的内在原因。微尺度下常用无量纲特征数来表述作用力之间的比较。

雷诺数 Re_c 表示惯性力与黏性力的比值：

$$Re_c = \frac{\rho_c d_h u_c}{\mu_c} \tag{3-1}$$

式中，ρ_c，μ_c，u_c 分别为连续相密度、黏度和流速；d_h 为通道的特征尺寸。在微尺度下雷诺数 Re_c 一般在 10 左右，流体流动是典型的层流流动。这与常规大型化工设备内的流动明显不同，在大型化工设备内为强化混合和传质，大部分是在湍流条件下操作。因此，在微尺度条件下如何调控黏性力的大小将变得十分关键。

在气/液微分散体系稳态流动的状态下，若不考虑重力的情况下，在每个气/液微分散单元内两相的压力均一，可以认为两相的压力相差仅是界面力产生的压力 Δp_{cap}，气、液两相处于平衡状态。Δp_{cap} 的大小可以根据 **Young-Laplace** 方程确定：

$$\Delta p_{cap} = \gamma \kappa \tag{3-2}$$

式中，γ 为气/液两相的界（表）面张力；κ 为界（表）面处的平均曲率[19, 20]。在体系物性确定的条件下，气泡中的压力与周围环境中液体的压力之差取决于界（表）面的曲率。随着气泡尺寸的减小，Δp_{cap} 会迅速增大。因此，随着分散相尺度的减小，气/液界（表）面的曲率不断增加，界（表）面力会逐渐增强。

因为在微分散体系内界（表）面力会显著增加，因此下面的论述中，我们将主要以界（表）面力为比较基准，对于其他作用力与界面力进行比较。

以 Bond 数表征气/液分散体系的浮力与界面力的比较：

$$Bo = \frac{(\Delta \rho) g d_h^2}{\gamma} \tag{3-3}$$

式中，$\Delta \rho$ 为气、液两相的密度差。图 3-1 给出了氮气/水体系在不同微通道尺度

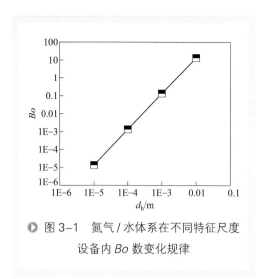

图 3-1 氮气/水体系在不同特征尺度设备内 Bo 数变化规律

下 Bo 的变化规律。由该图可以看出，在常温常压和无表面活性剂的条件下，Bo 数与 d_h 的二次方成正比。当通道特征尺寸减小到 1mm 时，Bo 减小至 0.1 左右，这说明，在微小通道内气/液两相流动过程中界面力的影响开始超越浮力；当通道特征尺寸进一步减小到 10μm 时，Bo 减小至 10^{-5} 左右，这说明，界面力比浮力大五个数量级，因此，相对于界面力，浮力对于气/液微分散过程的影响可以忽略。文献[21]得出同样的结论。

以毛细管数 Ca 表示黏性力和界面力的对比：

$$Ca = \frac{\mu_c u_c}{\gamma} \tag{3-4}$$

式中，μ_c 为连续相黏度；u_c 为连续相流速。在微通道内对于气/液体系毛细管数 Ca 一般在 $10^{-3} \sim 10$ 之间变化，可以看出，界面力在微分散体系中的主导作用。

由以上分析可以看出，在较低流速下，气/液微分散体系的惯性力相比于黏性力和界面张力都基本可以忽略。但是在一些高流速条件下，例如，喷射流（jetting）、尖端流（tip-streaming）条件下，惯性力对于分散和流动的影响就会表现出来[18]。此时，常用韦伯数 We 来对比惯性力和界面力：

$$We = \frac{\rho u_c^2 d_h}{\gamma} \tag{3-5}$$

Gunther 等人[21]计算了在不同的通道水力学半径 d_h 和速度 u_c 下的 Bo、Ca、We 分布，指出，随着通道尺寸的减小和流速的降低，Bo，Ca 和 We 都迅速降低。这说明，与浮力、黏性力以及重力相比，界面力的影响逐渐增强，在微通道中，相比于浮力、黏性力和重力，界面力占主导地位。为了方便读者进一步明确这些无量纲特征数的变化规律，我们以氮气/水体系为例计算 Bo、Ca、We 无量纲特征数随流速和通道尺寸变化，结果列于表 3-1 中。从表 3-1 可以看出，气/液体系，界面力、黏性力、重力和浮力之间存在着复杂的相互作用关系。在占主导地位的界面力和黏性力的共同作用下，气/液体系容易形成具有规则形状的气/液界面，气泡尺寸的大小主要受界面力和黏性力控制。

此外，在微尺度流动中，为了更加清楚地表述各操作条件对于分散的影响规律，人们还常常会定义出两相黏度比 μ_d / μ_c 和两相流量比 Q_d / Q_c 等无量纲特征数来分析对其分散尺寸的影响规律。

表 3-1　氮气 / 水体系 Bo、Ca、We 无量纲特征数随流速和通道尺寸变化

序号	通道特征尺寸 /m	流速 /(m/s)	Bo	Ca	We
1	0.01	10	1.4×10^{1}	1.2×10^{-1}	1.4×10^{4}
		1	1.4×10^{1}	1.2×10^{-2}	1.4×10^{2}
		0.1	1.4×10^{1}	1.2×10^{-3}	1.4×10^{0}
		0.01	1.4×10^{1}	1.2×10^{-4}	1.4×10^{-2}
2	0.001	10	1.4×10^{-1}	1.2×10^{-1}	1.4×10^{3}
		1	1.4×10^{-1}	1.2×10^{-2}	1.4×10^{1}
		0.1	1.4×10^{-1}	1.2×10^{-3}	1.4×10^{-1}
		0.01	1.4×10^{-1}	1.2×10^{-4}	1.4×10^{-3}
3	0.0001	10	1.4×10^{-3}	1.2×10^{-1}	1.4×10^{2}
		1	1.4×10^{-3}	1.2×10^{-2}	1.4×10^{0}
		0.1	1.4×10^{-3}	1.2×10^{-3}	1.4×10^{-2}
		0.01	1.4×10^{-3}	1.2×10^{-4}	1.4×10^{-4}
4	0.00001	10	1.4×10^{-5}	1.2×10^{-1}	1.4×10^{1}
		1	1.4×10^{-5}	1.2×10^{-2}	1.4×10^{-1}
		0.1	1.4×10^{-5}	1.2×10^{-3}	1.4×10^{-3}
		0.01	1.36×10^{-5}	1.2×10^{-4}	1.4×10^{-5}

二、微尺度下液/液作用力分析和无量纲特征数

在上面，我们分析了微尺度下气 / 液非均相体系的无量纲特征数，进而看出在微尺度下的主要作用力。对于液 / 液体系我们做同样的分析，以常温常压下水 / 正己烷体系，己烷为分散相为例计算在不同微通道尺度下 Bo 的变化规律，结果如图 3-2 所示。计算 Bo、Ca、We 无量纲特征数随流速和通道尺寸变化，结果列于表 3-2 中。由图 3-2 可以看出，对于液 / 液体系，由于两相密度差较气 / 液体系小，但界面张力会略有减小，因此总体上 Bo 有一定程度的减小，在大部分情况下重力对于液 / 液微

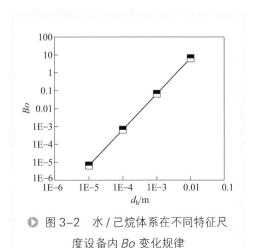

▶ 图 3-2　水 / 己烷体系在不同特征尺度设备内 Bo 变化规律

分散的影响很小，可以忽略。由表 3-2 可以看出，对于液 / 液微分散体系与气 / 液微分散体系相同，界面力和黏性力是影响微分散尺寸和流动的主要作用力。当然，对于有界（表）面张力变化较为明显的体系，如低张力体系，其多相分散行为与常规体系相比会有很大的区别。另外，当操作条件较为特殊时，如高流速或者极端相相比条件下，多相分散过程的控制力也会随之改变。因此，对于在微尺度条件下的多相分散的作用力及其机制还需要根据具体过程来加以分析和讨论。

表 3-2 水 / 己烷体系 Bo、Ca、We 无量纲特征数随流速和通道尺寸变化

序号	通道特征尺寸 /m	流速 /(m/s)	Bo	Ca	We
1	$1×10^{-2}$	10	$0.7×10^1$	$1.2×10^{-1}$	$2.0×10^4$
		1	$0.7×10^1$	$1.2×10^{-2}$	$2.0×10^2$
		0.1	$0.7×10^1$	$1.2×10^{-3}$	$2.0×10^0$
		0.01	$0.7×10^1$	$1.2×10^{-4}$	$2.0×10^{-2}$
2	$1×10^{-3}$	10	$0.7×10^{-1}$	$1.2×10^{-1}$	$2.0×10^3$
		1	$0.7×10^{-1}$	$1.2×10^{-2}$	$2.0×10^1$
		0.1	$0.7×10^{-1}$	$1.2×10^{-3}$	$2.0×10^{-1}$
		0.01	$0.7×10^{-1}$	$1.2×10^{-4}$	$2.0×10^{-3}$
3	$1×10^{-4}$	10	$0.7×10^{-3}$	$1.2×10^{-1}$	$2.0×10^2$
		1	$0.7×10^{-3}$	$1.2×10^{-2}$	$2.0×10^0$
		0.1	$0.7×10^{-3}$	$1.2×10^{-3}$	$2.0×10^{-2}$
		0.01	$0.7×10^{-3}$	$1.2×10^{-4}$	$2.0×10^{-4}$
4	$1×10^{-5}$	10	$0.7×10^{-5}$	$1.2×10^{-1}$	$2.0×10^1$
		1	$0.7×10^{-5}$	$1.2×10^{-2}$	$2.0×10^{-1}$
		0.1	$0.7×10^{-5}$	$1.2×10^{-3}$	$2.0×10^{-3}$
		0.01	$0.7×10^{-5}$	$1.2×10^{-4}$	$2.0×10^{-5}$

第二节　微通道设备和微分散方法及流型

一、微通道设备

微通道设备是实现液 / 液、气 / 液等非均相体系微尺度分散的核心，其几何结构、材料表面性质、操作条件以及体系物性等均对于微分散过程产生重要的影响，

尤其是微通道的几何结构对于微分散过程的影响十分值得重视，正因为如此，自从微流控和微化工技术发展以来，对于具有不同几何结构的微通道设备就是研究的一个重要方向，人们设计了多种形式的微通道设备，对于单通道微设备主要可分为 T 形（T-junction）、Y 形（Y-junction）、十字形（cross-junction）、聚焦流型（flow-focusing）和同轴并流型（co-flowing）等几种[18-30]，如图 3-3 所示。在所列出的微通道结构中较为常见的微通道设备是 T 形、聚焦流型和同轴并流型，其中 T 形微通道设备由于加工方便和结构相对简单而被广泛用于各种研究中，尤其是在液 / 液、气 / 液微分散过程的研究中。而对于高度均一的微分散过程，如微球或者微胶囊的制备，则较多的研究者采用同轴并流型或者聚焦流型微设备。

除用于生成均匀微液滴或微气泡的单通道微分散设备外，人们还发展了多种微液滴群和微气泡群的微分散设备[18]，如微滤膜分散设备[31]、微筛孔阵列设备[32,33]以及微通道阵列设备[34,35]等，如图 3-4 所示。

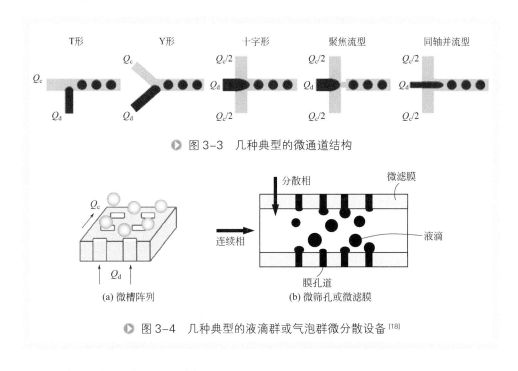

▶ 图 3-3　几种典型的微通道结构

▶ 图 3-4　几种典型的液滴群或气泡群微分散设备[18]

二、微分散方法和分散机理

在微通道内所形成的微气泡、微液滴的大小和分散尺寸的均一性主要受几何结构、分散方法、体系物性以及操作条件等因素影响，微分散过程的内在机制还在于体系内作用力的变化，尤其是界（表）面力和黏性力的调控，因为在多相微分散过程中界（表）面力主要起到阻碍分散相破碎的发生，而黏性力作为主要的剪切力则起到促进分散相破碎的作用。当然若有其他作用力共同发挥作用时，微分散过程的

机制会变得十分复杂。

无论是对于液/液体系还是气/液体系，人们发展许多微分散方法，这些方法均主要在于如何调控微设备内的作用力大小，尤其是调控界（表）面力和剪切力，以实现微分散尺寸的调控。目前常见的微分散方式主要包括：错流剪切[26, 36, 37]、垂直流剪切[38, 39]、水力学聚焦剪切[25, 40, 41]、几何结构破碎[28, 42, 43]等，如图3-5所示。

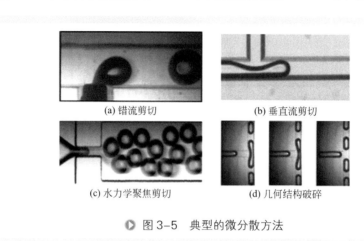

(a) 错流剪切 (b) 垂直流剪切

(c) 水力学聚焦剪切 (d) 几何结构破碎

▶ 图3-5 典型的微分散方法

由微分散方法示意图3-5可以看出，对于T形微通道设备，主要有两种方法，即错流剪切和垂直流剪切。所谓的错流剪切是指以主通道流体为连续相来剪切支通道的流体，进而实现支通道流体分散的过程。在这个过程中主通道的流体剪切力大小是影响分散尺寸大小的最重要因素。垂直流剪切则是指以支通道流体为连续相剪切主通道流体，进而实现主通道流体分散过程。在这个过程中，支通道流体对于主通道流体作用力的大小将直接决定分散过程。在这两种分散方法中，设备的结构相对简单，因此作用力分析相对明确，常常被研究者用于研究分散机制的主要方法。

对于聚焦流型微通道，所发生的破碎方法为水力学聚焦剪切。该分散过程是以主通道流体为分散相，以两边支通道的流体为连续相，在流动过程中支通道流体不断挤压主通道流体，在惯性力和剪切力的作用下使主通道流体发生收缩形变，在两股流体尺寸小到可以通过下游窄缝时，两股流体共同流入窄缝，在窄缝内发生分散相破碎或者在通过窄缝后发生分散相破碎的过程。在该分散过程中，两相流量比、窄缝几何结构和尺寸以及体系物性均会对微分散过程产生明显影响，尤其是窄缝加工的精准度会明显影响两相的作用力大小，进而影响分散规律。因此，水力学聚焦剪切方法的机理研究相对较少，内在的分散机制还是值得不断深入研究。

相对前三种微分散方法，几何结构破碎是指在微分散流体的流动过程中，通过改变下游通道的几何结构实现对于分散相再次破碎的过程，这种分散方法主要是利用通道几何结构的改变来调控微分散体系的作用力，将一部分作用力转变为界（表）面力的过程。这种分散方法的作用在于针对一些需要特殊调控的微分散体系，

如在常规微分散过程中分散尺寸太大，需要进一步减小分散尺寸等。这种分散方法的机理较为复杂，相关方法的系统性报道也较为缺乏。

由以上几种微分散方法的分析可以看出，对于不同的微设备和不同的微分散方法，分散相尺寸的大小和分布主要取决于微分散过程的作用力，如界（表）面力、黏性力、惯性力。若将分散尺寸与微通道特征尺寸相比，我们会发现由于分散相行为的不同，在微通道内液/液、气/液等非均相体系表现出极其丰富的流型，这些流型在常规设备内均是很难实现的。下面，我们将从流型的角度来进一步分析微分散过程的控制机理，进而明确不同流型时的主要控制力和分散机理。

图 3-6[13]根据分散相尺寸与通道尺寸的差异以及分散相断裂位置对于微分散过程的机理和主要作用力进行了概述。由图 3-6 可以看出，虽然所给出的微设备分别为 T 形和十字形，但其分散机制还是基本相同的。当连续相流速较小，而分散相流速较大时，由于连续相所能够提供的剪切力不够大，分散相流体很容易将两相流体接触位置占据，这时所产生的分散尺寸会大于微通道尺寸，微分散过程主要是受到分散相液滴（气泡）上下游压力的作用而发生分散流体的断裂[24, 45]，这种分散相断裂机理一般称为挤压（sueezing）断裂机理。若连续相流速不断增加，其作用力不断增加，使得分散相在两相接触点发生断裂，且液滴（气泡）尺寸小于通道尺寸，这时分散相的断裂机制主要受到剪切力控制[44]，这种分散相断裂机理一般称为滴状剪切（dripping）断裂机理。若进一步增大连续相流速，且分散相流速足够大时，会使得分散相断裂位置在分散相入口的下游较远处，且产生的液滴（气泡）尺寸同样小于微通道尺寸，主要取决于分散相断裂处脖子的大小[10]，这种分散机理一般称为喷射断裂（Jetting）机理。当连续相流速进一步增加，或者体系的界（表）面力小到一定程度时，进入微通道的两相会形成稳定的层流流动，没有液滴（气泡）的产生。

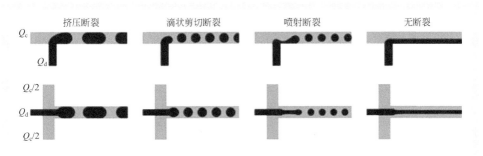

▶ 图 3-6　微分散机制简图

除了上述几种较为常见的分散机理外，研究者还常常会提到一种较为特殊的分散相断裂机理，即尖端断裂（tip streaming）机理[11]，如图 3-7 所示。这种断裂机理一般发生在有表面活性剂的分散体系中，最主要的特殊在于分散尺寸远小于微通道尺寸，且液滴（气泡）在分散相尖端产生，其生成频率远大于常规的分散过程。

图 3-7 尖端断裂微分散过程

从图 3-7 可以看出，分散相的形状是典型的圆锥体。这种分散机理对于常规的气/液体系十分少见 [27]，更多的是在液/液微分散的研究中观察到。由于该过程影响因素相对复杂，因此其机理深入分析的报道相对较少。

由以上分散机理的初步分析，我们可以看到微尺度分散过程的作用力变化、微通道设备的几何结构、体系物性等均对于分散过程产生重要的影响。文献 [46] 针对气/液体系和液/液体系的微分散过程进行了较为全面的分析，将微分散过程划分为三种类型：非受限破碎、受限破碎和部分受限破碎。下面分别对这三种类型的破碎机理进行简要介绍 [47]。

1. 非受限破碎机理（unconfined breakup mechanism）

在非受限破碎过程中，分散相在分散过程中不与通道的壁面接触，通常形成的是小于通道宽度的气泡（气/液体系）或液滴（液/液体系），因此对应的分散机理称为"滴状剪切机理"（dripping flow），这种破碎机理通常在连续相的流速和黏度较高时下发生。

非受限破碎过程通常是在连续相的通道尺寸远远大于分散相的通道尺寸的情况下发生的。Husny 等 [48] 描述了 T 形通道中典型的非受限破碎过程。所采用的微通道是聚碳酸酯材质，支通道的尺寸为 27.5μm，水平通道的尺寸为 275μm。水平通道中通入黏度为 50mPa·s 的硅油，在支通道中通入水，在主通道中水相被分散成小滴滴，形成油包水乳液。图 3-8 给出了水滴分散过程的显微照片。从这些显微照片可以看出，在分散的初始阶段，分散液滴随着分散相的注入体积不断变大 [图 3-8（a）～图 3-8（e）]，变大的速度是由连续相的剪切和分散相所提供的压力之间的平衡控制的；当分散相液滴的体积增大到一定程度时，其前端由于受到连续相剪切力的作用而倾斜并离开主通道的壁面 [图 3-8（f）～图 3-8（i）]；进一步，分散相液滴和分散相主体间的液膜出现"缩口"，"缩口"不断变大直至脱落形成分散液滴 [图 3-8（j）～图 3-8（m）]。

在非受限破碎过程中，由于主通道的壁面对分散相的作用可以忽略，可认为分散过程是由分散相流体和连续相流体的受力平衡所决定的。根据之前对微尺度下气/液、液/液体系的受力分析可知，相对于界面力的影响，重力的影响可以忽略。因此，影响分散过程的主要作用力应该主要是连续相对分散相的黏性剪切力以及气/液或液/液分散过程的相间界面力。影响连续相的黏性剪切力的主要因素包括连续相流体的流速和黏度，当然也包括两相接触方式等。Husny 等 [48] 考察了连续相的流速和黏度对油包水体系分散尺寸的影响，结果表明，随着连续相流速和黏度的增大，分散相液滴的脱落时间变短，分散尺寸减小。Xu 等 [26] 对气/液体系在非受限

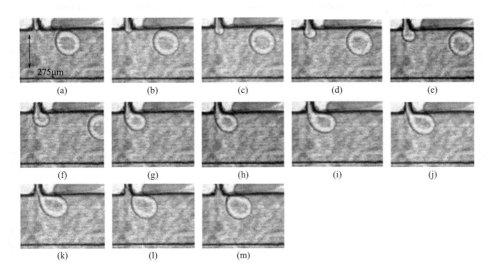

◗ 图 3-8　T 形通道中的非受限破碎过程

破碎过程中的研究表明，气泡尺寸与连续相的流速和黏度的乘积 $\mu_c u_c$ 成反比。以上研究结果说明，黏性剪切力是影响非受限破碎过程的主要因素。Cristini 等 [49] 提出，对于在非受限破碎过程中可以用连续相剪切力和界面张力的相互平衡描述分散过程，并以无量纲特征数 Ca 预测分散尺寸。

2. 受限破碎机理（confined breakup mechanism）

在受限破碎过程中，分散相在分散过程中将阶段性地充满主通道并进一步体积增大，因此，分散相会受到分散方式和通道的形状、尺寸的限制和影响。

在错流剪切过程中，受限破碎过程通常在低 Ca 的情况下发生，在通道中形成气柱 / 液柱分散流。van Steijn 等 [50] 以荧光示踪（μ-PIV）技术研究了 T 形微通道中的受限破碎过程。所采用的微通道材质为 PMMA，支通道和水平通道的尺寸均为 $800\mu m \times 800\mu m$。实验体系为空气 / 乙醇，空气为分散相在主通道被分散形成气柱。图 3-9 给出了气柱分散过程的显微照片以及不同通道高度处液相的流场分布图。从图中可以看出，气柱的分散过程可分为两个阶段：生长阶段和动态断裂阶段。在分散相的生长阶段，分散相长大到完全封住连续相通道，而连续相流体绕过分散相形成"障碍"流动；在分散相的动态断裂阶段，部分连续相流体压缩相界面，直至相界面断裂。在这种情况下，分散气柱 / 液柱的形成是由于连续相压缩气 / 液相界面而导致的，因此称为"挤压破碎"（squeezing）。

Garstecki 等 [24, 25] 研究了在 T 形和水力学聚焦型微通道中液柱、气柱分散流的过程。他们的研究结果表明，气柱或液柱的长度由生长阶段和动态断裂阶段共同决定，相界面的变化过程基本不随液相的黏度和两相的界面张力的变化而发生变化，

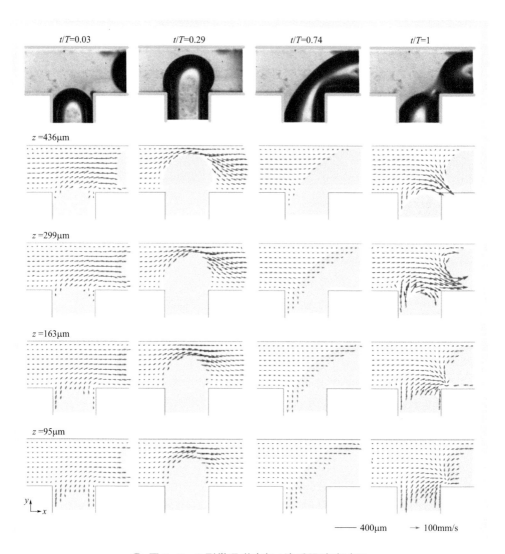

图 3-9　T 形微通道内气 / 液受限破碎过程

只与液相的流速有关。气柱或液柱的分散尺寸与连续相的剪切作用无关，只与两相的流量比有关。

总之，对于受限破碎过程，相界面的动态断裂过程为影响分散尺寸的主要因素，连续相剪切力的作用则可以忽略。分散过程主要受到通道结构、分散方式以及两相流量比的影响。

3. 部分受限破碎机理（partly confined breakup mechanism）

在典型的非受限破碎和受限破碎之间，存在着过渡区域，即部分受限破碎过程。在部分受限破碎过程中，分散相同时受到连续相剪切作用和相界面动态断裂过

程的影响，机理比较复杂。针对部分受限破碎过程的复杂的机理，研究者们提出了结合受力平衡和相界面动态断裂过程两方面的影响以预测分散尺寸的方法。Xiong 等 [51] 对 T 形微通道中空气 / 水溶液体系的错流剪切过程进行了分析，综合考虑了液相剪切力和重力的平衡以及气 / 液两相流量对分散过程的影响。Fu 等 [52] 对水力学聚焦方式下的部分受限破碎过程进行了分析，他们同样考虑了液相剪切力和重力的平衡以及气 / 液两相流量对分散过程的影响。

综上分析，可以看到上述三种分散机理得到了一定的认同。但是，对于不同机理控制区域的转变点的研究，尚未有统一的结论。如对于 T 形通道中液 / 液体系的错流剪切分散过程，Xu 等 [53] 指出，对 200μm 的微通道，当 $Ca < 0.002$ 时，出现受限破碎；当 $0.01 < Ca < 0.3$ 时，出现非受限破碎；$0.002 < Ca < 0.01$ 为过渡区；de Menech 等 [54] 的模拟结果表明，当 Ca 约 10^{-2} 时，流型从非受限破碎向受限破碎转变。由于过渡区域受分散方式、通道的材质、几何结构和尺寸以及体系性质等的影响，加之研究者对于不同区域的认识也不尽相同，因此，在过渡区域的机理认识还有待进一步完善。

三、微通道内气/液、液/液两相流型

由上面有关气泡或液滴的破碎机理，可以较为系统地总结出在不同微通道设备内因破碎机理不同而产生微气泡或者液滴的过程，结果如图 3-10[52] 和图 3-11[18] 所示。

由图 3-10 和图 3-11 可以清楚地看到，微分散过程所产生的气泡和液滴会因为微设备的几何结构、操作条件、体系物性以及两相接触方式的不同而不同，但无论分散方法、分散机理或者微通道设备有什么不同，我们均可以从分散尺寸的大小与

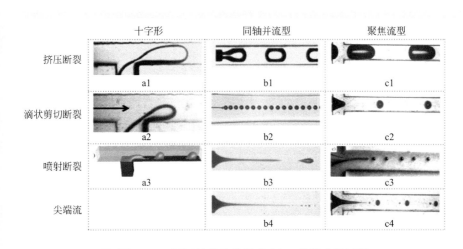

▶ 图 3-10　不同结构的微通道内气 / 液微分散过程

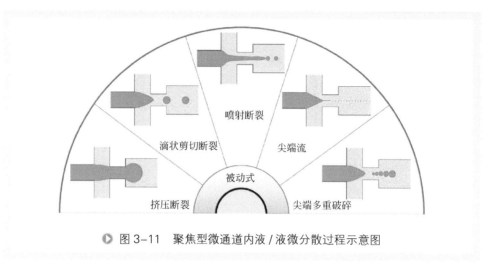

喷射断裂

滴状剪切断裂

尖端流

被动式

挤压断裂

尖端多重破碎

图 3-11　聚焦型微通道内液 / 液微分散过程示意图

微设备特征尺寸的大小进行比较，从而得到气 / 液、液 / 液等多相微分散体系的流型。

1. 气/液微分散体系流型

让我们以气 / 液体系为例说明微分散体系的流型。若简单地以分散相气泡的大小来进行流型划分是一种较为直观和粗略的方式。Fu 等 [46] 对于 T 形微通道内气 / 液两相流型进行划分，他们将气泡大小与微通道直径进行对比，将流动可直接分为长气柱分散流、短气柱分散流和气泡分散流三种，结果如图 3-12 所示。这种粗略的流型划分方法可以较为简略地看到分散机理的作用。

而对于气 / 液微分散体系而言，流型的变化较常规设备多得多。例如，Triplett 等 [56] 测定了在 1mm 的圆形通道中气相和液相表观流速对空气 / 水体系流型的影响，

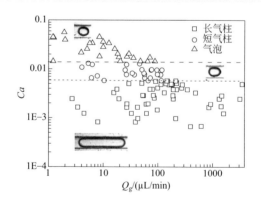

图 3-12　T 形微通道内气 / 液体系三种流型图

结果如图 3-13 所示。可以看出，随着气相和液相流速的改变，气/液微分散体系主要存在五种流型。它们分别是泡状流（bubbly flow）、弹状流（slug flow）、团状流（churn flow）、弹状-环状流（slug-annular flow）以及环状流（annular flow）。其中泡状流常常命名为气泡流，弹状流也常常命名为气柱流或者 Taylor 流，团状流有时也命名为搅混流。

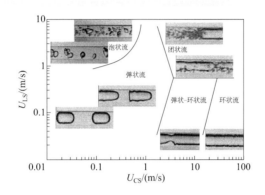

◉ 图 3-13　微通道中气/液体系五种典型流型图

Kawaji 和 Chung[55] 对文献中关于微通道内水平方向的气/液两相流型进行了总结，按照通道尺寸把微型通道分为：通道宽度 w_c 约 1mm 的小通道（minichannel）和通道宽度 50μm < w_c < 500μm 的微通道（microchannel），并将两种尺寸通道内的流型进行了总结，结果如图 3-14（A）和图 3-14（B）所示。在他们的总结中，小通道内常见的气/液两相流型包括：泡状流、柱塞流/弹状流、弹状流、团状流、弹状-环状流以及环状流。微通道内常见的气/液两相流型包括：泡状流、弹状流、液环流以及液块流（liquid lump flow）等流型。

气/液微分散流型十分丰富，除上述总体的划分外，若细致研究泡状流的情况，当微气泡稳定性好且表现出单分散性时，泡状流还可以再进行细分。如 Xu 等 [26, 37] 在 T 形微通道中，以空气/SDS 水溶液体系，采用错流剪切的方法制备了单分散的气泡。在不同的两相流量下，气柱/气泡的分散尺寸和生成频率可以在较大的范围内调控，可以形成多种多样的流型，如图 3-15 所示。在低的液相流量下，当气相流量低于液相流量时，形成单独的气柱分散流动；固定液相流量，随着气相流量的增大，微通道中气柱的长度基本保持不变，而气相所占的比率增大，气柱间的液体量减少，逐渐形成长串的椭球形"珍珠项链"。在低的气相流量下，随着液相流量的增大，气柱的长度显著减小，当气柱的长度小于通道的宽度时，单独的气柱分散流动转变成气泡分散流；在此基础上增大气相流量，两相会由于界面的不稳定而形成"Z 字形"排布和多层分散流等流型。

由上述气/液微分散流型研究可以看出，在微通道内气/液两相流与常规尺度

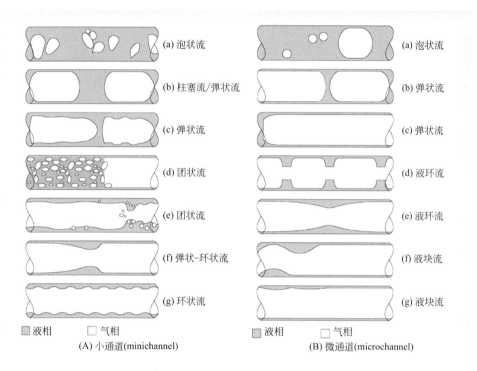

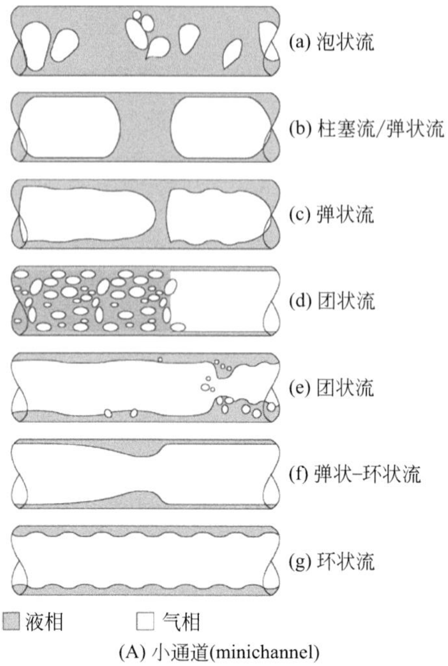
(a) 泡状流
(b) 柱塞流/弹状流
(c) 弹状流
(d) 团状流
(e) 团状流
(f) 弹状-环状流
(g) 环状流
液相
气相
(A) 小通道(minichannel)
(a) 泡状流
(b) 弹状流
(c) 弹状流
(d) 液环流
(e) 液环流
(f) 液块流
(g) 液块流
液相
气相
(B) 微通道(microchannel)

图 3-14　气 / 液两相流流型

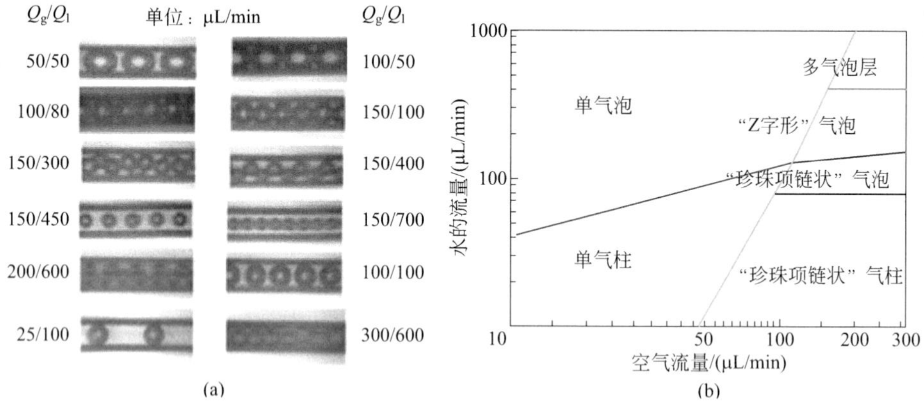
Qg/Ql
单位：μL/min
Qg/Ql
50/50
100/80
150/300
150/450
200/600
25/100
100/50
150/100
150/400
150/700
100/100
300/600
(a)
1000
100
10
水的流量/(μL/min)
单气泡
多气泡层
"Z字形"气泡
"珍珠项链状"气泡
单气柱
"珍珠项链状"气柱
50
100
200
300
空气流量/(μL/min)
(b)

图 3-15　气 / 液微分散流型中泡状流出现的新流型

下的气 / 液流有很大的区别。在微通道内气 / 液两相流型十分丰富，流型受到体系物性、微通道尺寸、两相操作条件和接触方式以及微通道壁面性质等影响，对其进行统一的划分是一件十分困难的事情。一些学者提出的流型划分图也只适用于某些特定条件下的气 / 液两相微流动过程，普适性的流型转变准则和流型图并没有掌握[57]。然而依据控制微分散过程的主要作用力，对于微分散流型进行划分还是

为广泛接受的方法[57]，如图3-16。该图为依据在微通道内两相表观流速划分的原则流型。研究者在阅读文献或者在开展实验研究过程中可作为参考。

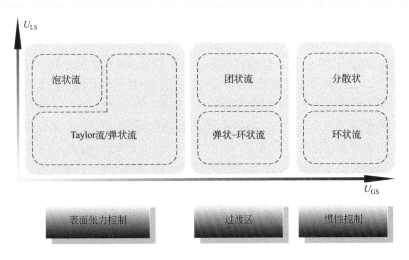

● 图3-16 气/液微分散流型一般规律

2. 液/液微分散体系流型

相对气/液两相微分散流型，液/液两相在微通道内的流型相对简单，有关报道也相对集中。Thorsen 等[23] 首先尝试了在 T 形微通道中采用错流剪切的方法制备单分散液滴。研究者指出，在微通道中，虽然流体的流动处于低雷诺数的状态，但是由于两相流体的界面不是静止的，流动仍然是非线性的，会造成相分散。液滴的形成主要将通过界面张力和连续相剪切力的竞争决定。实验中通过改变油相和水相的压力来控制所形成液滴和液柱的尺寸和频率，并且可以将液滴在通道中的分散状态在较大范围内调控。图3-17 为研究者给出的液/液两相流型。由图可以看出，

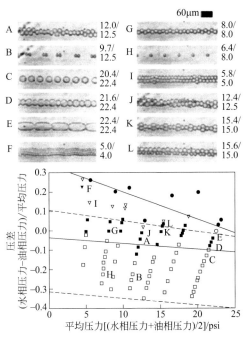

● 图3-17 微通道内液/液两相流型

当水相压力低于油相压力时，会形成分散的液滴；当固定油相压力，增大水相压力时，会出现有序的连续液滴流；而当水相压力大于油相压力时，会形成有序的液柱分散流。在实验条件下，两相流可以呈现出液滴/液柱单层分散、液滴Z字形排布、珍珠链状串联和液滴多层排布等多种复杂而又非常有规则的流型分布，这与宏观通道中液/液两相分散行为有着很大的区别。

随后，徐建鸿[58]在T形微通道内采用正辛烷/0.5%（质量分数）SDS水溶液为实验体系，通过利用垂直流剪切方向研究两相流量对于两相流型的影响，在较宽的操作范围内给出了液/液两相微分散流型。结果如图3-18所示。当水相流量较小而油相流量较大，也就是 Q_w/Q_o 值较小时，油水两相呈平行层流。形成这一流型的主要原因在于垂直通道内水相流动产生的剪切力很小，无法将油相破碎成分散的液柱，两相沿着通道呈平行流动；当 Q_w/Q_o 值增大到一定程度后，垂直通道内水相流动产生的剪切力可以将油相破碎，由于油相尺寸大于通道尺寸，形成了规则的油柱分散流；进一步增大 Q_w/Q_o 时，便能形成鹅卵石状和液滴分散流。对比宏观通道，微尺度条件下两相流呈现出更为复杂而又非常规则的变化。两相流型变化主要是由连续相流动产生的黏性剪切力大小决定的。当连续相剪切力较小时，只能形成两相平行层流或液柱分散流，而当连续相剪切力较大时，连续相能将分散相剪切形成规则的液滴分散流。

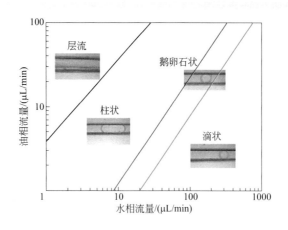

◉ 图3-18　微通道内液/液两相流型图

由上述报道可以看出，对于微通道内液/液两相流动，相对于气/液流动，其流型变化还是简单很多，主要有两相层流流动、液滴流和流柱流等三种。其流型变化简单的一个主要原因是由于液/液体系的作用力与气/液体系还是有很大的不同，更为关键的是液/液体系的不可压缩性，压力变化对其影响很小，且液/液分散体系的稳定性也较气/液体系好，因此其流型变化相对较少。Wang等[14]最近对微通

道内液/液体系流型进行了较为全面的分析，给出了主要的流型示意图，如图 3-19 所示。当然，即便是简单的流型，若分散体系特殊或者微通道结构复杂，也会对流型产生重要的影响，因此，与气/液体系流型划分一样，研究者还需要针对体系性质、几何结构以及分散方法等开展分析，以得到较为可靠的流型划分。

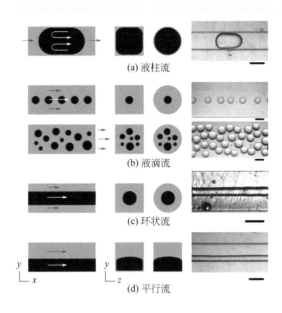

(a) 液柱流

(b) 液滴流

(c) 环状流

(d) 平行流

▶ 图 3-19　微通道内液/液两相主要流型示意图

第三节　气/液微分散基本规律和数学模型

在对于微通道内非均相体系作用力、分散方法和机理以及流型的分析中，我们可以看到，若需要准确地给出在不同几何结构和不同体系条件下的微分散规律，还需要有针对性地开展实验研究，通过对于实验数据和微分散机理的准确揭示，才可能最终建立可靠的数学模型。为此，本节将重点针对几种不同的微通道设备，具体探索体系物性、几何结构以及操作条件等对于气/液微分散过程的影响规律，并建立预测气泡尺寸的数学模型。

一、T 形微通道内错流剪切气/液微分散规律[58]

T 形微通道是最为常用的微通道设备，为了实现对于气相分散的有效控制，我们发展了毛细管嵌入 T 形微通道设备，具体结构如图 3-20 所示。实验体系以空气

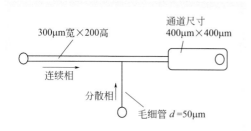

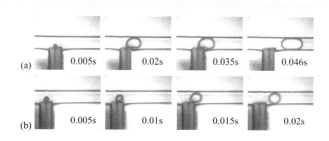

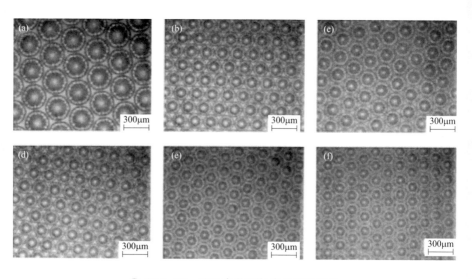

作为分散相，含有表面活性剂的水溶液作为连续相，分别采用含有0.01%（质量分数）和0.5%（质量分数）的SDS水溶液以考察表面张力的影响；分别采用含有24%（质量分数）和52%（质量分数）的甘油水溶液以考察连续相黏度的影响，以错流剪切方法制备单分散气泡并研究尺寸变化规律。

图3-20　T形微通道设备结构示意图

图3-21给出了两种不同的连续相流量下气柱和气泡形成过程的显微照片，其中气相流量固定为25μL/min，水相流量分别为80μL/min和180μL/min。当水相流量较小时，形成的气泡尺寸大于通道宽度，呈气柱分散形态；当水相流量较大时，使得形成的气泡直径小于通道宽度，呈气泡分散形态。图3-22给出了不同实验条件下出口收集的气泡显微照片，实验

图3-21　气柱和气泡形成过程的显微照片

图3-22　不同条件下气泡的显微照片

条件及相应结果如表3-3所示。可以看出，所制得的气泡直径均一，具有很好的单分散性。气泡平均直径随连续相流量和黏度的增加而减小，随分散相流量的增加略有增大，随界面张力的增加略有增大。

表3-3　不同条件下气泡平均直径和直径分布情况

编号	水相组成	两相流量比 $Q_g : Q_l$	平均直径 $d_{av}/\mu m$	多分散指数 $\sigma/\%$
（a）	0.5% SDS 水溶液	50：100	310.1	1.7
（b）	0.5% SDS 水溶液	50：500	189.5	1.3
（c）	0.5% SDS 水溶液	200：500	212.7	1.4
（d）	0.01% SDS 水溶液	50：500	205.0	1.3
（e）	2% Tween 20 水溶液	50：500	174.4	1.8
（f）	0.5%SDS+24% 甘油水溶液	50：500	168.6	1.4

采用 0.5%（质量分数）SDS 水溶液为连续相，分别在气柱分散和气泡分散条件下考察了两相流量对气柱长度和气泡直径的影响。图 3-23 给出了气泡和气柱尺寸随两相流量的变化曲线。从图中可以看出，在气柱分散和气泡分散情况下，气泡直径均随着连续相流量的增加而减小，随着分散相流量的增加略有增大，且分散相流量对气柱（气泡）尺寸影响很小。图 3-24 给出了连续相黏度对气泡和气柱尺寸的影响。气柱长度和气泡直径均随着连续相黏度的增加而减小。图 3-25 给出了表面张力对气泡和气柱尺寸的影响。实验中分别采用 0.01%（质量分数）和 0.5%（质

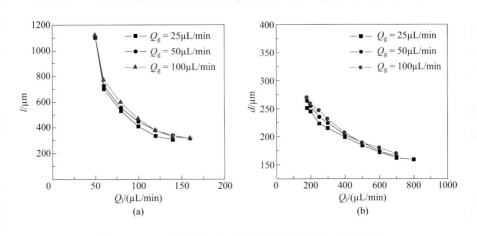

图 3-23　气柱（气泡）尺寸随两相流量的变化关系

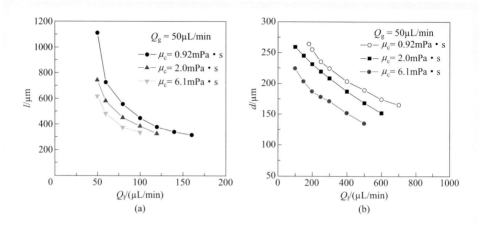

图 3-24　气柱（气泡）尺寸随连续相黏度的变化关系

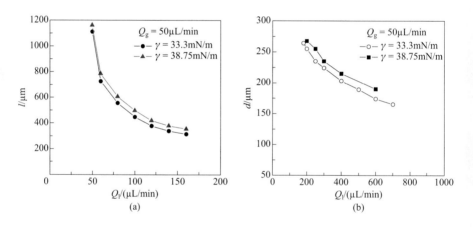

图 3-25　气柱（气泡）尺寸随表面张力的变化关系

量分数）的 SDS 水溶液调节表面张力。气柱长度和气泡直径均随着表面张力的增加而略有增大。

通过以上实验研究，对于错流剪切气泡和气柱尺寸形成可以通过以下两个关系式进行计算，对实验数据进行拟合，确定参数 k_1 和 k_2 的值分别为 0.032 和 4.47×10^{-4}。从图 3-26 可以看出，计算值和实验值符合较好。

$$d_{\mathrm{d}} / w = k_1 \frac{1}{Ca'} = k_1 \frac{1}{Ca} \times \frac{wh - 0.785 d_{\mathrm{d}}^2}{wh} \qquad (3\text{-}6)$$

$$l / w = k_2 \left(\frac{1}{Ca} \right) \qquad (3\text{-}7)$$

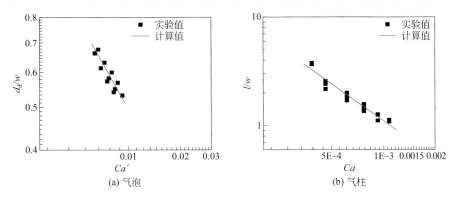

图 3-26 模型计算值与实验值的比较

二、T形微通道内垂直流剪切气/液微分散规律[47]

本部分设计加工了可调控剪切角度的 T 形微通道设备，图 3-27 为通道几何结构，图 3-28 给出了夹角不同的微通道的照片。采用垂直流剪切方式实现气/液微分散，考察了通道结构、操作条件和体系物性等对分散尺寸的影响。

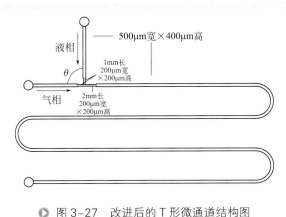

图 3-27 改进后的 T 形微通道结构图

实验中以 20℃、常压下的空气作为气相，水溶液组成及物理性质如表 3-4 所示。

首先，考察夹角为 90° 的微通道中的分散过程。气柱长度随两相流量的变化关系如图 3-29 所示。可以看出，气柱长度随气相流量的增大和水相流量的减小而增大。水相黏度对气柱长度的影响如图 3-30 所示。从图中可以看出，气柱长度随水相黏度的增大而减小。

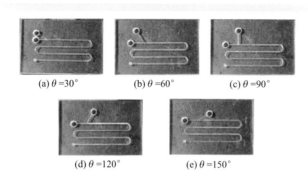

(a) $\theta = 30°$ (b) $\theta = 60°$ (c) $\theta = 90°$

(d) $\theta = 120°$ (e) $\theta = 150°$

▶ 图 3-28　改进后的 T 形微通道的照片

表 3-4　水溶液的组成及物理性质

体系	丙三醇质量分数 /%	表面活性剂种类	表面活性剂质量分数 /%	水溶液黏度 /mPa·s	水溶液表面张力 /(mN/m)
1	0	—		1.005	72.75
2	0	SDS	1	1.005	27.15
3	0	Tween 20	1	1.005	36.17
4	15	SDS	1	1.517	32.98
5	24	SDS	1	2.025	34.08
6	30	SDS	1	2.501	32.85
7	35	SDS	1	3.040	35.11

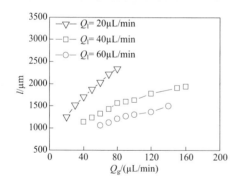

▶ 图 3-29　两相流量对气柱长度的影响

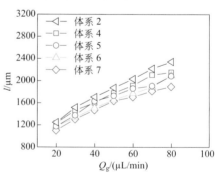

▶ 图 3-30　水溶液黏度对气柱长度的影响
（Q_l=20μL/min）

水相的表面张力对气柱长度的影响如图3-31所示。从图中可以看出，气柱长度随水溶液表面张力的增大而增大。

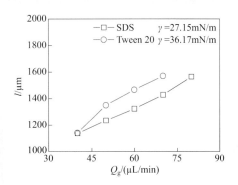

以空气/SDS水溶液体系，考察通道的夹角对气/液分散过程的影响。图3-32给出了在不同夹角的通道中，气柱长度随两相流量的变化关系。从图中可以看出，在夹角不同的通道中，气柱长度均随气相流量的增大和水相流量的减小而增大，变化趋势与垂直的通道中一致。当夹角为90°时，气柱长度达到最小值，另一方面，随着夹角远离90°，气柱长度增大。

▶ 图3-31 水溶液表面张力对气柱长度的影响（Q_1=40μL/min）

根据前面的分析，我们知道气柱分散过程主要由两个因素决定：受力平衡和相

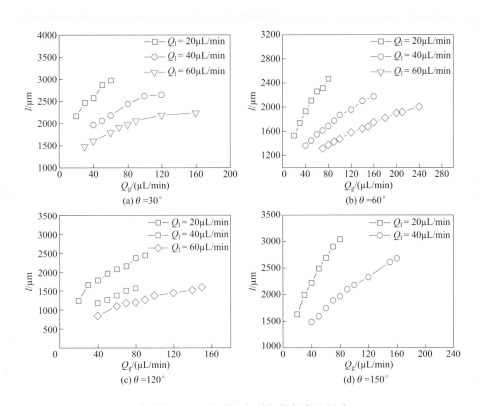

▶ 图3-32 通道夹角对气柱长度的影响

界面的动态断裂过程。分散尺寸可用式（3-8）进行关联。

$$l/w = k\left(\frac{Q_d}{Q_c}\right)^{\alpha} Ca^{\beta} \qquad (3\text{-}8)$$

其中，以无量纲特征数 Ca 表征分散过程中黏性剪切力与界面力的平衡，以连续相和分散相的流量比 Q_d/Q_c 表征相界面的动态变化过程。以实验数据对参数 k，α 和 β 进行拟合，可以得到式（3-9）：

$$l/w = \frac{1}{2}\left(\frac{Q_g}{Q_l}\right)^{1/2} Ca^{-1/5} \qquad (3\text{-}9)$$

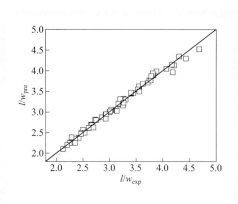

图 3-33 给出了实验结果和计算结果的比较。从图中可以看出，拟合结果和实验结果吻合得很好。

进一步分析剪切角度的变化对上述两个因素的影响，以深入认识这两个因素对气/液分散的影响规律。图3-34 给出了相界面变化过程的示意图。由该过程的物理模型分析可得，当通道夹角为 θ 时，连续相用于垂直剪切的分速度为 $u'_{c1} = u_c \sin\theta$，故 u_d/u_c 可修正为 u_d/u'_{c1}；用于描述相界面动态变化过程的 u_d/u_c 可以被修正为

● 图 3-33　实验结果与计算结果的比较

$(u_d + \lambda u_c \cos\theta)/(u_c \sin\theta)$，即 $(Q_d + \lambda Q_c \cos\theta)/(Q_c \sin\theta)$。由此对于式（3-8）进行修正，可得式（3-10）。

$$l/w = k\left(\frac{Q_d}{Q_c \sin\theta} + \lambda \cot\theta\right)^{\alpha} Ca^{\beta} \qquad (3\text{-}10)$$

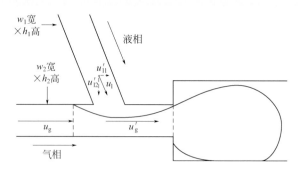

● 图 3-34　相界面变化过程示意图

式中，k，α 和 β 为与通道结构和分散方法相关的参数。利用实验数据进行关联，可得式（3-11）。图3-35给出了实验结果和根据式（3-11）的计算结果的对比。从图中可以看出，拟合结果与实验结果符合得很好。

$$l/w = \frac{1}{2}\left(\frac{Q_{\mathrm{g}}}{Q_{\mathrm{l}}\sin\theta} + \frac{2}{5}\cot\theta\right)^{1/2} Ca^{-1/5}$$

（3-11）

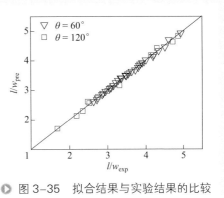

▶ 图3-35　拟合结果与实验结果的比较

三、十字形微通道内垂直流剪切气/液微分散规律[47]

十字形微通道结构如图3-36所示，通道的夹角分别为30°，60°，90°和120°。气相从水平通道进入，采用对称式垂直流剪切分散方式进行研究。液相组成和物性如表3-5所示。

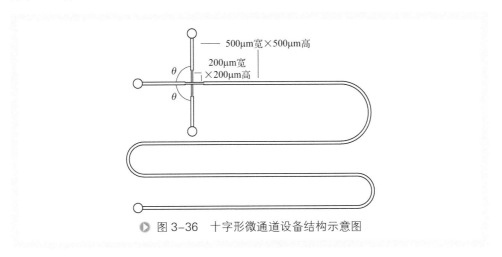

▶ 图3-36　十字形微通道设备结构示意图

表3-5　液相组成和物理性质（25℃）

体系	组成	黏度 /mPa·s	表面张力 /(mN/m)
1	正十二烷	1.38	22.66
2	67%（质量分数）正十二烷 33%（质量分数）正十六烷	1.77	23.06
3	正十六烷	3.03	23.64
4	67%（质量分数）正十六烷 33%（质量分数）液体石蜡	4.82	23.39

图 3-37 给出了以体系 2 为实验体系的气柱长度随两相流量的变化曲线。从图中可以看出，气柱长度随气相流量的增大和液相流量的减小而增大。图 3-38 给出了气柱长度随连续相黏度的变化曲线。气柱长度随着连续相黏度的增大而减小。

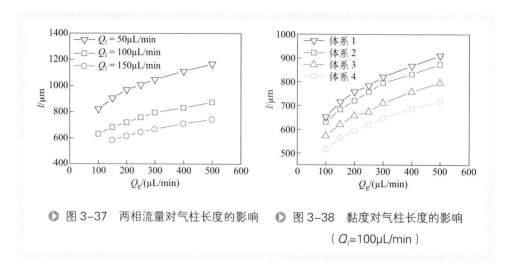

▶ 图 3-37　两相流量对气柱长度的影响　▶ 图 3-38　黏度对气柱长度的影响

（Q_l=100μL/min）

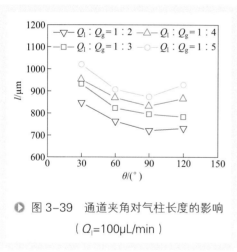

▶ 图 3-39　通道夹角对气柱长度的影响

（Q_l=100μL/min）

以体系 2 为实验体系研究通道夹角对气柱长度的影响。图 3-39 给出了气柱长度随 Q_g / Q_l 和通道夹角的变化曲线。

图 3-40 给出了通道夹角为 θ 时窄通道中的相界面的示意图。在对称式垂直流剪切的方式下，通道夹角对相界面动态变化过程和受力平衡的影响与垂直流剪切过程具有相似性，因此，对于对称式垂直流剪切过程，Q_g / Q_l 同样应被修正为 Q_g / $(Q_l \sin\theta) + \lambda\cot\theta$，以表征垂直流剪切过程中的相界面动态断裂过程。

四、相间传质对于气/液微分散的影响规律[59]

上述气/液微分散的研究重点在于探讨微通道结构、操作条件、分散方法以及体系物性对于微分散过程的影响规律。而对于实际化工过程而言，绝大部分过程均是带有相间传质和反应的，在这种条件下传质如何影响分散过程是值得关注的重要研究内容。下面将采用毛细管嵌入式并流通道（co-flowing）和 T 形通道用于形成稳定分散的气泡流型。通道截面为正方形结构，尺寸为 0.6mm × 0.6mm。嵌入的玻

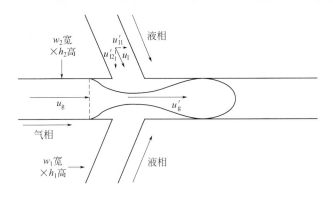

▶ 图 3-40　对称式垂直流剪切方式下相界面的示意图

璃毛细管外径 0.6mm，与通道保持良好的同轴性。毛细管顶端经过拉伸形成外径为 45μm 的尖端，这一尖端结构将有助于形成稳定的单分散气泡流型。两种微通道的结构示意如图 3-41 所示。

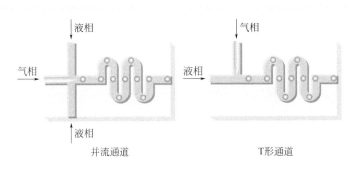

▶ 图 3-41　微通道结构示意图

　　首先以无传质体系为研究对象，考察气泡流的分散尺寸调控规律。实验中分散相气体为纯 N_2，连续相液体为单乙醇胺（MEA）/乙二醇（EG）混合溶液，其中 MEA 浓度分别为 5%（质量分数）和 15%（质量分数）。随后以伴有相间传质的体系为研究对象，分散相为 CO_2-N_2 混合气体，其中 CO_2 体积分数分别为 17%（体积分数），37%（体积分数）和 56%（体积分数），连续相液体不变。考察气泡形成过程中相界面断裂瞬间，即气泡刚从毛细管尖端脱落并在通道内的运动阶段尚未开始时所形成的气泡直径，图 3-42 为气泡形成过程显微照片。由照片可以看出，这两种微通道可以有效地形成单分散性好且尺寸高度均一的微气泡，气泡的生成时间一般为几毫秒。

　　将有、无传质条件下的生成气泡直径进行比较，结果如图 3-43 所示。从图中可以看出伴随相间传质时气泡的分散尺寸同样明显减小。

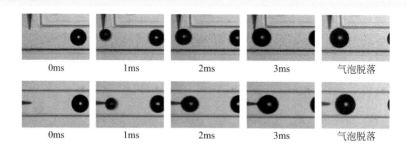

0ms   1ms   2ms   3ms   气泡脱落

0ms   1ms   2ms   3ms   气泡脱落

▶ 图 3-42 伴有相间传质时测量气泡从毛细管尖端脱落的尺寸

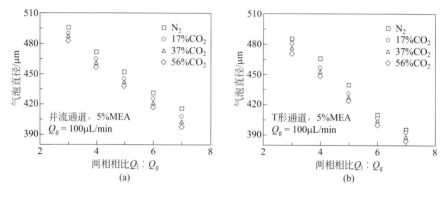

▶ 图 3-43 无传质体系与伴有传质时气泡尺寸

气泡的形成遵循非受限断裂机制，相界面断裂由所受连续相剪切力与表面张力的平衡决定，气泡尺寸可由 Ca 表示，定义式为 $Ca=\mu u/\gamma$。对于无传质条件下得到的气泡尺寸（直径 d）与 Ca 进行关联，关联式（3-12）和式（3-13）：

$$\frac{d}{d_h} = 0.265 Ca^{-0.21} \qquad (3-12)$$

$$\frac{d}{d_h} = 0.245 Ca^{-0.22} \qquad (3-13)$$

式中，d_h 为通道的水力直径，式（3-12）为并流通道的结果，式（3-13）为 T 形通道的结果。图 3-44 为计算值与实验值的比较，可以看出它们符合很好。

由无传质条件下的结果可知在气泡的形成过程中，相界面断裂只与分散相所受连续相剪切力和表面张力有关，并由二者的平衡所决定，气泡尺寸取决于 Ca。而对于有传质条件下的吸收剂 MEA 浓度分别为 0.91mol/L 和 2.7mol/L，相较于 CO_2 远远过量，可忽略吸收 CO_2 后的生成产物对溶液物理性质的影响，因此可以说在同样的操作条件下连续相剪切力 $F=\mu u$ 基本保持一致。同时由于气泡生成时间很短，因此在气泡生成过程中传质量也基本可以忽略。由此可以看出，分散相断裂形成的

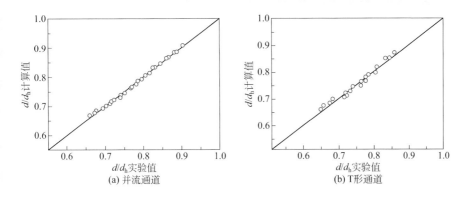

● 图 3-44 无传质体系气泡分散尺寸的计算值与实验值比较

气泡尺寸明显减小，应该是由于气/液相间的表面张力 γ 发生改变而引起的。由此对于伴有相间传质的气泡形成过程，可依据气泡断裂的受力平衡机制得到由传质引起的动态表面张力变化，即根据气泡的分散尺寸由式（3-12）和式（3-13）获得动态表面张力值，结果如图 3-45 所示。

从图中可以看出，当传质发生时，界面的 CO_2 浓度越高，则动态表面张力下降也越显著。进一步利用所得到的动态表面张力值，可较为准确地预测有传质条件下的气泡直径，结果如图 3-46 所示。

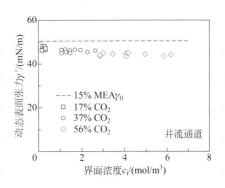

● 图 3-45 动态表面张力随界面 CO_2 浓度的变化

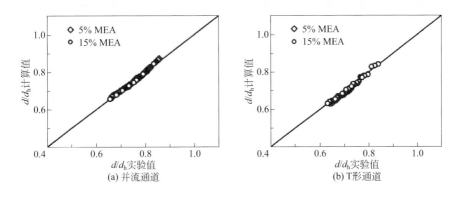

● 图 3-46 伴随相间传质的气泡分散尺寸的预测值与实验值

五、微筛孔通道内微气泡的分散规律[60]

微通道内可控制备单分散气泡开展了大量的研究，但微气泡群的相关研究较少，如何实现大规律气泡群的制备是微化工设备放大的关键。下面将重点探讨微筛孔阵列通道内微气泡群的生成规律。针对 7 种具有不同孔排布结构的微筛孔阵列式设备，系统地研究了孔的排布方式、通道尺寸以及气/液两相流量对于气泡产生机制、尺寸及分布等的影响。微设备结构示意图如图 3-47 所示，其结构参数列于表 3-6 中。实验体系连续相为含 SDS 和 PEG 的水溶液，氮气为分散相，体系物性如表 3-7 所示。

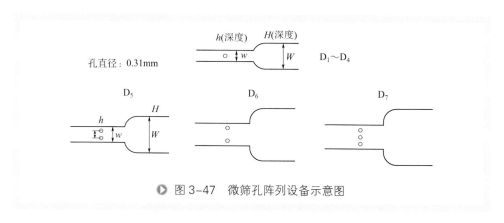

◗ 图 3-47　微筛孔阵列设备示意图

表 3-6　微筛孔阵列设备的结构参数

设备	w/mm	h/mm	W/mm	H/mm	d_1/mm	d_2/mm	d_p/mm
D_1	0.60	0.60	2.0	1.0			0.31
D_2	0.90	0.60	2.5	1.0			0.31
D_3	1.50	0.60	3.0	1.0			0.31
D_4	2.00	0.60	3.0	1.0			0.31
D_5	1.75	0.60	3.0	1.0	1.0		0.31
D_6	3.00	0.60	4.0	1.0	1.5		0.31
D_7	3.00	0.60	4.0	1.0	1.0		0.31

表 3-7　连续相表面张力及黏度

项　　目	γ(26℃)/(mN/m)	μ(26℃)/mPa·s
1%SDS+5%PEG	34.23	1.83
1%SDS	27.15	1.00

1. 单筛孔通道内气泡形成规律

微筛孔设备中气相经筛孔进入主通道，被液相错流剪切形成分散气泡，机制如

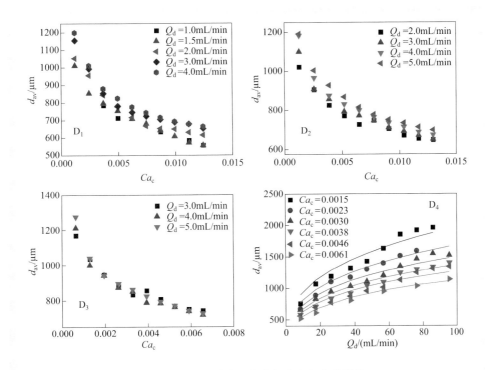

● 图3-48 单筛孔设备内气泡直径变化规律

同T形微流控设备内分散机制。在D_1、D_2、D_3和D_4设备中，平均气泡直径随气/液两相流量的变化规律如图3-48所示。平均气泡直径随着连续相流量的增大而减小，随分散相流量及通道宽度的增大而增大。在连续相Ca范围$0.0005 \sim 0.012$之间，平均气泡直径由$2000\mu m$至$550\mu m$变化。分散尺寸同时受气/液相比以及液相Ca影响，这分别代表了界面张力及黏性剪切力的影响，表明气泡分散受部分受限破碎机制控制。

根据上述分散机理，建立了定量关联通道尺寸、气/液两相流量、连续相Ca的数学表达式（3-14），利用这个模型预测气泡直径在不同通道尺寸、不同操作条件下的分散尺寸，模型计算值与实验测量值符合良好，如图3-49所示。

$$d_{av} / d_e = 1.18 \left(\frac{Q_d}{Q_c} \right)^{0.33} Ca^{-0.02}$$

（3-14）

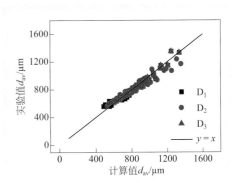

● 图3-49 单筛孔设备内计算值与实验测量值比较

2. 径向排列多筛孔设备内气泡形成规律

通过观察孔区域的气泡生成情况，可以发现在多筛孔设备中在某些操作条件下不是所有的孔同时产生气泡，在此将产生气泡的筛孔定义为活化孔。以液相 Ca 和气相流量分别作为横、纵坐标轴，径向分布多孔设备内活化孔数的区域划分如图 3-50 所示。固定液相流速，随着气相流量的增大活化孔数逐渐增多。而固定气相流量，随着液相流速的增大活化孔数也逐渐增多。

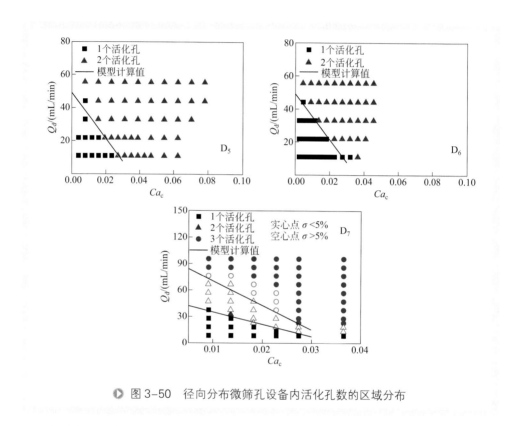

▶ 图 3-50　径向分布微筛孔设备内活化孔数的区域分布

在研究孔活化规律的基础之上，测量分散气泡的尺寸。平均气泡直径受活化孔数影响显著，结果如图 3-51 所示。

依据单孔设备内得到的气泡尺寸预测模型，同样可以对多孔设备内气泡分散尺寸进行预测。在多孔设备中气相体积流量需要根据活化孔数进行修正，将式（3-15）应用于径向排列多孔设备气泡分散尺寸的预测，计算结果和实验测量值符合良好，如图 3-52 所示。

$$d_{\mathrm{av}}/d_{\mathrm{e}} = 1.18\left(\frac{Q_{\mathrm{d}}}{MQ_{\mathrm{c}}}\right)^{0.33} Ca^{-0.02} \qquad (3\text{-}15)$$

式中，M 表示活化孔数。

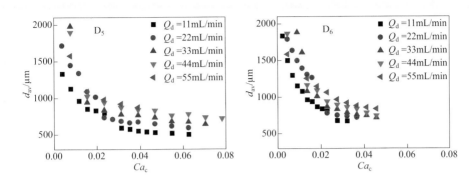

◉ 图 3-51　径向排列微筛孔设备内平均气泡尺寸变化规律

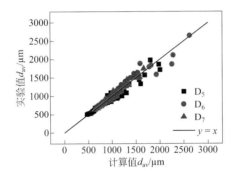

◉ 图 3-52　$D_5 \sim D_7$ 具有径向排列多孔结构设备中气泡尺寸计算值与实验值比较

　　总之，气／液微分散过程是微化工技术研究的一个重要内容，人们进行了大量的研究，给出了大量的预测气泡尺寸的计算公式。为了便于读者参考，我们将部分结果列于表 3-8 中。由这些计算公式可以看到气／液微分散过程的分散机理、力的作用方式、微通道几何结构和尺寸、体系物性、操作条件等均对分散尺寸有重要的影响。

表 3-8　微通道内气／液微分散预测模型

分散机理	预测模型	体系	设备结构	文献
挤压分散	$\dfrac{l}{w} = 1 + CRe^{\alpha}\left(\dfrac{J_g}{J_l}\right)^{\beta}$	空气／甘油水溶液 +Tween 20	T 形微通道	[51]
	$V = 1 + \alpha Q$		T 形微通道 $Ca \leqslant 0.01$	[54]
	$\dfrac{l}{w} = 1 + \alpha \dfrac{Q_{in}}{Q_{out}}$	氮气／甘油水溶液 +Tween 20	T 形微通道 $Ca < 10^{-2}$	[24]
	$\dfrac{l}{W_c} = 1.40\left(\dfrac{Q_g}{Q_l}\right)^{1.10} Re^{0.46}$	氮气／甘油水溶液 +SDS	聚焦型通道 $0.1 < \dfrac{Q_g}{Q_l} < 4$ $0.44 < Re < 144.93$	[52]

分散机理	预测模型	体系	设备结构	文献
挤压分散	$d_b / D \simeq \left(Q_g / Q_l \right)^{0.37 \pm 0.005}$	空气/水、乙醇、丙醇、庚烷	聚焦型通道 $40 < Re_l < 1000$ $0.07 < Re_g < 14$	[61]
挤压分散-滴状分散过渡	$\dfrac{l}{w} = \dfrac{1}{2} \left(\dfrac{Q_g}{Q_l} \right)^{1/2} Ca^{-1/5}$	氮气/甘油水溶液 +SDS 或 Tween 20	T 形微通道	[38]
	$\dfrac{l}{w} = \dfrac{1}{2} \left(\dfrac{Q_g}{Q_l \sin\theta} + \dfrac{2}{5} \cot\theta \right)^{1/2} Ca^{-1/5}$	氮气/甘油水溶液 +SDS 或 Tween 20	T 形微通道 ($0° < \theta < 180°$)	[38]
滴状分散	$d_{av} \propto \left(\mu_c u_c \right)^{-0.33}$	空气/甘油水溶液 +SDS	毛细管嵌入式 T 形微通道	[26]
	$\dfrac{d_{av}}{D} = 0.376 \left(\dfrac{Q_{CO_2}}{Q_{IL}} \right)^{0.207} Ca^{-0.18}$	CO_2/[Emim][BF$_4$]	T 形微通道 $Ca < 0.05$	[62]
	$\dfrac{d_{av}}{d_{out}} = 3.26 \left(\dfrac{Q_g^*}{Q_w} \right)^{0.072} Ca_w^{-0.08}$	丙烷、丁烷、空气/ PEG 水溶液 +SDS	同轴型微通道	[63]
喷射分散	$\dfrac{d_b}{w} \simeq 2.75 \left(\mu_g / \mu_l \right)^{12} \left(Q_g / Q_l \right)^{5/12}$	空气/水 + Tween 80	聚焦型通道	[64]
	$\dfrac{d_{av}}{D} = 0.632 \left(\dfrac{Q_{CO_2}}{Q_{IL}} \right)^{0.215}$	CO_2/[Emim][BF$_4$]	T 形微通道	[63]
	$\dfrac{d}{D} = 5.89 \left(\dfrac{\mu_d}{\mu_c} \right)^{\frac{1}{8}} \left(\dfrac{Q_d}{Q_c} \right)^{\frac{5}{12}}$	氮气/甘油水溶液 +SDS	毛细管嵌入式 T 形微通道	[65]

第四节 液/液微分散基本规律和数学模型

一、微通道表面性质影响和微液滴的单分散性[58]

液/液微分散过程的基本原理与气/液微分散过程基本相同，当然也存在着一些不同点，如两相的密度差会更小一些，两相的界面张力也会不同，尤其是气体的可压缩性使得气/液微分散过程稳定，需要更加精确控制操作条件和几何结构。而对于液/液微分散过程而言，液/液两相均没有可压缩性，因此相对气/液体系得到稳定的两相分散过程显得更容易方便一些。当然与气/液体系不同，液/液体系的分散相一般由微通道的表面性质来决定，即若采用亲水性通道由油相为分散，而

采用亲油性通道由水相为分散。下面通过四种典型的微通道来分析所制备微液滴的单分散性。这四种微通道均以 PMMA 为材质，分别为 T 形微通道、十字形微通道、并流型微通道和聚焦型微通道，其结构示意如图 3-53 所示。

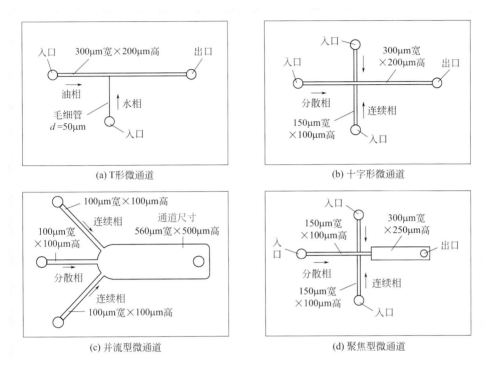

图 3-53　四种微通道结构示意图

　　在 PMMA 微通道中，通过在水相加入足够量的表面活性剂 SDS（0.5%，质量分数），可以将通道表面改性为完全亲水，因此，若以正辛烷 /0.5%（质量分数）SDS 水溶液为实验体系，则油相为分散相，水相作为连续相。图 3-54 给出在 4 种微通道中油滴形成过程的显微照片，实验条件及相应结果如表 3-9 所示。由图 3-54 和表 3-9 可以看出，液 / 液微分散无论采用何种微通道以及不同的操作条件均可很方便地制备均一性很好的微液滴，当然微液滴的大小与体系物性、操作条件以及设备的几何结构均有紧密联系，特别重要的是与通道表面性能直接相关，当采用 SDS 为表面活性剂时，通道会表现出亲水性，实现油相分散。

　　图 3-55 给出以 2.0%（质量分数）Span8 正辛烷 - 水为实验体系在 4 种微通道中液滴形成过程的显微照片，实验条件及相应结果如表 3-10 所示。为了清晰显示两相的差异，我们在水相中加入了微量的红色染料。从图中可以看出，当表面活性剂亲油时，通道很容易改性为亲油性通道，这时水相就是分散相，能够形成规则的水柱（或水滴）。

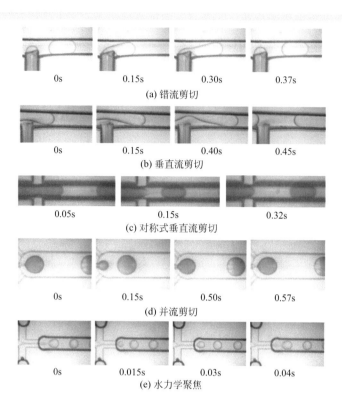

0s   0.15s   0.30s   0.37s

(a) 错流剪切

0s   0.15s   0.40s   0.45s

(b) 垂直流剪切

0.05s   0.15s   0.32s

(c) 对称式垂直流剪切

0s   0.15s   0.50s   0.57s

(d) 并流剪切

0s   0.015s   0.03s   0.04s

(e) 水力学聚焦

▶ 图3-54　微通道中油柱（油滴）形成过程的显微照片

表3-9　不同方法制得油滴的平均直径和粒径分布情况

编号	液滴形成方法	$Q_o : Q_w$	平均直径 $d_{av}/\mu m$	多分散指数 $\sigma/\%$
（a）	错流剪切	5 : 40	347.2	1.7
（b）	垂直流剪切	5 : 40	399.5	1.8
（c）	对称式垂直流剪切	5 : 80	283.5	1.5
（d）	并流剪切	5 : 10	451.4	1.2
（e）	水力学聚焦	5 : 15	183.4	1.54

　　由以上结果可以看到，由于气体既不亲水也不亲油，因此对于气/液微分散过程，微通道的表面性质影响很小，气体均为分散相。而对于液/液分散过程而言，通道的表面性质则对于分散过程产生重要的影响，如果微通道表面亲水，则水相为连续相，油相为分散相，而如果微通道表面亲油，则油相为连续相，水相为分散相。同样由上述实验结果也可以看到，由于表面活性剂在固体表面有很强的吸附作用，当采用亲水性表面活性剂，则通道容易改性为亲水性通道，而如果采用亲油性

表面活性剂，则通道会改性为亲油通道，因此，在同一个微通道内可通过表面活性剂种类的改变来实现 O/W 或 W/O 乳液的制备。在不同结构的微通道内，分散相液滴直径均表现出高度的均一性。

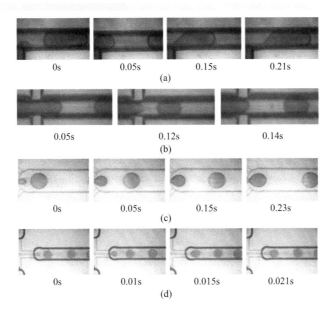

● 图 3-55　微通道中水柱（水滴）形成过程的显微照片

表 3-10　不同方法制得水滴的平均直径和粒径分布情况

编号	液滴形成方法	$Q_o : Q_w$	平均直径 $d_{av}/\mu m$	多分散指数 $\sigma/\%$
（a）	错流剪切	20 : 10	407.0	1.55
（b）	对称式垂直流剪切	100 : 10	276.5	1.45
（c）	并流剪切	60 : 10	415.4	1.35
（d）	水力学聚焦	30 : 10	181.0	1.63

二、微筛孔分散基本规律和模型[58]

采用如图 3-56 所示的实验装置进行实验。该装置主要包括两个部分：微筛孔分散系统和在线图像采集系统。其中，该系统所用的微筛孔分散器为不锈钢材料，将边长 45μm 的正方形微筛孔硅片（如图 3-57 所示）固定在微筛孔分散的下腔室表面，将玻璃视窗固定在上腔室的上表面，并在上腔室的下表面加工出 4mm宽 ×2mm 高的连续相通道。采用了正丁醇 / 水、正辛醇 / 水和正辛烷 / 水等三种具有不同界面张力的液 / 液体系作为研究对象，它们的界面张力如表 3-11 所示。

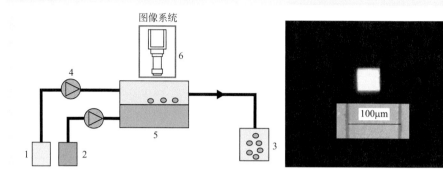

图 3-56　实验装置示意图　　　　图 3-57　微筛孔的显微照片

1—连续相贮槽；2—分散相贮槽；3—混合液贮槽；

4—精密计量泵；　5—微孔分散混合器；6—在线观测系统

表 3-11　三种实验体系的界面张力

编号	实验体系	界面张力 γ/(mN/m)
1	正丁醇/水	1.7
2	正辛醇/水	8.13
3	正辛烷/水	51.0

　　图 3-58 为不同条件下液滴形成过程的显微照片。从图中可以看出，液滴的形成主要分为生长和脱落两个阶段。在相同分散相流速下，液滴尺寸随着连续相流速的增加而减小，在相同的两相流速下，液滴尺寸随着界面张力的增加而增大。

　　图 3-59 为三种实验体系下液滴直径随两相流速的变化关系。如图所示，对于

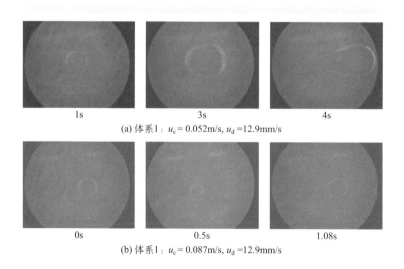

1s　　　　　　　　3s　　　　　　　　4s

(a) 体系 1：u_c = 0.052m/s, u_d =12.9mm/s

0s　　　　　　　0.5s　　　　　　　1.08s

(b) 体系 1：u_c = 0.087m/s, u_d =12.9mm/s

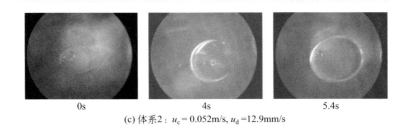

(c) 体系2：$u_c = 0.052\text{m/s}$，$u_d = 12.9\text{mm/s}$

▶ 图 3-58　液滴形成过程的显微照片

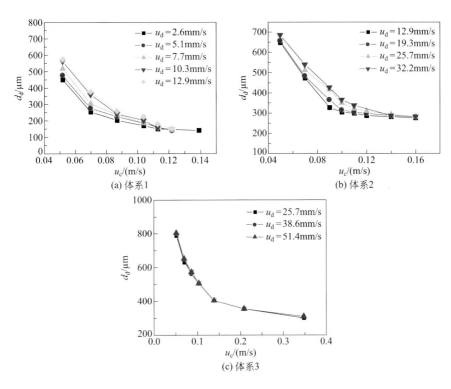

▶ 图 3-59　两相流速对液滴直径的影响规律

三种体系，液滴直径均随着连续相流速的增加而降低，而分散相流速对液滴直径的影响则有所差别。对于体系 1 和体系 2，液滴直径随着分散相流速的增大而略有增大，而对于体系 3，在实验条件下，分散相流速对液滴直径基本没有影响。这表明界面张力对液滴形成规律有着较大的影响。进一步增大连续相流速时，两相流速对液滴直径的影响趋势减缓；当连续相流速增大到 0.14m/s 后，液滴直径基本达到最小值，不随两相流速的改变而变化。一般而言，液滴直径的最小值 d_d 与微孔直径 d_p 之间存在一定的线性关系：$d_d = md_p$，其中 m 的值随着界面张力的不同有所差

别，通常在 2 ～ 10 范围内。在本实验条件下，对于三种实验体系，m 值分别为 3，5.5 和 6.7。

对于错流剪切分散过程，液滴形成主要分为三个阶段：（Ⅰ）过孔阶段；（Ⅱ）液滴生长阶段和（Ⅲ）液滴脱离阶段。如图 3-60 所示。在过孔阶段，分散相流体在一定的外界压力作用下克服过孔阻力流到孔口端；在液滴生长阶段，随着分散相的流入，液滴直径不断增大；在液滴脱离阶段，液滴所受到的错流剪切力随液滴直径的增大而增加，直至打破了与液滴所受保持力之间的平衡，此时液滴与筛孔间的连接部位开始出现"缩口"，最终液滴"颈部"发生断裂，形成液滴。

在液／液微分散过程中，作用在液滴上的力主要有界面张力、连续相流动剪切力、运动浮力和浮力，具体如图 3-61 所示，其中图中 r_p 代表膜孔半径，h 代表液滴中心距微孔表面的高度，d_n 代表液滴颈部断面直径，d_d 代表液滴直径。

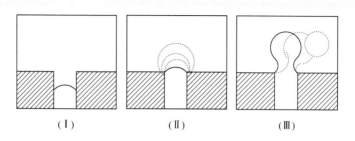

◐ 图 3-60　液滴形成过程示意图

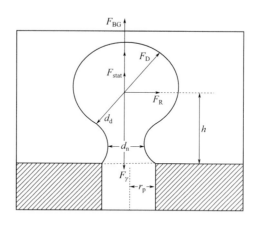

◐ 图 3-61　液滴受力分析图

根据文献 [67-70]，这些作用力可通过以下公式进行计算：

F_γ 为界面张力，F_{stat} 为由界面张力引起的液滴内外静压差，可表示为：

$$F_\gamma = \pi d_n \gamma \tag{3-16}$$

$$F_{\text{stat}} = \frac{4\gamma}{d_d} \times \frac{\pi}{4} d_n^2 = F_\gamma \frac{d_n}{d_d} \qquad (3-17)$$

因此

$$F_\gamma - F_{\text{stat}} == F_\gamma \left(1 - \frac{d_n}{d_d}\right) = \pi d_n \gamma \left(1 - \frac{d_n}{d_d}\right) \qquad (3-18)$$

浮力 F_{BG} 可表示为：

$$F_{\text{BG}} = \Delta \rho g V_d \qquad (3-19)$$

运动浮力 F_D 可表示为：

$$F_D = 0.761 \frac{\tau_w^{1.5} d_d^3 \rho_c^{0.5}}{\mu_c} \qquad (3-20)$$

其中

$$\tau_w = f \times \frac{\rho_c u_c^2}{2} \qquad (3-21)$$

f 的值可以由下式计算

$$f = \begin{cases} \dfrac{16}{Re} & Re < 2000 \\ 0.0792 Re^{-\frac{1}{4}} & Re > 2000 \end{cases} \qquad (3-22)$$

其中，$Re = \rho_c u_c d_p / \mu_c$，为连续相通道内的流动雷诺数，$d_p$ 为通道的当量直径。

错流剪切力 F_R 可以通过下式求得：

$$F_R = 3\pi u_c d_d \mu_c \qquad (3-23)$$

这些力当中，$(F_\gamma - F_{\text{stat}})$ 是液滴生成过程中的保持力，而由连续相流动产生的剪切力 F_R、密度差产生的浮力 F_{BG} 和由于边界层内速度分布不均所产生的运动浮力 F_D 是液滴生成过程中所受到的剥离力。

若在力矩平衡条件下液滴发生脱落，可以得到预测液滴直径的数学模型，如下式所示：

$$(F_\gamma - F_{\text{stat}}) d_p / 2 = (F_R + F_{\text{BG}} + F_D) h \qquad (3-24)$$

其中，h 可以近似为液滴直径 d_d，d_p 近似为微筛孔的边长。

求解式（3-24）可计算得到各个实验条件下液滴直径的理论值。图 3-62 为计算值与实验值的比较。从图中可以看出，该模型在一定程度上可较好地预测液滴形成规律。对于实验体系 1 和体系 2，计算值略小于实验值，对于实验体系 3，计算

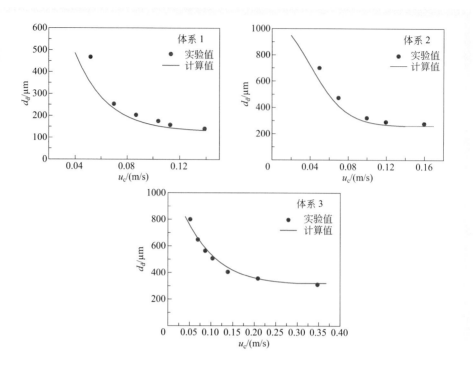

● 图 3-62　液滴直径计算值与实验值的比较

值和实验值符合较好。产生这一结果的主要原因在于对于低界面张力的体系，由于液滴形成过程中容易产生形变，在理论上的受力平衡时液滴并不会马上脱落，还存在一个明显的滞后，这时会表现出分散相流量对于液滴大小有一定程度的影响，因此还需要考虑这一影响。而对于界面张力大的体系，则没有这一问题，因此理论模型还需要根据实验体系以及操作条件进行修正。

三、T形微通道内液/液分散规律[66]

针对液/液微分散，许多研究者进行了探索。为了更好地理解微分散基本规律，下面将重点围绕T形微通道内的液/液微分散过程开展讨论，重点在两相流型划分、基本分散规律和模型、调控方法等几个方面。

1. 液/液微分散流型划分

关于液/液微分散流型在前面已有论述，但具体到不同体系和不同几何结构的微通道内如何进行划分，不同研究者所给出的方法和结果仍有差异。在此，我们将通过作用力的比较来划分液/液微分散的流型。具体微通道实验装置如图3-63所示，T形结构由一个主通道和一个分支通道交汇构成，通道的尺寸如图所示。实验

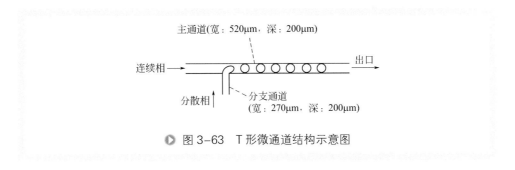

主通道(宽：520μm，深：200μm)

连续相 ———→   出口

分散相   分支通道
            (宽：270μm，深：200μm)

> 图 3-63 T形微通道结构示意图

体系分别使用质量分数为 3% 的 SDS 水溶液和 2% 的 Span 80 十二烷溶液为连续相，正辛烷和去离子水为分散相，体系物性如表 3-12 所示。

表 3-12 实验体系物性（25℃）

分散相	连续相	连续相黏度 /mPa·s	分散相黏度 /mPa·s	界面张力 /(mN/m)
正辛烷	3%（质量分数）SDS 水溶液	1.05	0.51	5.33
去离子水	2%（质量分数）Span 80 十二烷溶液	1.58	0.88	3.58

实验发现，在错流剪切的过程中会产生挤压流、滴流、层流和喷射流四种流型，这一结果与前述的两相流型基本相同。从基本的作用力关系入手对流型进行划分：首先，液滴能否断裂与连续相剪切力和界面张力的作用密切相关，连续相剪切力强、界面张力小，则液滴能快速脱落，因此连续相剪切力和界面张力的比决定着挤压流和滴流的划分。其次，分散相黏性力和界面张力的比也很重要，分散相黏性力强、界面张力小，相界面就不容易快速收缩和断裂，因此这两个力的比就决定着分散相能否分散。根据 Ca 数的定义，可以用连续相和分散相的 Ca 数来划分流型，结果如图 3-64 所示。可以看出，这种划分方法较为清晰地将作用力与分散方式进行了对应，是一种较为普适性的划分方法。

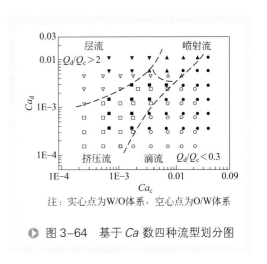

注：实心点为W/O体系，空心点为O/W体系

> 图 3-64 基于 Ca 数四种流型划分图

2. T形微通道内错流剪切液滴分散的基本规律

为了进一步认识连续相 Ca 数、分散相流量和两相黏度比对于液滴分散尺度的影响，建立能够准确计算液滴尺寸的分散模型，先让我们从基本影响规律入手。采

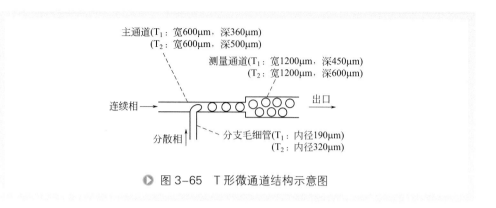

主通道(T₁：宽600μm，深360μm)
(T₂：宽600μm，深500μm)

测量通道(T₁：宽1200μm，深450μm)
(T₂：宽1200μm，深600μm)

连续相 →

出口

分散相

分支毛细管(T₁：内径190μm)
(T₂：内径320μm)

图 3-65　T 形微通道结构示意图

用如图 3-65 所示的微通道设备和如表 3-13 所示的实验体系。

表 3-13　实验体系物性（T₁ 25℃，T₂ 20℃）

实验微通道	分散相	连续相	连续相黏度 /mPa·s	界面张力 /(mN/m)
T₂	去离子水	2%（质量分数）Span 80 十二烷溶液	1.58	3.58
T₂	去离子水	2%（质量分数）Span 80 十六烷溶液	3.20	3.27
T₁	去离子水	2%（质量分数）Span 80 十二烷石蜡混合溶液	4.62	3.79
T₁	去离子水	2%（质量分数）Span 85 液体石蜡溶液	24.8	8.10
T₁	去离子水	2%（质量分数）Span 85 玉米油溶液	72.7	11.5

图 3-66 为连续相 Ca 数、两相流量比和黏度等对分散尺寸的影响规律，从图中

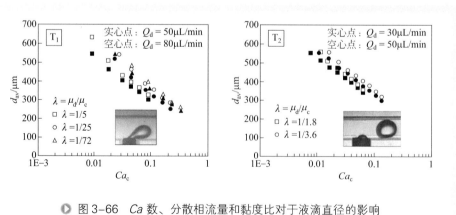

图 3-66　Ca 数、分散相流量和黏度比对于液滴直径的影响

可以看出连续相 Ca 数对分散尺度的影响很大，随着 Ca 数的增大，液滴尺寸逐渐减小。液滴尺寸随着分散相流量的增加略有增大，这与在上面的讨论结果相似，对于界面张力小的体系而言，分散相流量的增大不利于相界面的快速收缩，所以分散相流量较大时液滴脱落时间会略微延长，从而导致液滴分散尺度的增大。在相同的 Ca 数和分散相流量下，分散相与连续相黏度比的减小也会导致液滴尺寸的增加，这同样应该归结于液滴在分散过程中由于黏度不一样而产生的形变不一样有关。

总之，连续相 Ca 数、两相黏度比和分散相流量是液滴分散过程主要的影响因素，通过对这些关键参数进行关联可以获得如下半经验模型，

$$\frac{d_{av}}{d_e} = k\left(\frac{\mu_d}{\mu_c}\right)^{\alpha}\left(\frac{Q_d}{Q_c}\right)^{\beta} Ca_c^{\theta} \tag{3-25}$$

式中，d_e 为微通道的水力学直径。通过对实验数据的拟合可得，

$$\frac{d_{av}}{d_e} = 0.33\left(\frac{\mu_d}{\mu_c}\right)^{-0.1}\left(\frac{Q_d}{Q_c}\right)^{0.03} Ca_c^{-0.25} \tag{3-26}$$

模型计算结果和实验结果的对比如图 3-67 所示，可以看出模型结果和实验结果符合得很好。

3. 改进型 T 形微通道和剪切力调控方法

从以上的实验结果可以看出通过调整体系的黏度、界面张力和剪切速度就可以调整液滴的分散尺寸。对于分散体系和两相流量固定的条件下，调控微分散过程最可行的方法是调控分散位置的两相流速。如图 3-68 所示，

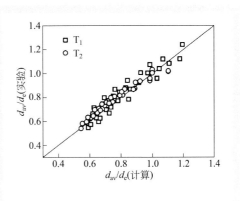

▶ 图 3-67 模型结果和实验结果的对比

通过将毛细管深入主通道不同，即可以实现在微分散位置处局部的连续相流速的改变，实现对 T 形微通道的改进，这种微通道设备可称为改进型毛细管嵌入式 T 形

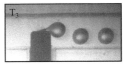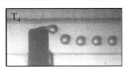

照片体系：连续相2%(质量分数)Span 85的石蜡溶液，分散相去离子水
操作条件：$Q_c = 200\mu L/min$，$Q_d = 30\mu L/min$ 或 $50\mu L/min$

▶ 图 3-68 毛细管嵌入式微通道

微通道。图 3-68 中的三种微通道分前面所述的 T_1 微通道，在 T_3 和 T_4 微通道中毛细管分别深入主通道 290μm 和 420μm。图 3-69 是这三种不同结构微通道内的液/液微分散结果。

可以看到在相同的操作条件下，毛细管嵌入设备内液滴的分散尺度明显减小，嵌入深度越大，则液滴直径越小，清楚地表明在嵌入式毛细管微通道内剪切力的作用得到了强化。但进一步深入分析不同微通道内液滴的分散规律还可以发现，在相同的连续相 Ca 数下，毛细管嵌入深度不同时液滴分散尺寸还有区别，毛细管嵌入深度越深，则液滴尺寸越小。

通过 micro-PIV 技术测定的微分散过程流场，如图 3-70 所示，可分析产生这种现象的原因。在相同 Ca 数下，剪切流速的大小是相同的，可是剪切力的方向有一定区别，毛细管嵌入的微通道内连续相绕过毛细管时会产生剪切力方向的偏转，向下的剪切力能够通过剪切角度的作用，提高剪切效果。

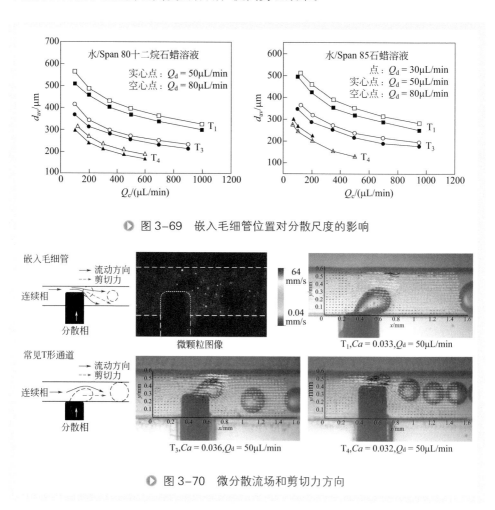

◉ 图 3-69　嵌入毛细管位置对分散尺度的影响

◉ 图 3-70　微分散流场和剪切力方向

4. 动态界面张力和液/液微分散规律

在 T 形微通道设备内，液/液微分散过程中界面张力会发挥十分重要的作用。在微通道内的分散过程中，人们为了调整流体的浸润性能，常常在连续相内加入表面活性剂，这样在分散过程中就存在表面活性剂在新生液滴表面的吸附问题，从而引起界面张力的变化，这种变化会直接影响到液滴的分散尺寸。下面我们采用如图 3-71 所示的 T 形微通道，以正己烷/Tween 20 水溶液为实验体系，考察表面活性剂的动态吸附作用对于液滴分散过程的影响。正己烷/Tween 20 水溶液的界面张力随表面活性剂浓度的变化也列于图 3-71 中。

通过改变表面活性剂 Tween 20 的浓度可以调整表面活性剂的吸附速度，从而影响液/液界面处表面活性剂的浓度，从而影响界面张力的大小，图 3-72 为不同浓度下液滴大小的变化规律。从图可以清楚地看出，当表面活性剂浓度低于 12mmol/L 时，在相同剪切力下液滴的分散尺寸随着表面活性剂的浓度减小而变大，而当表面活性剂浓度高于 12mmol/L 的时候，分散尺寸不再随表面活性剂的浓度变化而改变。

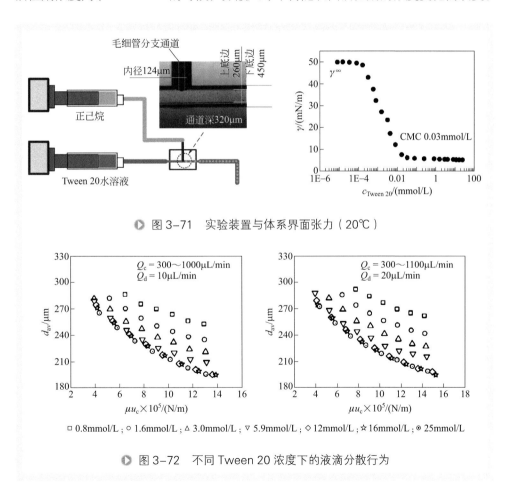

▶ 图 3-71 实验装置与体系界面张力（20℃）

□ 0.8mmol/L；○ 1.6mmol/L；△ 3.0mmol/L；▽ 5.9mmol/L；◇ 12mmol/L；☆ 16mmol/L；⊙ 25mmol/L

▶ 图 3-72 不同 Tween 20 浓度下的液滴分散行为

从液/液微分散基本规律可以得出,在上述微分散过程中影响液滴尺寸的因素只有界面张力。当表面活性剂浓度低于12mmol/L的时候,液滴脱落时的界面张力随着表面活性剂浓度的变化而发生了变化。而界面处表面活性剂浓度则主要受传质速率的影响,在低表面活性剂浓度时,相界面上表面活性剂吸附量还没有达到饱和就引发了液滴的脱落,从而导致界面张力发生变化。而当Tween 20的浓度高于12mmol/L的时候,表面活性剂的吸附能够快速达到界面饱和浓度,从而对液滴尺寸没有影响。

通过以上分析可以看出,表面活性剂的吸附量可以通过液滴脱落时的界面张力来表征,利用液滴分散模型可以计算出液滴脱落时的动态界面张力。从图3-72的实验结果来看,当Tween 20的浓度高于12mmol/L时,液滴脱落瞬间界面张力不再变化,因此可以认为其界面张力已经达到表面活性剂饱和浓度时的界面张力。所以,我们可采用高浓度条件的液滴分散结果建立液滴分散模型,模型如式(3-27)所示。再根据这一模型计算出低Tween 20的浓度时液滴脱落瞬间的动态界面张力,所得结果如图3-73所示。可以看出,动态界面张力随着表面活性剂浓度的上升而下降,随着剪切力的增加而增大,这均与表面活性剂向界面迁移的速率相关。

$$\frac{d_{av}}{d_e} = 0.3 \left(\frac{Q_d}{Q_c} \right)^{0.037} Ca_c^{-0.235}$$

$$0.01 < \frac{Q_d}{Q_c} < 0.07, \quad 0.005 < Ca < 0.03$$

（3-27）

液滴分散时的动态界面张力决定于液滴脱落时界面的表面活性剂吸附量,即界面浓度。影响界面吸附量的主要因素主要有主体相表面活性剂浓度、两相流速、两相接触时间等,为此,可将得到的动态界面张力数据进行半经验关联,得到界面张力模型,如式(3-28)所示。

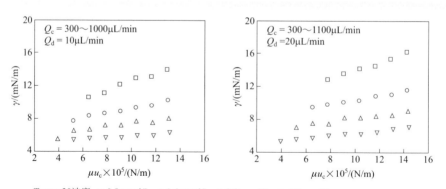

Tween 20浓度：□ 0.8mmol/L；○ 1.6mmol/L；△ 3.0mmol/L；▽ 5.9mmol/L

▶ 图3-73 低Tween 20浓度下的动态界面张力

$$\Gamma = \frac{\gamma - \gamma^0}{\gamma^\infty - \gamma^0} = 0.127 \left(\frac{c_{\text{Tween 20}}}{\text{CMC}}\right)^{-11/10} \left(\frac{u_{\text{d}}}{u_{\text{c}}}\right)^{-2/7} \left(\frac{\tau}{\text{s}}\right)^{-3/4} \tag{3-28}$$

$$\frac{c_{\text{Tween 20}}}{\text{CMC}} > 10, \quad \frac{u_{\text{d}}}{u_{\text{c}}} < 0.8$$

其中，Γ 为无量纲的界面张力；γ^0 为表面活性剂吸附饱和时的界面张力；γ^∞ 为没有表面活性剂时的界面张力；τ 为液滴形成时间；s 为时间单位秒。

这样，就可以利用式（3-27）和式（3-28）计算在有动态界面张力作用下的分散液滴的尺寸。当然，在这只是提供了一种表面活性剂的情况，对于不同微结构和不同表面活性剂，在不同的操作条件下，表面活性剂在新形成液/液界面的吸附量会不一样，因此动态界面张力也会完全不同，读者在对相关过程进行分析时可根据具体对象开展分析。

四、T形微通道内喷射流分散规律[71]

在已有微分散规律的研究中，针对挤压流和滴流两类较为充分，而针对受界面不稳定性作用控制、生成液滴尺寸更小但分布较宽的喷射流液/液微分散的研究则较少。从已有研究结果可以看出，挤压流及滴流下的液滴生成尺寸通常受到微通道结构尺寸的限制，分散液滴的尺寸一般与通道尺寸相当，因此要在常规尺寸的微通道内实现小液滴的制备较为困难。而喷射流的液滴生成尺寸与结构尺寸无关且生成频率较高，是大规模制备小尺寸液滴的有效方法。当然，由于产生喷射流的条件相对较为苛刻，大部分实现这一分散过程的是采用聚焦分散式微设备，而采用 T 形微通道或其他形式微通道的研究报道很少。为此，在对喷射流破碎过程机制分析的基础上，发展毛细管嵌入式阶梯 T 形微通道，实现非对称流场强化的喷射流液/液微分散的新过程，并可控高频制备出 10μm 级单分散液滴。

1. 毛细管嵌入阶梯式T形微通道设备

喷射流液滴稳定破碎的关键在于控制界面的不稳定性。在喷射流分散过程中，分散相流体向下游延伸形成脖子，继而，由于界面的扰动而导致脖子断裂形成小液滴。由于界面扰动强度的不可控性，脖子的断裂呈现较强的随机性，因此这种破碎过程虽然可实现高频，但液滴尺寸分布较宽，难以作为单分散液滴制备的有效方法。因此，大多数研究者还是会通过微通道尺寸的减小来实现微小液滴的制备。

通过微分散设备的结构来调控流场是控制界面的不稳定性最为高效简便的手段。连续相流场的调控最易实现，其对界面扰动的控制也最为高效。需要指出的是，适用于喷射流的微分散设备通常为对称结构，如聚焦型微通道是最常用的设备，这类结构能够有效地提高剪切作用并形成很细小的脖子，但难以对脖子的破碎实现控制。若要对于液滴的破碎过程实现有效控制，非对称流场应该是在特定位置

对界面输入扰动的有效途径。为此，本研究团队针对喷射流微分散的特征，为有效控制液/液分散过程，提出非对称的毛细管嵌入式阶梯式 T 形微通道设备（如图 3-74 所示），以实现喷射流型下单分散液滴的高频制备。

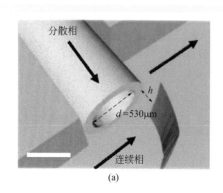
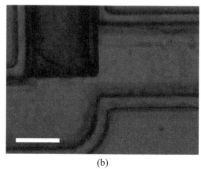

图 3-74　阶梯式 T 形微分散设备。比例尺：500μm

　　如图 3-74 所示，阶梯式 T 形微通道由阶梯形状的方形主通道与垂直交汇的方形旁路通道构成，旁路通道内嵌有石英玻璃毛细管。主通道与旁路通道的深度与宽度（W）均为 750μm，嵌入旁路通道的毛细管外径与内径分别为 740μm 与 530μm。毛细管与微通道形成的缩口高度（h）是影响微分散过程的关键设备尺寸，设计的缩口高度分别为 h=230μm，150μm，80μm。这种微通道的设计一方面解决了流动常规 T 形微通道设备在分散过程中剪切力调控困难，特别是阻力最大点往往不是在毛细管后端，常常是在毛细管前端，这样将动能转化为界面能的效率很低。在这种新型的微通道内，流动阻力最大的位置是毛细管与微通道形成的缩口处，而这个地方又正好是液滴形成和脱落实的位置，因此能量转化的效率会更高。另一方面，这样的微通道设备，摆脱了常规聚焦型微通道只能得到对称流动的情况，利用所设计的微通道可成功地得到非对称流动，进而调控微分散过程的剪切力方向，从而对于液滴破碎实现有效调控，而不是随机断裂过程，保证了生成液滴的单分散性。

2. 阶梯式T形微通道设备内液/液微分散流型和流动

　　以正己烷/甘油水溶液/SDS 为实验体系，其中正己烷为分散相。首先考察不同连续相与分散相流量条件下的流型划分。在阶梯 T 形微通道内，同样可以观察到挤压流、滴流和喷射流三类微分散流型，如图 3-75 所示，这与常规微分散过程相同。若在喷射流微分散过程中，分散相流体经由毛细管注入主通道，受连续相挤压作用在毛细管内形成倾斜的界面；同时，受连续相剪切作用，分散相在倾斜界面顶端形成稳定的脖子并经由缩口向下游延伸，在非对称流场触发的界面不稳定过程作用下快速断裂形成尺寸均匀的液滴。对于喷射流下的分散进一步细分，可以观察到

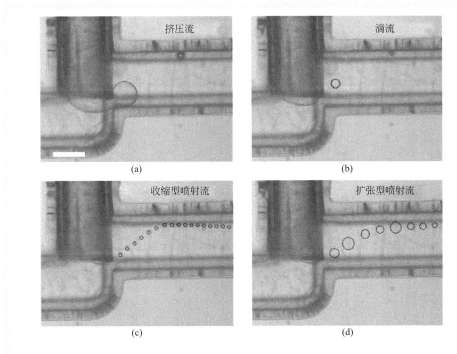

挤压流 (a)

滴流 (b)

收缩型喷射流 (c)

扩张型喷射流 (d)

▶ 图 3-75 　阶梯式 T 形微通道内挤压流、滴流与收缩型 / 扩张型喷射流流型

收缩型喷射流与扩张型喷射流两种流型。

对于喷射流，当连续相流量高于一定临界值后，分散相会在毛细管下游端形成脖子，在界面不稳定性作用下液滴在脖子末端断裂。事实上，在不同的分散相流量条件下，能够得到"收缩型喷射流"（narrowing jetting）和"扩张型喷射流"（widening jetting）两类流型。在收缩型喷射流下，分散相流量较小而连续相流量较大，脖子向下游延伸过程中，其宽度逐渐收缩，形成液滴的尺寸仅稍大于脖子宽度；在扩张型喷射流下，分散相与连续相的流量均较大，分散相脖子在单个液滴破碎周期内均会向上游收缩并在脖子末端形成球状液滴，生成的液滴尺寸远大于脖子宽度，且液滴尺寸分布较宽。因此，若要实现单分散小液滴的高频制备，就需要在收缩型喷射流流下进行液 / 液分散。

图 3-76 针对 T 形微通道、毛细管嵌入式 T 形微通道以及阶梯式 T 形微通道三种设备，以 Ca_c 及两相流量之比作为参量，对流型进行了划分。

从图 3-76 可以看出，在三种不同结构的 T 形微通道内滴流与喷射流的流型转捩临界 Ca_c 数均在 0.07 ~ 0.12 之间。在常规 T 形微通道内，喷射流下的液滴生成过程随机、液滴尺寸分布较宽；对于毛细管嵌入式 T 形微通道，其收缩型喷射流的操作范围较窄，微分散过程很容易进入扩张型喷射流区域，生成的液滴尺寸分布较宽；相较而言，阶梯式 T 形微通道内收缩型喷射流的稳定操作区间较宽，其液滴的

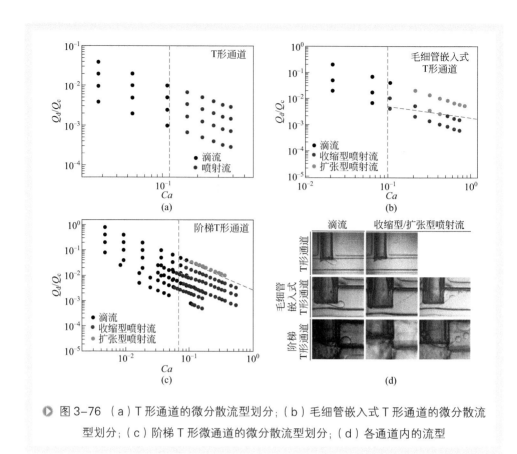

● 图3-76 （a）T形通道的微分散流型划分；（b）毛细管嵌入式T形通道的微分散流
型划分；（c）阶梯T形微通道的微分散流型划分；（d）各通道内的流型

生成频率与尺寸的可控性也更高（图3-77所示）。由此可以看出，由于几何结构的
改变，阶梯式T形微通道设备更适合于高频微小液滴的制备。这种分散规律有所不
同，主要取决于在不同结构的微通道内作用力的不同作用机制，具体可以从流场的

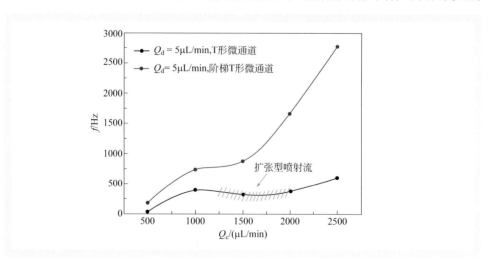

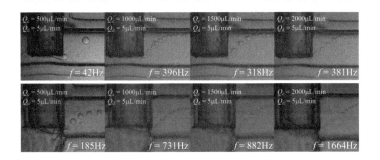

图 3-77　毛细管嵌入式 T 形与阶梯式 T 形微通道内液滴破碎频率的比较

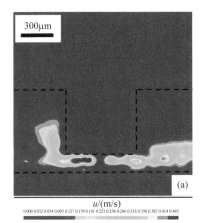 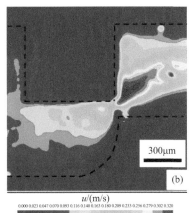

图 3-78　相同两相流量下的毛细管嵌入式 T 形通道与阶梯式 T 形通道内流场

差异来进行分析。图 3-78 为利用 micro-PIV 技术对毛细管嵌入式 T 形微通道与阶梯式 T 形微通道内的微分散过程流场的检测结果。可以看出，毛细管嵌入式 T 形微通道内，流速最大值点位于毛细管顶端前部即液滴断裂位置的上游，而在阶梯式 T 形微通道内，流速最大值点位于缩口即液滴断裂位置处。

　　为了有利于选择采用阶梯式 T 形微通道作为液 / 液微分散的设备，我们根据喷射流型形成的条件与脖子长度变化，进一步给出了液滴稳定分散即收缩型喷射流的操作区间，如图 3-79 所示。这个操作区域比水力学聚焦与同轴环管设备内的喷射流流型操作区间要明显宽很多，因此阶梯式 T 形通道是一种操作鲁棒性较高的喷射流液 / 液微分散设备。

3. 阶梯式 T 形微通道内液滴尺寸的变化规律与数学模型

　　图 3-80 和图 3-81 给出了滴流及喷射流流型下液滴的形成过程与液滴尺寸变化。可以看出，在滴流流型下，液滴尺寸主要取决于连续相流量，与分散相关系较小，

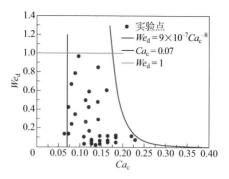

图 3-79 收缩型喷射流的稳定操作区间

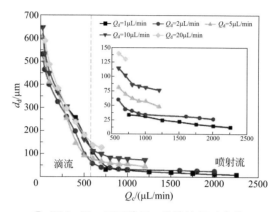

图 3-80 不同流量下的液滴尺寸变化

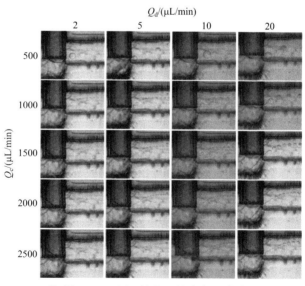

图 3-81 不同流量下的液滴形成过程

这与 T 形微通道内的滴流下的液滴破碎规律一致；而在喷射流流型下，连续相流量与分散相流量共同影响液滴的尺寸，且在高连续相流量与低分散相流量条件下可以生成小尺寸的液滴。

类似于同轴环管及水力学聚焦通道内喷射流的研究，可以获得阶梯式 T 形微通道内喷射流下液滴尺寸预测的半经验关联式（3-29）。依据该关联式可以精确地控制生成液滴的尺寸，如图 3-82 为制备得到的 20μm 与 40μm 单分散液滴的结果。

$$\frac{d_d}{W} = 1.10 \left(\frac{\mu_d}{\mu_c}\right)^{0.02} \left(\frac{Q_d}{Q_c}\right)^{0.49} \tag{3-29}$$

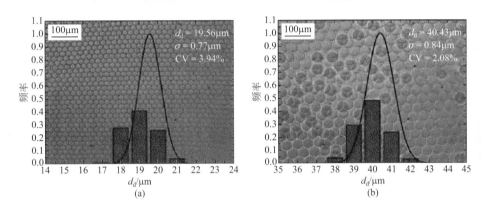

图 3-82   制备得到的 20μm 及 40μm 单分散液滴

气/液/液、液/液/液等多相微分散过程

除气/液、液/液两相流以外，实际化工体系还会遇到气/液/液、液/液/液等多相体系，这些体系的微分散规律同样值得关注。一些研究工作也对气/液/液、液/液/液等多相分散体系开展了研究，在微通道设备内得到一些特别有趣的复杂结构，这些结构对于功能材料制备、乳液结构调控以及化工过程强化等均有重要意义。

一、液/液/液等多相微分散过程

关于液/液/液三相体系的分散过程，四川大学褚良银教授团队做了大量的工作，有十分详细的报道，如图 3-83[72] 是褚良银教授团队总结的液/液/液三相微分

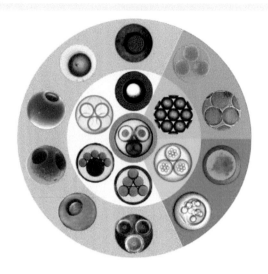

图3-83　液/液/液三相或多相微分散体系典型结构[72]

散体系的典型结构，应用三相或多相微分散过程，可制备双重、三重甚至四重乳液，乳液滴内核尺寸可以调节，内核液滴的组成也可以调节，乳液滴内部均匀结构和非均匀结构都可以实现调节。关于液/液/液三相体系分散过程的研究，读者可进一步查阅相关文献。在此我们不再赘述。

二、气/液/液等多相微分散过程

从微分散基本原理来分析，无论是两相流还是多相流，其液滴或者气泡的分散规律均要满足作用力平衡机制，即主要受到剪切力和界面力的控制。下面我们以气/液/液三相微分散过程为例来说明多相微分散过程的一些基本规律。实验通道使用双T形结构，第一个T形结构用于形成微分散的气柱，再利用含气柱的微分散体系在第二个T形结构上剪切待分散的正己烷，实现微尺度液滴的制备，形成气/液/液三相微分散体系。该装置的主通道（main channel）宽度为610μm、深度为330μm，与两个宽度300μm、深度330μm的分支通道（side channel）交汇形成上下游两个T形分散结构，这两个分散结构分别命名为T1（上游）和T2（下游）。见图3-84。

实验体系及其物性如表3-14所示。使用含质量分数为2%的Span 80正辛烷溶液作为连续相（油相），主通道通入，使用空气作为气体分散相，由T1分支通道1通入（气相），使用PEG 20000的水溶液作为分散相，由T2分支通道2通入。在双T形三相微分散研究中，上游T形微分散过程实为气/液两相微分散过程，已有较充分的研究成果，因此，仅使用空气/Span 80正辛烷溶液一种体系说明其分散规

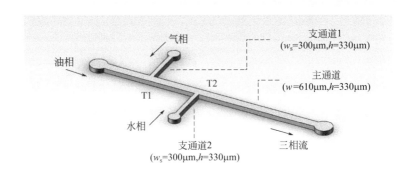

油相

气相

支通道1
($w_s=300\mu m, h=330\mu m$)

主通道
($w=610\mu m, h=330\mu m$)

T1   T2

水相

支通道2
($w_s=300\mu m, h=330\mu m$)

三相流

▶ 图3-84　双型微分散设备内气/液/液三相微分散

律。下游 T 形微通道中的液相分散过程是本节的重点，将具体通过使用 0%（质量分数）、3%（质量分数）和 8%（质量分数）三种 PEG 水溶液和空气/Span 80 正辛烷溶液组成实验体系，考察液体分散相黏度、流量等基础物性和操作条件对于气/液/液三相微分散过程的影响规律。

表3-14　实验体系物性（25℃、1atm）

相态	流体	黏度 μ/mPa·s	密度 ρ/(g/mL)	界面张力 γ/(mN/m)
油相（连续相）	2%（质量分数）Span 80 正辛烷溶液	0.525	0.698	—
气相（分散相）	空气	0.018	0.001	21.4
水相（分散相）	0（质量分数）PEG 20000 水溶液	0.893	0.997	3.53
	3%（质量分数）PEG 20000 水溶液	2.12	0.998	3.40
	8%（质量分数）PEG 20000 水溶液	8.74	0.998	3.69

注：1atm=101325Pa，下同。

1. 上游 T 形微结构中气相分散规律

在第一个 T 形微分散结构内，气相首先完成分散过程。与常规 T 形微通道气/液微分散过程一样，最容易实现的分散方式是挤压分散（squeezing）方式，在这种分散方式下气相主要以柱状形式分散。依据操作条件的变化，气柱的长度可以从 0.7mm 至 5.2mm 范围内变化。在某个具体操作条件下气柱的形成过程如图 3-85 所示。

图 3-85 示出，气柱流的特点是分散相充满主通道，气柱长度超过主通道宽度和高度，将连续相割成近乎相互隔绝的流体单元。在挤压分散方式下，影响流体

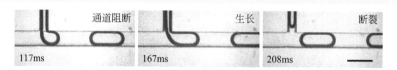

▶ 图 3-85 T 形微通道内微气柱形成过程（标尺 1mm）

2%（质量分数）Span 80正辛烷/空气/0%（质量分数）PEG 2000水溶液体系

Q_o=100μL/min；Q_g=100μL/min；Q_w=100μL/min

分散的主要作用力是连续相和分散相之间的挤压作用。已有的研究结果表明，挤压分散方式下气柱的长度与两相相比成线性关系。对实验结果进行关联，可以得到气柱长度的计算式（3-30）。

$$L_{g1} / w = 0.85 Q_g / Q_o + 1.25 (0.05 < Q_g / Q_o < 10) \qquad (3\text{-}30)$$

式中，w 为主通道宽度。

2. 下游 T 形微结构中水相分散方式和三相流型

通过上游的 T 形微结构能够得到气/液两相微分散体系，所得到的气/液微分散体系流到下游的 T 形微结构，实现对水相的分散，从而实现气/液/液三相微分散过程。在下游的 T 形微结构中实现的液滴分散与传统液/液两相微分散过程有许多不同之处，值得细致分析。第一种流型为"单气泡-单液滴"流型，即在每个气柱作用下产生一个液滴，气柱的生成频率和液滴的生成频率相同。图 3-86 为"单气泡-单液滴"流型形成过程，图 3-87 为"单气泡-单液滴"流型结构图。

▶ 图 3-86 "单气泡－单液滴"流型形成过程（标尺 1mm）

2%（质量分数）Span 80正辛烷/空气/3%（质量分数）PEG 2000水溶液体系

Q_o=400μL/min；Q_g=380μL/min；Q_w=100μL/min

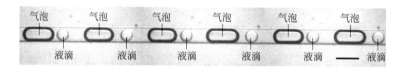

▶ 图 3-87 "单气泡－单液滴"流型结构图（标尺 1mm）

2%（质量分数）Span 80正辛烷/空气/3%（质量分数）PEG 2000水溶液体系

Q_o=400μL/min；Q_g=380μL/min；Q_w=100μL/min

在所给定的操作条件范围内（Q_w=50 ～ 400μL/min，μ_w=0.9 ～ 8.8mPa·s），可以实现上游产生的气柱周期性剪切水相而产生微小液滴，因此 T2 微结构内液体的分散过程由 T1 微结构内气/液微分散过程、T2 几何结构以及分散相物性共同决定。利用这一剪切作用可以获得单分散的微液滴，并在 T2 后的主通道内形成"液滴-气泡-液滴-气泡"状的周期性流型。

在双 T 形微通道内气/液/液三相微分散过程，在下游 T 形微通道内液滴的形成机制一方面可以是上游产生的气柱的剪切作用，若气柱生成频率很小，即两相气柱之间的连续相液柱长度足够长时，作为连续相的液体也会对于下游分散相产生直接的剪切作用，从而看到的是液/液分散过程，此时的分散过程如图 3-88 所示。在如图所示的分散过程中可得到"气泡-液滴-气泡-液滴-液滴"状的周期性流型，即所谓的"单气泡-双液滴"流型，如图 3-89 所示。由于两种液滴的生成机制不同，因此其尺寸有很大的差别，可谓多分散性液滴。

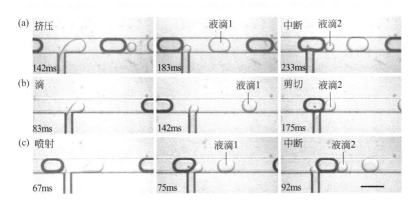

▶ 图 3-88 微液滴的自由分散和剪切分散过程（标尺 1mm）

（a）2%（质量分数）Span 80正辛烷/空气/0（质量分数）PEG 2000水溶液体系：Q_o=100μL/min；Q_g=50μL/min；Q_w=50μL/min。（b）2%（质量分数）Span 80正辛烷/空气/3%（质量分数）PEG 2000水溶液体系：Q_o=400μL/min；Q_g=50μL/min；Q_w=50μL/min。（c）2%（质量分数）Span 80正辛烷/空气/8%（质量分数）PEG 2000水溶液体系：Q_o=400μL/min；Q_g=120μL/min；Q_w=100μL/min

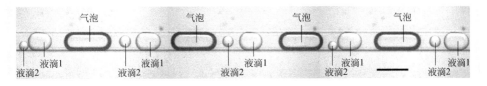

▶ 图 3-89 "单气泡-双液滴"流型（标尺 1mm）

2%（质量分数）Span 80正辛烷/空气/0（质量分数）PEG 2000水溶液体系
Q_o=200μL/min；Q_g=180μL/min；Q_w=100μL/min

当然若气柱的产生频度进一步降低，则有可能在一个气柱剪切周期内产生更多的液滴，如图 3-90 所示，在一个气柱剪切周期内，共有 5 个液滴形成，前 4 个自由分散的液滴尺寸均一，而第 5 个剪切分散液滴尺寸偏小，总体上形成的液滴构成多分散体系。

根据液/液两相微分散基本规律，除了挤压、滴状和喷射三种分散方式外，还有不分散的层流（laminar）流型。在实验中可以观察到图 3-91 所示的分散情况，当液体在连续相中呈现层流流动的时候，气柱的到来可以中断层流过程，从而形成"单气柱-单液柱"流型。当然若气泡尺寸小到一定程度，若不能够将层流的液相中断，则会形成"G/O 相/液相层流"流型。

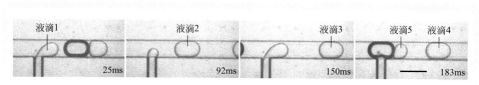

▶ 图 3-90　"单气泡 – 多液滴"流型（标尺 1mm）

2%（质量分数）Span 80正辛烷/空气/0（质量分数）PEG 2000水溶液体系

Q_o=400μL/min；Q_g=50μL/min；Q_w=200μL/min

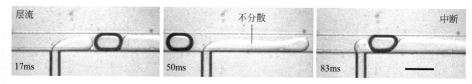

▶ 图 3-91　"单气泡 – 单液柱"流型形成过程（标尺 1mm）

2%（质量分数）Span 80正辛烷/空气/8%（质量分数）PEG 2000水溶液体系

Q_o=400μL/min；Q_g=90μL/min；Q_w=400μL/min

事实上 T2 分支通道内流出的液体分散相也会对气体分散相产生影响，如在实验中我们观察到气柱被水相切断（splitting）的现象，如图 3-92 所示。气柱被切断之后形成了一个分散周期内气泡液滴紧密相连的流型，这种流型可称为"多气泡 - 多液滴"流型，如图 3-93 所示。

三相微分散过程较两相分散过程更为复杂，不同分散方式、流型以及它们之间的演变关系需要细致梳理才能得到。由于三相体系的复杂性，因此相关过程的研究系统性还不够，相关过程的数学描述还需要深入，同时有关三相微分散的方法和微分散设备也需要进一步加强。读者可根据自己研究工作的要求，对于文献已有结果进行进一步的分析。

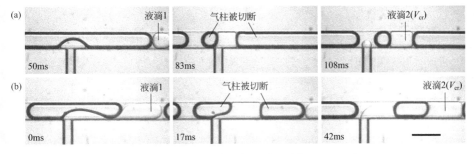

图 3-92　气柱被切断的过程（标尺 1mm）

（a）2%（质量分数）Span 80正辛烷/空气/0（质量分数）PEG 2000水溶液体系：Q_o=50μL/min；
Q_g=400μL/min；Q_w=100μL/min。（b）2%（质量分数）Span 80正辛烷/空气/8%（质量分数）
PEG 2000水溶液体系：Q_o=100μL/min；Q_g=400μL/min；Q_w=400μL/min

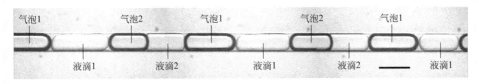

图 3-93　"多气泡－多液滴"流型

参考文献

[1] Lindken R, Rossi M, Große S, Westerweel J. Micro-Particle Image Velocimetry (mPIV):Recent developments, applications, and guidelines[J]. Lab on a Chip, 2009, 9:2551-2567.

[2] Christophe A, Serra A C, Chang Z Q. Microfluidic-Assisted Synthesis of Polymer Particles[J]. Chem Eng Technol, 2008, 31(8):1099-1115.

[3] Song Y J, Hormes J, Kumar C. Microfluidic Synthesis of Nanomaterials[J]. Small, 2008, 4(6):698-711.

[4] Kashid M, Kiwi-Minsker L. Microstructured Reactors for Multiphase Reactions:State of the Art[J]. Ind Eng Chem Res, 2009, 48:6465-6485.

[5] Mark D, Haeberle S, Roth G, Stetten F, Zengerle R. Microfluidic lab-on-a-chip platforms: requirements, characteristics and applications[J]. Chem Soc Rev, 2010, 39:1153-1182.

[6] Shaha R, Shuma H, Rowata A C, Leea D, Agrestia J J, Utadaa A S, Chu L Y, Kim J W, Fernandez-Nieves A, Martinez C J, Weitz D A. Designer emulsions using microfluidics[J]. Materials Today, 2008, 11(4):18-27.

[7] Huebner A, Sharma S, Srisa-Art M, Hollfelder F, Edel J, deMello A J. Microdroplets:A sea of applications? [J]. Lab on a Chip, 2008, 8:1244-1254.

[8] deMello A J. Control and detection of chemical reactions in microfluidic systems[J]. Nature, 2006,

442:394-402.

[9] Thorsen T, Maerkl S J, Quake S R. Microfluidic large-scale integration[J]. Science, 2002, 298:580-584.

[10] Utada A S, Lorenceau E, Link D R, Kaplan P D, Stone H A, Weitz D A. Monodisperse Double Emulsions Generated from a Microcapillary Device[J]. Science, 2005, 308:537-541.

[11] Stone H A, Stroock A D, Ajdari A. Engineering Flows in Small Devices:Microfluidics Toward a Lab-on-a-Chip[J]. Annu Rev Fluid Mech, 2004, 36:381-411.

[12] Zhang J S, Wang K, Teixeira A R, Jensen K F, Luo G S. Design and Scaling Up of Microchemical Systems:A Review[J]. Annu Rev Chem and Biomolecular Eng, 2017, 8:285-306.

[13] Wang K, Li L T, Xie P, Luo G S. Liquid-liquid microflow reaction engineering[J]. Reac Chemistry & Eng, 2017, 2：611-627.

[14] Wang K, Luo G S. Microflow extraction:A review of recent development[J]. Chem Eng Sci, 2017, 169:18-33.

[15] Zhao C X, Middelberg A P J. Two-phase microfluidic flow[J]. Chem Eng Sci, 2011, 66:1394-1411.

[16] Shui L, Eijkel J, Vandenberg A. Multiphase flow in micro- and nanochannels [J]. Sensors and Actuators B:Chem, 2007, 121:263-276.

[17] Wörner M. Numerical modeling of multiphase flows in microfluidics and micro process engineering:a review of methods and applications[J]. Microfluidics and Nanofluidics, 2012, 12:841-886.

[18] Zhu P G, Wang L Q. Passive and active droplet generation with microfluidics:a review[J]. Lab on a Chip, 2017, 17:34-75.

[19] Ajaev V S, Homsy G M. Modeling shapes and dynamics of confined bubbles[J]. Annu Rev Fluid Mech, 2006, 38:277-307.

[20] Darhuber A A, Troian S M. Principles of microfluidic actuation by modulation of surface stresses[J]. Annu Rev Fluid Mech, 2005, 37:425-455.

[21] Gunther A, Jensen K F. Multiphase microfluidics:From flow characteristics to chemical and materials synthesis[J]. Lab on a Chip, 2006, 6:1487-1503.

[22] van Hoeve W, Dollet B, Gordillo J M, Versluis M, van Wijngaarden L, Lohse D. Bubble size prediction in co-flowing streams[J]. EPL, 2011, 94:64001.

[23] Thorsen T, Roberts R W, Arnold F H, Quake S R. Dynamic pattern formation in a vesicle-generating microfluidic device[J]. Phys Rev Lett, 2001, 86:4163-4166.

[24] Garstecki P, Fuerstman M J, Stone H A, Whitesides G M. Formation of droplets and bubbles in a microfluidic T-junction-scaling and mechanism of break-up[J]. Lab on a Chip, 2006, 6:437-446.

[25] Garstecki P, Gitlin I, DiLuzio W, Whitesides G M, Kumacheva E, Stone H A. Formation of monodisperse bubbles in a microfluidic flow-focusing device[J]. Applied Phy Lett, 2004, 85:2649-2651.

[26] Xu J H, Li S W, Wang Y J, Luo G S. Controllable gas-liquid phase flow patterns and monodisperse microbubbles in a microfluidic T-junction device[J]. Applied Phy Lett, 2006, 88:133503-133506.

[27] Fu T, Ma Y, Funfschilling D, Li H Z. Bubble formation and breakup mechanism in a microfluidic flow-focusing device[J]. Chem Eng Sci, 2009, 64:2392-2400.

[28] Fu T, Ma Y, Funfschilling D, Li H Z. Dynamics of bubble breakup in a microfluidic T-junction divergence[J]. Chem Eng Sci, 2011, 66:4184-4195.

[29] Nie Z H, Seo M S, Xu S Q, Lewis P C, Mok M, Kumacheva E, Whitesides G M, Garstecki P, Stone H A. Emulsification in a microfluidic flow-focusing device:Effect of the viscosities of the liquids[J]. Microfluid Nanofluid, 2008, 5:585-594.

[30] Tan J, Xu J H, Li S W, Luo G S. Drop dispenser in a cross-junction microfluidic device:Scaling and mechanism of break-up[J]. Chem Eng J, 2008, 136:306-311.

[31] Chen G G, Luo G S, Sun Y, Xu J H, Wang J D. A ceramic microfiltration tube membrane dispersion extractor[J]. AIChE J, 2004, 50:382-387.

[32] Wang K, Lu Y C, Xu J H, Luo G S. Droplet generation in micro-sieve dispersion device[J]. Microfluid Nanofluid, 2011, 10:1087-1095.

[33] Li S W, Xu J H, Wang Y J, Luo G S. Liquid-liquid two-phase flow in pore array microstructured devices for scaling-up of nanoparticle preparation[J]. AIChE J, 2009, 55:3041-3051.

[34] Benz K, Jackel K P, Regenauer K J, Schiewe J, Drese K, Ehrfeld W, Hessel V, Lowe H. Utilization of micromixers for extraction processes[J]. Chem Eng Technol, 2001, 24:11-17.

[35] Yasuno M, Sugiura S, Iwamoto S. Monodispersed microbubble formation using microchannel technique[J]. AIChE J, 2004, 50:3227-3233.

[36] Wang K, Lu Y C, Xu J H, Luo G S. Generation of micromonodispersed droplets and bubbles in the capillary embedded T-junction microfluidic devices[J]. AIChE J, 2011, 57(2):299-306.

[37] Xu J H, Li S, Chen G G, Luo G S. Formation of monodisperse microbubbles in a microfluidic device[J]. AIChE J, 2006, 52(6):2254-2259.

[38] Tan J, Li S W, Wang K, Luo G S. Gas-liquid flow in T-junction microfluidic devices with a new perpendicular rupturing flow route[J]. Chem Eng J, 2009, 146(3):428-433.

[39] Tan J, Du L, Xu J H, Luo G S. Surfactant-free microdispersion process of gas in organic solvents in microfluidic devices[J]. AIChE J, 2011, 57(10):2647-2656.

[40] Gordillo J M, Cheng Z D, Ganan-Calvo A M, et al. A new device for the generation of microbubbles[J]. Physics of Fluids, 2004, 16(8):2828-2834.

[41] Raven J P, Marmottant P, Graner F. Dry microfoams:formation and flow in a confined channel[J]. European Physical B, 2006, 51(1):137-143.

[42] Leshansky A M, Pismen L M. Breakup of drops in a microfluidic T junction[J]. Physics of Fluids, 2009, 21:023303.

[43] Link D R, Anna S L, Weitz D A, Stone H A. Geometrically mediated breakup of drops in

microfluidic devices[J]. Phys Rev Lett, 2004, 92:054503.

[44] Steegmans M, Schroen K, Boom R M. Characterization of emulsification at flat microchannel Y junctions[J]. Langmuir, 2009, 25:3396-3401.

[45] van Steijn V, Kleijn C R, Kreutzer M T. Predictive model for the size of bubbles and droplets created in microfluidic T-junctions[J]. Lab on a Chip, 2010, 10:2513-2518.

[46] Fu T T, Ma Y G, Funfschilling D, et al. Squeezing-to-dripping transition for bubble formation in a microfluidic T-junction[J]. Chem Eng Sci, 2010, 65：3739-3748.

[47] 谭璟. 气／液分离与反应过程微型化的基础研究 [D]. 北京：清华大学，2011.

[48] Husny J, Cooper-White J J. The effect of elasticity on drop creation in T-shaped microchannels[J]. J Non-Newton Fluid, 2006, 137:121-136.

[49] Cristini V, Tan Y C. Theory and numerical simulation of droplet dynamics in complex flows-a review[J]. Lab on a Chip, 2004, 4:257-264.

[50] van Steijn V, Kreutzer M T, Kleijn C R. Mu-piv study of the formation of segmented flow in microfluidic T-junctions[J]. Chem Eng Sci, 2007, 62:7505-7514.

[51] Xiong R Q, Chung J N. Bubble generation and transport in a microfluidic device with high aspect ratio[J]. Exp Therm Fluid Sci, 2009, 33:1156-1162.

[52] Fu T T, Funfschilling D, Ma Y, et al. Scaling the formation of slug bubbles in microfluidic flow-focusing devices[J]. Microfluid Nanofluid, 2009, 8：467-475.

[53] Xu J H, Li S W, Tan J, et al. Correlations of droplet formation in T-junction microfluidic devices:From squeezing to dripping[J]. Microfluid Nanofluid, 2008, 5:711-717.

[54] de Menech M, Garstecki P, Jousse F, et al. Transition from squeezing to dripping in a microfluidic T-shaped junction[J]. J Fluid Mech, 2008, 595：141-161.

[55] Kawaji M, Chung P M Y. Adiabatic Gas–Liquid Flow In Microchannels[J]. Microscale Thermophysical Eng, 2004, 8:239-257.

[56] Triplett K A, Ghiaasiaan S M, Abdel-Khalic S I, Sadowski D L. Gas-liquid two-phase flow in microchannels-Part Ⅰ: two-phase flow patterns[J]. Int J Multiphase Flow, 1999, 25:377-394.

[57] Shao N, Gavriilidis A, Angeli P. Flow regimes for adiabatic gas-liquid flow in microchannels[J]. Chem Eng Sci, 2009, 64:2749-2761.

[58] 徐建鸿. 微分散体系尺度调控与传质性能研究 [D]. 北京:清华大学, 2007.

[59] 杨路. 气／液微分散体系的传质性能与稳定性 [D]. 北京:清华大学, 2013.

[60] 郑晨. 微气泡群形成机制及性能的基础研究 [D]. 北京:清华大学, 2016.

[61] Ganan-Calvo A M, Gordillo J M. Perfectly monodisperse microbubbling by capillary flow focusing[J]. Phys Rev Lett, 2001, 87:274501.

[62] Qin K, Wang K, Luo R, Li Y, Wang T. Dispersion of supercritical carbon dioxide to [Emim] [BF$_4$] with a T-junction tubing connector[J]. Chemical Engineering and Processing - Process Intensification, 2018, 127:58-64.

[63] Wang K, Xie L, Lu Y C, Luo G S. Generating microbubbles in a co-flowing microfluidic device[J]. Chemical Engineering Science, 2013, 100:486-495.

[64] Castro-Hernandez E, van Hoeve W, Lohse D, Gordillo J M. Microbubble generation in a co-flow device operated in a new regime[J]. Lab on a Chip, 2011, 11(12):2023-2029.

[65] Li Y K, Wang K, Xu J H, Luo G S. A capillary-assembled micro-device for monodispersed small bubble and droplet generation[J]. Chemical Engineering Journal, 2016, 293:182-188.

[66] 王凯. 非均相反应过程的微型化基础研究 [D]. 北京：清华大学，2010.

[67] Peng S J, Williams R A. Controlled production of emulsions using a crossflow membrane, part Ⅰ: droplet formation from a single pore[J]. Trans IchemE, 1998, 76:894-901.

[68] 王志，王世昌，等. 膜乳化过程中流体流动对液滴受力和乳化效果的影响 [J]. 化工学报，1999, 50(4):505-512.

[69] Rayner M, Tragsdh G. Membrane emulsification modelling:how can we get from characterisation to design?[J]. Desalination, 2002, 145:165-172.

[70] Vladisavljevic G T, Schubertb H. Preparation and analysis of oil-in-water emulsions with a narrow droplet size distribution using Shirasu-porous-glass (SPG) membranes[J]. Desalination, 2002, 144:167-l72.

[71] 李严凯. 微通道内液滴生成与调控机制及其用于标准颗粒的制备 [D]. 北京：清华大学，2018.

[72] Wang W, Zhang M J, Chu L Y. Functional polymeric microparticles engineered from controllable microfluidic enulsions[J]. Acc Chem Res, 2014, 47:373-384.

第四章

微尺度传递性能

在微化工系统内流体的尺寸在微米量级，比常规设备有数量级的减小，相间的传质距离大大缩短，比表面积大幅提升，极大地促进了相间的传质和传热速率。如图 4-1 所示，微结构设备的传热和传质能力相比于传统传热传质设备，如搅拌釜、脉冲塔、静态混合器和板式换热器等，都具有明显的优势[1]。本章将针对微尺度下的传质传热性能进行论述。

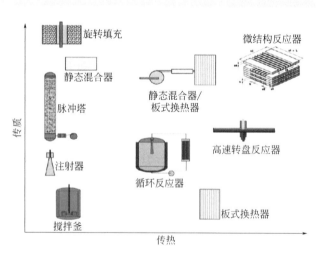

图 4-1　主要化工设备的传热传质效率比较[1]

第一节 微尺度传热性能

一、概述

得益于特征尺寸的大幅度减小，微通道的比表面积在 $10^4 \sim 10^6 m^2/m^3$ 量级，远大于大型传热设备，可以显著增加传热面积[2]。微设备在强化传热方面具有显著的优势，如图 4-2 所示，Brandner 等人研究了交叉流微混合器中的传热效率，发现在 $100\mu m \times 80\mu m$ 的接触面中，以水为研究体系，流速为 700kg/h 时，交叉流微混合器的传热系数达到 $20kW/(m^2 \cdot K)$，经过条件优化，传热系数可以进一步达到 $54kW/(m^2 \cdot K)$[3]。Hardt 等研究了鳍状微混合器的传热效率，通过数值计算发现，过程的 Nu 数可以增加数十倍，传热效率大幅提升[4]。除微换热器的结构设计以外，研究者还研究了微换热器加热方式，提出了微通道的电加热等方式强化过程的传热效率[5]。

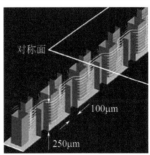

◉ 图 4-2 交叉流微换热器和鳍状微换热器[3, 4]

除了实现高体积传热系数以外，微设备内连续流动停留时间高度可控[6]，可以使流体中的热量迅速转移，达到流体温度的均匀分布，减少了流体中热点的产生[7]。对于微反应器内的换热而言，如图 4-3（b）所示，其优异的传热性能，使得微反应器内的温度分布相比于搅拌釜，更加接近于理想温度分布情况[8]。微反应器优异的传热性能来源于其极大的比表面积，传统反应器的比表面积大都为 $100m^2/m^3$，极少数传统反应器的比表面积可以达到 $1000m^2/m^3$，而微反应器的比表面积达 $10000 \sim 50000m^2/m^3$[9]。Hessel[10] 等人报道其研究中使用的 $40\mu m$ 宽、$200\mu m$ 深的微反应器传热能力达到 $4000W/(m^2 \cdot K)$，Schburt 等人[11] 更是表明其研究使用的 $69\mu m$ 宽、$30\mu m$ 深的微反应器的换热系数可达 $10kW/(m^2 \cdot K)$ 以上，远高

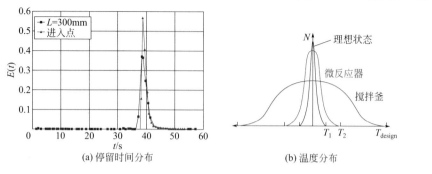

(a) 停留时间分布　　　　　　　　(b) 温度分布

▶ 图4-3　微通道内停留时间分布和温度分布 [6,8]

于传统反应装置的传热性能。

优异的换热能力可以实现反应的快速加热和冷却，对反应温度有更强的调控能力，尤其是对于那些快速强放热反应，微反应器可以及时将反应产生的热量移出反应器，从而保证反应过程温度控制在一个安全可控的范围内，不仅可以获得更高的反应产率 [12]，还可以减少过程的副反应 [13]。例如，Ducry[14] 等人在微反应器内实现对苯酚硝化反应的研究，常规釜式反应器内有超过 50℃的反应温升，在微反应器内温升不到 5℃，因为可以实现对反应温度更加精准的控制，反应产率也随之由 0.55 提升至 0.75。

有关微尺度间接换热的设备已有大量的研究，特别是热量工程领域对其研究已较为深入，而且已有相关专著对于微尺度换热进行了论述，因此，在本章中我们不将它作为重点进行介绍。

二、微分散体系内的液/液相间换热

在一个微化工系统中，换热问题的研究不仅仅只在微换热单元，微混合器、微反应器等其他微设备中发生的换热过程也可能成为一个微化工系统设计是否可行、性能是否优异的关键，因此在着重于微换热器的微结构、加热方式等方面创新的同时，研究者开始探索微尺度传热性能的基础规律性。当前，关于微分散体系的相间传热研究还鲜有报道，以往对于液/液分散体系的相间传热研究还主要集中在塔式设备和管道设备中 [15, 16]，这类设备主要用于加热或冷却含盐的溶液体系，设备中液滴的分散尺度大都处于毫米量级 [16, 17]。而针对微尺度下液/液分散体系的传热研究不仅有利于发展新型高效的换热技术，还有利于发展快速释放非均相反应热的新方法，因此对于微分散体系的相间传热研究十分重要。为此，本书作者针对微尺度液/液分散体系传热性能开展了较为系统的研究，设计了一种用于测量液/液微分散体系内两相传热速率的装置，如图 4-4 所示，该装置由聚四氟乙烯加工而成，混合腔室内主通道宽 2mm、深 1mm，通道表面覆有平均孔径为 5μm 的不锈钢微滤膜，两相接触

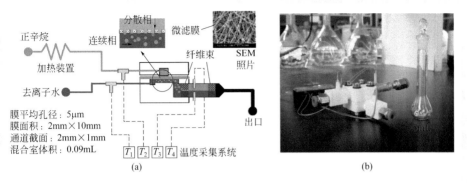

图 4-4　膜分散传热实验装置示意图和照片

的混合腔室体积仅为 0.09mL。为了减少装置的散热，实验中设备外表面用保温材料（充气 PVC 材料）包裹。研究结果表明该设备内液滴的平均直径可小于 100μm[18]。

传热研究需要准确测量两相的温度，该实验中使用精密温度采集系统测量设备进出口的两相温度。为了实现设备出口两相温度的快速测量，加装了一个能够使油水两相快速分相的双层纤维束结构。纤维束下层由氧化不锈钢丝构成，上层由聚丙烯纤维构成，纤维束的孔隙率约为 50%，纤维束的长度为 3mm。纤维束的作用是利用材料的浸润性使水相和油相分别快速浸润出口通道的上下两端，从而方便温度的测量。如图 4-5 所示，在没有纤维束的出口管内存有大量的小液滴，而加入纤维束后两相呈稳定的分层流动，在纤维束的末端设置温度传感器，分别测量两相的温度。在实验中使用经典的"正辛烷/水"体系。其中分散相在进入设备前通过加热装置升温至 55～65℃，连续相温度控制在室温 18℃。实验中连续相首先通入装置，随后是分散相，待设备进出口两相温度恒定后开始采集温度数据。为了保证仅对两相间的传热问题进行讨论，操作条件控制在体系热损失率小于 5% 的情况下。

传递过程的 Murphree 效率是考察传递过程完成程度的重要指标，传热 Murphree

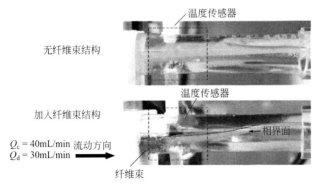

图 4-5　纤维束分相效果和温度在线测量

效率定义如式（4-1）所示，

$$E = \frac{T_d^{in} - T_d^{out}}{T_d^{in} - T^{out*}} \times 100\%$$ （4-1）

式中，T_d^{in} 为分散相在微混合器进口的温度；T_d^{out} 为分散相在微混合器出口的温度；T^{out*} 为两相达到热平衡时的理论温度。这里使用分散相作为效率计算的基准。通过实验考察连续相的剪切流速（u_c）、分散相的过膜通量（u_d）、两相相比（Q_c/Q_d）和物料停留时间（τ）对于传热效率的影响，结果如图4-6所示。虽然在不同剪切流速和过膜通量的情况下传热效率依次发生变化，但实际对于传热效率的主要影响因素是两相相比。从图4-6（c）和（d）可以看出，在毫秒级的接触时间（物料停留时间）内，微分散设备内的传热效率即可达到85%以上。随着两相相比的提高，传热效率也不断提高，因此膜分散错流剪切分散设备在大相比操作时更容易促进相间传热过程的快速完成，即在大流量和大相比条件下，分散尺度迅速减小，相应体系的均一性增强，从而使得传递性能得到提高。

传热速率的快慢可以通过传热系数来衡量，在非均相体系的传热研究中，研究者普遍采用体积传热系数的概念来反映在一定温度推动力下的传热速率。体积传热系数的定义如公式（4-2）所示：

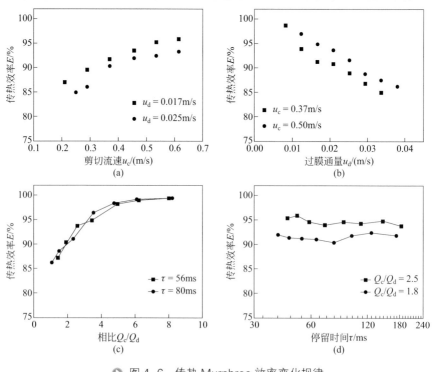

▶ 图4-6　传热 Murphree 效率变化规律

$$Ua = \frac{UA}{V} = \frac{\Delta I / V}{(\Delta T^{\text{in}} - \Delta T^{\text{out}}) / \ln(\Delta T^{\text{in}} / \Delta T^{\text{out}})} \qquad (4\text{-}2)$$

式中，U 为传热系数；A 为设备混合室内总传热面积；V 为设备内混合室体积；A/V 相当于设备内传热比表面积；ΔT^{in} 和 ΔT^{out} 分别为两相流体在设备的进出口温度梯度。对于不同操作条件下的实验数据进行分析，发现微分散设备内的相间体积传热系数主要受到连续相 Ca 数（毛细管数）和分散相相含率的影响。对于一个分散体系来讲，液滴分散尺寸的减小直接有利于传热距离的缩短和体系比表面积的提高，因此分散尺寸对于体积传热系数十分重要。图 4-7 的结果说明微分散设备内的体积传热系数能够达到兆瓦每立方米每摄氏度的量级并且随着 Ca 数的增加而增加，体积传热系数和 Ca 数近似为线性关系。

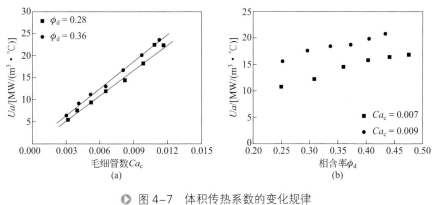

图 4-7　体积传热系数的变化规律

　　除了液滴分散尺寸之外，混合室内的液滴数量也是影响体积传热系数的重要因素。液滴的数量主要由体系中分散相的相含率（ϕ_{d}）决定，相同分散尺寸下相含率越高液滴数也就越多，传热的比表面积也就越大，因此体积传热系数随分散相相含率的增加而增加。根据连续相 Ca 数和分散相相含率的作用，可以建立一个关联模型来计算体积传热系数，如式（4-3）所示。

$$Ua = 4.1 \times 10^9 Ca_{\text{c}} \phi_{\text{d}}^{0.7} \quad (0.1 < \phi_{\text{d}} < 0.6)$$

$$(4\text{-}3)$$

计算结果和实验结果的比较如图 4-8 所示，可见两者符合得很好。

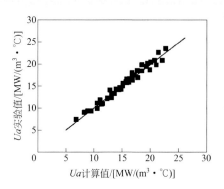

图 4-8　传热计算结果和实验值的比较

微设备内能够较好地消除传质限制，使化学反应和分离过程得到强化，微尺度下气/液体系的传质性能对于气/液接触过程的微型化研究具有重要意义。目前的研究表明，气/液微分散体系的传质性能依赖于微分散流型、通道结构和操作条件等因素[19]，相关研究集中在考察 T 形或 Y 形结构的微分散设备内，气柱流或气柱-环形流的传质性能[19, 20]。

一、概述

研究者 Yue 等[21] 在 Y 形通道内，分别通过二氧化碳的物理和化学吸收过程，考察了气柱流和环形流的液相总体积传质系数。结果表明，$K_l a$ 在 0.3 ~ 21s^{-1} 范围内，比常规气/液接触设备的传质系数至少大 1 ~ 2 个数量级。研究者 Su 等[22] 在 T 形通道内，考察了二氧化硫化学吸收过程的气相体积传质系数。同样通过氢氧化钠溶液快速吸收二氧化碳的过程，测定了微设备的传质比表面积，从而得到气相总传质系数。结果显示，气相体积传质系数与总传质系数均随着两相流速的增大而升高，并且指出微设备内传质性能的提高主要归因于传质比表面积的大幅增加。研究者 Aoki 等[23] 在 T 形通道内，由二氧化碳的化学吸收过程考察了气柱流的传质性能。实验中设计了三种不同的气/液微分散方式，如图 4-9 所示，分别为对撞流剪切、水平放置垂直流剪切与竖直放置垂直流剪切。结果表明，不同的微分散方式通过影响分散尺寸进而引起传质系数的变化，特别在低流速区域这一趋势较为明显。综合以上各影响因素，建立了无量纲特征数 Sh 与 Pe 之间的关联式。研究者 Roudet 等[24] 在直通道和弯曲通道内分别考察了氧气吸收过程中气柱流与气柱-环形流的传质系数，提出传质过程主要发生在轴向流体流动上，即气柱前后两端与液相之间的传质，认为径向方向气柱与薄液膜之间的传质可以忽略。结果显示，弯曲通道中液相

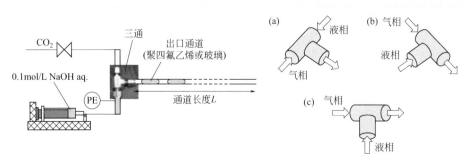

图 4-9　不同分散方式的传质性能研究[23]

体积传质系数稍大于直通道。

近年来，由分散相气体体积变化确定传质量的方法在测定气体溶解度参数以及化学反应速率常数等方面得到了快速的发展和应用[25]。研究者 Abolhasani 等[26] 在微通道内考察了碳酸二甲酯物理吸收二氧化碳的传质过程，如图 4-10 所示。随着吸收过程的进行，气柱长度逐渐缩短，根据气柱的体积变化确定了二氧化碳的传质量，进而得到了吸收过程的体积传质系数以及二氧化碳溶解在物理溶剂中的亨利系数。结果表明，体积传质系数 K_la 在 $4 \sim 30s^{-1}$ 范围，由于消除了传质限制，二氧化碳能够很快达到溶解平衡，溶解度的测定时间只需 5min，测得的亨利系数与文献值相比误差在 $2\% \sim 5\%$。

研究者 Li 等[27] 同样在微通道内，考察了甲基二乙醇胺（MDEA）吸收二氧化碳过程中的化学反应速率常数，如图 4-11 所示。在实验中，依据气柱体积随时间

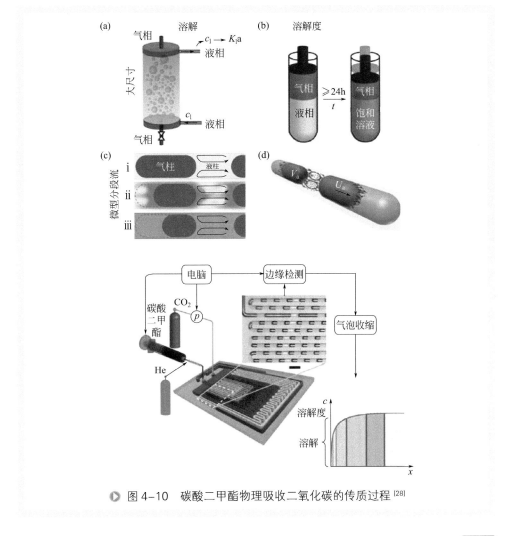

▶ 图 4-10　碳酸二甲酯物理吸收二氧化碳的传质过程[28]

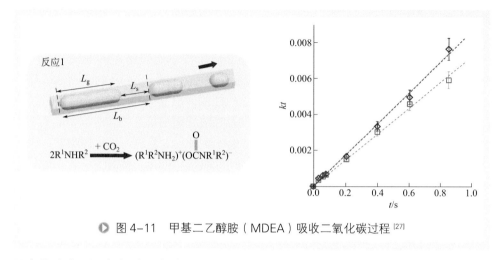

反应1

L_g L_s

L_b

$$2R^1NHR^2 \xrightarrow{+CO_2} (R^1R^2NH_2)^+(OC\overset{\displaystyle O}{N}R^1R^2)^-$$

図 4-11　甲基二乙醇胺（MDEA）吸收二氧化碳过程[27]

的变化确定了二氧化碳的化学吸收量，也即二氧化碳与二级胺的化学反应量，从而建立了反应量与反应时间的关系，测定了化学反应速率常数。这一方法主要依赖于微设备能够消除化学反应过程中的传质限制，以及易于形成稳定、单分散、具有规则相界面的气柱流型等有利特点，同样具有快速、简便、可靠的优势。

Tan 等[28, 29]鉴于微通道内压降较小，根据气柱体积在通道不同位置的变化确定了传质量，从而得到气柱在通道内运动阶段的液相总传质系数，如图 4-12 所示。结果显示直通道的总传质系数 K_l 在（$1 \sim 3$）$\times 10^{-4}$m/s 范围，弯曲通道 K_l 在（$2 \sim 7$）$\times 10^{-4}$m/s 范围，表明弯曲结构在一定程度上强化了传质过程，且弯曲通道的曲率半径越小，这一强化作用越明显。同时传质系数随着连续相流速的增大而升高，与气相流速以及气相中二氧化碳的体积分数关系不大。同理对氢氧化钠吸收二氧化碳的传质过程，在不同夹角的 T 形通道内气柱流形成阶段的传质性能不同[29]。在 $0.2 \sim 0.4$s 的气柱生成时间内，生成阶段的传质量占总传质过程的 $30\% \sim 40\%$，表明微通道内分散形成阶段的传质量不可忽略[30]。气柱生成阶段传质系数 K_l 在（$1.4 \sim 5.5$）$\times 10^{-4}$m/s 范围，两相流速的增大促进了表面更新从而引起传质系数的增大。

二、气/液传质系数在线测定方法

常用于气/液传质研究的微通道结构如图 4-13 所示，包括毛细管嵌入式并流通道（co-flowing）、T 形通道（T-junction）、十字形通道等。通常微通道通过在有机玻璃（PMMA）板上进行精密机械加工制成，再与另一块 PMMA 板由热压机封装。毛细管嵌入主通道内的作用是提供分散相流动通道，避免在分散形成前两相的大面积接触。

为了深入研究微通道内传质性能，本书作者发展了一种基于气泡体积随时间

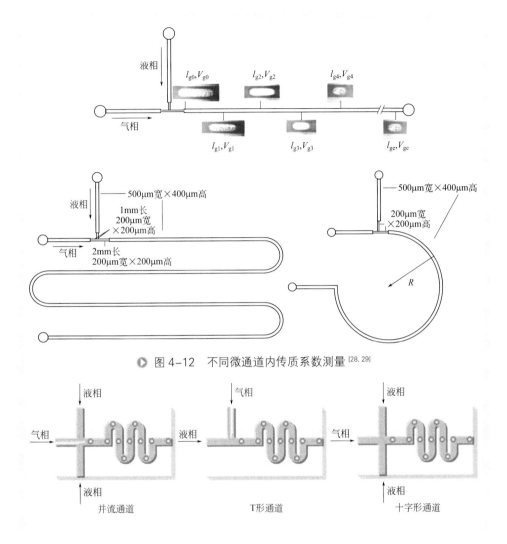

● 图 4-12　不同微通道内传质系数测量 [28, 29]

● 图 4-13　典型的气 / 液微通道结构示意图

并流通道　　　　T形通道　　　　十字形通道

的变化在线测定气泡生成阶段和运动阶段传质系数的方法。使用化学吸收法研究气 / 液传质过程，实验中液相使用单乙醇胺（MEA）和乙二醇（EG）的混合溶液，MEA 为常见的二氧化碳吸收剂，EG 是常见的有机溶剂，为化学反应提供溶剂环境。气相为 CO_2-N_2 混合气体，用于实验中考察物质浓度对传质性能的影响。为保证方法的适用性，需符合以下的简化假设及前提条件：

（1）实验中使用的气相，CO_2-N_2 混合气体可视为理想气体，满足理想气体状态方程；

（2）混合气体中的 N_2 作为惰性组分不参与反应，忽略其在溶液中的溶解，同时也忽略溶液向气相的挥发；

（3）当 CO_2 被液相吸收后，认为由此产生的液相物理性质的改变不大；

（4） CO_2 与 MEA 之间的化学反应属于快速反应，反应主要发生在靠近相界面的液膜内，液体主体相中 CO_2 浓度基本等于 0，同时忽略 CO_2 与 MEA 逆反应的发生，即不考虑该操作温度下 CO_2 的解吸；

（5）气泡在通道内的流动过程中，气泡中的压力没有明显变化，可认为压力值为常数。

MEA 是一种常见的一级胺，与 CO_2 反应时第一步先生成一种两性离子型的中间产物，此步为可逆反应：

$$CO_2 + RNH_2 \underset{k_{-1}}{\overset{k_1}{\rightleftharpoons}} RN^+H_2COO^-$$ （4-4）

接着中间产物与溶剂基底迅速发生去质子化反应，生成氨基甲酸酯类物质[31]。对于非水型有机溶剂，一般认为只有胺类作为去质子化基底[32]：

$$RN^+H_2COO^- + RNH_2 \overset{k_b}{\longrightarrow} RNHCOO^- + RNH_3^+$$ （4-5）

根据以上的反应机理，对中间产物浓度进行拟稳态假设，可得到总反应速率方程：

$$r_{CO_2} = \frac{c_{CO_2} c_{MEA}}{\dfrac{1}{k_1} + \dfrac{k_{-1}}{k_1 k_b c_{MEA}}}$$ （4-6）

在实验中，CO_2 吸收过程在较高的 MEA 浓度下进行，认为 MEA 浓度基本不变，从而整个反应过程对于 CO_2 为拟一级反应，反应速率可表示如下：

$$r_{CO_2} = k_0 c_{CO_2}$$ （4-7）

表征液膜内最大反应速率与最大传质速率之比的 Hatta 数 Ha 可表示为[33]：

$$Ha = \frac{\sqrt{k_0 D_{CO_2}}}{k_{10}}$$ （4-8）

式中，k_{10} 为 CO_2 被溶剂物理吸收时的液相膜传质系数。经过计算 Ha 数的值大于 3[34]，因此 CO_2 与 MEA 的反应可认为是快速反应，并且主要发生在靠近相界面的液膜内[35]，而溶液主体相中 CO_2 浓度为 0。

根据研究者 Yue 等[21]提出的均相流模型，两相压降可由下式计算：

$$\left(\frac{\Delta p}{\Delta L}\right)_{Tp} = f \frac{1}{d_h} \frac{G^2}{2\rho_{Tp}}$$ （4-9）

式中，d_h 和 G 分别为微通道的水力直径和流体的质量流速。经过计算，整个通道内的压降小于 4kPa，与通道出口的压力 1atm 相比可以忽略。与此同时也进行了实验验证，对于无传质的纯 N_2 分散过程，在实验条件下分别考察处于通道初始位置、

中间位置以及出口处的气泡体积，结果发现体积的相对变化 $\Delta V_{N_2} / V_{N_2}$ 小于 3%。同样证明了气泡在通道内的流动过程中内部压力变化不大，前提条件（5）得到满足。

在以上简化假设和前提条件成立的基础之上，提出了气泡在微通道内形成和运动过程中传质系数的计算方法。其中对于气泡运动阶段，指的是气泡从毛细管尖端脱落后在下游通道内的流动阶段，典型图片如图 4-14 所示。

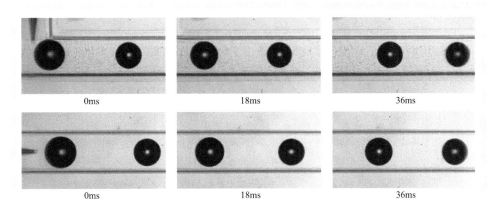

> 图 4-14　T 形通道与并流通道内气泡运动阶段的传质过程（Q_g=75μL/min，56% CO_2；Q_l=300μL/min，15% MEA）

从图中可以看出，由于气相中 CO_2 不断被液相吸收，气泡的体积逐渐缩小。这一过程中的传质通量可表示为：

$$N_{CO_2} = -\frac{dn_{CO_2}}{Adt} = K_l(c_{CO_2}^* - c_{CO_2})$$　　　　（4-10）

式中，A 为传质面积，即气泡的表面积。$c_{CO_2}^*$ 为与气相 CO_2 组成平衡的液相中 CO_2 组分的浓度，可由亨利定律求出。液体主体相中 CO_2 浓度 c_{CO_2} 基本等于 0，式（4-10）可写为：

$$N_{CO_2} = K_l c_{CO_2}^* = K_l H p_{CO_2}$$　　　　（4-11）

假设 CO_2 在 MEA 溶液中的溶解度与在纯溶剂中的一致，此处 CO_2 溶解在乙二醇中的亨利系数 H 可从文献中查得[36]。式中，p_{CO_2} 为 CO_2 在气泡中的分压，与气泡内气体总压力 p 有如下关系：

$$p_{CO_2} = p\frac{V_{CO_2}}{V} = p\frac{V - V_{N_2}}{V}$$　　　　（4-12）

式中，V 和 V_{N_2} 分别为气泡总体积和 N_2 组分的分体积。根据理想气体定律，传质通量可表示为：

$$N_{CO_2} = -\frac{dn_{CO_2}}{Adt} = -\frac{p}{ART}\frac{dV}{dt} \qquad (4\text{-}13)$$

结合式（4-11）～式（4-13），可得到：

$$-\frac{p}{ART}\frac{dV}{dt} = K_1Hp\frac{V-V_{N_2}}{V} \qquad (4\text{-}14)$$

对式（4-14）两边积分可得：

$$-\int_{V_i}^{V_t}\frac{V}{V-V_{N_2}}dV = K_1HRT\int_0^t Adt \qquad (4\text{-}15)$$

上式等号左侧 V_i 表示气泡刚从毛细管尖端脱落时的体积，即气泡运动阶段的初始体积，这一时刻也被记为气泡运动阶段的初始时刻；V_t 表示气泡运动至通道下游处的体积，对应的流动时间为 t。至此，记录下传质过程中气泡的尺寸随时间的变化，如图4-15所示，即可根据式（4-15）计算得到气泡在运动阶段的液相总传质系数 K_L。

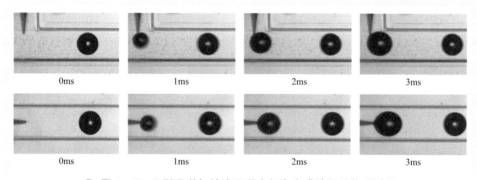

0ms   1ms   2ms   3ms

0ms   1ms   2ms   3ms

▶ 图4-15　T形通道与并流通道内气泡生成阶段的传质过程

对于气泡生成过程，指的是气泡开始进入主通道后不断生长直至从毛细管尖端脱落的阶段，典型图片如图4-15。

在这一阶段，传质过程伴随着气泡的生长，分析起来较为复杂。为简化问题，可将气泡的形成和传质过程分开考虑，设想气泡的生成阶段等价于以下过程：经过分散形成初始体积为 V_{N_2}/φ 的气泡，内部压力为 p_o，其中 φ 表示气泡中 N_2 的初始体积分数，p_o 为气泡运动阶段的内部压力；随后开始发生传质，气泡体积缩小至 V_i，且生成阶段的传质量可通过这一阶段的气泡体积变化得到。与此同时，气泡体积减小至 V_i 时进入运动阶段的传质过程，如图4-16所示。

在气泡生成阶段的传质过程中，式（4-10）和式（4-11）依然成立。积分式（4-11）可得：

$$\int_0^{t_g} AK_1Hp_{CO_2}dt = -\Delta n_{CO_2} \qquad (4\text{-}16)$$

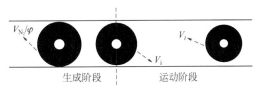

● 图 4-16　气泡生成阶段传质过程简化示意图

上式等号左侧 t_g 表示气泡的生成时间；Δn_{CO_2} 表示在气泡的生成过程中 CO_2 总的传质量，可由下式计算得到：

$$-\Delta n_{CO_2} = \frac{p_o(V_{N_2}/\varphi - V_i)}{RT} \qquad (4\text{-}17)$$

在气泡的生成过程中，内部 CO_2 的分压随时间不断变化，可表示为：

$$p_{CO_2} = p_g \frac{V - Q_g t \varphi}{V} \qquad (4\text{-}18)$$

式中，t 为气相的进料时间；Q_g 为气相流量；V 为气泡体积。微流体分散形成过程中分散相的压力变化不大[37]，这里 p_g 可视为气泡生成阶段内部的平均压力，由物料衡算可得：

$$p_o V_{N_2}/\varphi = p_g Q_g t_g \qquad (4\text{-}19)$$

从而结合式（4-16）～式（4-19），得到：

$$K_l H \int_0^{t_g} A \frac{V - Q_g t \varphi}{V} \mathrm{d}t = \frac{(V_{N_2}/\varphi - V_i)Q_g t_g}{V_{N_2}/(\varphi RT)} \qquad (4\text{-}20)$$

至此，记录下气泡体积随时间变化的情况，以及气泡的生成时间，即可根据式（4-20）计算得到气泡在生成阶段的液相总传质系数 K_l。与此同时还可以估算得到气泡生成阶段的传质量占生成与运动阶段总传质量的比例，如下式所示：

$$\eta = \frac{V_{N_2}/\varphi - V_i}{V_{N_2}/\varphi - V_{N_2}} \qquad (4\text{-}21)$$

　　以上数学模型的推导建立了通过分散相气体体积变化测定传质系数的在线分析方法，即首先由气体体积变化获得传质通量，需要满足或适用的条件是分散相气体压力变化已知或可以忽略的情况；进而再由气液平衡条件与待传质组分在液体主体相中的浓度获得传质推动力的大小，此时传质过程需要在快速化学吸收或物理吸收的条件下进行。

三、气泡运动阶段传质规律

　　通常传质性能被认为与体系的流体力学及化学反应的动力学条件紧密相关，特

别是对于化学吸收过程。由式（4-15）得到气泡在运动阶段的液相总传质系数 K_l，图 4-17 显示了两相流量对传质系数的影响。可以看出，传质系数随两相相比的增大而有所上升，当相比固定时，基本不受到气相流量的影响。这一结果可以解释为，提高连续相与分散相的相比增强了气泡之间液柱的内环流，内环流的作用可减小边界层厚度 [2]，并促进相界面处物质的表面更新速率，因而引起了传质系数的增大。相反，固定相比的条件下，在气泡的流动过程中，无论是环绕气泡的外部流场还是气泡的内部流场基本与气相流量关系不大，因而传质系数呈现出不随气相流量变化的趋势。由图还可以看出，当流量固定时，传质系数随着吸收剂浓度的增大而显著上升。这一结果是由化学反应对传质过程的强化作用引起的，表征这一强化作用的增强因子 E 定义为 k_l/k_{l0}，当 Ha 值大于 3 时 $E \approx Ha$[38]。

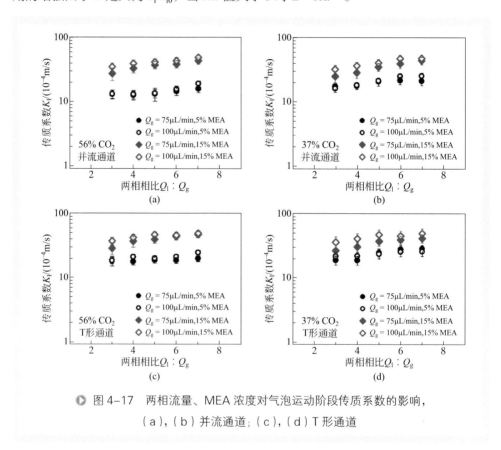

▶ 图 4-17　两相流量、MEA 浓度对气泡运动阶段传质系数的影响，

（a），（b）并流通道；（c），（d）T 形通道

　　图 4-18 显示了气相中初始 CO_2 体积分数对传质系数的影响。可以看出，当两相流量和吸收剂浓度等操作条件固定时，液相总传质系数基本不随 CO_2 体积分数的变化而改变。总体来讲，并流通道内气泡运动阶段液相总传质系数 K_l 在 $(1.3 \sim 4.9) \times 10^{-3}$m/s，T 形通道内 K_l 在 $(1.8 \sim 4.9) \times 10^{-3}$m/s 范围。气泡运动阶段的液相总传质系数主要依赖于两相相比和吸收剂浓度，随着相比和 MEA 浓度的

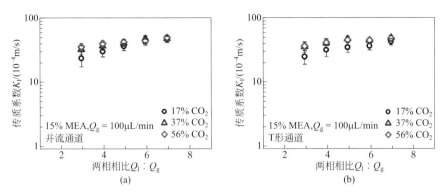

图 4-18　CO_2 体积分数对气泡运动阶段传质系数的影响，
（a）并流通道；（b）T 形通道

升高而增大，与气相流量和气相中 CO_2 体积分数关系不大，表现出传质过程由液相膜传质阻力控制的特点。形成这一结果的原因可以解释为，在气泡的运动阶段，气泡内 CO_2 浓度分布逐渐趋于均一，但气泡和液柱相对运动速度较小，CO_2 在液相中的扩散速率较慢，因而传质阻力主要集中在液膜内。

四、气泡生成阶段传质规律

由式（4-20）得到气泡生成阶段的液相总传质系数 K_l，图 4-19 显示了两相流量对传质系数的影响。可以看出，当气相流量固定时，生成阶段传质系数随两相相比的升高而略微增大；同时当相比固定时，不同于气泡运动阶段，生成阶段传质系数随气相流量的增大而显著上升。产生这一结果的原因是，在气泡的形成过程中，气泡内部的内环流一部分由于受到气／液两相的相对剪切作用而产生，主要由两相

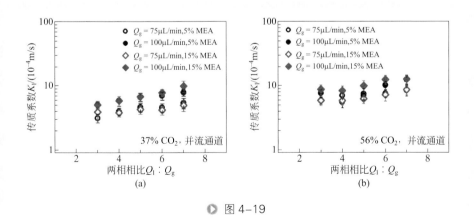

图 4-19

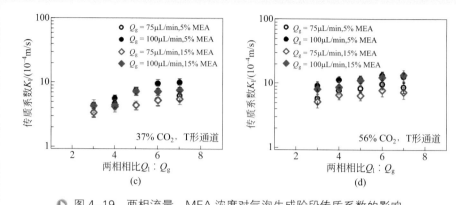

● 图4-19 两相流量、MEA浓度对气泡生成阶段传质系数的影响，

(a),(b)并流通道;(c),(d)T形通道

流量比控制；另一部分由本身的分散相气体不断向通道内注入所引起，主要受分散相气体流量的影响。因此，两相相比和气相流量的增大增强了气泡内的内环流，强化了传质过程，提高了总传质系数。从图中还可以看出，当流量和气相中CO_2体积分数等操作条件固定时，液相总传质系数基本不随MEA浓度的升高而变化。

气相中初始CO_2体积分数对传质系数的影响如图4-20所示，结果显示液相总传质系数明显随初始CO_2体积分数的升高而增大。产生这一结果的原因是，气相中高的CO_2浓度促进了气膜侧的传质过程。对于高浓度的气体吸收过程，气相中待吸收组分浓度的影响需要考虑进来，气相膜传质系数可写为k_g-$p/p_{N_2m}D/(RT\delta)$，其中δ为膜厚度，p/p_{N_2m}为漂流因子，可以看出气相膜传质系数随CO_2浓度的升高而增大。从而，提高气相中初始CO_2体积分数减小了气相的膜传质阻力，增大了气泡生成阶段的液相总传质系数。

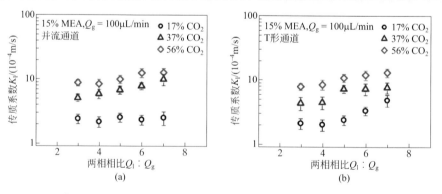

● 图4-20 CO_2体积分数对气泡生成阶段传质系数的影响，

(a)并流通道;(b)T形通道

并流通道内气泡生成阶段液相总传质系数 K_1 在 $1.2 \times 10^{-4} \sim 1.3 \times 10^{-3}$ m/s，T 形通道内 K_1 在 $1.1 \times 10^{-4} \sim 1.3 \times 10^{-3}$ m/s 范围。气泡生成阶段的液相总传质系数呈现出与运动阶段不尽相同的规律，主要依赖于两相相比、气相流量和气相中 CO_2 的体积分数，并随着相比、气相流量和 CO_2 体积分数的升高而增大，与液相中吸收剂浓度关系不大，表现出传质过程由气相膜传质阻力控制的特点。这一结果是由于在气泡的生成阶段，连续相相对流速较大，液相表面更新速率较

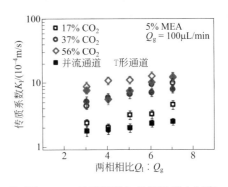

图 4-21　T 形通道与并流通道内气泡生成阶段传质系数的比较

快，同时在较短的生成时间内大量 CO_2 不断补充进来使得气泡内浓度分布不均，导致气膜厚度较大，传质阻力主要集中在气膜内。

　　不同的分散结构对气泡生成阶段传质系数的影响如图 4-21 所示，结果显示 T 形通道内气泡生成阶段的传质系数略微高于并流通道。产生这一结果的原因是，同样条件下，T 形通道中连续相对分散相提供垂直方向的剪切力，剪切作用效率更高，一方面使得形成的气泡分散尺寸减小、气体扩散距离缩短，如图 4-22 所示，另一方面促进了连续相中的吸收剂在气泡表面的更新。同时，分散结构对气泡形成过程中气泡的内部流场以及环绕气泡的外部流场具有明显的作用。由于并流通道具有的高度对称结构使得气泡内部和外部流场也具有对称性，而与此相对，T 形通道

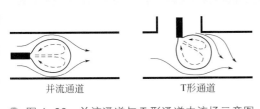

图 4-22　并流通道与 T 形通道内流场示意图

中气泡内部和外部的内环流流场具有高度不对称性，局部强烈的内环流在一定程度上有助于气体组分扩散形成更均匀的浓度场，从而减小传质的膜层厚度和传质阻力。上述作用的共同结果使得 T 形通道内气泡生成阶段的传质性能略高于并流通道。

　　由式（4-17）估算得到气泡生成阶段传质量占总传质量的比例，结果显示并流通道内气泡生成阶段传质贡献量 η 在 $26\% \sim 50\%$ 范围，T 形通道内 η 在 $25\% \sim 52\%$ 范围。值得注意的是，气泡的生成时间在 $2.5 \sim 5$ ms 范围，如图 4-23 所示，而气泡在通道内流动的时间至少为生成时间的 20 倍以上。在如此短的气泡形成时间内，生成阶段的传质量占总传质量的比例 η 依然超过 25%。由此可见，气泡生成阶段的传质量较为显著不可忽略，特别是考虑到极短的传质时间。然而在常规的传质设备内，一般分散形成阶段的传质贡献量小于 10%。微尺度下传质过程呈

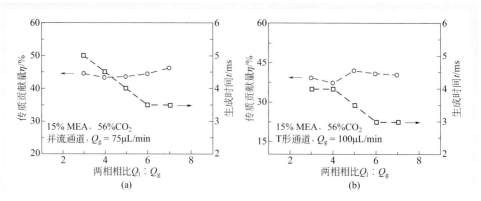

▶ 图4-23　气泡生成阶段传质贡献量与气泡生成时间，（a）并流通道；（b）T形通道

现出不同特点的原因是，气泡分散尺寸的减小以及气泡形成过程中内部强烈的内环流作用。

五、气泡流传质系数预测模型

依据经典的对流传质理论，包含传质系数的无量纲特征数 Sh 可由 Re、Sc 表示的特征数关联式来计算，其中 Re，Sc 分别反映流动状况和物性对传质系数的影响。在气泡运动阶段，传质系数预测模型同样采用经典理论的形式：

$$Sh\text{-}Re_g^{\alpha} Re_1^{\beta} Sc^{\gamma} \tag{4-22}$$

其中液相舍伍德特征数 Sh 定义为：

$$Sh = \frac{K_1 d_h}{DHa} \tag{4-23}$$

式中，d_h 和 D 分别为通道的水力直径和 CO_2 在液相中的扩散系数。Re_g 表示气相雷诺数，Re_1 表示液相雷诺数，表达式为 $\rho u d_h / \mu$，其中 ρ，μ 和 u 分别为气相或液相的密度、黏度与表观流速。液相施密特数 Sc 表达式为 $\mu/(\rho D)$。气泡运动阶段传质系数特征数关联式的拟合参数如表4-1所示。另外图4-24显示建立的预测模型与实验值较为吻合。

表4-1　气泡传质系数预测模型

项目	气泡运动阶段	气泡生成阶段
并流通道	$Sh = C_0 Re_g^{0.33} Re_1^{0.50} Sc^{0.33}$ $C_0 = 9.6$	$K_1' = K_0 \Phi^{0.74} Ca_c^{1.07}$ $K_0 = 1.40\text{m/s}$
T形通道		$K_1' = K_0 \Phi^{0.62} Ca_c^{1.09}$ $K_0 = 1.27\text{m/s}$

对于气泡生成阶段的传质过程，之前的研究结果显示传质系数主要依赖于两相

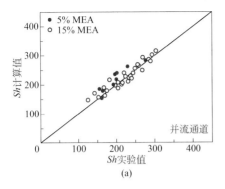
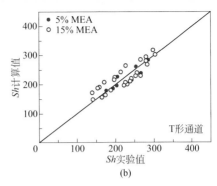

（a）　　　　　　　　　　　　（b）

▶ 图 4-24　气泡运动阶段传质系数计算值与实验值的比较，

（a）并流通道；（b）T 形通道

相比、气相流量与气相组成。考虑到在气泡的形成过程中，气泡的断裂主要由所受表面张力和连续相黏性剪切力的平衡决定，这一作用可由连续相毛细管数 Ca_c 表示，表达式为 $\mu u_c/\gamma$，其中 μ，u_c 和 γ 分别为液相的黏度、表观流速和表面张力。从而气泡生成阶段传质系数预测模型采用如下形式：

$$K_1' - Ca_c^{\alpha} \Phi^{\beta} \tag{4-24}$$

式中，Φ 为气相相含率，表达式为 $Q_g/(Q_g+Q_1)$，模型显示了气泡生成阶段气泡的生长和相界面断裂以及流动状况对传质过程的影响。式中 K_1' 定义为：

$$K_1' = \frac{K_1}{1 - p_{N_2}/p} \tag{4-25}$$

同样消除了气相组分浓度的影响。气泡生成阶段传质系数特征数关联式的拟合参数如表 4-1 所示。另外图 4-25 显示建立的预测模型与实验值较为吻合。

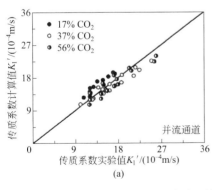
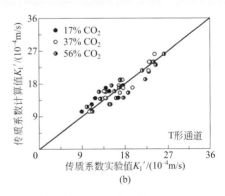

（a）　　　　　　　　　　　　（b）

▶ 图 4-25　气泡生成阶段传质系数计算值与实验值的比较，

（a）并流通道；（b）T 形通道

从表 4-1 中还可以看出，两种不同分散结构的通道内气泡运动阶段的传质性能没有明显差异，传质系数预测模型可以写成统一的形式，式中无量纲特征数的指数项与层流条件下经典的对流传质理论模型较为一致。然而如前所述，两通道内气泡生成阶段的传质系数略有差别，体现在预测模型中无量纲特征数指数项的差异上。其中气相相含率 Φ 的指数项系数差别明显，这也表明了不同微分散结构主要通过对气泡形成过程中内外部流场及流动状态的作用进而影响到气泡生成阶段的传质性能。

六、气柱流传质性能

类似于气泡流型传质性能的研究，同样由在线测定传质系数的方法考察气柱流型的传质规律。对于气柱的运动阶段，传质过程包括两个部分：①流动方向上前后两端向液相的传质（端部可认为是半球状）；②侧面向包围气柱的薄层液膜的传质。针对后一部分的传质，定义了气柱与薄层液膜的接触时间：

$$t_c = \frac{l_s}{u_s} \tag{4-26}$$

式中，l_s 为气柱的长度；u_s 为气柱的运动速度。以及待吸收组分使薄层液膜达到饱和的时间：

$$t_s = \frac{\delta^2}{D} \tag{4-27}$$

式中，δ 为气柱与壁面间液膜的厚度，在 10^{-6}m 量级；D 为待吸收组分在液相中的扩散系数，在 10^{-9}m^2/s 量级。一般而言，当 $t_c < t_s$ 时液膜未被饱和，第②部分的传质对总传质量有一定的贡献；相反，当 $t_c > t_s$ 时，液膜已被饱和，第②部分的传质被视为无效，可以忽略[19]。在实验中，气柱长度在 10^{-3}m 量级，运动速度在 10^{-1}m/s 量级，从而 t_c 约 10^{-2}s，t_s 约 10^{-3}s，满足 $t_c > t_s$，因而在气柱的运动阶段侧面向包围气柱的薄层液膜的传质可以忽略，只需考虑流动方向上气柱前后两端向液相的传质。

依据同样的原理，由式（4-15）计算得到气柱运动阶段的液相总传质系数 K_l，与气泡流不同的是，其有效传质面积不再是整个气柱的表面积，而是气柱前后两端两个半球冠的表面积。两相流量对气柱运动阶段传质系数的影响如图 4-26 所示，从图中可以看出，传质系数主要

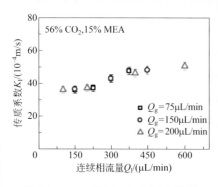

图 4-26　流量对气柱运动阶段传质系数的影响

随着液相流量的增大而上升，基本不依赖于气相流量。原因是液相流量的增大增强了液柱内的内环流，促进了相界面处组分的表面更新速率，从而引起了传质系数的增大。在气柱的运动阶段，传质过程同样倾向于液相膜传质阻力控制，得到的液相总传质系数 K_l 在（3.6 ~ 6.4）×10^{-3}m/s 范围。

对于气柱的生成阶段，在设计的十字形通道内，气柱典型的形成过程如图 4-27 所示。从图中可以看出，分散相气体进入主通道后长度不断增加，同时阻碍了连续相液体向下游的流动，从而引起上游压力增大，作用在分散相上使得气柱的脖子被剪切变细最终断裂形成气柱，即遵循挤压断裂机制。

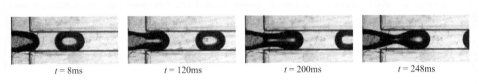

$t = 8$ms $t = 120$ms $t = 200$ms $t = 248$ms

▶ 图 4-27　十字形通道内气柱的形成过程

对于气柱生成阶段的传质过程，依据同样的原理由式（4-20）得到气柱生成阶段的液相总传质系数 K_l，此时有效传质面积为半球冠加上通道交汇处分散相脖子的表面积。两相流量对气柱生成阶段传质系数的影响如图 4-28 所示，从图中可以看出，传质系数主要随着气相流量的增大而明显上升，基本不依赖于液相流量。产生这一结果的原因是，分散相流量增大后气体不断注入引起气柱内部内环流作用增强，从而引起了传质系数的增大。在气柱的生成阶段，传质过程更倾向于气相膜传质阻力控制，得到的液相总传质系数 K_l 在 $7.4×10^{-4}$ ~ $5.6×10^{-3}$m/s 范围。同时气柱生成阶段的传质量占总传质量的比例同样可根据式（4-21）进行估算，结果显示十字形通道内气柱生成阶段传质贡献量 η 在 53% ~ 94% 范围，显著高于上面得到的气泡生成阶段的传质贡献量。导致这一结果的原因是十字形通道内气柱的形成时间较长，在 15 ~ 369ms 范围，达到气泡形成时间的 3 倍以上。长的形成时间意味着传质时间同样较长，因此传质过程在气柱的生成阶段已基本完成了大部分。

图 4-29 显示了气柱生成阶段的传质贡献量与气柱生成时间之间的关系，从图中可以看出，随着连续相流量的增加，分散相所受挤压作用增强，促进了气柱断裂，因而气柱的生成时间缩短，传质

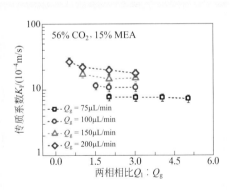

▶ 图 4-28　流量对气柱生成阶段
传质系数的影响

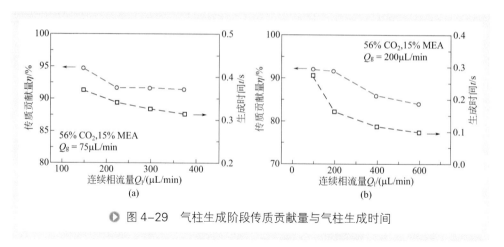

图 4-29　气柱生成阶段传质贡献量与气柱生成时间

时间也相应减小，导致气柱生成阶段传质贡献量下降。可见气柱生成阶段传质贡献量与气柱的生成时间紧密相关，二者表现出一致的变化趋势。

为比较不同分散形成机制对传质过程的影响，将气泡和气柱生成阶段传质性能的相关结果汇总于表 4-2。表中列出的结果均在相同的体系和操作条件下获得，可以看出由于二者微分散形成机制不同，导致分散形成时间、生成阶段传质系数以及生成阶段传质贡献量存在显著差异。

表 4-2　气泡流与气柱流生成阶段传质性能比较

项　目	气　泡	气　柱
分散形成时间 t/ms	$4 \sim 5$	$265 \sim 341$
传质贡献量 η/%	$37 \sim 47$	$91 \sim 94$
传质系数 K_l/(10^{-3}m/s)	$0.50 \sim 0.88$	$0.74 \sim 1.1$

七、气柱流传质系数预测模型

对于气柱运动阶段的传质过程，传质系数主要受到液相流量的影响，液相总传质系数预测模型同样采用经典理论的形式 $Sh\text{-}Re_l^{\beta}Sc^{\gamma}$，其中液相舍伍德特征数 Sh 定义为 $K_l d_h/D$，得到的模型参数如下式所示，图 4-30(a) 显示模型预测值与实验值符合较好。

$$Sh = 358Re_l^{0.16}Sc^{0.33} \tag{4-28}$$

对于气柱生成阶段的传质过程，之前的结果显示传质系数明显受到气柱内环流作用的影响，这一作用主要由分散相的不断注入所引起，可由气相 We_g 数表示：

$$We_g = \frac{\rho_g j_g^2 d_h}{\gamma} \tag{4-29}$$

式中，j_g 为气相的表观流速。同时考虑到气柱形成过程中的断裂机理与两相相比相

关，可由气相相含率 Φ 表示。从而气柱生成阶段传质系数预测模型采用如下形式：$K_1 - We_g^{\alpha}\Phi^{\beta}$。得到的模型参数如式（4-30）所示，其中系数 $K_0 = 0.24\text{m/s}$，图 4-30（b）显示模型预测值与实验值符合较好。

$$K_1 = K_0 We_g^{0.34}\Phi^{0.35} \tag{4-30}$$

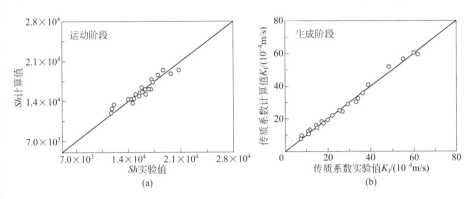

▶ 图 4-30　气柱传质系数预测模型与实验值的比较，（a）运动阶段；（b）生成阶段

八、微气泡群气/液传质性能

在单气泡传质性能研究的基础上，本书作者开展了微气泡群传质性能的研究工作，采用与 MEA 类似的有机碱 AMP（2- 氨基 -2- 甲基 -1- 丙醇）水溶液和乙二醇溶液作为液相，CO_2/N_2 的混合气体作为气相。对于该体系可采用 Choi 等人[39, 40] 建立的关联式计算亨利系数和由 Versteeg 和 van Swaaij 等人提出的 Stokes-Einstein 关系式[41] 计算扩散系数。

实验装置由进样系统、微吸收器及在线观察检测系统组成，如图 4-31 所示。纯的 N_2 和 CO_2 分别由两个气体质量流量计独立输送。微吸收器内部基于径向排列的微筛孔结构，孔径 0.30mm，气 / 液接触部分通道深度 0.6mm，宽度 2.0mm。两相混合之后直接进入观察室，观察室通道深度 1.5mm，宽度 2.0mm，长度 100mm。在稳定流动的条件下，可以移动高速显微摄像装置观察记录观察室不同部位的气泡尺寸变化，进而通过计算得到不同停留时间下的传质量，摄像机帧频为 2000f/s。在整个微吸收器和观察室的进口、出口分别设置温度传感器来测量反应温度。由于反应体系在整个装置内的停留时间在 1s 左右，进口和出口处最大温差在 1K 以内。整个流动过程的压降在 5kPa 以内，压力变化对于气泡尺寸的影响几乎可以忽略。

通过直接观察测得吸收过程气泡尺寸的变化，根据适当的假设，我们可以通过体积的变化计算得到传质量的变化，进而研究传质性能。计算过程作出的假设如下：

（1）CO_2 和 N_2 的混合气可以视作理想气体；

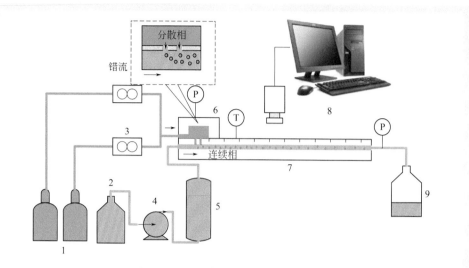

图 4-31　微气泡群传质实验装置

1—气瓶；2—液罐；3—质量流量计；4—平流泵；5—活塞罐；6—微混合器；
7—流动观察室；8—高速显微设备；9—相分离室

（2）N_2 在溶剂中的溶解度很低，假设气相中 N_2 的物质的量恒定不变；

（3）忽略液相溶剂的挥发；

（4）在实验中，溶液内 CO_2 的负载量在 $0.01 \sim 0.04mol/L$，假定 CO_2 的溶解不改变溶液的物理性质；

（5）在流动过程中压降低于 5kPa，由界面张力产生的气泡内附加压力 0.6kPa，因此假定流动过程中气泡内压力恒定。

观察室内典型的吸收过程如图 4-32 所示，气相流经过微筛孔分散到液相内，形成密集的气泡群，独立气泡在轴向和径向相对于液相做无规则运动，显著增加了液相扰动，促进了液相传质。由于气相中 CO_2 被吸收进入液相，球形气泡的尺寸随着流动距离的增大逐渐减小。气泡群的分散尺寸分布均一，标准偏差不高于 3%。

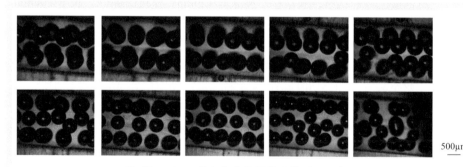

500μm

图 4-32　观察室内典型的吸收过程示意图

在假设（2）之下，可知气相体积的减少量等于 CO_2 被吸收的量，基于守恒定律和理想气体状态方程，单气泡 CO_2 传质速率可以表示为：

$$\frac{dn_{CO_2}}{dt} = \frac{p}{RT}\frac{dV_b}{dt} \tag{4-31}$$

n_{CO_2} 是单个气泡中 CO_2 的物质的量，kmol；V_b 是单个气泡体积，由气泡直径 d_b 计算得到 $\left(V_b = \frac{\pi d_b^3}{6}\right)$。以液相传质系数表达的传质过程如下：

$$N_{CO_2} = \frac{dn_{CO_2}}{dt} = k_1 A\left(c_{CO_2}^i - c_{CO_2}^b\right) \tag{4-32}$$

式中，k_1 是液膜传质系数，m/s；$c_{CO_2}^i$ 是气/液相界面处的 CO_2 浓度；$c_{CO_2}^b$ 是液相体相内的 CO_2 浓度，kmol/m³；A（$A = \pi d_b^2$）是相界面积，在传质过程中随气泡尺寸的变化而变化，m²。我们认为在气/液相界面处 CO_2 达到溶解平衡，根据亨利定律：

$$c_{CO_2}^i = \frac{p_{CO_2}}{H_{CO_2}} \tag{4-33}$$

图 4-33（a）表示的是初始 CO_2 浓度对传质性能的影响。随着气相内 CO_2 体积分数由 50% 变化到 100%，表观传质系数变化很小，该结果表明传质阻力主要集中在液相，气相传质阻力与液相阻力相比可以忽略。图 4-33（b）表示的是气相流速以及分散气泡尺寸对传质性能的影响，随着气相流量从 20mL/min 变化到 60mL/min，相应地气泡初始分散平均直径由 630μm 增大到 900μm，表观传质系数同样没有发生明显变化，表现为传质性能不受气/液分散条件和操作条件影响。改变不同的实验条件得到 1mol/L AMP/甘醇溶液内气泡群流动阶段传质系数为 5.5×10^{-4} m/s。通过比较，可以发现气泡群流动传质系数高于单通道内的气泡、气柱流传质系数，这表明气泡群的无规则运动可以增强液相内的扰动，从而促进混合和传质。

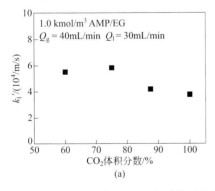
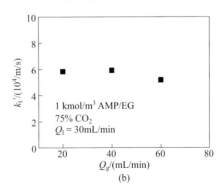

▶ 图 4-33 （a）气相 CO_2 浓度对传质的影响；（b）气相流量及气泡尺寸对传质的影响

第三节 微尺度液/液传质性能

微流体的液/液两相传质过程的研究一般针对液/液非均相分散传质过程展开，了解液/液微尺度传质性能对于非均相分散传质过程的研究具有重要意义，这也是液/液反应和分离等化工过程的基础。研究液/液微尺度传质性能的主要目的，就是为了更好地探究相间传质过程的强化规律，使反应物之间更好地接触，使相间传质过程更加快速地完成。对于非均相分散体系，除流型划分、分散尺寸等流动行为研究以外，传质主要集中在相内混合规律以及相间传质规律的探究。一般而言，微结构设备内的非均相分散是指为了强化相内均相体系的混合效率，引入与之完全不互溶的流体，借助微分散技术将待混合物料分散成液滴或液柱的状态，利用前面提到的微分散过程分散相内部较强的循环对流作用，达到强化混合的目的[42]。

一、概述

Xu 等[30, 43]以溶解了丁二酸的正丁醇作为连续相，含有酸碱指示剂的 NaOH 水溶液为分散相，利用指示剂的变色确定传质完成时间，研究了微通道中液滴分散体系的传质行为。通过考察两相流速、丁二酸浓度和碱液浓度等因素对液滴尺寸和传质过程的影响，分别研究了液滴形成和运动阶段的传质规律。研究表明，液滴形成阶段的传质对整个传质过程有较大贡献，可占总传质量的 30% ～ 70%，其原因在于连续相流动产生的滴内对流循环和相间反应引起的界面效应强化了传质过程。研究者进一步提出了液滴生成阶段传质增强因子的概念，并建立了数学模型，从而可以对液滴生成阶段的传质进行定量预测。王曦[44]采用 Micro-PLIF 以及平行竞争反应，研究了液/液微分散过程液滴生成阶段传质行为以及滴内的微观混合规律（图4-34）。发现十字形结构内液/液微分散过程分散相内的微观混合效果优于 T 形错流剪切结构通道的情况。对于十字形微通道进行分散过程，滴内涡中心位置浓度值较大，在液滴顶部浓度有少量聚积。溶质的传质量随着两相流量的增加而增大，分散液滴生成阶段的传质 Murphree 效率高达 60% ～ 90% 以上，液滴生成阶段的传质贡献是整个传质过程的 50% 以上，在高流量条件下甚至接近 100%。随着两相流量的增大，微观混合效果逐渐增强，当流量进一步增大使得流动成分层流状态时，微观混合效果开始减弱。

王凯[45]针对非均相传递过程，对液/液微分散体系的相间传递规律进行了研究。结果表明，微分散体系传质系数在 10^{-6} ～ 10^{-4} m/s 量级，且随分散尺度的减小而增加，传递比表面积较传统体系高 1 ～ 2 个数量级。在实验研究的基础上发现微分散体系传热、传质规律的不同点在于微分散体系的体积传质系数对于分散尺度的变化更为敏感，减小分散尺度更有利于强化传质过程。相同点在于微分散设备内的

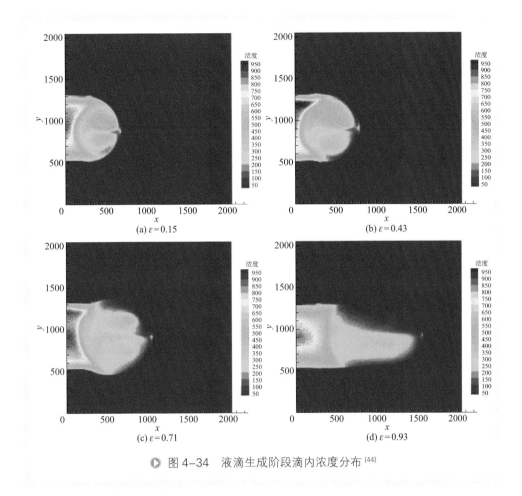

(a) $\varepsilon=0.15$ (b) $\varepsilon=0.43$

(c) $\varepsilon=0.71$ (d) $\varepsilon=0.93$

图 4-34　液滴生成阶段滴内浓度分布 [44]

体积传热、传质系数均与连续相 Ca 数和分散相相含率相关，二者可以用形式相同的传递模型来描述，拟合实验数据得到半经验模型：

$$Ka = 5\times10^{3}\,Ca_{\mathrm{c}}^{1.5}\,\phi_{\mathrm{d}}^{1.2}\,(0.1 < \phi_{\mathrm{d}} < 1) \qquad (4\text{-}34)$$

除了液／液非均相分散以外，也会有研究者采用液／液两相形成稳定层流相界面的方式来对某些体系的传质规律进行研究。例如，利用传质调控液／液非均相过程中纳米颗粒生长的研究中，为了控制连续的传质过程，研究者们在微分散技术的基础上引入了层流流动控制扩散传质的方法。2005 年，Atencia 等 [46] 指出了层流流动控制传质的重要性和实用性。因为对于未发生混合的两相流来说，稳定的层流流动条件下，两股流体存在着稳定的界面，有效组分只能通过扩散的方式接触。扩散过程稳定且能保持一定的速度输送原料，如图 4-35 所示。即便对于可以互溶的体系，虽然没有一个可以界定的相界面，但在稳定的层流流动下，两股流体也只通过扩散进行传质，其传质动力学模型也可以看成具有一个动态的传质界面，并且这

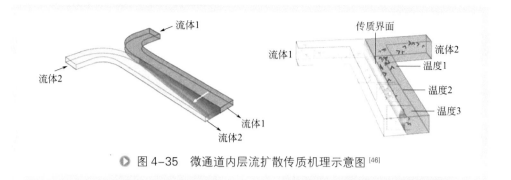

图 4-35 微通道内层流扩散传质机理示意图 [46]

个界面是能够预测和量化的，这种过程有利于确定合适的操作条件。对称设计的层流流动可以归属为 Y 形通道的设计思路，学者们也开展了很多这方面的尝试。

二、基于原位相分离的液/液传质研究方法

目前已报道的液/液微分散传质过程的实验研究方法主要有三种：

（1）在微通道出口处直接收集样品，静置分相，从澄清后的溶液中取样分析；

（2）在水相中加入酸碱指示剂，随着传质的进行，水相 pH 值发生变化，直至达到指示剂的变色范围，利用指示剂的变色来表征传质的完成；

（3）采用荧光示踪的方法，随着荧光物质的传质，分散相中的荧光强度改变，通过建立荧光强度与荧光物质浓度的关联，可以得到通道不同位置的浓度。

其中，方法（1）只能得到设备的总传质速率，无法区分液滴在形成阶段和运动阶段各自的传质量；方法（2）难以得到非常准确的浓度数据；方法（3）对研究体系限制较大，传递的物质必须具有荧光性，且浓度不能过高。由于微分散过程中液滴形成阶段和运动阶段传质行为差异很大，建立能够分别研究液滴各阶段传质行为的实验手段十分必要。

基于此，本书作者建立了一种基于原位相分离的实验研究方法，通过在液滴运动阶段不同位置加入一个相分离单元，可以在原位直接取出一部分连续相，得到连续相和液滴内的准确浓度，通过改变相分离室的位置，可以得到不同运动距离下的传质数据，进而得到液滴形成阶段的传质量。通过数据分析，可以分别对液滴运动阶段和液滴形成阶段传质行为展开研究。图 4-36 为原位相分离装置的示意图。

研究表明，可以通过在微通道内加入微孔阵列或微滤膜的方法实现液/液或气/液微

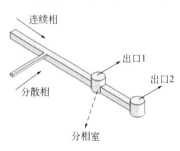

图 4-36 T 形通道原位相分离
装置的示意图

分散体系的相分离。其核心是利用微孔或微滤膜的材质对两相的浸润性差异，浸润相分离材质的一相在毛细管力的作用下进入微孔或膜孔中，另一相则从出口排出，实现完全或部分的相分离。根据上述原理，可以设计相分离单元主要结构如下：通道取样位置正上方存在 1 个 2mm×2mm（长×宽）的凹槽，内部嵌有一层厚约 0.2mm 的平均孔径 10 ～ 25μm 的微滤膜，微滤膜可以为不锈钢烧结膜或聚四氟乙烯膜，材质视连续相流体而定。当油相作为连续相时，膜为疏水材质；当水相为连续相时，膜为亲水材质。微滤膜表面靠近微通道顶部，但不伸入通道中。当流体流过微滤膜时，连续相流体在浸润性的作用下比分散相流体更易从微滤膜透过。通过对取样口和出口的压差调节，可以控制过膜流量。实验发现，当过膜流量不高于连续相流量的 1/10 ～ 1/5 时，通过微滤膜的流体为纯的连续相，此时分散相流体全部从出口排出。通过在取样口取出一部分连续相，可以明显观察到取样后通道内液滴间距的减少。相分离单元结构及原位相分离过程示意图见图 4-37。

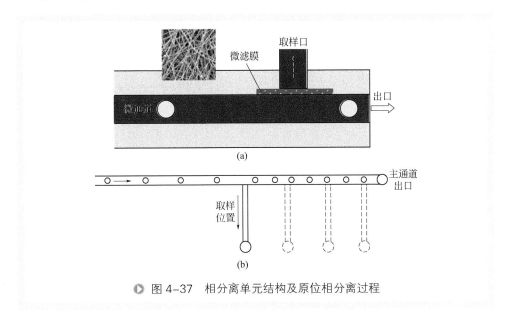

◐ 图 4-37　相分离单元结构及原位相分离过程

以正丁醇/丁二酸/水为研究体系，连续相为饱和正丁醇，分散相为与正丁醇饱和的丁二酸水溶液。25℃下丁二酸在油/水两相间的分配系数为 1.18，丁二酸在正丁醇中的扩散系数为 $0.22×10^{-9}m^2/s$，丁二酸在水中的扩散系数为 $0.50×10^{-9}m^2/s$[47]。两相中的丁二酸浓度利用 NaOH 滴定法测得，在自动滴定仪（上海启威电子有限公司）中进行。液滴尺寸、液滴生成时间及运动阶段液滴的运动速度通过微通道实验研究平台中的在线测试及分析系统获得。液滴生成时间 t_f 可用下式计算：

$$t_f = \frac{\frac{1}{6}\pi d_d^3}{F_d}$$
（4-35）

式中，d_d 为液滴直径；F_d 为分散相流量。

利用原位相分离取样方法，可以得到微通道内不同液滴运动距离下的连续相浓度，经过物料衡算可以得到液滴内主体相浓度。通过对液滴运动阶段的传质过程建立数学模型，可以得到包含运动阶段浓度与液滴停留时间的函数关系式，由实验点可以回归得到液滴运动阶段的传质系数和 $t=0$ 时刻即液滴脱落瞬间的滴内浓度，从而得到液滴形成阶段的传质贡献。通过对液滴形成阶段建立传质模型，由分散尺度、液滴生成时间及生成阶段传质占总传质量数据，可以计算出液滴生成阶段的平均传质系数，进而讨论液滴生成阶段传质行为的主要影响因素，建立能够预测液滴生成阶段平均传质系数的半经验模型。

液滴运动阶段传质系数可根据以下方法计算得到，假设：

（1）相间的传质过程采用双膜理论假设，忽略滴内及滴外主体相浓度分布，传质阻力集中在界面附近；

（2）传质过程各向同性；

（3）忽略由于传质产生的液滴体积变化。

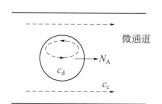

> 图 4-38 液滴运动阶段示意图

对于单个运动的液滴，如图 4-38 所示，由于物料守恒，丁二酸从滴内向滴外的传质量等于液滴内部的减少量，则相间传质通量 N_A 可以用下式计算：

$$N_A = K_d(c_d - mc_c) \tag{4-36}$$

式中，K_d 为液滴运动阶段传质系数；c_d 和 c_c 分别为水相和油相主体的丁二酸浓度；m 为丁二酸分配系数。对于实验中的丁二酸传质体系，由于总传质量较小，液滴体积变化量可忽略，因此液滴内部丁二酸的减少量为 $V_d dc_d$，V_d 为液滴体积。由物料守恒可得：

$$K_d A(c_d - mc_c)dt = -V_d dc_d \tag{4-37}$$

其中，A 为液滴表面积。由于液滴内和连续相中的丁二酸总量等于丁二酸的进料量，因此：

$$V_d c_d + V_c c_c = V_d c_0 \tag{4-38}$$

其中，V_c 为连续相体积；c_0 为水相进料浓度。记 r 为油 / 水相比，则：

$$r = \frac{V_c}{V_d} = \frac{F_c}{F_d} \tag{4-39}$$

对式（4-37）进行积分，记 $t=0$ 时刻即液滴刚刚脱落时液滴内丁二酸浓度为 c_{d0}，将液滴近似为球形，则：

$$\ln\left((r+m) \times \frac{c_d}{c_0} - m \right) = \frac{-6(r+m)t}{r d_d} K_d + \ln\left((r+m) \times \frac{c_{d0}}{c_0} - m \right) \tag{4-40}$$

其中，d_d 为液滴直径。通过将 $\dfrac{-6(r+m)}{rd_d}t$ 与 $\ln\left((r+m)\times\dfrac{c_d}{c_0}-m\right)$ 进行线性回归，斜率为运动阶段传质系数 K_d，截距可计算出液滴脱落时（生成阶段）浓度 c_{d0}。这种方法可以应用于测定液滴运动阶段的传质系数。

三、液滴运动阶段传质行为

图 4-39 给出了液滴运动阶段不同停留时间下的滴内丁二酸浓度。可见随着液滴在通道中的运动，丁二酸不断从液滴相向连续相传质，液滴内丁二酸浓度随运动时间的增加而下降。

利用运动阶段传质模型，可以回归得到运动阶段传质系数 K_d。图 4-40 为运动阶段传质系数随连续相流量的变化规律。结果表明随着连续相流量的增加，运动阶段传质系数明显增大。这是由于随着连续相流速的增加，连续相和液滴的相对流速增大，液滴直径减少，使得相间传质过程得到强化。图 4-40（b）为相同连续相流量下，运动阶段传质系数随液滴直径的变化规律，可见随着液滴直径的增加，运动阶段传质系数减少。这是由于随着液滴直径的增加，液滴内传质距离增大，滴内传质阻力增加。实验范围内液滴运动阶段传质系数在 $6\times10^{-6}\sim2.5\times10^{-5}$ m/s 之间。

实验观察发现，微通道内液滴运动速度在主通道内基本不变，因此液滴运动阶段传质过程可以等价为一个静滞液滴在流场中的传质过程。有研究者探讨了后者的

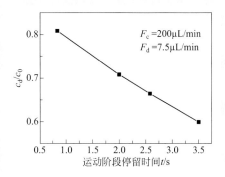

图 4-39　运动阶段液滴内丁二酸浓度变化规律

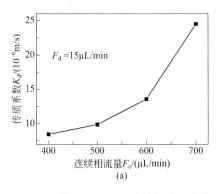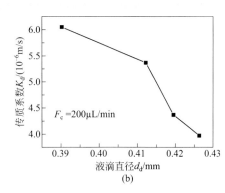

图 4-40　连续相流量和液滴直径对运动阶段传质系数的影响

传质行为，并建立了各种理论或半经验模型。Newman[48]在忽略滴外阻力的情况下，建立了基于分子扩散的滴内传质微分方程，通过求解微分方程，得到了传质时间足够长时的滴内传质系数

$$k_d = 6.58 \frac{D_d}{d_d} \qquad (4-41)$$

其中，D_d 为滴内扩散系数。Kronig 和 Brink[49]在同样忽略滴外传质阻力的情况下，考虑了由于黏性剪切力造成的液滴内循环流动对滴内传质的影响，得到当传质时间足够长时的滴内传质系数为：

$$Sh_d = \frac{k_d d_d}{D_d} = 17.9 \qquad (4-42)$$

对于滴外传质阻力，Rowe 等[50]在忽略滴内传质阻力的情况下，提出滴外分传质系数可用下面的半经验关系式计算：

$$Sh = \frac{k_c d_d}{D_c} = 2.0 + 0.76 Re^{1/2} Sc^{1/3} \qquad (4-43)$$

其中，k_c 为滴外分传质系数；D_c 为滴外扩散系数。

对于微通道内液滴运动过程，当液滴直径较大时，滴内存在明显的内循环运动，因此滴内分传质应用式（4-42）计算。基于以上考虑，液滴运动阶段传质阻力应为滴内及滴外分传质阻力之和，即：

$$\frac{1}{K_d} = \frac{1}{k_d} + \frac{m}{k_c} \qquad (4-44)$$

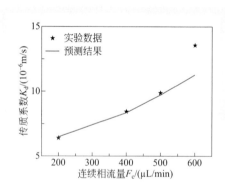

◉ 图4-41 液滴运动阶段传质系数实验结果和关联式预测结果的比较

式（4-44）中的 k_d 和 k_c 可以分别用式（4-42）和式（4-43）计算，代入式（4-44）中可计算得到液滴运动阶段传质系数。图4-41给出了实验结果和关联式预测结果的对比，可见在较低的连续相流速下（液滴直径较大），液滴运动阶段传质系数可以用式（4-42）～式（4-44）计算。表4-3为计算过程中得到滴内和滴外分传质系数，可见滴内和滴外的传质阻力在量级上相当。

表4-3　计算得到的滴内和滴外分传质系数

F_c ： F_d	k_c/(m/s)	k_d/(m/s)	K_d/(m/s)
200 ： 5	9.39E−06	2.30E−05	6.53E−06
400 ： 10	1.54E−05	2.70E−05	9.63E−06

四、液滴生成阶段传质行为

对于液/液微分散传质体系来说，液滴生成阶段的传质贡献很大，直接影响了整个设备的传质性能。但是，目前研究者们对于液滴生成阶段传质性能的主要影响因素还不明确。对于生成阶段总传质量来说，液滴生成时间有很重要的影响。除此之外，有研究者通过 CFD 模拟的方法[51]，证明了液滴生成阶段液滴内循环流动的存在，这种内循环运动无疑可以强化滴内的传质。探讨液滴生成阶段传质性能的主要影响因素，考察不同微分散方式下液滴生成阶段的传质行为，并最终建立能够预测液滴生成阶段传质性能的数学模型具有重要意义。

选择 T 形、十字形、同轴环管三种微分散设备为研究对象，如图 4-42 所示。以 T 形通道为研究对象，利用基于原位相分离的研究方法，考察液滴生成阶段的传质贡献。图 4-43 为典型的 T 形通道液滴形成过程示意图。对于正丁醇/丁二酸水溶液体系，T 形通道内液滴直径随连续相流量的增加而减少，随分散相流量的增加而增加，如图 4-44 所示，与文献[52]中的微分散规律相近。

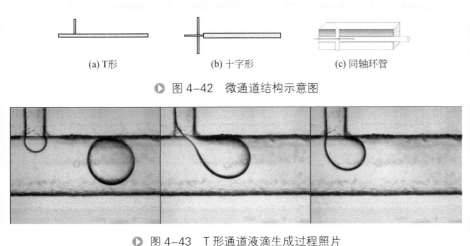

(a) T形　　　　　　(b) 十字形　　　　　　(c) 同轴环管

▶ 图 4-42　微通道结构示意图

▶ 图 4-43　T 形通道液滴生成过程照片

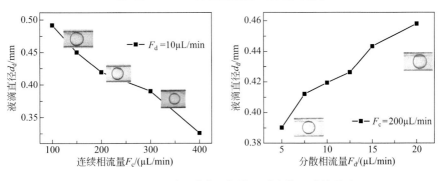

▶ 图 4-44　T 形通道内两相流量对分散尺寸的影响

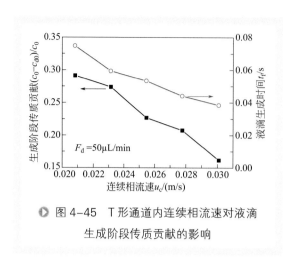

图 4-45 给出了不同连续相流速下的液滴生成阶段传质贡献，由于液滴流区域油/水相比较大，且丁二酸在两相间分配系数接近 1，因此达到平衡时 c_{inf} 接近于 0。故液滴生成阶段传质贡献，定义为液滴生成阶段传质量/达到平衡时的总传质量，可以用 $(c_0-c_{d0})/c_0$ 计算。从图 4-45 可见，液滴生成阶段传质贡献随连续相流速的增加而降低。需要指出的是，随着连续相流速的增加，液滴的生成

图 4-45 T 形通道内连续相流速对液滴生成阶段传质贡献的影响

时间也减少，因此液滴生成阶段的传质系数随连续相流速的变化规律还不明显，这一点将在液滴生成阶段传质模型建立后进行讨论。

图 4-46 给出了分散相流量对 T 形通道液滴生成阶段传质贡献的影响。当分散相流速较小时，液滴生成阶段传质贡献随分散相流量的增加而减少，而当分散相流量高于 20μL/min 后，液滴生成阶段传质贡献随分散相流量的增加而增大。由于在相同的连续相流速下，液滴生成时间随着分散相流量的增加而减少。因此，图 4-46（b）证明了液滴生成时间并不是决定生成阶段传质贡献的唯一因素。当分散相流量高于 20μL/min 后，液滴内循环作用对液滴生成阶段传质贡献的影响占主导。随着 F_d 的增加，液滴内循环运动对传质的影响增强，液滴生成阶段传质量和传质速率增加。操作范围内，T 形通道液滴生成阶段传质贡献在 9% ～ 44% 之间。

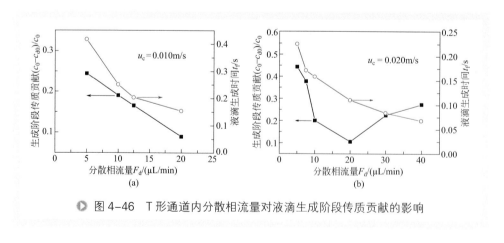

图 4-46 T 形通道内分散相流量对液滴生成阶段传质贡献的影响

图 4-47 为十字形通道内两相流量对分散尺寸的影响。与 T 形通道类似，十字形通道内液滴直径随连续相流量的增加而减少，随分散相流量的增加而增加。

从图4-48可以看出，十字形通道内液滴生成阶段传质贡献随连续相流速的增加而减少，随分散相流量的增加而增大。图4-48（b）的变化趋势说明，实验操作范围内，液滴内循环运动对生成阶段传质的影响占主导，随着F_d的增加，液滴生成时间下降但内循环运动增强，二者共同作用下生成阶段传质贡献上升。操作范围内，十字形通道液滴生成阶段传质贡献在14%～30%之间。

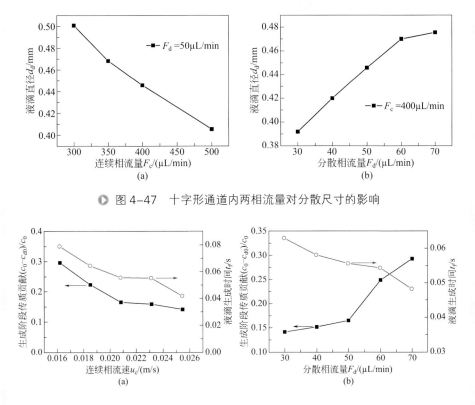

▶ 图4-47　十字形通道内两相流量对分散尺寸的影响

▶ 图4-48　十字形通道内两相流量对液滴生成阶段传质贡献的影响

图4-49为同轴环管通道内两相流量对分散尺寸的影响。与T形和十字形通道类似，同轴环管通道内液滴直径随连续相流速的增加而减少，随分散相流量的增加而增加。

从图4-50可以看出，同轴环管内液滴生成阶段传质贡献随两相流量的变化趋势与十字形通道相同。生成阶段传质贡献随连续相流速的增加而减少，随分散相流量的增加而增大。图4-50（b）的变化趋势说明，实验操作范围内，液滴内循环运动对生成阶段传质的影响占主导。操作范围内，同轴环管内液滴生成阶段传质贡献在20%～50%之间。

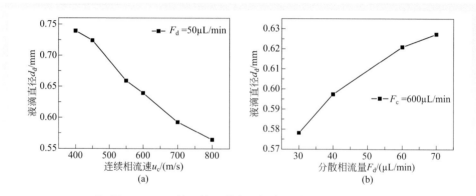

图 4-49　同轴环管通道内两相流量对分散尺寸的影响

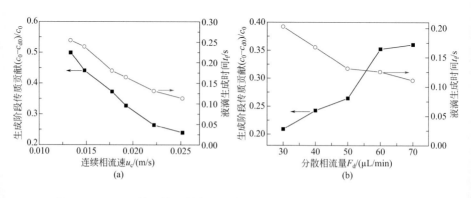

图 4-50　同轴环管通道内两相流量对液滴生成阶段传质贡献的影响

五、液滴生成阶段传质模型

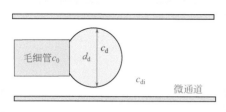

图 4-51　液滴生成阶段
传质模型示意图

为了便于研究液滴生成过程的传质行为，对不同微分散方式的传质效能进行对比，这里引用 Xu 等[53] 的模型，得到了液滴生成阶段的传质系数 K_{df} 的计算式。液滴在毛细管尖端不断生长过程中，其传质过程可如图 4-51 所示。

采用以下假设：

（1）忽略液滴内的和连续相主体的浓度分布，传质阻力主要集中于界面附近；

（2）液滴生成过程中形状近似球形；

（3）液滴生成阶段平均传质速率 K_{df} 不随时间改变；

（4）各向同性，总传质通量可用 $K_{df}(c_d - mc_{di})A$ 计算。

由物料守恒得到液滴直径 d_d 与生成时间的关系为：

$$d_d = \left(\frac{6F_d}{\pi}t\right)^{1/3}$$ （4-45）

对整个液滴进行物料衡算，丁二酸从液滴相向连续相传质的总量等于液滴内丁二酸减少量：

$$K_{df}(c_d - mc_{di})Adt = -V_d dc_d$$ （4-46）

将式（4-45）代入式（4-46），可以得到：

$$K_{df}t^{-1/3}dt = -\frac{1}{6}\left(\frac{6F_d}{\pi}\right)^{1/3}\frac{dc_d}{c_d}$$ （4-47）

对式（4-47）进行积分，代入初始条件 $t=0$ 时，$c_d=c_0$，及液滴脱落时 $t=t_f$，$c_d=c_{d0}$，得到 K_{df} 的计算式：

$$K_{df} = \frac{d_d\ln(c_{d0}/c_0)}{-9t_f}$$ （4-48）

图 4-52 给出了计算得到的三种微设备内液滴生成阶段传质系数，可见三种微分散方式下，液滴生成阶段传质系数都随着连续相流速的增加而减小，随着分散相流量的增加而增大。相同的操作条件下，T 形通道液滴生成阶段传质系数最大，其次为十字形通道，同轴环管液滴生成阶段传质系数最小。实验范围内 T 形通道液滴生成阶段平均传质系数在 $4.6 \times 10^{-5} \sim 2.5 \times 10^{-4}$ m/s 之间；十字形通道液滴生成阶段平均传质系数在 $1.1 \times 10^{-4} \sim 3.8 \times 10^{-4}$ m/s 之间；同轴环管通道液滴生成阶段平均传质系数在 $6.8 \times 10^{-5} \sim 2.7 \times 10^{-4}$ m/s 之间。比运动传质系数高 1 ～ 2 个数量级。

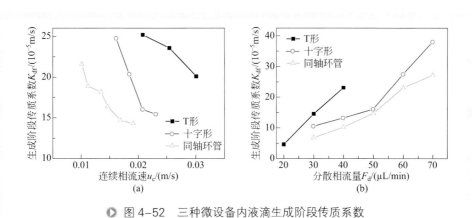

◉ 图 4-52 三种微设备内液滴生成阶段传质系数

图 4-53 为相同分散相流量下，不同液滴生成时间下三种微通道的液滴生成阶段传质贡献。为了达到相同的传质贡献所需的液滴生成时间 T 形＜十字形＜同轴

环管。

下面深入探讨三种微通道内流动情况对液滴生成阶段传质的影响。首先定义一个传质强化因子 K，K 为实验得到的生成阶段传质系数与只考虑扩散时的平均传质系数之比，定义式如下：

$$K = \frac{K_{df}}{K_{f,diff}} \tag{4-49}$$

其中，基于渗透理论，只考虑扩散时的平均传质系数可用下式计算：

$$\overline{K_{f,diff}} = 2\sqrt{\frac{D_d}{\pi t}} \tag{4-50}$$

式中，D_d 为液滴相扩散系数。

图 4-54 为三种微通道内连续相流速对传质强化因子的影响。可见随着连续相流速的增加，K 值减小。

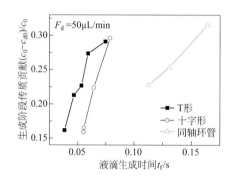

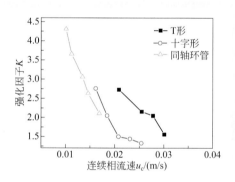

▶ 图 4-53　三种微通道内液滴生成时间
对生成阶段传质贡献的影响

▶ 图 4-54　三种微通道内连续相流速
对传质强化因子的影响

从传质机理角度，实验中液滴生成阶段传质系数高于只考虑扩散时平均传质系数的主要原因是液滴生成过程中液滴内循环运动的影响。Liang 和 Slater [54] 建立了考虑液滴内循环运动的液滴生成过程传质模型，该研究者通过引入了一个扩散系数的修正项，表征了液滴内循环对传质的影响。模型中修正后的扩散系数 D_{Nf} 由两部分构成，分子扩散系数 D_d 以及液滴内循环修正项 D_{ef}：

$$D_{Nf} = D_d + D_{ef} \tag{4-51}$$

液滴内循环运动的发生和液滴相与连续相主体的相对运动有关。Liang 和 Slater 的实验中 u_c 为 0，研究认为 D_{ef} 与液滴相流速 u_d 以及液滴直径 d_d 有关。由于液滴生成过程中 u_d 和 d_d 不断变化，记某一时刻液滴内循环对扩散系数的修正项为 D_e。研究者认为 D_e 与 u_d 和 d_d 的乘积成正比，即：

$$D_e = k_e u_d d_d \qquad (4\text{-}52)$$

液滴内循环修正项 D_{ef} 为液滴生成时间 t_f 内，D_e 的平均值：

$$D_{ef} = \frac{1}{t_f} \int_0^{t_f} D_e \qquad (4\text{-}53)$$

在微通道液滴生成过程中，连续相剪切力和界面张力占主导作用。u_c 较大，液滴相和连续相的相对运动速度主要与连续相实际流速有关，任意时刻 t 时连续相实际流速的计算式如下：

$$\overline{u_{c,t}} = \frac{4F_c}{\pi\left(D_{in}^2 - d_{d,t}^2\right)} \qquad (4\text{-}54)$$

在 $t=0$ 时刻，d_d 和 $\overline{u_c}$ 都为最小值，液滴内循环运动比较缓慢。当液滴即将脱落时 d_d 和 $\overline{u_c}$ 都达到最大值，此时液滴内循环运动对传质的强化程度最大。因此我们用脱落时液滴直径 d_d 与连续相流速 $\overline{u_c}$ 的乘积近似液滴生成过程中液滴直径与相对流速乘积的积分平均。则有：

$$D_{ef} \propto d_d \overline{u_c} \qquad (4\text{-}55)$$

利用上述理论可以解释两相流速对液滴生成阶段的影响原因，当分散相流量增大时，液滴直径增加，两相相对流速也增大，因此 D_{ef} 增大，强化因子 K 增加；当连续相流量增大时，液滴直径减少，操作范围内液滴直径和两相相对流速的乘积下降，如图 4-55 所示。液滴内循环作用减弱，K 值下降。在此可以探讨微通道内液滴形成阶段传质行为与自由空间单液滴传质行为的不同点。在微通道受限空间中，随着液滴的生长，占据的主通道截面越来越大，连续相流道逐渐被挤压减少，两相相对流速显著上升，液滴内循环运动加剧。因此在微通道液滴生成过程中，液滴内循环速率可能出现较大变化，且内循环运动对传质的影响很大，不可忽略。

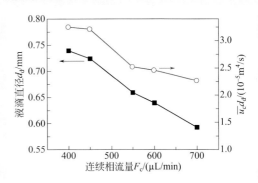

▶ 图 4-55　同轴环管内连续相流量对液滴直径与连续相实际流速乘积的影响

对于液滴生成阶段传质强化因子：

$$K = \frac{K_{df}}{K_{f,diff}} = \frac{2\sqrt{\dfrac{D_{Nf}}{\pi t}}}{2\sqrt{\dfrac{D_{AB}}{\pi t}}} = \sqrt{\frac{D_{Nf}}{D_{AB}}} = \sqrt{1 + k\frac{d_d \overline{u_c}}{D_d}} \qquad (4\text{-}56)$$

在此定义一个无量纲特征数，表征液滴内循环运动对传质的强化：

$$D = \frac{d_d \overline{u_c}}{D_d}$$ （4-57）

则（K^2-1）应该与 D 成正相关：

$$K^2 - 1 = a_1 D$$ （4-58）

对微通道液滴生成阶段传质行为的研究表明，只有当分散相流速达到一定值时，液滴内循环作用对生成阶段传质贡献才占主导作用。由此可以推测，只有当 D 超过一个阈值后，液滴生成阶段内循环运动对传质过程的强化才会明显表现出来，即 K^2-1 与 D 的关系应为：

$$K^2 - 1 = a_1(D - b_0)$$

或简写为：

$$K^2 = a_1(D - b)$$ （4-59）

对不同微通道的 K^2 与 D 进行线性拟合，拟合结果见表 4-4，实验数据和拟合曲线如图 4-56 所示。从强化因子 K 的定义可知，$K \geqslant 1$。因此当 $a_1(D-b) < 1$ 时，说明液滴内循环运动对形成阶段传质系数基本没有影响，此时 $K=1$。

表 4-4　不同微通道液滴生成阶段传质过程拟合结果

微通道结构	$a_1 \times 10^4$	$b \times 10^{-4}$
T 形	8.8	3.0
十字形	10	2.4
同轴环管	7.5	4.0

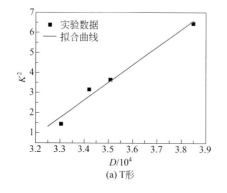

(a) T形

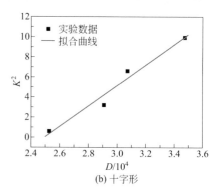

(b) 十字形

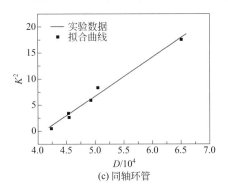

图 4-56　液滴生成阶段传质强化因子实验值与拟合曲线

综合以上结果，液滴形成阶段平均传质系数可根据式（4-60）计算：

$$K_{\mathrm{df}} = K\overline{K_{\mathrm{f,diff}}} = \begin{cases} \sqrt{a_1(D-b)}\overline{K_{\mathrm{f,diff}}}, & D > b + \dfrac{1}{a_1} \\[3mm] \overline{K_{\mathrm{f,diff}}}, & D \leqslant b + \dfrac{1}{a_1} \end{cases} \qquad （4\text{-}60）$$

参数 a_1，b 为与通道结构和体系物性有关的常数。D 的计算过程中需要已知液滴直径。

六、微分散液滴群传质性能

对比微通道分散技术，高通量微分散技术，例如：膜分散技术，具有处理量较大的优势，能快速产生微尺度的液滴群，在乳液和微球制备的一些过程已经实现了工业应用。利用微滤膜作为代替微通道形成微液滴群的原理如图 4-57 所示。它以微孔膜 / 微滤膜为分散介质，在压力差作用下分散相以微小液滴的形式进入到连续相流体中，以达到两种流体的充分混合和传质。一方面，膜的孔隙率较大，微孔或微滤膜可以看成是成千上万个并列排布的微通道；另一方面，膜的厚度很薄，在几十到几百微米之间，通道距离短，过膜的阻力比一般长微通道小，因此膜分散操作中压力差小，仅在几十到几百

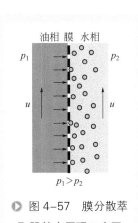

图 4-57　膜分散萃取器基本原理示意图

千帕内，所需能量小。同时形成的液滴直径均一，可以通过调节两相流速来实现控制。研究表明，膜分散萃取器不仅继承了微通道混合器传质速率高的特点，而且其处理量比一般的微通道混合器大得多。

为了系统研究以膜分散技术为代表的液滴群传质性能，本书作者采用了六种不

同界面张力和分配系数的液/液两相体系作为研究对象，开展了系统研究，实验体系的性质如表4-5所示。其中，分配系数K是指达到热力学平衡时溶质在两相中的浓度比，$K = c_o^* / c_w$。

表4-5 不同实验体系的性质

测试体系	界面张力 γ/(mN/m)	分配系数 K
正丁醇/丁二酸/水	1.7	1.07
正丁醇/磷酸/水	1.7	0.12
33% 7301-正辛醇/丁二酸/水	8.13	18.0
33% 7301-正辛醇/柠檬酸/水	8.13	51.0
30%TBP-煤油/硝酸/水	9.95	0.26

实验装置如图4-58所示。分散相流体2通过计量泵3进入微混合器的分散相入口；连续相流体1通过计量泵4进入微混合器的连续相入口；分散相流体通过分散膜进入连续相流体，两流体在混合腔室5混合，最后从混合出口流出膜器。膜两侧压力差由压力表9得出。由混合相贮槽8取出混合液，采用酸碱滴定法分别分析分散相和连续相的浓度，以得到传质过程的萃取效率。通过高速在线显微系统7在线观察和获取观察室6中的液滴群显微照片，以获取并分析不同实验条件下的平均液滴直径。

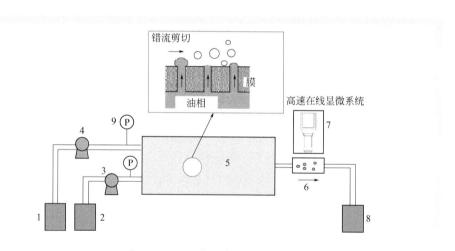

◉ 图4-58 实验装置示意图

根据传质后两相的浓度计算传质效率。传质效率采用Murphree级效率即：

$$E = \frac{c_d - c_{d0}}{c_d^* - c_{d0}} \tag{4-61}$$

图 4-59 给出了对于 33% 7301- 正辛醇 / 丁二酸 / 水体系，在固定相比为 1：1 时不同总流量下的分散相液滴群显微照片。从图中可以看出，当两相流量较小时，所形成的液滴平均直径较大（>300μm）且液滴分布很不均匀。当两相流量增大到一定程度以后（>150mL/min），液滴直径基本一致，且平均直径随着总流量的增加

(a) Q_{total} = 50mL/min   (b) Q_{total} = 150mL/min

(c) Q_{total} = 250mL/min   (d) Q_{total} = 400mL/min

▶ 图 4-59　不同流量下分散相液滴群的显微照片

而降低。

图 4-60 给出了对于不同的实验体系，液滴平均直径随总流量的变化关系。由图中可以看出，在膜分散微混合器中，固定相比条件下，随着总流量增大，膜表面的连续相流速加大，透过膜孔的分散相液滴所受的连续相剪切力增大，所形成的液滴直径减小，当流量增大到 400mL/min 以上时，液滴直径达到最小值且基本不随流量变化。通过该研究可以看出，在膜分散微混合器中，通过改变两相流速，同样可以实现分散尺寸的可控调节。在实验条件下，对于不同的实验体系和两相流速，平均液滴直径在 20 ~ 300μm 之间。

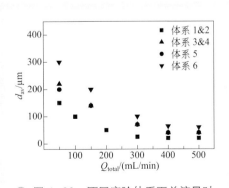

▶ 图 4-60　不同实验体系下总流量对液滴直径的影响（相比 1：1）

在微分散体系内液 / 液相间传质过程主要受传质速率以及接触时间（即在设

备内的停留时间）的影响。由图 4-61 可以看出在相比为 1：1 的情况下，传质效率随着总流量的增大而快速增加，在约 400mL/min 时基本达到平衡，但当流量继续增大到一定程度时（>1000mL/min），传质效率呈下降趋势。这主要是由于，随着总流量的增加，液滴直径呈线性下降趋势，而对于相间传质过程，传质速率基本与液滴直径的二次方呈倒数关系，传质时间则与总流量呈反比，因此在微混合器中的传质效率随总流量的增加基本呈线性上升；当总流量增大到一定程度，液滴直径基本不变，此时传质速率基本不变，而传质时间随着总流量的增加而降低，因此传质效率呈下降趋势。从图中还可以看出，在总流量较低的时候，相同流量下各体系的传质效果差别较大，这主要受各个体系的界面张力及分配系数差别的影响。对于界面张力较低的体系，两相混合比较容易，在一定流量下所得的液滴直径较小，可以得到更大的传质面积和传质系数，在相同的停留时间里能达到较高的传质效率，而且液滴直径随流量的变化更快，因此更快地达到了传质平衡。

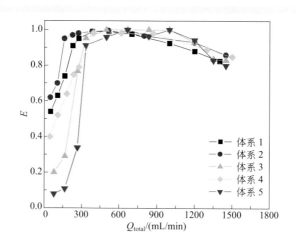

● 图 4-61　不同实验体系下总流量对传质效率的影响（相比 1：1）

　　进一步考察连续相和分散相流量对传质效率的影响，如图 4-62 所示。由图中可以看出，在较高的流量下，传质效率受连续相和分散相流量的影响较小，随着连续相流量的增大略微增大，随着分散相流量的增大略微减小。这也是受分散液滴大小和停留时间的影响。

　　由于该微混合器的混合室体积为 2.4mL，因此当两相的传质时间在 0.15～0.35s（流量 400～1000mL/min）时，对于 5 种不同的实验体系，传质效率均在 95% 以上。这比传统的萃取设备传质速率要快得多。与微通道比较，膜分散微混合器的混合室体积大了 3 个数量级，因此在处理量方面要大 1000～10000 倍，更适用于大规模工业生产过程，实际这也是微结构设备可以通过数目放大提高处理能力的一种表现。

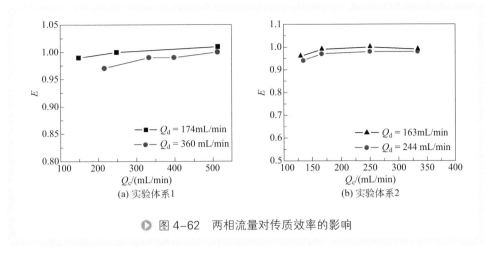

(a) 实验体系1　　　　　　　　　　(b) 实验体系2

▶ 图4-62　两相流量对传质效率的影响

七、极端相比下的液/液传质性能

在石油化工领域，有很多过程（如油品碱洗精制、酰胺化反应等）需要极端相比下的液/液分散传质与反应。在这些过程，影响分离和反应效果的主要因素为液/液分散和传质性能。通过上面研究，膜分散微混合器能够实现分散相在微尺度下的均匀分散，在很短的时间内（<1.0s）达到相间传质平衡。为了验证该混合器在这些过程的适用性，进行了膜分散微混合器用于油品碱洗脱酸过程的实验研究。采用2.0mol/L的NaOH碱液为分散相，含有少量环烷酸的汽油为连续相，在不同的两相流量下进行实验，考察膜分散微混合器的脱酸效果。其中汽油中环烷酸酸度为1.84mgKOH/g。在不同相比下改变两相流量，得到不同混合时间下的脱酸效果，表4-6列出了相比（水相流量：油相流量）1:50和1:25下的脱酸率随混合时间的变化。从表中可以看出，在小于1.0s的混合时间下，脱酸率均在90%以上。当油品处理量为300mL/min时，两种相比下脱酸率均在95%左右。

表4-6　混合时间对脱酸率的影响

相比 ＼ 反应时间/s	0.3	0.45	0.6	1.0
1:50	90%	92%	94.5%	95.5%
1:25	92.5%	94%	95.0%	95.5%

碱洗过程为了保证有较高的脱酸率，一般采用过量的碱。实验中，分别在相比1:50、1:25及1:17下改变NaOH浓度，考察不同碱液浓度及相比条件下的脱酸效果，其中NaOH浓度从0.6mol/L到3mol/L，得到的结果如图4-63所示。脱酸率随着碱液浓度的增加而增大，当碱液浓度大于1mol/L时，各种相比下脱酸率均保持在90%以上，此后增大碱液浓度对脱酸率影响不大；在相比1:17时脱酸率达

到 99%，适用于脱酸要求高的情况。因此，该实验条件下采用 1mol/L 的 NaOH 碱液能够得到很好的脱酸效果。

实验进一步考察了不同油品的脱酸过程。油中的初始环烷酸含量为 3.74mg KOH/g。图 4-64 是不同性质油品在有机相流量 Q_o 为 400mL/min 条件下脱酸率随碱液流量变化曲线的比较。从图中可以看出，在相同的流量条件下，汽油的脱酸率最高，高黏度原油的脱酸率最低。这是因为石油酸在油中的扩散速度随着黏度的增大而减小，因而前者具有更快的传质速度；在相比 1∶10 时三种油品的脱酸率均在 90% 以上，可以满足脱酸率的要求。因此该微混合器对于不同性质的原油均适用。

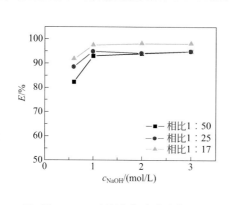

▶ 图 4-63　碱液浓度对脱酸率的影响　　▶ 图 4-64　油品性质对脱酸率的影响
1—汽油；2—石蜡油；3—80℃原油

表 4-7 给出了膜分散微结构混合器与现有碱洗设备的性能比较。从表中可以看出，无论从脱酸率、停留时间和碱液利用率方面，膜分散微结构混合器都具有较大的优势。这说明对于极端相比下的液/液分散传质与反应过程，新型微混合器有着较好的应用前景。

表 4-7　与现有碱洗设备的比较

碱洗设备	静态混合器	纤维膜接触器	膜分散微结构混合器
脱酸率 /%	50 ～ 70	80 ～ 90	90 ～ 99
停留时间	3 ～ 5h	30 ～ 100min	<1.0s
碱液利用率 /%	10 ～ 50	30 ～ 70	50 ～ 90

八、气相强化液/液传质过程

就传质性能的研究而言，对于气/液/液体系典型研究是将微气泡/气柱引入液/液体系，对其液/液传质过程进行强化。在分散液柱的流动过程中，液柱内产

生的相内循环能够大大加速相内的混合，因此，把微气柱分散在液体中，以将液体分隔成液柱，可以实现相内混合、相间传质过程的强化。由于气相和液相的性质差异明显，容易实现快速分相，这一新方式在涉及相内快速混合与反应过程的众多领域有着很好的应用前景。

Su 等[55] 对 T 形微通道中水萃取煤油 / 磷酸三丁酯中的醋酸的过程进行了研究。研究者分别观测了在气相入口处和流型充分发展处，气相的表观流速对液 / 液两相的分散状态的影响，如图 4-65 所示。从图中可以看出，在气相入口处，气相的加入可以打破液 / 液体系的层流，并随着气 / 液 / 液三相表观流速的不同，出现气柱和液柱交替出现的"珍珠项链"式流动、气泡引起液 / 液界面弯曲的流动、水相包围气泡的流动和气相将水相压缩成薄层的流动等丰富的流型。当无气相引入时，液 / 液两相呈稳定的层流流动，以扩散的方式进行相间传质；当气相的表观流

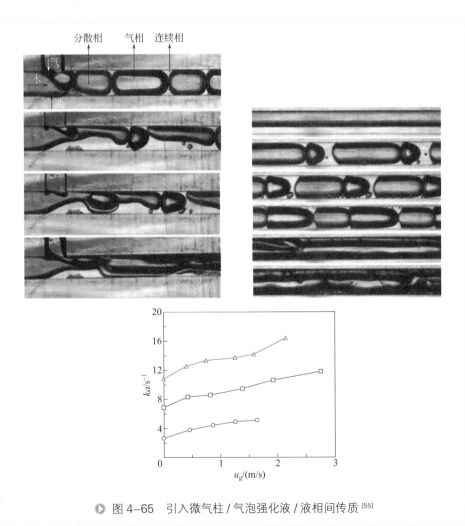

图 4-65　引入微气柱 / 气泡强化液 / 液相间传质[55]

速较小时，所形成的微气泡将水相分散成液柱，形成液柱和气泡交替出现的分散流动；随着气相表观流速的增大，气泡逐渐转变成气柱；随着气相表观流速的进一步增大，气体占据微通道的主要位置，而水相和有机相均被挤压到微通道的壁面，形成薄层，在这种情况下，气相的惯性力强于液/液体系的界面力，水相被破碎成约为 $10 \sim 20\mu m$ 的液滴，此时，液/液体系的界面积很大，同时界面在气相的扰动下产生强烈的湍动，使液/液相间传质过程得以强化。研究者计算了气相的引入对液/液体系总体积传质系数的影响。结果表明，总体积传质系数随着气相表观流速的增大而显著增大，比传统设备高2个数量级。这说明，微气泡/气柱的引入可以有效地强化液/液相间传质过程。

谭璟[56]针对蒽醌法制备 H_2O_2 的极端相比萃取过程，提出利用微气泡群强化极端相比液/液萃取过程。发展了多种气相强化液/液微尺度传递性能的方式，如图 4-66 所示，基于扩散理论和微尺度气泡群流动的特性，建立了预测气/液/液体系传质过程的物理和数学模型，分析指出了微尺度气泡强化传质性能的机理。实验结果表明，微气泡的加入可以有效地强化混合及传质过程，使萃取过程的总体积传质系数达到 $21s^{-1}$。相比于无气相扰动的液/液微分散萃取过程，总传质系数提高了10倍以上。

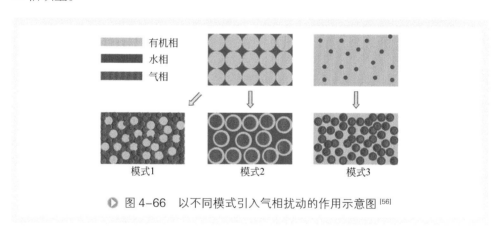

图 4-66　以不同模式引入气相扰动的作用示意图[56]

───── **参考文献** ─────

[1] Kashid M N, Kiwi-Minsker L. Microstructured reactors for multiphase reactions: State of the art[J]. Industrial & Engineering Chemistry Research, 2009, 48(14):6465-6485.

[2] Dessimoz A, Cavin L, Renken A, et al. Liquid-liquid two-phase flow patterns and mass transfer characteristics in rectangular glass microreactors[J]. Chemical Engineering Science, 2008, 63(16):4035-4044

[3] Brandner J J, Benzinger W, Schygulla U. Microstructure Devices for Efficient Heat Transfer[J]. Bremen Microgravity Sci Technol, 2007, 4(3): 41-43.

[4] Hardt S, Ehrfeld W, Hessel V, et al. Strategies for size reduction of microreactors by heat transfer enhancement effects[J]. Chemical Engineering Communications, 2003, 190: 540-559.

[5] Borukhova S, Hessel V. Micro Process Technology and Novel Process Windows-Three Intensification Fields[M]//Kamelia Boodhoo, Adam Harvey. Process Intensification for Green Chemistry: Engineering Solutions for Sustainable Chemical Processing. John Wiley & Sons, Ltd, 2013:91-156.

[6] Kazemi Oskooei S A, Sinton D. Partial wetting gas-liquid segmented flow microreactor[J]. Lab on a Chip, 2010, 10(13):1732.

[7] Mason B P, Price K E, Steinbacher J L, et al. Greener approaches to organic synthesis using microreactor technology[J]. Chemical Reviews, 2007, 107(6):2300-2318.

[8] Schwalbe T, Autze V, Hohmann M, et al. Novel innovation systems for a cellular approach to continuous process chemistry from discovery to market[J]. Organic Process Research & Development, 2004, 8(3):440-454.

[9] Jakel K P. Microsystem technology for chemical and bio-logical microreactors[J]. DECHEMA Monographs, 1996, 132.

[10] Loewe H, Hessel V, Loeb P, et al. Addition of secondary amines to alpha,beta-unsaturated carbonyl compounds and nitriles by using microstructured reactors[J]. Organic Process Research & Development, 2006, 10(6):1144-1152.

[11] Schubert K, Brandner J, Fichtner M, et al. Microstructure devices for applications in thermal and chemical process engineering[J]. Microscale Thermophysical Engineering, 2001, 5(1):17-39.

[12] Worz O, Jackel K P, Richter T, et al. Microreactors - a new efficient tool for reactor development[J]. Chemical Engineering & Technology, 2001, 24(2):138-142.

[13] Zhang J, Wang K, Lin X, et al. Intensification of fast exothermic reaction by gas agitation in a microchemical system[J]. AIChE Journal, 2014, 60(7): 2724-2730.

[14] Ducry L, Roberge D M. Controlled autocatalytic nitration of phenol in a microreactor[J]. Angewandte Chemie-International Edition, 2005, 44(48):7972-7975.

[15] Geskovich E J, Bartion P, Hersh R E. Heat transfer in liquid liquid spray towers[J]. AIChE J, 1967, 13:1160-1165.

[16] Inaba H, Horibe A, Ozaki K, et al. Liquid-liquid direct contact heat exchange using a perfluorocarbon liquid for waste heat recovery[J]. JSME Int J Ser B-Fluids Therm Eng, 2000, 43(1):52-61.

[17] Moresco L L, Marschall E. Liquid-liquid direct-contact heat-transfer in a spray column[J]. J Heat Transfer, 1980, 102(4):684-687.

[18] Xu J H, Luo G S, Chen G G, et al. Mass transfer performance and two-phase flow characteristic in membrane dispersion mini-extractor[J]. J Membr Sci, 2005, 249(1-2):75-81.

[19] Kashid M N, Renken A, Kiwi-Minsker L. Gas-liquid and liquid-liquid mass transfer in

microstructured reactors[J]. Chemical Engineering Science, 2011, 66(17): 3876-3897.

[20] Yue J, Luo L G, Gonthier Y, et al. An experimental study of air-water taylor flow and mass transfer inside square microchannels[J]. Chemical Engineering Science, 2009, 64(16): 3697-3708.

[21] Yue J, Chen G W, Yuan Q, et al. Hydrodynamics and mass transfer characteristics in gas-liquid flow through a rectangular microchannel[J]. Chemical Engineering Science, 2007, 62(7): 2096-2108.

[22] Su H J, Wang S D, Niu H N, et al. Mass transfer characteristics of H_2S absorption from gaseous mixture into methyldiethanolamine solution in a T-junction microchannel[J]. Separation and Purification Technology, 2010, 72(3): 326-334.

[23] Aoki N, Tanigawa S, Mae K. Design and operation of gas-liquid slug flow inminiaturized channels for rapid mass transfer[J]. Chemical Engineering Science, 2011, 66(24): 6536-6543.

[24] Roudet M, Loubiere K, Gourdon C, et al. Hydrodynamic and mass transfer in inertial gas-liquid flow regimes through straight and meandering millimetric square channels[J]. Chemical Engineering Science, 2011, 66(13): 2974-2990.

[25] Lefortier S, Hamersma P J, Bardow A, et al. Rapid microfluidic screening of CO_2 solubility and diffusion in pure and mixed solvents[J]. Lab On a Chip, 2012, 12(18): 3387-3391.

[26] Abolhasani M, Singh M, Kumacheva E, et al. Automated microfluidic platform for studies of carbon dioxide dissolution and solubility in physical solvents[J]. Lab On a Chip, 2012, 12(9): 1611-1618.

[27] Li W, Liu K, Simms R, et al. Microfluidic study of fast gas-liquid reactions[J]. Journal of the American Chemical Society, 2012, 134(6): 3127-3132.

[28] Tan J, Lu Y C, Xu J H, et al. Mass transfer performance of gas-liquid segmented flow in microchannels[J]. Chemical Engineering Journal, 2012, 181: 229-235.

[29] Tan J, Lu Y C, Xu J H, et al. Mass transfer characteristic in the formation stage of gas-liquid segmented flow in microchannel[J]. Chemical Engineering Journal, 2012, 185: 314-320.

[30] Xu J H, Tan J, Li S W, et al. Enhancement of mass transfer performance of liquid-liquid system by droplet flow in microchannels[J]. Chemical Engineering Journal, 2008, 141(1-3): 242-249.

[31] Vaidya P D, Kenig E Y. CO_2-alkanolamine reaction kinetics: a review of recent studies[J]. Chemical Engineering & Technology, 2007, 30(11): 1467-1474.

[32] Versteeg G F, Van Dijck L, Van Swaaij W. On the kinetics between CO_2 and alkanolamines both in aqueous and non-aqueous solutions. An overview[J]. Chemical Engineering Communications, 1996, 144: 113-158.

[33] Alvarezfuster C, Midoux N, Laurent A, et al. Chemical-kinetics of the reaction of CO_2 with amines in pseudo m-nth order conditions in polar and viscous organic solutions[J]. Chemical Engineering Science, 1981, 36(9): 1513-1518.

[34] Park S W, Lee J W, Choi B S, et al. Kinetics of absorption of carbon dioxide in monoethanolamine solutions of polar organic solvents[J]. Journal of Industrial and Engineering Chemistry, 2005, 11(2): 202-209.

[35] 陈甘棠. 化学反应工程 [M]. 北京 : 化学工业出版社 , 1990.

[36] Gui X, Tang Z, Fei W. Solubility of CO_2 in alcohols, glycols, ethers, and ketones at high pressures from (288.15 to 318.15) K[J]. Journal of Chemical and Engineering Data, 2011, 56(5): 2420-2429.

[37] Abate A R, Mary P, van Steijn V, et al. Experimental validation of plugging during drop formation in a T-junction[J]. Lab On a Chip, 2012, 12(8): 1516-1521.

[38] Danckwerts P V. Gas-liquid reactions[M]. New York: McGraw-Hill, 1970.

[39] Choi W J, Min B M, Seo J B, Park S W, Oh K J. Effect of ammonia on the absorption kinetics of carbon dioxide into aqueous 2-amino-2-methyl-1-propanol solutions[J]. Industrial & Engineering Chemistry Research, 2009, 48:4022-4029.

[40] Zheng C, Tan J, Wang Y J, Luo G S. CO_2 solubility in a mixture absorption system of 2-Amino-2-methyl-1-propanol with glycol[J]. Industrial & Engineering Chemistry Research, 2012, 51:11236-11244.

[41] Versteeg G F, van Swaaij W P M. Solubility and diffusity of acid gases (carbon dioxide, nitrous oxide) in aqueous alkanolamine solutions[J]. J Chem Eng Data, 1988, 33: 29-34.

[42] Tice D, Song H, Lyon A, et al. Formation of droplets and mixing in multiphase microfluidics at low values of the Reynold number and Capillary numbers[J]. Langmuir, 2003, 19:9127-9133.

[43] 徐建鸿. 微分散体系尺度调控与传质性能研究 [D]. 北京 : 清华大学 , 2007.

[44] 王曦. 液液微分散过程滴内流动及传质规律的实验研究 [D]. 北京 : 清华大学 , 2015.

[45] 王凯. 非均相反应过程的微型化基础研究 [D]. 北京 : 清华大学 , 2010.

[46] Atencia J, Beebe D J. Controlled microfluidic interfaces[J]. Nature, 2005, 437: 648 -655.

[47] Bulicka J, Prochazka J. Diffusion-coefficients in some ternary-systems[J]. J Chem Eng Data, 1976, 21 (4): 452-456.

[48] Newman A B. The drying of porous solids : Diffusion and surface emission equations, *Trans*[J]. AIChE, 1931, 27:310.

[49] Kronig R, Brink H C. On the theory of extraction from droplets[J]. Appl Sci Res, 1950, 2: 42-156.

[50] Rowe P N, Calxton R T, Lewis T B. Heat and mass transfer from a singlesphere in an extensive flowing fluid[J]. Trans Inst Chem Eng, 1965, 43: 14-31.

[51] Li X B, Li F C, Yang J C, et al. Study on the mechanism of droplet formation in T-junction microchannel[J]. Chem Eng Sci, 2012, 69 (1): 340-351.

[52] Xu J H, Li S W, Tan J, et al. Controllable preparation of monodisperse O/W and W/O emulsions in the same microfluidic device[J]. Langmuir, 2006, 22 (19): 7943-7946.

[53] Xu J H, Tan J, Li S W, et al. Enhancement of mass transfer performance of liquid-liquid system by droplet flow in microchannels[J]. Chem Eng J, 2008, 141 (1-3): 242-249.

[54] Liang T B, Slater M J. Liquid-liquid extraction drop formation: mass transfer and the influence of surfactant[J]. Chem Eng Sci, 1990, 45: 97-105.

[55] Su Y H, Chen G W, Zhao Y C, et al. Intensification of liquid-liquid two-phase mass transfer by gas agitation in a microchannel[J]. AIChE J, 2009, 55:1948-1958.

[56] 谭璟. 气 - 液分离与反应过程微型化的基础研究 [D]. 北京 : 清华大学 , 2011.

第五章

微尺度反应性能

反应技术以使用微反应器为基本特征。所谓微反应器是指反应的流动、混合传质特征尺寸在微米量级的反应器[1]。相对传统形式的反应器，以连续流动方式操作的微反应器内通道的比表面积通常在 $10^4 \sim 10^6 m^2/m^3$ 量级[2]，远高于搅拌釜、脉冲塔和静态混合器等传统反应器，所以其传质传热性能和传统反应器相比具有明显优势，Brandner 等[3]提到微换热器的总传热系数可以达到 $56kW/(m^2 \cdot K)$，约为传统板式换热器的 20 倍，同时微设备内的相间体积传质系数可以达到普通设备的 $10 \sim 1000$ 倍[4]。在混合和传质方面，微反应器的混合时间可以低至数毫秒，远远小于传统反应器，传质对反应速度的影响可被大幅降低。此外，对于那些依靠较大过量比抑制副反应的反应体系，微反应器强化混合的能力，可以在更短时间内形成适宜的反应环境，从而带来反应产率的明显提高[5-7]。

微反应器的受限体积可以带来本质安全性，在微反应器的受限体积中，温度、压力、停留时间、流量等参数更加可控，对于那些快速强放热、易爆炸等危险的反应体系，微反应器可以实现过程安全性[8, 9]。比如苯的硝化反应是快速强放热、易爆的反应体系，Doku 等[10]在微反应器内实现了其安全可控生产，反应产率达65%。此外，对于一些有机制药反应过程，出于安全性考量，在传统反应器中的实验都选择在相对温和的温度、压力条件下进行，而利用自身的本质安全性，微反应器可以在更极端的温度、压力等反应条件实现这类反应过程的强化，如图5-1所示[11]。对于制药过程所涉及的诸如 Curtius 重排[12, 13]、重氮化[14, 15]、硝化[16]、氟化[17, 18]等危险反应体系，都有研究者在微反应器中实现了安全、可控、高效的合成过程。

微反应器内流体流动形态十分稳定，停留时间可以精确控制，而停留时间对化学反应的收率、选择性有直接的影响。总的来说，微反应器以其良好的混合和传热性能，有效地控制反应物的混合状态和反应温度，大大提高化学反应的选择性[19,20]。

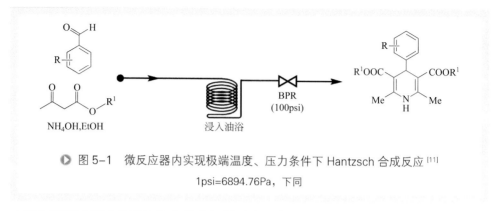

图 5-1 微反应器内实现极端温度、压力条件下 Hantzsch 合成反应 [11]

1psi=6894.76Pa，下同

本章主要通过概述典型均相和非均相微反应过程研究进展，系统展现微反应技术的科学原理和技术应用进展。

第一节 均相微反应

影响均相微尺度反应性能的一大关键因素是反应体系的混合效果。液/液均相混合是指各股物料之间可以完全互溶地混合，通常发生在溶剂相同的溶液或者彼此互溶的液体之间。达到理想混合状态则意味着实现了分子级的混合，也就是在混合流体内部任何区域的任意大小控制体内，分子环境完全相同，每一种分子或离子在空间各处分布均匀。微混合的提出起源于微结构设备相比于传统设备对各类化工操作单元性能的改善。

一、重氮乙酸乙酯合成反应

重氮乙酸乙酯（EDA）的合成反应快速强放热，产物 EDA 在高温和水相环境中易分解放热和产生气体，给提高串联反应体系中间产物 EDA 的产率和保证过程的安全性提出了挑战。

$$HCl \cdot NH_2CH_2COOC_2H_5 + NaNO_2 \longrightarrow N_2CHCOOC_2H_5 + NaCl + 2H_2O \quad （5-1）$$

在使用氨基与硝基重氮化反应合成 EDA 时，提供氨基的反应原料是甘氨酸乙酯盐酸盐（简称 EGH），提供硝基的反应原料是亚硝酸钠（简称 SN）。EGH 作为一种弱酸、SN 作为一种弱酸盐，两者在水中存在如式（5-2）、式（5-3）所示的两个电离平衡，生成甘氨酸乙酯与亚硝酸。甘氨酸乙酯的—NH₂ 基与亚硝酸的—NO₂ 基将在水相中发生重氮化反应形成重氮基团，如式（5-4）所示，从而合成 EDA，EDA 在水中不稳定，极易与水发生反应失去一分子 N₂ 并发生 O—H 插入反应生成副产

物乙醇酸乙酯[21, 22]，如式（5-5）所示。

$$NaNO_2 + H^+ \longrightarrow HNO_2 + Na^+ \tag{5-2}$$

$$NH_3^+CH_2COOC_2H_5 \longrightarrow NH_2CH_2COOC_2H_5 + H^+ \tag{5-3}$$

$$HNO_2 + NH_2CH_2COOC_2H_5 \longrightarrow N_2CHCOOC_2H_5 + 2H_2O \tag{5-4}$$

$$N_2CHCOOC_2H_5 + H_2O \longrightarrow HOCH_2COOC_2H_5 + N_2 \tag{5-5}$$

EDA 在水相中合成时会同时发生水相分解反应，这使得整个反应体系有以下两个主要特点：第一，反应体系对时间、pH 等因素敏感。EDA 在合成时伴随着与溶剂水发生的分解副反应，EDA 作为这个串联反应体系的中间反应产物，其产率随反应时间的变化将呈现先升高后降低的趋势，产率对反应时间敏感。因此，在合成过程中需要对 pH、反应时间等条件因素进行控制，而在釜式反应器等常规反应器中对这种活泼反应产物的反应过程实现快速、有效的控制是困难的。第二，反应体系快速强放热，易引发安全问题。EDA 的合成及分解反应都是快速强放热的反应，Clark 等人的研究[23]发现，浓度为 0.69mol/kg 甘氨酸乙酯盐酸盐的水/甲苯（甲苯浓度为 30%，质量分数）溶液进行 EDA 合成反应时体系温升为 31℃。Clark 等在研究[24]中发现，浓度为 11%（质量分数）的 EDA 在甲苯溶液中的热分解反应可以带来 43～47℃的绝热温升，计算该反应热为 184.5kJ/mol。在较高温度下，EDA 的合成与分解反应速度将进一步加快，从而导致局部地区温度飞升，形成高温热点。同时，EDA 分解释放氮气，极容易使体系压力失控，甚至出现爆炸。基于以上原因，在工业生产中，EDA 的制备都是在釜式反应器中采用低温控温条件下的搅拌滴加结合原位萃取分离的生产工艺，如图 5-2 所示。这样做可以使这个易失控反应过程的反应速度降低，从而保证生产过程的安全可控。

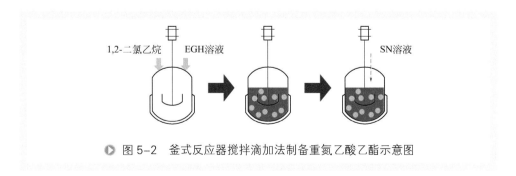

◉ 图 5-2　釜式反应器搅拌滴加法制备重氮乙酸乙酯示意图

可以看出，采用低温下缓慢滴加结合原位萃取分离的生产工艺，虽然可以达到减慢反应速度、安全可控的目标，但同时也为制备过程带来了反应温度低、时间长等问题。微反应器优异的传热性能有助于消除局部热点，保证反应均匀、安全、可控地进行；微反应器自身的本质安全性可以拓宽反应的安全操作窗口；微反应器对

混合的强化有助于精准及时地调控反应微环境和历程；这些优势为强化 EDA 合成反应过程提供了新的可能。

对于微反应过程的实施来说，反应动力学特征至关重要。EDA 水解的副反应动力较容易通过常规搅拌实验获得。假设 EDA 的水相分解反应按照一级反应动力学规律进行，反应动力学方程式如下：

$$\frac{\mathrm{d}c_{\mathrm{EDA}}}{\mathrm{d}t} = -k_{\mathrm{DR}}c_{\mathrm{EDA}} \tag{5-6}$$

式中，c_{EDA} 为 EDA 的浓度；k_{DR} 为 EDA 水相分解反应的反应速率常数。反应放热与反应物浓度变化之间的物理关系为：

$$q = H_{\mathrm{DR}}V\Delta c_{\mathrm{EDA}} \tag{5-7}$$

式中，H_{DR} 为 EDA 水相分解反应的反应热；V 为反应溶液体积；q 为反应过程所释放的热量。将式（5-7）等号左右两端对反应时间 t 进行微分：

$$H_{\mathrm{DR}}V\frac{\mathrm{d}c_{\mathrm{EDA}}}{\mathrm{d}t} = \frac{\mathrm{d}q}{\mathrm{d}t} = P \tag{5-8}$$

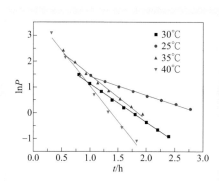

● 图 5-3　移热功率对数值 $\ln P$ 与时间 t 的对应关系［实验条件：EGH 溶液 pH=4.1，浓度 0.056%（质量分数）；SN 溶液 pH=4.1，浓度 0.014%（质量分数）］

P 为反应过程的释热功率，可由量热仪测量。在 EDA 水相分解反应遵循一级动力学反应规律的假设下，EDA 水相分解过程的释热功率数值随时间变化与 EDA 浓度随时间变化类似，也将遵循指数衰减的规律，即释热功率的对数值 $\ln P$ 与时间 t 将呈现线性关系，斜率即该温度下的一级动力学反应速率常数 k_{DR}。图 5-3 反映了不同反应温度下的 $\ln P$ 与时间 t 的对应关系。利用不同温度下回归得到的直线斜率，可以得到 EDA 水相分解反应的速率常数。

除了 EDA 水相分解反应的速率常数，反应热数据也十分关键，各个温度下回归得到的速率常数、EDA 水相分解反应热、EDA 合成反应热如表 5-1 所示。目前不同温度下回归得到的反应热数据存在偏差，最大偏差达 15%，偏差的出现是由于 EDA 水相分解反应过程与合成反应过程在时间维度上无法完全解耦。取 5 个温度下得到的反应热的平均值作为反应热测量结果，EDA 合成反应热 H_{SR} 及水相分解反应热 H_{DR} 分别为 210.2kJ/mol 与 92.4kJ/mol。

表5-1　不同温度下EDA水相分解反应速率常数及合成、分解反应热

温度/K	EDA分解反应速率常数 $k_{DR}/10^{-4}s^{-1}$	EDA水相分解反应热 H_{DR} /（kJ/mol）	EDA水相合成反应热 H_{SR} /（kJ/mol）
293.2	1.11	93.1	209
298.2	1.93	100	235
303.2	3.79	77.6	213
308.2	4.58	106	175
313.2	7.69	85.5	219

反应动力学常数与温度变化的关系经过公式变形得到：

$$\ln k = \ln A - \frac{E_a}{RT} \tag{5-9}$$

通过作图 $\ln k$-$1/T$，即可得到斜率 $-E_a/R$ 和截距 $\ln A$，从而求出反应活化能和指前因子。根据表5-1的数据，回归曲线如图5-4所示，得到的EDA水相分解反应活化能为72.5kJ/mol，指前因子为 $9.79 \times 10^8 s^{-1}$。水相分解的动力学方程为

$$r_{DR} = 9.79 \times 10^8 e^{\frac{72.5kJ/mol}{RT}} c_{EDA} (s^{-1}) \tag{5-10}$$

在了解副反应的动力学特征之后，通过微反应器研究主反应情况，实验装置如图5-5所示。采用绝热环境红外测量EDA合成微反应过程放热情况。将亚硝酸钠（SN）溶液和甘氨酸乙酯盐酸盐（EGH）溶液分别通过两个平流泵泵入到水浴中的预热管路（外径3mm，内径2mm，长2m，不锈钢）中进行预热（水浴控温30～50℃）。随后，管路进入真空绝热箱，在绝热环境中实现混合与反应。混合使用的微反应器内径为0.25mm，微反应器后接1.2m长的延时反应管路（外径1.6mm，内径1.0mm，不锈钢），在1.2m长的管路上，设置5个测温节点，第一个测温节点设置在微反应器后0.4m处，之后每隔0.2m设置一个测温节点。真空绝热箱的上壁有 CaF_2 透明玻璃窗口，窗口正上方安置有红外成像仪，可以实时监测真空绝热箱内反应延时管路的温度变化。实验时，真空绝热箱外接真空泵抽真空，真空绝热箱的压力表显示真空箱内压力为10kPa。反应过程中，待真空箱和流动系统均达到稳定后，读取在管路上标记的测温节点处的管壁表面的温度，如图5-5（b）所示。根据相关物理关系推导，可以将这些温升数据转化为反应转

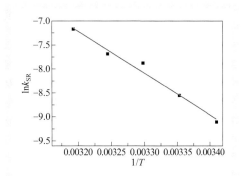

● 图5-4　水相分解反应速率常数与反应温度关系

化率数据，实现了对反应过程的实时在线监测。

反应过程中，SN 作为一种弱酸盐，可与水中的 H⁺ 结合形成亚硝酸，EGH 作为一种弱酸，可电离生成甘氨酸乙酯，甘氨酸乙酯的—NH₂ 基团与亚硝酸的—NO₂ 基团发生重氮化反应生成重氮基团，如图 5-6 所示，重氮化反应合成的 EDA 在水相环境不稳定，极易与溶剂水发生反应，生成乙醇酸乙酯。

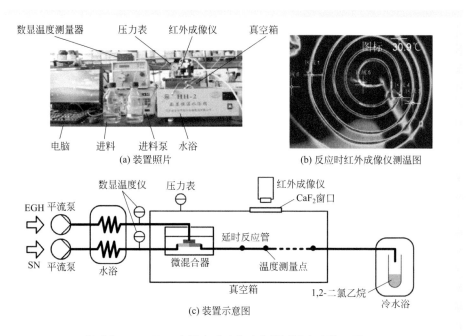

● 图 5-5　EDA 水相合成反应动力学测量实验装置图

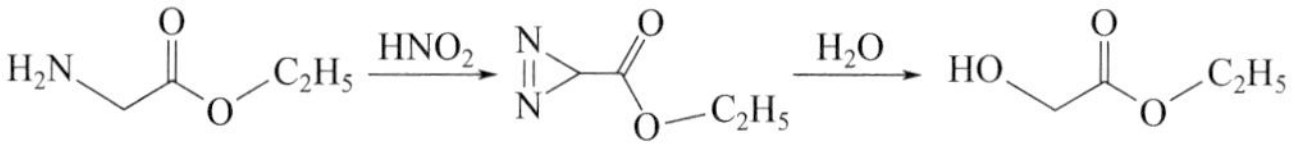

● 图 5-6　EDA 合成与水相分解的反应历程

在实验中发现当反应体系的 pH 值在 3 ~ 5 范围以外时，相同时间内 EDA 的产率明显变低，所以认为 H⁺ 浓度在 EDA 合成反应时起到重要作用。加入的 EGH 与 SN 会发生如下的反应过程：①EGH 与 SN 都会发生完全电离；②EGH 作为弱酸，可以部分电离出 H⁺，生成甘氨酸乙酯；③ SN 作为弱酸盐，可以发生水解反应，即部分与 H⁺ 结合，生成亚硝酸。

$$HCl \cdot NH_2CH_2COOC_2H_5 \longrightarrow Cl^- + NH_3^+CH_2COOC_2H_5 \qquad (5\text{-}11)$$

$$NaNO_2 \longrightarrow Na^+ + NO_2^- \qquad (5\text{-}12)$$

$$NH_3^+CH_2COOC_2H_5 \longrightarrow NH_2CH_2COOC_2H_5 + H^+ \qquad (5\text{-}13)$$

$$NaNO_2 + H^+ \longrightarrow HNO_2 + Na^+ \qquad (5\text{-}14)$$

对于整个反应体系，式（5-13）、式（5-14）两个电离平衡决定了真实参与反应的两种组分甘氨酸乙酯与亚硝酸的浓度，甘氨酸乙酯的浓度随 H^+ 浓度的提高而降低，亚硝酸的浓度随 H^+ 浓度的提高而提高。当 pH 过低时，EGH 电离形成甘氨酸乙酯的平衡被抑制，甘氨酸乙酯浓度过低，导致反应速率下降；当 pH 过高时，SN 水解形成亚硝酸的平衡被抑制，亚硝酸浓度过低，导致反应速率下降。

在实验中，测量动力学的延时反应管路内的停留时间只有 2.83s，根据已经得到的 EDA 水相分解反应动力学规律，可以计算得到 2.83s 的时间内 EDA 发生水相分解反应转化量极小。实验时造成绝热环境中温升的热量，全部都来源于 EDA 合成反应热，则反应转化率、反应放热量与温升数据之间，存在以下数量关系：

$$q = Xc_{SN,0}VH_{SR} = mc_p\Delta T \qquad (5\text{-}15)$$

式中，q 为反应放热量；X 表示不过量反应底物 SN 的转化率；$c_{SN,0}$ 为 SN 的初始浓度；H_{SR} 为 EDA 合成反应的反应热，根据之前量热实验计算得其值为 210.2kJ/mol；V 为反应溶液体积；m 为反应溶液质量；c_p 为反应溶液的比热容，其值约为 3.9kJ/（kg·K），ΔT 为红外成像仪测量的温升数据。将上式变形，可得

$$X = \frac{mc_p\Delta T}{c_{SN,0}VH_{SR}} = \frac{\rho c_p}{c_{SN,0}H_{SR}}\Delta T \qquad (5\text{-}16)$$

式中，ρ 为反应溶液密度，其值为 1050kg/m³。按式（5-16），即可从绝热温升数据 ΔT 计算得到 EDA 合成反应的转化率 X，进而构建动力学模型并对模型参数进行回归。

假设 EDA 合成反应对应 EGH 与 SN 两种反应底物的反应级数分别为 α 与 β，当 EDA 水相分解的副反应可被忽略时，有以下方程：

$$\frac{dc_{EDA}}{dt} = r_{SR} \qquad (5\text{-}17)$$

$$\frac{dX}{dt} = \frac{r_{SR}}{c_{SN,0}} = \frac{Ae^{-\frac{E_a}{RT}}}{c_{SN,0}}\left(\frac{K_1 c_{EGH,t}}{K_1 + 10^{-pH}}\right)^\alpha \left(\frac{10^{-pH}c_{SN,t}}{K_2 + 10^{-pH}}\right)^\beta \qquad (5\text{-}18)$$

这样，即可根据式（5-15）将温升数据转换为反应转化率，再根据式（5-18）的动力学形式回归模型参数。在实验条件下使用该模型计算得到的反应曲线与实验数据测量值符合度良好，如图 5-7 所示。根据得到的动力学模型，计算发现，在动力学实验的反应条件下，EDA 合成反应速度约为水相分解反应速度的 10^5 倍，所以计算时将水相分解反应忽略的假设是合理的。

合成 EDA 过程中，要实现充分的反应物转化，需要更长的反应时间，此时，反应速度会随着原料的消耗逐渐降低，EDA 水相分解副反应并非完全可以忽略，

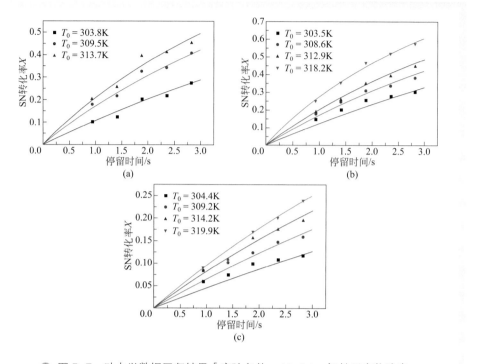

● 图5-7　动力学数据回归结果〔实验条件：pH=4.1，初始反应物浓度：

（a）$c_{SN,0}$=0.27mol/L，$c_{EGH,0}$=1.89mol/L；（b）$c_{SN,0}$=0.53mol/L，$c_{EGH,0}$=1.89mol/L；
（c）$c_{SN,0}$=0.53mol/L，$c_{EGH,0}$=0.94mol/L〕

所以，将 EDA 水相分解副反应的影响考虑在内，得到制备过程的动力学方程式为：

$$\frac{dc_{EDA}}{dt} = r_{SR} - r_{DR}$$

$$= 7.01 \times 10^9 e^{\frac{39.2kJ/mol}{RT}} \left(\frac{c_{H^+} c_{SN}}{K_1 + c_{H^+}} \right)^{1.3} \left(\frac{K_2 c_{EGH}}{K_2 + c_{H^+}} \right)^{1.0} - 9.79 \times 10^8 e^{\frac{72.5kJmol}{RT}} c_{EDA} (s^{-1}) \qquad (5\text{-}19)$$

生产过程中，EDA 的合成反应和水相分解反应都会快速放出大量的热量，在大规模生产时很难及时将反应产热及时从反应体系中移出，过程温度不断升高，所以，可以将整个生产过程简化为一个绝热反应过程，过程温度随着反应放热不断升高，温度的计算公式为

$$\frac{dT}{dt} = \frac{1}{\rho c_p} \left[-H_{SR} \frac{dc_{EGH}}{dt} - H_{DR} \frac{d(c_{EDA} - c_{EGH})}{dt} \right] \qquad (5\text{-}20)$$

使用上述微分方程式（5-19）、式（5-20）构建 EDA 合成反应过程的串联反应体系的耦合动力学模型。图5-8是一组计算结果的显示，输入的反应初值条件为pH=4.1，T_0=300K，$c_{SN,0}$=1.50mol/L，$c_{EGH,0}$=0.50mol/L（这样的初始浓度设计主要

是考虑到工业上EGH原料价格高于
SN，生产时往往采用EGH摩尔浓度
3倍的SN溶液，并在生产时对SN
溶液循环使用），计算时间范围为
0～60s（足够实现EGH的充分转
化）。可以看到，在停留时间为26s
时，反应达到最高产率，随后，受
到EDA分解反应的影响，反应产率
开始逐渐下降，而整个绝热过程温
升可以达到30℃左右。以不过量反
应底物EGH为基准，计算反应产率，
最高反应产率为94.8%。

此外，通过计算不同初始温度、
pH、进料浓度条件下的反应结果，
对比反应条件对反应结果的影响，

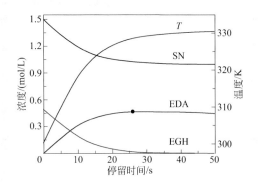

▶ 图5-8　动力学模型对反应过程组分浓
度及温度变化的计算预测曲线（实验条件：
pH=4.1，T_0=300K，$c_{SN,0}$=1.50mol/L，
$c_{EGH,0}$=0.50mol/L）

主要关注的指标为最大产率Y_{max}、达到Y_{max}的优化反应时间t_{opt}、0.95倍Y_{max}的操
作时间范围$t_{0.95}$，计算结果如表5-2所示。

表5-2　模型计算得到的不同初始条件的反应结果

序号	T_0/K	pH	$c_{EGH,0}$/(mol/L)	$c_{SN,0}$/(mol/L)	Y_{max}	t_{opt}/s	$t_{0.95}$/s
1	300	4.1	0.50	0.50	0.684	185	125～280
2	300	4.1	1.00	1.00	0.706	40	29～53
3	300	4.1	1.50	1.50	0.693	12	10～15
4	300	4.1	0.50	1.00	0.915	68	46～104
5	300	4.1	0.50	1.50	0.948	26	21～64
6	300	4.1	0.50	2.00	0.975	20	13～47
7	295	4.1	0.50	1.50	0.973	43	28～79
8	305	4.1	0.50	1.50	0.941	23	17～46
9	310	4.1	0.50	1.50	0.936	18	13～35
10	300	3.1	0.50	1.50	0.792	19	14～24
11	300	5.1	0.50	1.50	0.981	140	75～406

借助微反应器强化混合、安全可控的优势，在微反应器流动合成平台上，将工
业上在低温数小时滴加搅拌的反应过程实现流动化，在初始温度为室温且不必控温
的条件下，在26s内达到0.94产率。相比于传统方法需要低温控温、缓慢搅拌滴
加、小时级的反应过程，该工艺方法具有明显的优势。微反应工艺方法与传统生产
方法的对比如表5-3所示。

表 5-3　本工艺方法较传统方法优势

来源	工业 [25, 26]	文献 [27]	本方法
生产方式	搅拌滴加	搅拌滴加	流动
温度	<5℃，控温	<15℃，控温	常温，不控温
pH	3～5	3.5	4.1
时间	4h	1～3h	26s
产率	约0.9	0.89～0.92	0.94

二、二氯丙醇环化反应

环氧氯丙烷（ECH）是一种重要的化工中间体，用于有机化工原料和精细化工用品，属于丙烯衍生物产品。环氧氯丙烷的用途十分广泛，包括合成环氧树脂，合成甘油、氯醇橡胶，以及其他方面，包括作为溶剂、稳定剂、表面活性剂及水处理剂等应用。以环氧氯丙烷为原料制得的环氧树脂黏结性强、耐化学介质腐蚀、收缩率低、化学稳定性好，并且介电性能优异，在涂料、胶黏剂、增强材料、电子层压制品等行业具有广泛的应用。

目前工业上生产 ECH 的主要技术路线有 3 种，包括丙烯高温氯化法、醋酸丙烯酯法和甘油氯化法。这几种工艺虽然起始的原料和工艺不同，但是最后一步都需要经过一个相同的反应，即二氯丙醇环化生成环氧氯丙烷，如图 5-9 所示。

该反应为 1,3-DCP 与 2,3-DCP（同分异构体）的水溶液在碱性催化条件下，环化形成 ECH，脱除一分子 HCl。这个反应为液/液均相反应。存在如下的副反应，如图 5-10 所示。

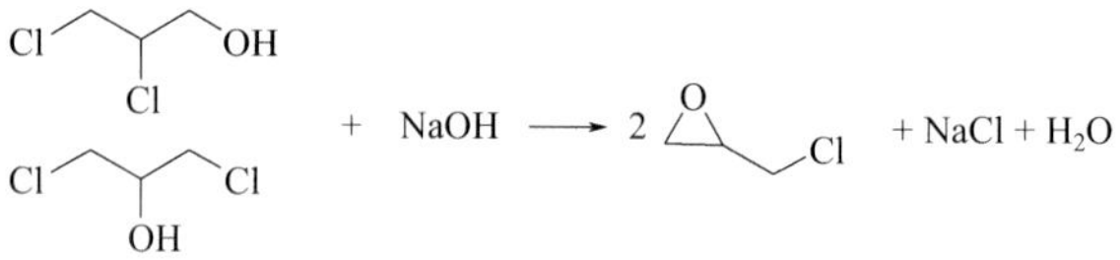

▶ 图 5-9　环化反应示意图

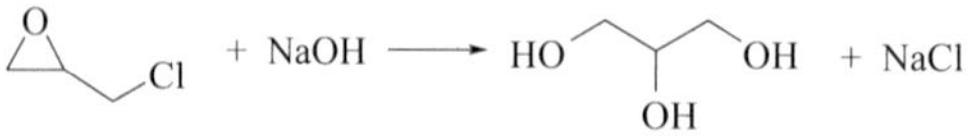

▶ 图 5-10　水解反应示意图

目标产物 ECH 在碱性催化条件下发生水解，生成副产物甘油。这一副反应导致 ECH 的收率降低。这是工业上这一步反应目前面临的主要问题，工业上环化反应中 ECH 的收率只有约 90%。

从科学研究的角度来讲，由于微反应器能够对反应的时间、温度进行更精确的控制，并能够实现毫秒级的反应物的混合，因此可以最大限度地消除传质对反应的影响。从工业生产的角度讲，微反应器可以对时间、温度等重要的参数进行精确的控制，并能够大幅度强化混合与传质，因此，其在工业上也具有生产应用的前景。

如图 5-11 所示，二氯丙醇水溶液与碱性物质分别通过两个平流泵注入微混合器中，经毫秒级的混合，在水浴中的盘管内进行反应；后面接入一个微混合器，通入缓冲盐溶液降低溶液的碱性，终止反应。后有 2 个出口，一是稳定时间的废液收集，一是在冰水浴中收集样品，进入后续分析。虽然工业上多采用 $Ca(OH)_2$ 悬浊液，考虑到 NaOH 溶液进料的方便性、其浓度随着反应的规律性变化以及与氯碱工业潜在的可循环性，该反应考虑先采用 NaOH 溶液为碱性物料；由于环氧氯丙烷在酸性或碱性条件下均会发生水解反应，在实验中，加入磷酸盐的缓冲溶液终止反应，将环化反应最终的 pH 维持在 7 ~ 9 之间；由于反应热很小，反应过程用热水浴控温，不需要其他的温度控制，由于管径非常小，可以实现快速传热，因此，可以通过水浴实现温度的控制。通过盘管长度和流量调节控制反应的停留时间。在实际操作中，通过 3 个平流泵精确控制 DCP、NaOH 和缓冲盐的流量；通过六通阀切换实现不同的盘管长度，从而改变停留时间。此外，在特定时间中止反应是一个重点。本实验中，通过缓冲盐与冰水浴共同作用，确保反应终止。

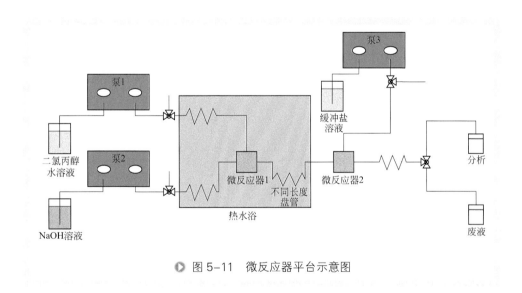

● 图 5-11　微反应器平台示意图

基于该实验装置对反应性能开展研究。由于主反应和副反应都以碱为反应物，因此，碱与 DCP 的物质的量之比，对主反应和副反应的速率有明显的影响。这一比例较高，有助于加快反应速率；如果这一比例过高，会加快副反应速率，使 ECH 的收率降低。因此，合理的碱与 DCP 的物质的量之比，是得到较高收率的一

个重要因素。从图 5-12 中可以得出以下结论：

（1）1,3-DCP 的反应速率快。在碱充足的情况下，2s 内 1,3-DCP 转化率接近100%；延长反应时间到 12s，转化率没有明显提高，说明 1,3-DCP 反应速率非常快。

（2）2s 内虽然反应的选择性略有下降，导致收率有所下降，但是在误差 3% 的范围内仍然可以接受，可以认为基本没有发生副反应。

温度对反应速率具有较大影响。由于主反应和副反应的活化能不同，通过调节温度，可尽可能地提高主反应的速率，而降低副反应的速率。从图 5-13 中看出，由于温度较低，反应速率较低；在其他条件下，1,3-DCP 主反应的反应速率都非常快，反应的转化率和选择性都维持在较高的水平，可见副反应并没有明显地加快。因此，可得出结论，50℃以上的温度范围内，主反应的速率都很快，而副反应即使在温度较高的情况下，其速率也远远小于主反应。将 2,3-DCP 的转化率与 1,3-DCP 的转化率对比，可发现 2,3-DCP 的反应速率明显慢于 1,3-DCP 的反应速率。2,3-DCP 的反应速率受温度的影响较大，温度升高，反应速率有明显的加快；在反应后期，2,3-DCP 的浓度降低，反应速率变慢，转化率没有明显地增加。

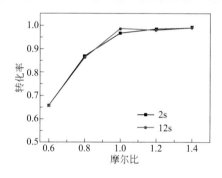

▶ 图 5-12　进料摩尔比与转化率的关系

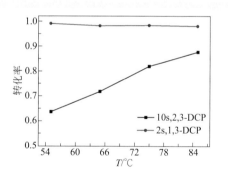

▶ 图 5-13　2,3-DCP 与 1,3-DCP
转化率对比图

三、丙烯酸聚合反应

聚丙烯酸等是十分重要的聚合物材料。丙烯酸聚合过程具有放热迅速、反应剧烈的特点，在常规工艺中一般使用釜式反应器进行反应，容易产生局部热点，得到的产物分子量分布宽，不容易调控。解决问题的关键在于提高反应体系的混合性能，强化传热和传质。微反应器与传统反应器相比，具有混合性能高、传递过程强化的优点。在微反应器中进行丙烯酸的自由基聚合可以有效地改善反应体系的混合效果，强化传递过程，避免局部热点的产生。同时，微反应器具有良好的安全性和可控性，非常适合进行此类强放热反应。丙烯酸的自由基聚合是典型的自由基聚合

反应。在微反应器中进行丙烯酸的自由基聚合有助于进一步了解微反应器内自由基聚合的现象和规律。

丙烯酸聚合反应的机理遵循自由基聚合反应的一般规律，由链引发、链增长、链终止等基元反应串、并联而成，如下所示[28]：

链引发

$$I \longrightarrow 2R \cdot \qquad\qquad (5\text{-}21)$$

$$R \cdot + M \longrightarrow RM \cdot \qquad\qquad (5\text{-}22)$$

链增长

$$RM_{n-1} \cdot + M \longrightarrow RM_n \qquad\qquad (5\text{-}23)$$

链终止

$$RM_n \cdot \longrightarrow 死聚合物 \qquad\qquad (5\text{-}24)$$

首先，引发剂 $K_2S_2O_8$（I）在加热条件下部分分解，产生初级自由基 $KSO_4 \cdot$（R·），初级自由基与单体发生加成反应，形成单体自由基 RM·，两步反应合称为链引发步骤；单体自由基持续与单体加成，使链不断增长，统称为链增长步骤；最后，活性链自身链终止成为死聚合物，为链终止步骤。链引发、链增长和链终止反应在自由基聚合过程中始终存在，但由于在不同时期各基元反应对总反应的贡献不同，使自由基聚合过程随时间变化呈现出不同的规律。

丙烯酸的自由基聚合反应具有慢引发、快增长和强放热的特点。在加热的条件下，过硫酸钾作为引发剂产生自由基引发丙烯酸单体链式聚合。在淬冷的条件下反应可以迅速终止。当单体、引发剂浓度或反应温度较低时，反应进行得很慢，反之则反应可能过于剧烈，不易控制。使用微反应装置对丙烯酸聚合过程进行动力学研究，选择合适的单体浓度、引发剂浓度和反应温度等条件，使聚合反应分别在恒温条件下以较快速度进行；通过改变管长控制停留时间，可以获得丙烯酸聚合反应的表观动力学数据。

在微反应器中，通过改变流量可以改变反应的停留时间，然而改变流量也会影响微混合器的混合性能。为了消除流量改变对于混合的影响，可以通过选择不同的管长来调节停留时间。图 5-14 给出了一个新型的可调节管长的微反应平台的示意图。该微反应平台由 5 个部分组成，包括一个混合段，用于预热和混合单体及引发剂溶液，两个可调节管长的反应段，一个用于完成反应的长管段，以及一个淬冷段，用于终止反应。每一部分都分别置于一段水浴中，前四段为热水浴，用于控制反应温度，而第五段为冷水浴，用于淬冷反应。

在混合段，单体和引发剂溶液经分别预热后，进入一个 T 形微混合器（316L 不锈钢材质，内径为 1mm）中混合。随后，混合溶液进入一段外径为 1.6mm、内径为 1mm、长为 5cm 的毛细管中，该段毛细管可以保证两股物料的充分混合。随

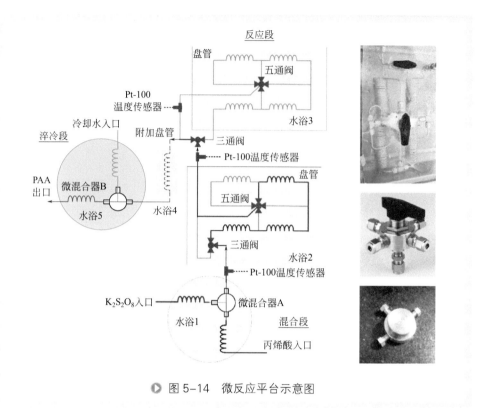

图 5-14 微反应平台示意图

后混合溶液进入外径为 3mm、内径为 2mm 的不锈钢管中继续反应。后续的不锈钢盘管置于热水浴中，水浴的温度可以从 80℃到 95℃之间调节。控制水浴的温度即可控制聚合反应的温度。淬冷段与混合段结构相似，冷却水经一段长为 2m、内径为 2mm 的盘管预冷后，在一个特征尺寸为 1mm 的 T 形微混合器中与反应混合溶液混合，随后进入到另一段长为 3m、内径为 2mm 的盘管中，反应迅速终止。反应段可以调节反应的停留时间。在水浴 2 和水浴 3 中，分别包括 4 段长度为 2m 和 3m 的不锈钢盘管，钢管内外径分别为 2mm 和 3mm。不锈钢盘管通过两个三通阀和两个五通阀连接，使得管道总长度可以通过调节阀门而改变。不锈钢管总长度为 22.2m，其中直管仅占 4% 左右。因此，可以认为反应完全在盘管中发生。水浴 4 中的附加段可以进一步延长管道，使得在高流量下的实验也能得到更长的停留时间下的结果。该段的管长为 16m，结合前面的阀门，可以得到更多的反应体积 $V_{10} \sim V_{14}$，如表 5-4 所示。附加段是用于证明反应物料在高的流速下得到了充分的混合。图中的加粗实线显示了 4 根盘管组装的情形。在每个水浴之间，还连有一个 Pt-100 温度传感器，用来测量反应液的温度。实测温度与水浴温度之间的差别在 0.5℃以内。所有的水浴锅外的管道、阀门和传感器都用 PVC 泡沫包覆，以减少热损失。

表5-4 微反应平台中的盘管体积

盘管体积（自第一个微混合器到第二个微混合器之间）/mL	V_1	V_2	V_3	V_4	V_5	V_6	V_7
	6.06	12.1	18.4	24.7	30.9	40.8	50.6
	V_8	V_9	V_{10}	V_{11}	V_{12}	V_{13}	V_{14}
	60.3	69.7	79.1	88.5	98.0	110.5	123.1

丙烯酸溶液和过硫酸钾溶液在第一个 T 形微混合器后的毛细管中能够实现充分混合。实验中的反应时间由管内体积和反应液的流速决定。Serra 等[29]发现，在盘管中的二次流能够保持反应液的浓度均一，而直管中没有二次流的影响。因此，可以认为反应装置停留时间就是反应时间。在微反应平台的最后，反应液与冷却水在第二个微混合器中混合，根据能量守恒，得到反应液的温度可以从 95℃降到 76℃；同时，管壁间的导热将使温度进一步降低，因此聚合反应在微混合器的下端迅速终止。出口端流体的温度实测在室温以下。

在微反应器中，受到被动混合机制的影响，混合性能多与流体流速有关。如果混合不充分，相同反应时间单体的转化率会随流速变化而变化，使得动力学测量不够准确。但另一方面，流速选择过大时，将消耗大量的原料；为了完成反应也需要更长的钢管。因此，混合性能和停留时间两者都需兼顾。因此可以先研究流速对于混合的影响。图 5-15 中显示了不同总流量下丙烯酸浓度随停留时间的变化关系。其中，总流量 $Q_T=Q_{AA}+Q_{KBS}$，停留时间 $t=V_i/Q_T$，$i=1\sim15$。每组结果都重复三次取平均值得到，并且每组结果的绝对偏差都小于 3%。从图中可以明显看到，在总流量为 20mL/min 时，聚合反应看起来进行得更"慢"。而当总流量达到 40mL/min［此时 T 形微混合器的下游内径为 1mm 的毛细管内的平均流速 $v=4Q_T/(\pi d_c^2)=0.85m/s$］，反应速率基本不随流量的进一步提高而提高了，这说

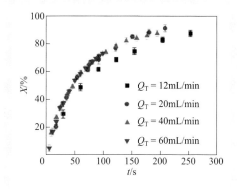

● 图 5-15 不同流量下丙烯酸转化率随停留时间的变化

实验条件：$[AA]_0=0.7mol/L$，$[KPS]_0=0.056mol/L$，$Q_{AA}:Q_{KBS}=3:1$，$T=95℃$，$Q_{CW}=10mL/min$

明此时反应不再受到混合的限制。在该流量下，丙烯酸的转化率在 0～80% 之间变化，而停留时间在 0～120s 之间变化。这足以用于建立动力学方程。在以上条件下，微反应平台的最大管内体积为 70mL，每次实验消耗的反应物料的总体积约 1.2L。

在研究了混合性能的影响后，选择流量为 40mL/min 的条件作为优化值，进而

开始研究反应的动力学。在 95℃ 下，过硫酸钾的半衰期为 12min，同时，空白滴定组的结果显示过硫酸钾在反应中的浓度变化小于 5%，因此，在微反应平台中过硫酸钾的分解可以忽略不计。图 5-16（a）显示了不同的初始丙烯酸浓度的条件下丙烯酸的转化率随停留时间的变化。如图所示，丙烯酸初始单体浓度越高，相同时间内丙烯酸的转化率越高。图 5-16（b）显示了聚合反应速率（$\lg R_p$）随停留时间的变化，进行线性拟合得到斜率为 1.41，即为反应中丙烯酸的反应级数。这与苯乙烯等自由基聚合反应中单体反应级数为 1 不一致。先前有研究认为，由于反应过程中丙烯酸的存在加速了引发剂的分解，丙烯酸自由基聚合的理论级数为 1.5 级。因此实验中测得的级数与本征的反应级数十分接近。

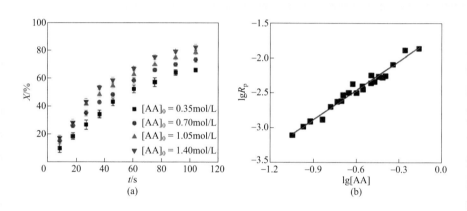

图 5-16　（a）不同丙烯酸初始浓度下丙烯酸转化率随停留时间的变化和（b）$\lg R_p$-$\lg[AA]$ 线性拟合曲线。实验条件：$[KPS]_0=0.056mol/L$，$Q_{AA}=30mL/min$，$Q_{KPS}=10mL/min$，$T=95℃$，$Q_{CW}=10mL/min$

　　根据以上的结果和分析，可以认为丙烯酸的反应级数为 1.5 级，并以此评估引发剂的反应级数。根据经典的自由基聚合机理，链引发为决速步。随着引发剂的浓度升高，聚合反应速率加快。由于反应过程中过硫酸钾的浓度基本不变，改变过硫酸钾的浓度可以十分容易地得到引发剂的反应级数。图 5-17 的结果显示，过硫酸钾的反应级数为 0.5 级，这也与文献中的结果相一致。

　　反应温度可以通过改变热水浴的温度而十分容易地改变。如图 5-18 所示，随着反应温度的提高，反应速率显著升高。快速反应往往伴随着大量的反应热迅速释放，在常规反应釜中可能会导致体系失控。而在微反应器中，即便在接近体系沸点的条件下，微反应平台都可以正常运行，并且不需要担心溶剂或者单体的汽化问题。在本实验中，最低的操作温度选在 80℃，这是因为在更低的温度下，反应速率过慢，反应的转化率不能达到 50%。如果要提高反应转化率，需要进一步延长反应管道的长度，而这不符合反应器微型化的思路。因此，实际上这一微反应平台更

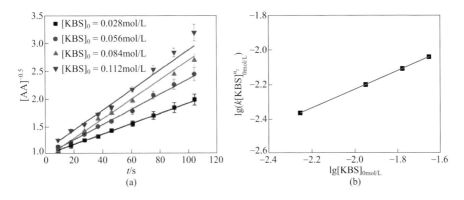

▶ 图 5-17 （a）不同引发剂初始浓度下丙烯酸浓度随停留时间的变化；

（b）$\lg[KPS]_{0mol/L} - \lg k[KPS]_{0mol/L}^{n_2}$ 线性拟合曲线

其他实验条件：$[AA]_0$=1.40mol/L，Q_{AA}=30mL/min，Q_{KPS}=10mL/min，T=95℃，Q_{CW}=10mL/min

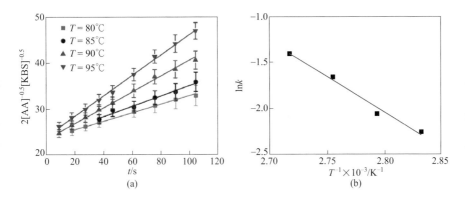

▶ 图 5-18 （a）不同温度下丙烯酸、过硫酸钾的浓度随停留时间变化；

（b）$\ln k - T^{-1}$ 线性拟合结果

其他实验条件：$[AA]_0$=0.70mol/L，$[KPS]_0$=0.056mol/L，Q_{AA}=30mL/min，

Q_{KPS}=10mL/min，Q_{CW}=10mL/min

适合用于测量较高温度下的快速聚合反应。根据不同温度下的动力学数据可以计算反应的活化能。

由阿伦尼乌斯方程可以得到反应的活化能为 67.4kJ/mol，指前因子为 8.0×10^8 L/(mol·s)。文献中报道的丙烯酸自由基聚合反应的活化能都在 40～98kJ/mol 之间，因此该结果亦在这一范围内。Lorber 等基于自由基聚合的机理，为反应活化能的变化提供了一些观点。Lorber 等 [30] 认为，随着聚合反应的进行，聚合物不断产生，体系黏度升高，聚合反应速率可能受到了扩散的控制。作为对前面分析的一个总结，可以整理出丙烯酸自由基聚合反应在如上的实验条件下的动力学方程可以表

示为:

$$-\frac{d[AA]}{dt} = 8.0 \times 10^8 \exp\left(\frac{6.74 \times 10^4}{RT}\right)[AA]^{15}[KPS]^{0.5} \qquad (5\text{-}25)$$

聚合物的分子量及分布对聚合物的性能有十分重要的影响。而反应过程中的条件控制对于聚合物的分子量及分布也有显著的影响。在微反应器中研究聚合物分子量的调控规律具有十分重要的意义。为了研究微反应器中聚丙烯酸的分子量调控规律，需要测量不同的反应时间等反应条件下得到的聚丙烯酸的分子量及分布。图5-19给出了适用于该体系的微反应平台的示意图。该微反应平台由3个部分组成，包括一个混合段，一个反应段，以及一个淬冷段，用于终止反应。混合段和反应段分别置于油浴中，而淬冷段则置于冷水浴中。

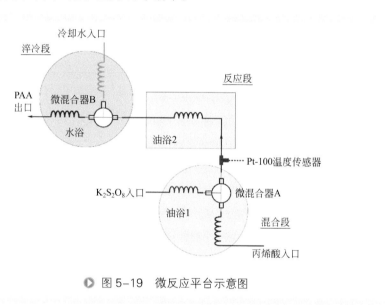

图5-19　微反应平台示意图

在混合段，单体和引发剂溶液经分别预热后，进入一个 T 形微混合器（316L不锈钢材质，内径为 0.5mm）中混合。随后，混合溶液进入一段外径为 1.6mm、内径为 1mm、长为 75cm 的毛细管中，该段毛细管可以保证两股物料的充分混合，同时完成部分反应。较细的管道还有利于反应初期，反应速率较快时体系的放热控制。随后混合溶液进入外径为 3mm、内径为 2mm 的不锈钢管中继续反应。后续的不锈钢盘管置于油浴中，油浴的温度可以从 80℃到 140℃之间调节。控制油浴的温度即可控制聚合反应的温度。淬冷段与混合段结构相似，冷却水经一段长为 2m、内径为 2mm 的盘管预冷后，在一个特征尺寸为 1mm 的 T 形微混合器中与反应混合溶液混合，随后进入到另一段长为 3m、内径为 2mm 的盘管中，反应迅速终止。反应段为一段不锈钢盘管，钢管内外径分别为 2mm 和 3mm。反应段可以十分方便地

替换，实验中分别选取了 1m，2m 和 4m 等三种长度的盘管，通过替换不同长度的盘管来改变停留时间。其对应的装置的总体积如表 5-5 所示。之所以这里不采用阀门组装管道调节停留时间，是因为在这一部分的实验中，反应温度有的在 100℃ 以上，此时阀门无法正常工作。在每个油浴（或水浴）之间的管道都由加热带、PVC 泡沫层层包裹，以避免热损失。

表 5-5　微反应平台中的盘管体积

盘管体积 /mL	V_1	V_2	V_3
	4.99	8.13	14.41

　　反应温度对于聚合物的分子量有显著的影响。升高温度，自由基聚合反应中的链引发、链增长和链终止的本征速率都受到影响，链终止反应还会出现由偶合终止到歧化终止的机理变化。同时，在较低的温度下，反应体系黏度很高，此时，链终止反应将受到扩散的控制，从而出现自动加速效应，使得聚合反应的分子量和分布无法调控。因此，需要对其进行细致的研究。通常情况下，过硫酸钾是一个中温引发剂，使用的温度在 100℃ 以内，并没有研究者研究过在 100℃ 以上的温度下过硫酸钾引发体系的丙烯酸聚合反应。然而，在中温下反应体系的黏度很大，容易造成管路堵塞。为了解决上面的问题，将反应温度进一步提高；为了防止水溶液在管路中汽化，还需要加压至 0.6 MPa。得到的聚丙烯酸摩尔质量及分布随着温度由 80℃ 到 140℃ 变化时的变化如表 5-6 所示。

表 5-6　聚丙烯酸摩尔质量及分布随反应温度的变化

[AA]$_0$/(mol/L)	[KPS]$_0$/(mol/L)	T/℃	M_n/(g/mol)	PDI
1	0.05	80	2.25×10^5	2.27
		100	1.29×10^5	3.93
		120	2.06×10^5	2.63
		140	1.07×10^5	2.59
1	0.15	80	1.59×10^5	3.64
		100	1.66×10^5	2.79
		120	2.04×10^5	2.56
		140	8.87×10^4	2.47
2	0.05	80	1.59×10^5	3.64
		100	5.94×10^4	4.23
		120	2.87×10^5	2.96
		140	1.05×10^5	2.98
2	0.15	80	1.74×10^5	7.05
		100	9.96×10^4	4.19
		120	1.99×10^5	2.72
		140	1.01×10^5	3.00

[AA]$_0$/(mol/L)	[KPS]$_0$/(mol/L)	T/℃	M_n/(g/mol)	PDI
3	0.05	80	1.15×10^5	3.27
		100	1.30×10^5	4.03
		120	1.66×10^5	3.09
		140	1.36×10^5	2.36
3	0.15	100	8.61×10^4	5.07
		120	1.33×10^5	3.28
		140	1.37×10^5	2.72

实验结果表明在高温下（>120℃）得到的聚丙烯酸的分子量分布更窄，而中温范围内（80～120℃）得到的聚丙烯酸分子量分布普遍较宽。其中的一个原因是，在高温下，反应主要以歧化终止的机理终止。而根据经典的自由基聚合理论，歧化终止得到的聚合物的分子量分布更窄。

另一方面，分子量随着温度变化并不呈现线性变化，而是在120℃时出现了一个极大值，这与文献中的规律不一致。分析动力学链长的表达式：

$$v = \frac{k_p}{2(fk_d k_t)^{1/2}} \times \frac{[M]}{[I]} \tag{5-26}$$

在一般的讨论中，常不考虑引发剂效率 f 的影响，因此根据经典的理论，温度升高时，聚合度降低，即分子量减小。而在本部分中所使用的体系中，过硫酸钾是一个中温引发剂，在高温条件下（120℃以上），过硫酸钾的半衰期只有数秒，此时其将剧烈分解。在这一条件下，引发剂的效率也将显著降低，从而导致分子量维持不变甚至升高的现象发生。总的来说，这一部分的结果说明在高温下进行丙烯酸的自由基聚合反应有一定的优势。

第二节　气/液非均相微反应

在气/液非均相反应过程中，由于待反应气体在液相中的溶解度通常较低，而大部分反应为快速反应，因此反应通常发生在气/液界面处的液膜中，以气相在液膜中的传质过程为决速步骤。因此，强化气/液传质过程可以有效地强化气/液非均相反应过程。由于气/液微分散体系具有良好的传质性能，研究者们将其应用于气/液非均相反应过程中，如图5-20所示。本节将针对典型的气/液吸收反应过程进行介绍，使读者较为深入地了解气/液微反应过程。

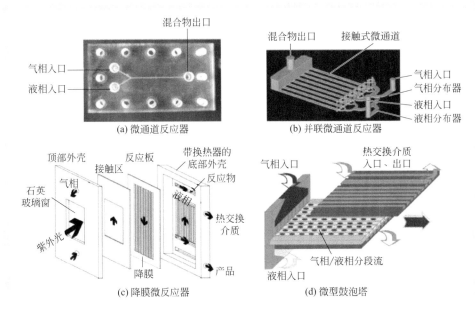

图 5-20 用于气/液非均相反应的微反应器[31]

（a）微通道反应器
混合物出口
气相入口
液相入口

（b）并联微通道反应器
混合物出口　接触式微通道
气相入口
气相分布器
液相入口
液相分布器

（c）降膜微反应器
顶部外壳
接触区
反应板
带换热器的底部外壳
石英玻璃窗
气相
紫外光
降膜
液相
反应物
热交换介质
产品

（d）微型鼓泡塔
热交换介质入口、出口
气相入口
气相/液相分段流
液相入口

一、CO_2 吸收反应

CO_2 的捕集和储存（CCS）成为近年来全球性的工程热点问题。化学吸收法普遍被认为是最有希望率先实现大规模工业化应用的 CO_2 捕集技术。自 20 世纪 30 年代起[32]，将单乙醇胺（MEA）的水溶液应用于大型工业装置排放 CO_2 的吸收因体系价格低廉、吸收速率高、脱除率高（尤其在低 CO_2 分压下）等优点开始引起研究者的广泛关注和研究[33,34]。然而，基于此吸收体系的 CO_2 吸收/解吸工艺受制于高能耗，使得单位 CO_2 的捕集成本高居不下，严重制约了工艺的大规模推广。一方面，MEA 的水溶液吸收 CO_2 的吸收热为 88kJ/mol CO_2，较强的化学相互作用决定了解吸需要较高的温度以及输入更多的能量；另一方面，在解吸的条件下（120℃），溶剂水的蒸发带来可观的汽化潜热损失，通过模拟计算，每解吸 1mol CO_2 需要蒸发掉 2.1mol H_2O[35]，水的汽化潜热为 44kJ/mol，每解吸出 1mol CO_2 需要额外提供 92.4kJ 能量。为解决能耗高的问题，亟待发展新型 CO_2 吸收体系。

一种降低能耗的方法是寻求性能更加优异的有机胺降低吸收过程化学反应热。Sartori 和 Savage 提出以 2- 氨基 -2- 甲基 -1- 丙醇（AMP）为代表的一类具有空间位阻效应的有机胺应用于 CO_2 吸收[36]。Yamada 等人[37]采用密度泛函理论模拟了 CO_2 在 AMP 水溶液中的吸收热，Arcis 等人[38]采用量热的方法实验测定了 CO_2 在 AMP 水溶液中的吸收热。结果表明：相比 MEA，AMP 水溶液中 CO_2 吸收热有显著降低。从分子结构出发的理论分析表明，AMP 在氨基碳上增加了甲基，空间位

阻效应使得 CO_2 与氨基之间的相互作用得以减弱，从而降低了化学反应热[39]。

另一种降低能耗的方法是寻求新的具有低挥发性的溶剂替代水，从而降低溶剂蒸发带来的潜热损失。本书作者研究了 MEA 的二缩三乙二醇（TEG）溶液吸收 CO_2 的性能，结果表明 TEG 作为溶剂可以有效降低溶剂挥发，减少高温解吸条件下 AMP 的损失，降低能耗[40]。在第四章中，我们介绍了基于微筛孔和微滤膜的微分散设备内气/液微分散体系的形成机制和大规模气泡群的可控制备的方法。同时，研究表明该气/液微分散体系有着优异的传质、传热性能，可以实现过程的强化。在此基础之上，本节介绍以 AMP 的甘醇溶液作为对象开展吸收 CO_2 性能的研究，对于新体系内的物理吸收、化学吸收机理进行深入探讨，建立预测吸收平衡、热力学性能的数学模型。

选择 CO_2 和 N_2 的混合气体作为气相；AMP 作为 CO_2 化学吸收剂，乙二醇（EG）、一缩二乙二醇（DEG）、二缩三乙二醇（TEG）分别作为溶剂，配制了不同浓度 AMP 的混合吸收溶液。采用基于微滤膜分散的微流控设备快速测定 CO_2 在不同溶液中的溶解度，实验装置如图 5-21 所示。一台平流泵用来将液体输送至膜分散混合器；两台气体质量流量计分别用来输送纯 CO_2 和 N_2，两股气体在水浴内的盘管中接触并充分混合。一台恒温水浴箱用来控制整个反应过程的温度。一个限压阀用来控制整个反应过程的压力。气/液两相在膜分散混合器内接触并发生吸收反应，混合体系在延时盘管内停留充足的时间以保证吸收达到平衡，之后在相分离器内发生气/液分离。使用气相色谱在线分析平衡气相中 CO_2 和 N_2 的组分，分析误差在 0.5% 以内。

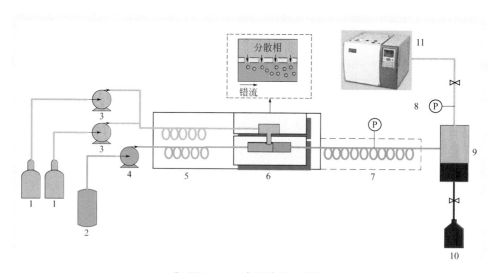

◉ 图 5-21　实验装置示意图

1—气瓶；2—液罐；3—质量流量计；4—平流泵；5—恒温水浴；6—微滤膜分散混合器；7—延时盘管和水浴；8—压力表和备压阀；9—气/液相分离器；10—液体样品储罐；11—在线气相色谱

N_2 作为惰性气体，其不与 AMP 发生化学反应；同时其在 EG、DEG 以及 TEG 溶剂中溶解度远小于 CO_2，因而被选为载气，假定 N_2 在吸收过程中物质的量不发生变化。根据混合气体初始和吸收后的组成变化可以计算出 CO_2 被吸收的量。

$$\Delta Q_{CO_2} = Q_{CO_2,0} + Q_{N_2} - Q_{N_2} / x_{N_2} \qquad (5-27)$$

ΔQ_{CO_2} 表示 CO_2 溶解总量，mol/min；$Q_{CO_2,0}$ 表示 CO_2 初始流量，mol/min；Q_{N_2} 表示 N_2 流量，mol/min；x_{N_2} 表示吸收后 N_2 摩尔分数。EG、DEG 及 TEG 在常温常压下的蒸气压可以忽略不计，因此 CO_2 的分压可以计算如下：

$$p_{CO_2} = p(1 - x_{N_2}) \qquad (5-28)$$

p_{CO_2} 表示 CO_2 分压，kPa；p 表示气体总压，通过压力表测量，kPa。对于不同的实验条件，需要通过调节延时盘管的长度以改变停留时间，从而保证吸收过程有足够的时间达到气／液平衡。

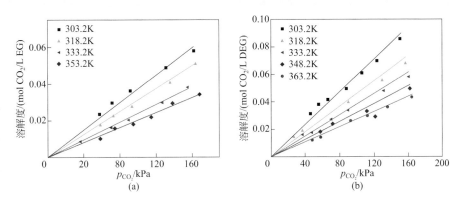

▶ 图 5-22　（a）EG 中 CO_2 溶解度；（b）DEG 中 CO_2 溶解度

　　首先，通过微反应装置测定了纯 EG 以及 DEG 溶剂中 CO_2 的溶解度，并结合文献中相应的 CO_2 溶解度数据作了比较 [41, 42]，如图 5-22 所示。CO_2 的溶解度随着其在气相中的分压的增大呈现线性增大的规律，符合亨利定律的形式。同时随着温度的升高溶解度逐渐降低。实验测得的 CO_2 溶解度与其他文献相比符合良好，这也证明了实验装置及方法的可靠性。

　　图 5-23 表示的是以亨利系数形式对 H_2O、EG、DEG、TEG 不同溶剂中 CO_2 溶解度的比较。在这几种溶剂中，

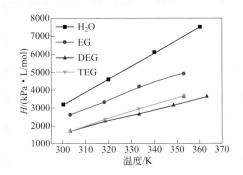

▶ 图 5-23　不同溶剂内 CO_2 溶解度比较

DEG 和 TEG 对 CO_2 的物理吸收容量最大，水最小。物理溶解度的增大有助于促进液相中的化学吸收。

不同 AMP 浓度、温度、CO_2 分压下 CO_2 在 AMP/EG 溶液中的溶解度如图 5-24 所示。在相同的 AMP 浓度下，CO_2 负载量随着温度的降低而增大，随着气相 CO_2 分压的升高而增大。同时随着 AMP 浓度的增大，溶解度显著增大。

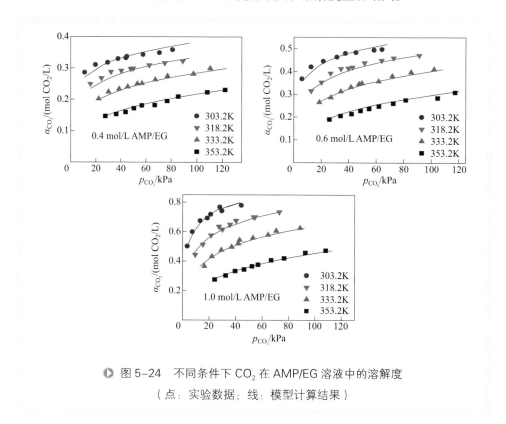

● 图 5-24   不同条件下 CO_2 在 AMP/EG 溶液中的溶解度

（点：实验数据；线：模型计算结果）

反应平衡常数 K_{exp} 可以由实验数据计算得到。对于 AMP 浓度在 0.4 ～ 1.0mol/L 的 AMP/EG 体系，CO_2 的总吸收量为 EG 物理吸收的 CO_2 以及化学吸收的 CO_2 两部分之和。各部分的浓度由以下公式得到：

$$[CO_2(l)] = \frac{p_{CO_2}}{H}\left(1 - c_{AMP,0}\frac{M_{AMP}}{\rho_{AMP}}\right) \tag{5-29}$$

$$[RNHCOO^-] = [BH^+] = c_{CO_2} - [CO_2(l)] = [B]_0 - [B] \tag{5-30}$$

$$[RNH_2] = c_{AMP,0} - [RNHCOO^-] \tag{5-31}$$

由此根据式（5-29）得到 K_{exp} 的表达式：

$$K_{\mathrm{exp}} = \frac{\left[c_{\mathrm{CO_2}} - \dfrac{p_{\mathrm{CO_2,exp}}}{H}\left(1 - c_{\mathrm{AMP,0}}\dfrac{M_{\mathrm{AMP}}}{\rho_{\mathrm{AMP}}}\right)\right]^2}{p_{\mathrm{CO_2,exp}}\left[c_{\mathrm{AMP,0}} - c_{\mathrm{CO_2}} + \dfrac{p_{\mathrm{CO_2,exp}}}{H}\left(1 - c_{\mathrm{AMP,0}}\dfrac{M_{\mathrm{AMP}}}{\rho_{\mathrm{AMP}}}\right)\right][\mathrm{B}]} \qquad (5\text{-}32)$$

$c_{\mathrm{CO_2}}$ 表示溶液中总的 CO_2 溶解度，mol/L；$[\mathrm{B}]_0$ 表示初始 EG 浓度，mol/L；$[\mathrm{B}]$ 表示溶液中 EG 的浓度，mol/L。由上述表达式，考虑物理和化学吸收两种作用，可以计算出在任意温度、CO_2 分压和 AMP 浓度下 CO_2 的溶解度。实验值（点）与模型拟合值（线）比较结果如图 5-24，两者符合良好。

进一步，使用 Gibbs-Helmholtz 关系式，可以对 CO_2 在 AMP-EG 体系内的吸收热进行预测：

$$\left[\frac{\partial}{\partial T}\left(\frac{\Delta G}{T}\right)\right]_p = -\frac{\Delta H}{T^2} \qquad (5\text{-}33)$$

$$\Delta H_{\mathrm{CO_2}} = R\left(-9543 + 819200\frac{\theta}{T}\right) \qquad (5\text{-}34)$$

将式（5-34）计算出的 CO_2/AMP/EG 体系的吸收热与 Park 等人[43] 提出的关系式计算得到的 CO_2/AMP/H_2O 体系的吸收热以及 Arcis 等人[38] 实验测量的 CO_2/AMP/H_2O 体系的吸收热做比较，如图 5-25 所示。实验和模型计算结果均表明单位摩尔 CO_2 的吸收热随着 CO_2 负载量的提高而降低。同时 CO_2/AMP/EG 体系的吸收热较 CO_2/AMP/H_2O 体系的吸收热有所降低。

采用同样的方法，测定了 AMP/DEG 溶液内不同温度、AMP 浓度、CO_2 分压

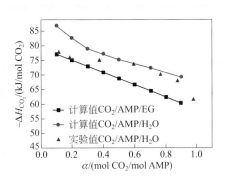

> 图 5-25　不同体系下 CO_2 吸收热实验值及理论值比较

下 CO_2 的溶解度，如图 5-26 所示。在该体系中，CO_2 负载量随着温度和气相 CO_2 分压的提高而增大，同时随 AMP 浓度的改变而显著变化。与 MEA 水溶液相比，CO_2 在 AMP/DEG 中的溶解度不只对于温度的变化敏感，也对气相分压的变化很敏感，表现为同时受物理吸收和化学吸收控制的特点。在高温、低 AMP 浓度的条件下，物理吸收对吸收过程影响显著，在低温、高 AMP 浓度条件下，化学吸收的占据主导。相比 MEA 水溶液，AMP 与 CO_2 之间的化学反应较弱，而甘醇对 CO_2 的物理吸收能力较强。

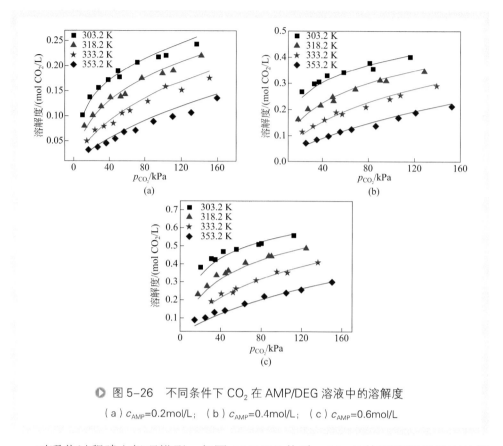

图 5-26　不同条件下 CO_2 在 AMP/DEG 溶液中的溶解度

（a）c_{AMP}=0.2mol/L；（b）c_{AMP}=0.4mol/L；（c）c_{AMP}=0.6mol/L

对吸收过程建立机理模型，如同 **AMP/EG** 体系，CO_2 的物理溶解是反应的第一步。溶解在液相的 CO_2 与 **AMP** 反应生成氨基甲酸酯，进而由 **DEG** 分子作为质子受体进攻产生氨基甲酸盐和质子化的 **DEG**。然而通过对实验结果的深入分析发现对于 **DEG** 的脱质子过程并不完全，体现出部分脱质子的特征。这是由于 **DEG** 分子量较大，夺质子能力有限。根据之前的定义，可以根据质量守恒进一步得到如下表达式：

$$\Delta c_{CO_2} = [RNH_2^+COO^-]+[RNHCOO^-] \tag{5-35}$$

$$[RNH_2^+COO^-] = K_1[CO_2(l)][RNH_2] \tag{5-36}$$

$$[RNHCOO^-] = \sqrt{K_1 K_2 [CO_2(l)][RNH_2][DEG]} \tag{5-37}$$

根据式（5-35）～式（5-37）可以得到如下关系式：

$$\Delta c_{CO_2} = K_1[CO_2(l)][RNH_2]+\sqrt{K_1 K_2 [DEG]}\sqrt{[CO_2(l)][RNH_2]} \tag{5-38}$$

利用实验数据得到 K_1 和 K_2 拟合值，结果列于表 5-7。

采用拟合得到的 K_1 和 K_2 结合式（5-38）可以计算在不同 AMP 浓度、温度及 CO_2 分压下的 CO_2 溶解度。实验值与模型计算值的比较如图 5-26，两者符合良好。

表 5-7　CO₂/AMP/DEG 多元线性拟合结果

T/K	截距	$K_1/(\text{L/mol})$	$\sqrt{K_1 K_2[\text{DEG}]}$	r^2
303.2	0.00	68.8	2.24	—
318.2	0.00	41.4	1.32	0.9843
333.2	0.00	26.4	0.629	0.9816
353.2	0.00	15.3	0.364	0.9673

进而通过气/液平衡关系给出反应热的预测式。Gibbs-Helmholtz 关系式如下：

$$\left[\frac{\partial}{\partial T}\left(\frac{\Delta G}{T}\right)\right]_p = -\frac{\Delta H}{T^2} \tag{5-39}$$

溶液中平衡常数 K 与体系压力无关，该式可以表达如下：

$$\frac{\mathrm{d}(\ln K)}{\mathrm{d}\left(-\dfrac{1}{T}\right)} = \frac{\Delta H}{R} \tag{5-40}$$

分别将式（5-40）用于 CO_2 的物理溶解、生成氨基甲酸酯以及脱质子反应中，得到分步的反应热如图 5-27 所示。

图 5-27（a）得到 $\Delta H = -11.82\text{kJ}/\text{mol}\ CO_2$；图 5-27（b）得到 $\Delta H_1 = -26.74\text{kJ}/$

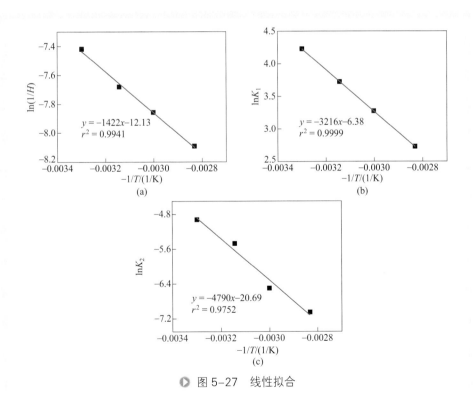

◉ 图 5-27　线性拟合

mol CO_2；图 5-27（c）得到 $\Delta H_2 = -39.83kJ/mol\ CO_2$。

H 和 K_1 步骤反应对于每摩尔的 CO_2 均发生，而 K_2 步骤反应部分发生，由此可以给出总吸收热的表达式：

$$\Delta H_{overall} = \Delta H + \Delta H_1 + \frac{\left[\text{NHCOO}^-\right]}{\Delta c_{CO_2}}\Delta H_2 \qquad (5\text{-}41)$$

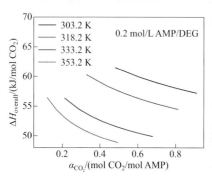

图 5-28 AMP/DEG 体系吸收 CO_2 反应热预测值

利用式（5-41）可以对吸收过程的反应热进行预测，以单位 AMP 负载 CO_2 为依据，将计算结果总结于图 5-28。在不同温度和负载量下，单位摩尔 CO_2 吸收热在 50～65kJ 范围内。

CO_2 吸收 / 解吸过程的能耗是核心问题，而解吸能耗很大程度上体现在克服 CO_2 吸收过程中的溶解热和反应热。测定并分析 AMP/ 甘醇吸收体系内 CO_2 吸收热对于低能耗新体系的开发具有重要意义。基于气 / 液微分散强化传质、传热过程的思想，设计了一套快速测量气 / 液非均相体系反应热的装置并建立了准确可靠的分析方法，进而对新体系的吸收热进行了系统的测定。实验装置示意图如图 5-29 所示。基于微流控设备的流动量热仪由四个部分组成：进样系统、微混合系统、量热系统和 CO_2 浓度分析系统。量热系统包含一台液相进样平流泵和两台气相进样质量流量计。它们分别将液相溶液、N_2 和

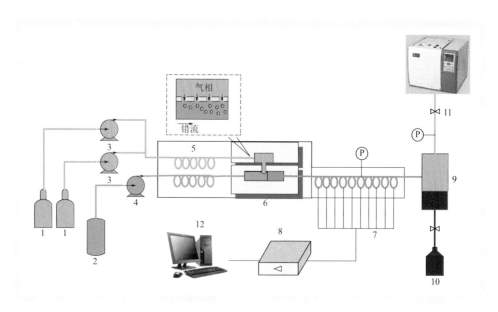

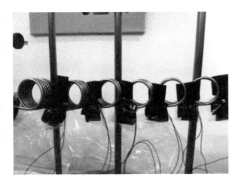

图 5-29　实验装置示意图

1—气瓶；2—液罐；3—质量流量计；4—平流泵；5—恒温水浴；6—微滤膜分散混合器；
7—测温管和热电偶；8—放大器和信号转换系统；9—气/液相分离器；10—液相样品储罐；
11—在线气相色谱；12—计算机数据处理终端

CO_2 混合气输送进入微混合器。微混合器基于微滤膜分散设计，分散介质采用平均孔径 $5\mu m$ 的金属烧结膜。温度测量系统主部件是外围包裹了绝热棉的不锈钢毛细圆管，以提供足以达到传质、传热平衡的停留时间。在测温管上等间距排列着 10

个接触式温度传感器，为了消除临近传感器之前的相互影响，每个传感器由绝热棉包裹隔绝。每一个传感器连接一个信号放大器来提高温度信号的解析度。之后连接到转换器中将温度信号转换为电压信号，经过测温管后的气/液混合流体进入相分离室分相，取气相部分进入在线色谱测定剩余 CO_2 浓度，进而得到 CO_2 吸收负载量。

温度传感器在封装之前需要进行标定。所有传感器被浸没在装有高精度温度计的水浴内，通过改变水浴温度记录电压信号的变化。实际温度与电压信号之间呈线性

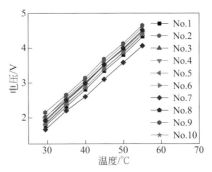

图 5-30　传感器的温度 –
电压标定

关系，如图 5-30 所示。所有的温度传感器温度 - 电压拟合相关系数均高于 0.9998。

尽管实验保持在绝热条件下进行，在较高的实验温度与环境温度差之下仍然存在热损耗。通过不带有反应的空白体系实验可以定量表征热损耗，实验环境温度维持在 298K。图 5-31 表示的是沿测温管内流动方向上的热损耗，温度传感器自测温管入口至出口方向依次按 1 ~ 10 编号。热损耗随着流体温度的升高和流动距离的增大而增大，然而在实验条件下仍然可以控制在较低水平。通过传热平衡关系式可以计算出不同位置的热损耗：

$$Q_{loss} = K\Delta T_m = K\frac{(T_{in}-T_0)-(T_i-T_0)}{\ln\left[(T_{in}-T_0)/(T_i-T_0)\right]} \tag{5-42}$$

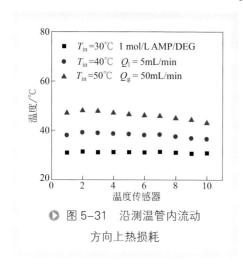

图中图例：
- $T_{in}=30℃$　1 mol/L AMP/DEG
- $T_{in}=40℃$　$Q_l=5mL/min$
- $T_{in}=50℃$　$Q_g=50mL/min$

纵轴：温度/℃　横轴：温度传感器

◉ 图5-31　沿测温管内流动方向上热损耗

式中，Q_{loss} 表示体系的热损耗，W；K 表示传热系数，W/K；ΔT_m 表示体系温度和环境温度之间对数平均差值，K；T_{in} 表示入口处流体的温度，由于液体的热容远大于气体的热容，采用液相入口处的温度表示 T_{in}；T_i 表示第 i 个温度传感器的温度示数，K；T_0 表示环境温度，K。利用空白体系的实验数据，可以拟合得到在不同实验体系温度下，入口与每一个传感器之间的热损耗。随着环境温度和实验体系温度之差的增大，热损耗呈线性上升。根据式（5-40）通过拟合斜率得到体系的对流传质系数 K。利用这些参数可以对每一个温度传感器处的热损耗计算，并修正量热结果。

总的热量升高可以由流体的热容和测得的温度升高值计算：

$$\Delta H_i = (M_g c_{p_g} + M_{sol}c_{p_{sol}})(T_i - T_i') \tag{5-43}$$

式中，ΔH_i 表示第 i 个温度传感器处热量的升高，W；M_g 表示混合气体的质量流速，g/s；M_{sol} 表示溶液的质量流速，g/s；c_{p_g} 表示混合气体的比热容，J/(g·K)；$c_{p_{sol}}$ 表示溶液的比热容，J/(g·K)。

通过将热量升高和热量损耗结合考虑，可以计算得到吸收反应放出的总热量。吸收放出的总热量一方面将体系升温，另一方面以热损耗的形式散发。将总吸收热除以通过气相色谱测量并计算得到的 CO_2 负载量，可以得到单位 CO_2 吸收热（kJ/mol CO_2）：

$$\Delta H_{abs} = -\frac{\Delta Q_{loss} + \Delta H}{n_{CO_2}} = -\frac{\left(Q_{loss}-Q'_{loss}\right)+\Delta H}{n_{CO_2}} \tag{5-44}$$

实验首先以 AMP 的水溶液作为标准体系测量了 CO_2 在其中的吸收热。使用了过量的 AMP 以保证几乎所有的 CO_2 均被吸收。吸收热可以由式（5-42）～式（5-44）计算得到。参考温度（T_i'）与最终温度（T_i）之间的温升（ΔT）随着停留时间的增加而增加，在一定时间之后达到恒定，如图5-32所示。这表示 CO_2 在足够的反应时间内达到吸收平衡。在此基础之上，吸收热可以由最终平台温升 ΔT 计算得到。同时可以发现随着温度和 AMP 浓度的提高，达到平衡所需的时间也显著缩短。然而，温度和 AMP 浓度变化对平衡温升 ΔT 的影响很小。CO_2 在 AMP 水

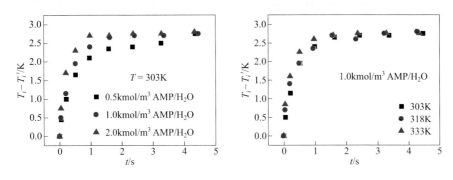

● 图 5-32　$CO_2/AMP/H_2O$ 体系温升随停留时间变化

溶液中的吸收热在 CO_2 负载量 $0.08 \sim 0.32mol\ CO_2/mol\ AMP$ 范围内计算值为（73.4 ± 2.3）$kJ/mol\ CO_2$，这一结果与 Posey 等人[44] 以及 Arcis 等人得到的结果符合良好，这也证实了实验装置和方法的可靠性。

　　测量了不同温度和 AMP 浓度条件下 AMP/EG 体系内 CO_2 吸收热。温度变化对吸收热的影响不显著，Murrieta-Guevara 等人[45] 同样发现吸收热在一定温度区间内与温度不相关。而随着 AMP 浓度的提高、CO_2 负载量的降低，CO_2 的吸收热逐渐升高。随着 CO_2 负载量从 $0.08mol\ CO_2/mol\ AMP$ 提高至 $0.32mol\ CO_2/mol\ AMP$，该体系内 CO_2 的吸收热从 $70.9kJ/mol\ CO_2$ 下降至 $66.6kJ/mol\ CO_2$。AMP/EG 体系相同条件下吸收热低于 AMP/H_2O，一方面因为氨基甲酸酯脱质子反应的差异；另一方面在水溶液中氨基甲酸盐进一步生成碳酸氢根，也会影响吸收热。由 CO_2/MP/EG 体系气/液平衡关系推导出吸收热的表达式如下：

$$\Delta H_{abs} = R\left(-9.543 + 819.2\frac{\alpha}{T}\right) \tag{5-45}$$

式中，α 表示 CO_2 负载量，$mol\ CO_2/mol\ AMP$。

　　接下来测量了不同温度和 AMP 浓度条件下 AMP/DEG 体系内 CO_2 吸收热。为了研究 CO_2 负载量对于吸收热的影响，测定了平衡时 CO_2 剩余浓度以计算负载量。该体系内 CO_2 的吸收热在 CO_2 负载量低于 $0.3mol\ CO_2/mol\ AMP$ 时约为 $68.0kJ/mol\ CO_2$，当 CO_2 负载量大于 $0.3mol\ CO_2/mol\ AMP$ 时吸收热随负载量的提高显著降低。该吸收热低于相同条件下 AMP/EG 体系内 CO_2 吸收热，这主要归结于 DEG 溶剂中脱质子化反应不完全。之前讨论了 CO_2/AMP/DEG 体系气/液平衡机理，并建立了预测反应热的表达式：

$$\Delta H_{overall} = -\left(38.56 + \frac{[\mathrm{NHCOO^-}]}{\Delta c_{CO_2}} \times 39.83\right)(kJ\ /\ mol\ CO_2) \tag{5-46}$$

当 CO_2 负载量较低时，被吸收的 CO_2 主要转化成 $\mathrm{NHCOO^-}$。当 CO_2 负载量较高时，

只有部分 CO_2 最终转化成 $NHCOO^-$。该式可以较好地预测反应热随 CO_2 负载量的变化趋势。

将 AMP 在不同溶剂环境中吸收热进行比较，如图 5-33 所示。根据实验以及文献结果，AMP 水溶液在 CO_2 负载量 0.10 ~ 0.60mol CO_2/mol AMP 之间 CO_2 吸收热为 74.8 ~ 73.4kJ/mol CO_2，随着 CO_2 负载量进一步从 0.60mol CO_2/mol AMP 增大至 1.00mol CO_2/mol AMP，吸收热从 73.4kJ/mol CO_2 显著降低至 61.7kJ/mol CO_2。AMP/EG 溶液在 CO_2 负载量从 0.08mol CO_2/mol AMP 增长至 0.32mol CO_2/mol AMP，CO_2 吸收热由 70.9kJ/mol CO_2 降低至 66.6kJ/mol CO_2，相比 AMP 水溶液有所降低。AMP/DEG 溶液在 CO_2 负载量从 0.08mol CO_2/mol AMP 增长至 0.30mol CO_2/mol AMP，CO_2 吸收热由 68.7kJ/mol CO_2 降低至 64.6kJ/mol CO_2；进而随着负载量升高至 0.71mol CO_2/mol AMP，吸收热显著降低至 52.6kJ/mol CO_2。AMP/DEG 体系的吸收热相比之前两个体系进一步降低，同时吸收热受负载量的影响更加显著。由之前根据气 / 液平衡数据建立的模型可知，对于甘醇溶剂体系，甘醇分子作为质子受体进攻氨基甲酸酯形成氨基甲酸盐和质子化的甘醇分子，在甘醇溶剂中带电基团的稳定性较水溶液显著降低，因此与水溶液体系相比，甘醇溶剂吸收热显著地降低。根据文献数据，AMP 在另外的非水溶剂 NMP、TEGDME 中吸收 CO_2 反应热却显著高于水溶液。15%（质量分数）AMP/TEGDME 溶液中 CO_2 吸收热为 100 ~ 135kJ/mol CO_2，显著高于其他体系。这是由于在 CO_2 吸收过程中形成的盐以固体形式析出，该现象在其他溶液中没有发生。在 15%（质量分数）AMP/NMP 溶液中沉淀析出发生在 CO_2 负载量 0.35 ~ 0.52mol CO_2/mol AMP 区间内，反应热从 CO_2 负载量 0.4mol CO_2/mol AMP 之后开始显著下降。综合上述，AMP 的甘醇溶液中 CO_2 的吸收热显著低于其他 AMP 溶液体系。

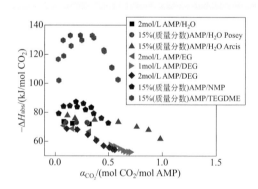

▶ 图 5-33　不同溶剂环境 AMP 溶液内 CO_2 吸收热比较［15%（质量分数）AMP 水溶液的吸收热数据来自 Arcis[38]、Posey[44] 等人；15%（质量分数）AMP/NMP 和 AMP/TEGDME 溶液吸收热数据来自 Svensson 等人 [46]］

二、蒽醌加氢反应

蒽醌法是工业上制备过氧化氢的主要方法，其生产过程中主要涉及的反应[47]如图5-34所示，在此过程中以蒽醌类衍生物作为氢的"载体"，以避免生产过程中氢气和氧气的直接接触。生产中常用的蒽醌衍生物为2-乙基蒽醌（EAQ）及其氢化物四氢-2-乙基蒽醌（THEAQ）。在反应过程中，EAQ或THEAQ首先和氢气在钯或镍的催化下反应生成氢化2-乙基蒽醌（EAQH$_2$）或氢化四氢-2-乙基蒽醌（THEAQH$_2$），EAQH$_2$或

图5-34 蒽醌法制备过氧化氢的反应过程

THEAQH$_2$和氧气接触反应生成过氧化氢（H$_2$O$_2$），并重新得到EAQ或THEAQ，进入下一个循环周期。在工业中，蒽醌及氢化蒽醌通常溶解在三甲苯和磷酸三辛酯的混合溶剂中，构成循环工作液。

蒽醌类衍生物在钯或镍的催化下与H$_2$反应生成氢化蒽醌，是过氧化氢生产过程中所涉及的重要反应之一。可以以Pd-γ-Al$_2$O$_3$为催化剂，以2-乙基蒽醌（EAQ）与H$_2$反应生成氢化2-乙基蒽醌（EAQH$_2$）的过程［如式（5-47）所示］为对象，研究气/液微分散体系对气/液/固非均相催化反应过程强化作用。

$$EAQ + H_2 \xrightarrow{Pd} EAQH_2 \qquad (5\text{-}47)$$

根据Santacesaria等的研究结果[47]，EAQ的催化加氢过程为瞬间进行的快速反应，在传统的反应器中，该反应过程为传质阻力所控制。Halder等[48]以T形微通道为分散介质，实现了氢气在有机工作液中的微分散过程，微通道的直径为775μm，他们将分散所得到的气/液微分散流体流经微型填充床，实现了EAQ的催化加氢过程。他们的研究结果表明，在微通道反应器中实现加氢过程，相比于传统的反应器，催化剂的时空收率有了显著的提高，但是，即使是在微通道反应器中实现的加氢过程，仍然是以气体通过液体向催化剂表面的传质过程为决速步骤的。因此，强化气体通过液体向催化剂表面的传质过程，对于强化反应（5-47）有重要的意义。

与前文所述CO$_2$吸收过程类似，以不锈钢微滤膜为分散介质，制备微米级分散的气泡群，利用气/液微分散体系传质距离短、比表面积大的优势，强化气相在液相中的传质过程。令微米级分散的气泡群流经由负载了Pd的γ-Al$_2$O$_3$颗粒所填充的固定床反应器，装置图如图5-35所示。液相1（工作液）通过平流泵3进入膜分散器6的连续相入口，气相2（H$_2$和N$_2$的混合气体）通过质量流量计4进入膜分散器6的分散相入口，制备微米级分散的气泡群。与氢化工作液氧化的分散过程相似，气泡群的分散尺寸也在10～200μm之间，平均直径在100μm左右。气/液微

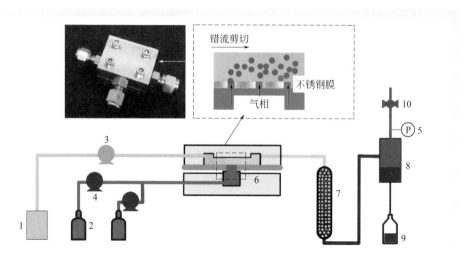

▶ 图 5-35　实验装置示意图

1—工作液；2—H_2和N_2的混合气体；3—平流泵；4—质量流量计；5—压力传感器；
6—膜分散器；7—固定床反应器；8—分相室；9—接样瓶；10—背压阀

分散体系自膜分散器出口流出，自上而下流经内径为 10mm、填充高度为 50cm 的固定床反应器 7。在固定床反应器中完成催化反应过程后，气/液微分散体系进入分相室 8 并迅速完成分相，液相进入接样瓶 9。进料管、膜分散器、催化剂填充柱和分相室的温度均由恒温水槽控制，分散及流动过程的压力均由分相室气相出口处的背压阀 10 控制，背压阀出口前的总压力由压力传感器 5 测定。实验中所使用的催化剂颗粒的直径为 3mm，堆密度为（0.63±0.05）g/cm^3，Pd 的质量分数为（0.3±0.02）%，在实验中所填充的催化剂为 20.44g。有机工作液溶质为纯 2-乙基蒽醌，溶剂为由 1,2,4-三甲苯和磷酸三辛酯以 2.6∶1 的质量比配制成的混合有机溶剂。

催化反应的反应性能由 EAQ 的转化率评估。假设在反应过程中，只有反应（5-47）发生，则 EAQ 的转化率可由式（5-48）计算得到：

$$转化率 = \frac{c_{H_2O_2}}{c_{EAQ,0}} \tag{5-48}$$

其中，$c_{H_2O_2}$ 为产物中 H_2O_2 的浓度，mol/L；$c_{EAQ,0}$ 为初始反应物中 EAQ 的浓度，mol/L。

EAQ 的催化加氢反应为瞬间完成的快速反应。因此，在实验条件范围内，反应过程以气相通过液膜向催化剂表面传质的过程为决速步骤，因此，过程的传质速率与反应速率相等，体系的总体积传质系数 K_1a，可以根据反应速率和平均浓度差计算得到，如式（5-49）所示：

$$K_1a = \frac{R}{c_{H_2}^*} \tag{5-49}$$

式中，K_1a 为总体积传质系数，s^{-1}；R 为液相中的反应速率，$mol/(m^3 \cdot s)$；$\overline{c^*_{H_2}}$ 为传质过程中 H_2 的平均浓度差，mol/m^3，由式（5-50）计算得到。

$$\overline{c^*_{H_2}} = \frac{c^*_{H_2,1} - c^*_{H_2,2}}{\ln(c^*_{H_2,1} / c^*_{H_2,2})} \quad (5\text{-}50)$$

式中，$c^*_{H_2,1}$ 和 $c^*_{H_2,2}$ 分别为反应前和反应后 H_2 在有机溶剂中的饱和溶解度，mol/m^3。考虑到 H_2 在有机溶液中的溶解度的相似性，假设 H_2 在有机溶剂中的饱和溶解度与文献[49]中所测定的 H_2 在正己烷和二甲苯的混合溶剂中的溶解度相同，为：

$$c^*_{H_2}/(\text{mol}/\text{m}^3) = [-3.407 + 0.019(T/\text{K})](p_{H_2}/0.987\text{atm}) \quad (5\text{-}51)$$

式中，p_{H_2} 为气相中的 H_2 分压。

实验考察了在固定相比下，H_2 流量对转化率的影响，其中，控制 H_2 和 EAQ 的摩尔进料比分别为 1:1，2:1 和 3:1，结果如图 5-36 所示。30℃下，EAQ 的转化率均随着 H_2 流量的增大呈现先增大后减小的趋势。在低流量下，随着总流量的增大，液相对气相的剪切力增大，导致气泡群分散尺寸减小，尺寸分布的均匀性也增强。随着分散尺寸的减小，传质面积增大，传质过程会被强化，因此，EAQ 的转化率也会提高。当进一步增大总流量，虽然液相剪切力会继续增大，但气/液体系流经催化剂填充柱的停留时间会减小，当总流量增大到一定程度，转化率就开始下降。同时也计算了相应条件下的总体积传质系数，K_1a，如图 5-37 所示。在固定的相比下，随着液相流量的增大而增大。

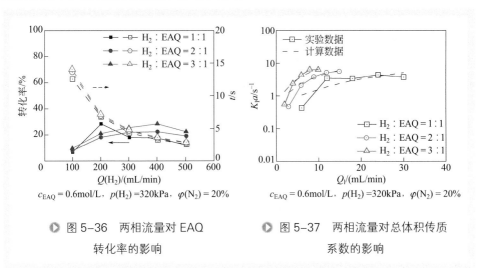

c_{EAQ} = 0.6mol/L，p(H₂) =320kPa，φ(N₂) = 20%

▶ 图 5-36　两相流量对 EAQ
转化率的影响

c_{EAQ} = 0.6mol/L，p(H₂) =320kPa，φ(N₂) = 20%

▶ 图 5-37　两相流量对总体积传质
系数的影响

进一步考察了反应物浓度对转化率和 K_1a 的影响。根据专利[50]的报道，惰性介质（N_2 的效果较好）的加入有助于增强气/液分散体系在填充床中的稳定性及提高催化反应的选择性，因此本书首先研究了 N_2 的加入对反应转化率的影响。在固定气相 H_2 分压（在改变 N_2 体积分数的同时，调整出口的总压力以固定气相入口的

H_2 不变）及气 / 液流量比的条件下，入口气相中 N_2 的体积分数对 EAQ 转化率及 $K_l a$ 的影响可以忽略，如图 5-38 所示。

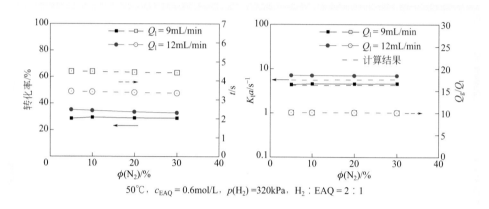

50℃，c_{EAQ} = 0.6mol/L，$p(H_2)$ =320kPa，H_2：EAQ = 2：1

● 图 5-38　N_2 体积分数对 EAQ 转化率及总体积传质系数的影响

　　根据之前的讨论，可以认为在通常的操作条件下，EAQ 的催化加氢过程为传质控制的过程。在此，针对气体通过液膜向固体表面的传质过程建立经验模型，以更好地实现对气 / 液 / 固催化反应过程的控制和预测。根据文献 [51, 52] 的报道，研究者们针对气体通过液体向固体表面的传质过程，建立了一些经验关联式。在这些关联式中，研究者们主要考虑了黏性力和惯性力对传质过程的影响，主要使用了无量纲特征数 Sc 和 Re_p 对 Sh 进行了关联，如 Ranz 等 [51] 所提出的关联式 $Sh = 2.0 + 1.1 Sc^{1/3} Re_p^{1/2}$，以及 Wakao 等 [52] 所提出的关联式 $Sh = 2.0 + 1.8 Sc^{1/3} Re_p^{3/5}$。但是，当上述两个关联式被用于预测微分散气泡群流经固体颗粒表面的传质系数时，预测值明显小于实验值。计算值与实验值间显著的差异表明，传统的经验关联式对于气 / 液微分散体系并不适用，这可能是由于流型的差异所造成的：在传统的填充床中，由于气相和液相分别进料，主要为“液体流经固体表面”的流动状态，而在本书中，主要为“泡沫流经固体表面”的流动状态。在新的流动状态下，可能需要重新考虑各种作用力因素的影响，并建立新的经验关联式以预测传质系数。

　　泡沫流向固体表面传质过程主要影响因素包括：扩散系数、惯性力（流动速度）、液膜厚度（主要受分散过程中液相的流速及黏度和气 / 液流量比影响）和气泡的分散尺寸（主要受分散过程中液相黏性力、界面力以及气 / 液流量比影响）。考虑到以上因素的影响，提出用新的无量纲特征数来关联传质过程。所使用的无量纲特征数包括：Sc，We 和 Φ。经过拟合，用于拟合泡沫流向固体表面传质过程的无量纲关联式如式（5-52）所示：

$$Sh = 2.0 + 54.7 Sc^{1/3} We^{1/2} \Phi^{1/10} \tag{5-52}$$

由式（5-52）计算得到的结果与实验值的比较如图 5-39 所示，表明二者符合得很好。

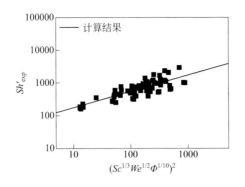

图 5-39 拟合结果与实验结果的比较

第三节 液/液非均相微反应

影响液/液非均相微尺度反应性能的一大关键因素是两相反应体系的分散效果，借助微分散反应器内良好的混合、传递性能，可以有效地提高带有串、并联副反应的液/液两相快速反应体系的选择性，增加反应物的利用率[53]。对于带有串联副反应的体系，控制反应的完成时间是关键，利用微反应器强化主反应的表观动力学，缩短反应时间，就有希望减少副产物的生成。对于带有并联副反应的体系，强化反应物的混合，加速反应物的消耗，减少反应物与反应产物进一步发生副反应的概率是获得高选择性的关键，微反应器内良好的混合性能又正好适合这一点。例如，Friedel-Crafts 烷基化反应是典型的带有竞争性串联副反应的快反应过程，该反应的副反应对一种反应物是串联反应，对另一种反应物是并联反应，如图 5-40 所示[54]。

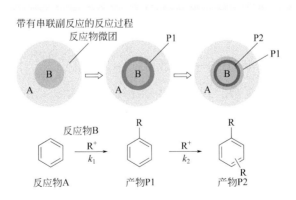

图 5-40 微反应设备内 Friedel-Crafts 烷基化反应 [54]

本节重点介绍在石油化工领域典型液/液反应体系，探讨微反应器对于液/液反应的强化作用。

一、发烟硫酸与六氢苯甲酸的反应

在石油化工领域，非均相反应大量存在于有机产品的生产和制造中，其中一个重要的过程就是化纤单体的合成反应。己内酰胺（$C_6H_{11}NO$，简称 CPL）是一种重要的化纤单体，它在纺织、汽车、电子、机械等领域有着广泛的应用[56]。它的聚合产物尼龙 6 具有良好的机械强度和耐腐蚀性能，被广泛地加工成为树脂、薄膜和织物纤维等材料，对于己内酰胺的合成来讲，SNIA 工艺是一条经典工艺，该方法的优点在于原料成本低，但缺点是生产流程复杂，副产杂质较多，产品质量提高难度大，分离纯化要求高。这条工艺路线的核心之一是发烟硫酸与六氢苯甲酸（CCA）的混合反应，反应产物为混合酸酐。该反应原料活性强，危险性大，反应放热量大，产品中大部分的副产物在这一过程中形成。

按照 PMK 机理，该反应过程的具体步骤如下[55]：

$$\text{◯}-COOH + H_2SO_4 \rightleftharpoons \text{◯}-COOH_2^+ + HSO_4^- \qquad (5\text{-}53)$$

$$\text{◯}-COOH_2^+ + HS_2O_7^- \rightleftharpoons \text{◯}-COOSO_3H + H_2SO_4 \qquad (5\text{-}54)$$

六氢苯甲酸首先和发烟硫酸中的硫酸分子反应形成质子化六氢苯甲酸（缩写为 $CCAH^+$），该物质可以进一步和三氧化硫（以 $HS_2O_7^-$ 形式存在）反应形成混合酸酐。混合酸酐可以看作由三氧化硫和六氢苯甲酸缩合而成。此外，反应系统中还存在如下平衡关系[56]：

$$H_2S_2O_7 + H_2SO_4 \rightleftharpoons H_3SO_4^+ + HS_2O_7^- \qquad (5\text{-}55)$$

$$2H_2SO_4 \rightleftharpoons H_3SO_4^+ + HSO_4^- \qquad (5\text{-}56)$$

预混合反应过程伴随着不可逆的串联副反应，反应产物混合酸酐会进一步转化成为多种副产物，如磺化六氢苯甲酸等[57]。

$$\text{◯}-COOSO_3H \longrightarrow \text{副产物} \quad \left(\text{◯}\genfrac{}{}{0pt}{}{COOH}{SO_3H}\right) \qquad (5\text{-}57)$$

预混合反应的机理较为复杂，实际研究中常根据发烟硫酸的组成（$H_2SO_4 + SO_3$）将主反应简化为质子化反应和混合酸酐形成反应两个过程，如下所示：

$$\text{◯}-COOH + H_2SO_4 \rightleftharpoons \text{◯}-COOH_2^+ + HSO_4^- \qquad (5\text{-}58)$$

$$\text{◯}-COOH + SO_3 \rightleftharpoons \text{◯}-COOSO_3H \qquad (5\text{-}59)$$

Giuffre 等人[58]在他们的工作中给出了预混合基元反应的平衡常数（25℃），通过对平衡常数的运算可以得到 CCA 和 SO_3 反应形成混合酸酐的总反应平衡关系，

如公式（5-60）所示，可见相对于 CCA 的质子化反应，形成混合酸酐的反应可以进行得更为彻底。

$$\overline{K_s} = \frac{[AS][H_2SO_4]}{[CCA][H_2S_2O_7]} = 3.205 \times 10^4 \overline{K_r} \tag{5-60}$$

式中，[AS] 表示混合酸酐浓度；$\overline{K_r}$ 为质子化反应平衡常数。利用 CCA 和纯硫酸进行实验，结合质子化反应的反应热值[59]，测量了质子化反应的平衡常数，如下所示，

$$\overline{K_r} = 0.06 \exp\left(\frac{13900}{RT}\right) = 19.4 \sim 8.4 （20 \sim 70℃） \tag{5-61}$$

从实验结果可以看出，质子化反应在操作温度范围内可以近似看作不可逆反应。由此可以认为形成混合酸酐的反应也是不可逆反应，在 CCA 过量的条件下，发烟硫酸的转化率基本可以达到 100%。

实际操作中该反应是一个液 / 液两相反应过程，反应物六氢苯甲酸溶解在正己烷中。反应历程可以表示为，六氢苯甲酸首先经过两相界面传递进入硫酸相，随后和发烟硫酸反应形成主产物混合酸酐，混合酸酐再进一步转化成为副产物。在这里正己烷起着溶解反应物料和充当换热介质的作用。因为反应器内硫酸相含量相对较低，所以硫酸相是分散相并以液滴的形式存在，整个预混合反应过程可以用图 5-41来表示。

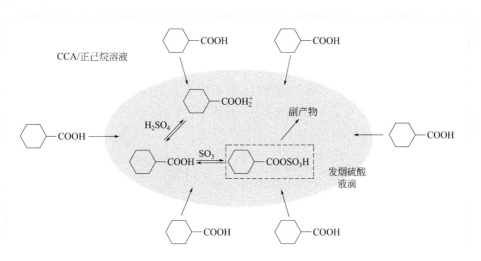

▶ 图 5-41　发烟硫酸与六氢苯甲酸混合反应示意图

发烟硫酸与六氢苯甲酸混合反应是一个典型的带有串联副反应的快速非均相反应过程，反应过程复杂，控制难度高。微反应系统强化液 / 液非均相反应的关键就是要形成微分散的反应体系，这里首先利用"硫酸 /CCA/ 正己烷溶液"体系作为该

反应的模拟体系，考察微分散反应器（简称微反应器）中液滴分散行为。

实验装置如图 5-42 所示，使用轴向连通 3 孔排列的微筛孔阵列分散装置作为预混合微反应器。该反应器设计在高连续相 Ca 数下操作，以达到尽可能减小液滴分散尺寸的目的，反应器内主通道和微筛孔结构参数如图中所示。在微反应器出口设置了一个宽 20mm 观测通道，用于观测液滴尺寸。以 CCA/正己烷溶液为连续相，硫酸为分散相，两相体积流量比固定为 10：1，改变不同的连续相剪切流速进行实验。

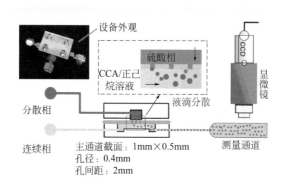

● 图 5-42　微分散实验装置

实验结果如图 5-43 所示，不同连续相剪切流速下获得的液滴平均直径在 60μm 左右，并且随剪切流速的提高略有减小。相对传统反应设备来讲，微分散反应器内的液滴分散尺度要小 1～2 个数量级，这十分有利于相间传质、传热的强化。从分散体系的显微照片来看，形成的液滴直径分布较宽。这一方面是由于微筛孔阵列分散方式带来的影响，更重要的是体系中没有表面活性剂的存在，液滴在设备内还存

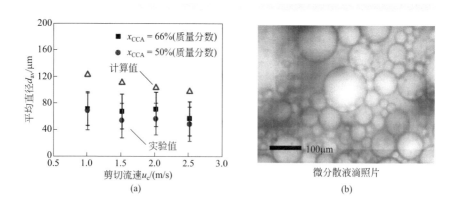

● 图 5-43　微分散液滴平均直径及其显微照片

在着一定的聚并和破碎作用，因此液滴分布较宽。

根据以上分析，进一步设计出微反应系统，如图 5-44 所示。微反应器主要起到制备微分散体系的作用，反应过程主要在后续的管道内完成，通过控制管道长度和进料流量就可以控制反应物的停留时间。选择了长度分别为 0.6m 和 1.2m 的两根盘管进行实验，盘管末端连接一个水解反应器将产物快速水解并终止反应，其内部结构与预混合微反应器相同，水解温度控制在 45℃以下。整个反应过程置于近似绝热的操作条件下，实验测得热损失量不足反应放热量的 3%。

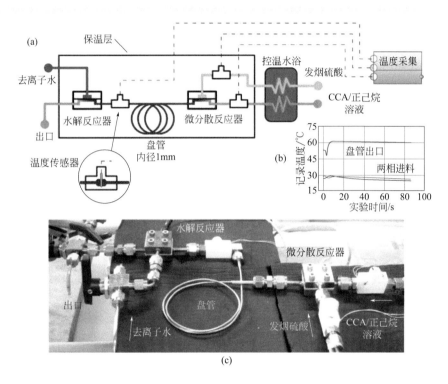

● 图 5-44 （a）微反应实验装置示意图；（b）温度记录结果；（c）装置照片

发烟硫酸与六氢苯甲酸的混合反应是快反应过程[59, 60]，理论上反应速率会受到六氢苯甲酸传质的控制。实验结果表明微反应系统内发烟硫酸的转化率主要受到两相混合状态和反应物进料比的影响。微反应系统中两相的混合状态与设备内流速直接相关，图 5-45（a）给出了不同实验条件下的发烟硫酸转化率随盘管内平均流速 $[u_T=4(Q_{oil}+Q_{oleum})/(\pi d^2)]$ 的变化情况，从图中可以看出高流速下操作有利于反应的快速完成。此外，反应物的进料比也对反应过程有着重要的影响，图 5-45（b）给出了反应转化率随停留时间（τ）和反应物进料摩尔比（N_{CCA}/N_{oleum}）的影响，从图中可以看出当六氢苯甲酸与发烟硫酸摩尔比大于 1.8 时，发烟硫酸几乎达到了完全反应，但在低摩尔比时发烟硫酸转化率低于 100%，这主要是因为质子化反应进行程度受到了

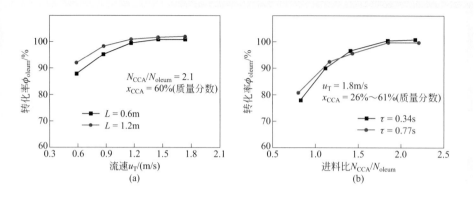

图 5-45 　流速和进料比对发烟硫酸转化率的影响

化学平衡的限制。图中发烟硫酸的物质的量按 SO_3 与 H_2SO_4 物质的量之和计算。

为了深入了解微反应系统内混合反应情况，进一步对反应表观动力学进行了研究。通过在微反应器后续管道上加装温度传感器，在绝热条件下测量管道不同位置上的反应放热情况，就可以得到发烟硫酸转化率随反应时间的变化情况。实验装置如图 5-46 所示，测温点距离微分散孔的当量距离如表 5-8 所示。

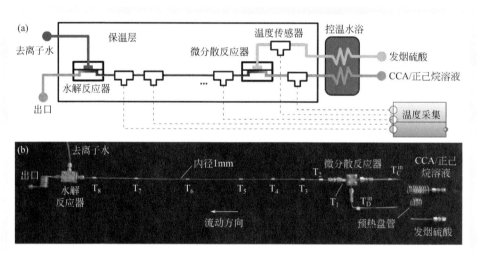

图 5-46 　（a）预混合反应动力学实验装置示意图；（b）装置照片

表 5-8 　测温点位置

项目	T_1	T_2	T_3	T_4	T_5	T_6	T_7	T_8
当量距离① /cm	10	22	28	36	46	60	75	90

① 当量距离是将设备内部体积折合成 1mm 管道所对应的长度。

通过改变两相流量测量了不同反应时间下的发烟硫酸转化率，如图5-47所示。这里假定液滴在分散中消耗的时间（仅数毫秒）远小于反应时间，因此液滴分散过程中的反应量可以忽略不计，即在停留时间 $\tau=0$ 时反应转化率为0。实验结果表明，发烟硫酸与六氢苯甲酸的混合反应能够在微反应系统内迅速完成，反应物料在设备内的停留时间小于1s，同工业上预混合反应器内 $3\sim5$min 的停留时间相比明显减少，且当管道内平均流速升高时，图5-47中曲线的初始斜率增大，这说明反应

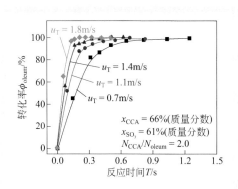

图 5-47 发烟硫酸与六氢苯甲酸的混合微反应动力学实验结果

速率加快。由这一现象可以看出，相同的反应物浓度和进料比下仅由于操作流速的改变就导致了反应速率发生变化，而流速实际上主要影响了反应物的混合、传递过程，因此发烟硫酸与六氢苯甲酸混合反应在微反应系统内的反应速率仍然受到反应物混合和传质的控制。

提高非均相反应的选择性是过程强化的根本目标，对于发烟硫酸与六氢苯甲酸混合反应来讲，选择性是指形成混合酸酐和消耗 SO_3 的物质的量之比。通过分析副产物的生成量，即反应产物水解后测得的 CCA 损耗量（绝大多数副产物都不能水解回到 CCA）计算反应的选择性。当表观转化率为100%时，混合酸酐的形成量等于 SO_3 的进料量，这时选择性可以定义为，

$$S_P = (1 - N_{by}/N_{SO_3}) \times 100\% \qquad (5\text{-}62)$$

式中，N_{by} 为单位时间形成副产物的物质的量。

通过实验考察不同反应产物温度下选择性情况，如图5-48所示。从图中可以看出，不同温度下的反应选择性均在97%以上，因此通过微反应系统进行预混合反应可以获得很高的选择性，进而更换溶剂正己烷为正庚烷和正辛烷，进一步提高反应产物的温度，从图5-48的结果可以看出当温度接近90℃时，微反应系统内仍然可以保持高选择性。因此可以说利用微反应系统发展了一种在本

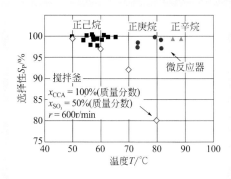

图 5-48 微反应系统内预混合反应选择性

实验范围内不依赖温度控制的选择性强化方法。文献报道了预混合反应在釜式反应器中的反应性能[59]，研究者使用向反应釜中缓慢滴加发烟硫酸的方法控制反应温度，并让反应在强搅拌下进行50min。以该文献结果和微反应系统内的实验结果进行对比，如图5-48所示，可见利用微反应系统可以促进高温下反应选择性的提高。

发烟硫酸和六氢苯甲酸混合反应是液/液非均相快速反应的典型代表，过程耦合了非均相的传热、传质和反应过程，将微尺度下预混合反应过程模型化对于认识微反应系统内非均相快速反应十分重要。针对反应过程的特点，结合计算流体力学模拟方法（CFD）建立预混合反应模型，微反应系统内的反应体系的存在状态如图5-49所示，在反应管道内微液滴与连续相流体呈并流流动，两者可以近似地看成相对静止，因此可以忽略两相间的相对运动而使用扩散模型来描述传递和反应过程。在微反应系统内每一个液滴被周围流体包围，反应体系可以看作由这样的单液滴微团组成，因此可以建立一个单液滴模型来描述预混合反应过程。在模型建立之前先提出这样的假设：

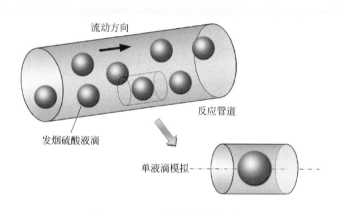

流动方向

反应管道

发烟硫酸液滴

单液滴模拟

▶ 图5-49 单液滴模型示意

（1）忽略液滴之间的尺寸差异和反应过程中的液滴尺寸变化，液滴尺寸选择实验测得的平均直径进行模拟。

（2）认为除CCA以外的其他物质不参与相间传质过程，且因为实验操作条件下CCA在两相间分配系数接近1，因此忽略CCA的相间分配带来的浓度场不连续问题。

（3）由于主要关心主产物的形成过程，因此忽略了质子化反应，模型仅考虑SO_3和CCA之间的反应。忽略液滴分散过程中的反应，假定$t=0$时刻液滴分散完成，但反应没有开始。

（4）现有文献没有对预混合主反应的动力学数据进行过报道，仅认为预混合主反应是近似瞬间反应的过程[59, 60]，因此这里需要对预混合主反应动力学做合理假

设。假设 SO_3 和 CCA 之间为二级反应，可用如下方程描述：

$$\frac{dc_i}{dt} = -\kappa_r c_{CCA} c_{SO_3} \tag{5-63}$$

其中，i 代表 CCA 或 SO_3，反应动力学系数 κ_r 需满足巴田数（Ha）大于等于 3。巴田数是反应速率和传质速率的比，其定义如式（5-64）所示，

$$Ha = \sqrt{\kappa_r c_{SO_3} D_{in}} / k_c \tag{5-64}$$

式中，D_{in} 为液滴内扩散系数；c_{SO_3} 为烟酸中 SO_3 浓度。一般认为 Ha 大于 3 的反应为快反应[61]，反应过程受传质控制，这一点与预混合反应的性质相符。参考上节测得传质系数 k_c 的最大值，我们取 $\kappa_r = 0.11 m^3 /$（$mol \cdot s$），此时 $Ha = 3$。预混合副反应动力学可以根据 Maggiorotti 等人[59]的实验结果拟合得到，当副产物生成量较少时，可以按一级反应动力学处理。

$$\frac{dc_{by}}{dt} = \kappa_s c_{AS}, \kappa_s = 1.8 \times 10^9 \exp\left(\frac{8.9 \times 10^4}{RT}\right) \tag{5-65}$$

其中，c_{by} 为副产物浓度；c_{AS} 为主产物混合酸酐浓度。

根据以上假设可以建立如下的数学模型，选择二维轴对称坐标，如图 5-50 所示，考虑 CCA，SO_3，混合酸酐和副产物的浓度变化以及体系的温度变化，

$$\frac{\partial c_i}{\partial t} + \nabla \cdot (-D \nabla c_i) = R_i \tag{5-66}$$

$$\rho c_p \frac{\partial T}{\partial t} + \nabla \cdot (-k \nabla T) = Q \tag{5-67}$$

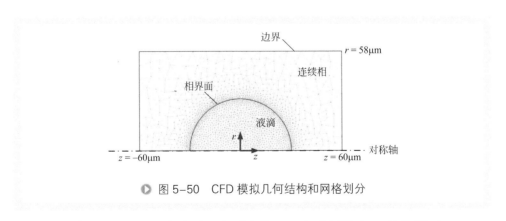

▶ 图 5-50　CFD 模拟几何结构和网格划分

其中，i 代表 CCA、SO_3、混合酸酐和副产物。R_i 为反应源项；Q 为热源项。

$$
\begin{aligned}
R_{CCA} &= R_{SO_3} = -\kappa_r c_{CCA} c_{SO_3} \\
R_{AS} &= \kappa_r c_{CCA} c_{SO_3} - \kappa_s c_{AS} \\
R_{by} &= \kappa_s c_{AS} \\
Q &= -\kappa_r c_{CCA} c_{SO_3} \Delta H
\end{aligned} \tag{5-68}
$$

对反应动力学实验建立模型（d_{av}=60μm，两相体积比 10：1），模型初始条件 t=0 时，T=21℃；c_{AS}=c_{by}=0mol/m³；液滴内 c_{SO_3} =15000mol/m³，c_{CCA}=0mol/m³；液滴外 c_{SO_3} = 0 mol/m³，c_{CCA}=4400mol/m³。在连续相边界上，满足绝热和物质不发生传递的绝缘边界条件，

$$\nabla c_{CCA} = 0, \nabla T = 0 \qquad （5-69）$$

SO_3、混合酸酐和副产物不存在相间传质，因此在相界面上这三种物质满足物质不发生传递的绝缘边界条件，而 CCA 和温度值满足通量连续边界条件。

$$\nabla c_{SO_3} = \nabla c_{AS} = \nabla c_{by} = 0 \qquad （5-70）$$

$$-D_{in}\nabla c_{CCA} = -D_{out}\nabla c_{CCA}, -k_{in}\nabla T = -k_{out}\nabla T \qquad （5-71）$$

表 5-9　模型物性参数（20～60℃）[59, 62, 63]

项目	扩散系数 $D/(m^2/s)$	热导率 k /[W/(m·℃)]	体积热容 ρc_p/[kJ/(m³·℃)]	表观反应热 ΔH /(kJ/mol SO_3)
液滴内	2.0×10^{-9}①	0.31②	$\rho_{oleum} c_{p_{oleum}} + (c_{CCA} + c_{AS} + c_{by})c_{p_{CCA}} M_{CCA}$③	−57
液滴外	$D_{eff}=\alpha D_{CCA}$④	$k_{eff}=\alpha k_{oil}$⑤	$x_{C_6} c_{p_{C_6}} \rho_{oil} + c_{CCA} c_{p_{CCA}} M_{CCA}$	—

① 40%（质量分数）硫酸水溶液中水扩散系数。
② 纯硫酸热导率。
③ CCA 摩尔质量，M_{CCA}=128g/mol。
④ D_{CCA}=0.5×10⁻⁹m²/s，使用膜池法测量。
⑤ k_{oil}=0.165W/（m·℃），将 CCA 和正己烷的热导率按质量分数平均计算得到。

　　模型中的部分参数如表 5-9 所示[59, 62, 63]，自由空间内的微尺度液滴，因为内部基本不存在流动现象，所以在传质研究中常做刚性球处理，液滴内扩散和传热系数为分子扩散系数和热导率。因为关于发烟硫酸的传递物性数据测量较为困难，所以这里选择纯硫酸的热导率以及和 SO_3 质量分数接近的 40% 浓硫酸中水分子的扩散系数来近似实际预混合体系液滴内的热导率和扩散系数。如前所述，微反应系统内平均流速主要影响连续相的扩散和导热速率，在液滴外引入有效扩散系数和传热系数的概念。有效扩散系数大于分子扩散系数，主要受到反应设备内流动情况的影响。

　　假设流动对传热、传质过程的强化作用可以比拟，就可以利用流动强化因子（α）和分子扩散系数或热导率的乘积来表示有效扩散系数和传热系数。流动强化因子是未知数，需要通过模型和实验结果的对比确定。模型为了准确描述液滴内外的温度变化，还考虑了物质传递对滴内、滴外热容的影响。计算中将 CCA 在液滴内外的瞬时浓度引入热容计算公式中，保证滴内、滴外的热容随实际反应情况进行变化。此外，模型还对反应热值进行了修正，将发烟硫酸中 CCA 与 H_2SO_4 反应放热（质子化反应热）校正至 CCA 与 SO_3 的反应中，建

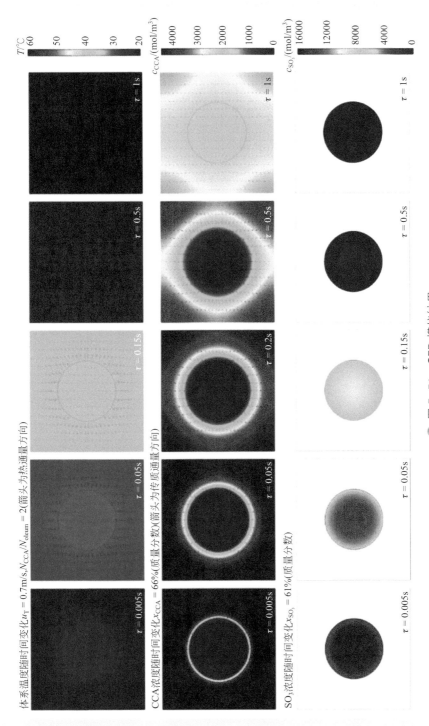

◆ 图 5-51 CFD 模拟结果

立一个表观反应热的概念，用以反映体系温度的真实变化，修正后的反应热为
$$\Delta H = \Delta H_s + \Delta H_r x_{H_2SO_4} / x_{SO_3} = -57 \text{ kJ/mol } SO_3。$$

图 5-51 给出了反应体系温度、CCA 浓度和 SO_3 浓度随反应时间的变化情况。这里为了清楚地说明计算结果，将液滴按对称轴（$r=0$）还原成完整形状。从图中结果可以看出在反应过程中液滴内外的温度差很小，说明反应热可以从液滴内快速释放到周围连续相中。反应过程中 CCA 在滴内浓度基本上为零，反应物在相界面快速消耗，这与假设是一致的。SO_3 随反应过程不断被消耗，两种物质的反应主要在相界面附近发生。结合实验结果确定了不同流速下的流动强化因子，如图 5-52 所示，可见高流速下传质、传热过程会明显加快。根据模型提供的副产物生成量我们计算了反应的选择性，计算结果显示选择性均高于 99%。

利用这一模型还可以进一步分析分散尺度对于反应选择性的影响。计算了不同液滴尺寸下反应过程完成时间（简称反应时间，此时 CCA 完成总传质量的 99%）和反应选择性如图 5-53 所示。从计算结果上来看，反应时间随着液滴尺寸的增大呈平方倍的增加，而反应的选择性则会随着液滴尺寸的变大而降低，当液滴尺寸小

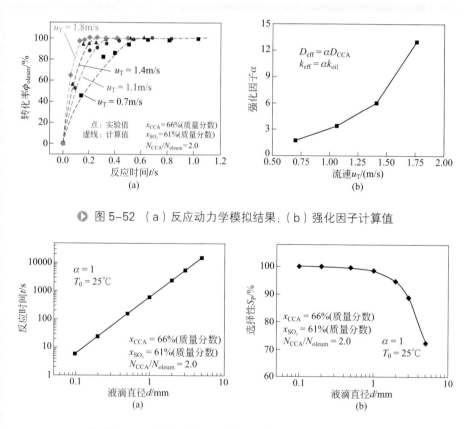

▶ 图 5-52 （a）反应动力学模拟结果；（b）强化因子计算值

▶ 图 5-53 液滴分散尺寸对于反应时间和选择性的影响

于 1mm 时可以实现大于 99% 的选择性。由此可见，对于非均相快速反应过程，液滴分散尺度对于反应速率和反应选择性至关重要，控制反应过程在微分散尺度下发生有利于反应性能的提高。计算中取流动强化因子 $\alpha=1$，反应初始温度（T_0）为 25℃，其他条件与动力学实验相同。

可以看出预混合反应是一个典型的受相间传质控制的液 / 液非均相反应过程。这类过程在没有反应发生的一相中的传递速率是反应的决速步，减小液滴的分散尺度一方面可以减小体系的传递距离，提高相间传质速率；另一方面也可以减少单个反应微元内的反应量，缩短反应完成时间。反应时间是控制反应选择性的关键因素，在微尺度下进行这类反应有利于过程的强化。

二、硫酸烷基化反应

烷基化油是异丁烷和烯烃在酸催化条件下生成的无芳烃和无烯烃的清洁油品，其具有低硫、低雷德蒸气压以及高辛烷值等诸多优良性质 [64, 65]，辛烷值（RON）高达 $93 \sim 98^{[66-68]}$。在环保要求日益严格和油品质量不断升级的情况下，烷基化油成为取代甲基叔丁基醚（MTBE）等汽油调和剂的理想成分。因此，烷基化生产工艺迅速发展，成为高品质汽油调和油的重要生产过程 [69, 70]。

烷基化过程中使用的催化剂主要有液体酸（硫酸、氢氟酸和离子液体）和固体酸两类，目前工业过程主要采用液体酸工艺 [71-75]。以硫酸和氢氟酸为催化剂的烷基化工艺具有技术成熟、油品质量高的特点。然而由于氢氟酸极易挥发，容易在空气中形成气溶胶，存在严重的环境风险和安全隐患，因而氢氟酸工艺逐渐被淘汰且基本无新装置建成 [76]。以硫酸为催化剂的烷基化工艺是目前生产烷基化油的主流工艺，新建烷基化装置以该工艺为主。硫酸烷基化过程存在反应本身较复杂、废酸量大且废酸难以处理等问题，因此，改进硫酸烷基化过程以及发展环境友好且高效的硫酸烷基化技术一直是国内外备受关注的研究方向 [77, 78]。硫酸烷基化反应是一个复杂的快速强放热反应，而异丁烷在硫酸中的溶解度低，致使传质是整个过程的控制步骤 [79-82]。强化传质过程可以有效提高主反应的选择性，提升产品质量，降低酸耗。因此，促进两相分散、强化烷烃向硫酸相传质、提高异丁烷在硫酸中的溶解度以及发展烷基化新技术是改进硫酸烷基化过程、降低酸耗及提高油品质量的重要途径 [83, 84]。

烷基化反应的方程式如图 5-54 所示，异构烷烃和烯烃在酸催化条件下发生烷基化反应，其中异丁烷和丁烯在催化剂作用下反应生成烷基化油（主要含 C_6、C_7、C_8 和 C_9 等组分，其中 C_8 为主产物）。

▶ 图 5-54　烷基化主反应方程式

硫酸催化烷基化过程中，存在异丁烷在硫酸中的溶解度低，整个过程受到传质控制，两相混合困难，副反应多，主反应选择性需提高，以及废酸量大等问题，迫切需要开发烷基化新技术和新方法，强化混合和传质，提高反应性能，降低酸耗。微化工系统具有分散、混合性能好，相接触比表面积大，传热、传质效率高，反应时间精确可控以及安全等诸多优良性质。因此，针对硫酸烷基化过程存在的问题，采用微化工系统，可以对烷基化过程的温度、压力、停留时间进行精确控制，发展强化烷基化过程的微反应新技术，通过强化两相混合及传质，促进烷基化主反应，减少烯烃聚合等副反应，降低酸耗，提高过程的选择性和烷基化产品质量。

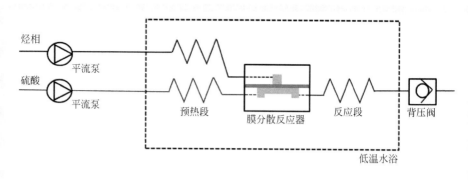

▶ 图 5-55　硫酸烷基化反应微化工工艺装置示意图

　　实验室开展烷基化反应的装置如图 5-55 所示。硫酸作为连续相由平流泵作为输送装置进料，经过一段预热段后进入膜分散反应器。异丁烷和丁烯的混合液化气首先通过低温液化的方法储存到容量为 200mL 的不锈钢活塞储罐中，然后经平流泵输送水将烃相置换出来，烃相经过一段预热段后进入到膜分散反应器内分散到硫酸中，流体经过一段管长一定的不锈钢管（外径为 3mm，内径为 2mm）后进入背压阀，通过背压阀调整整个反应体系的压力。分散相和连续相的预热段、膜分散反应器和反应钢管均放置在水浴中，通过水浴控制体系的反应温度。事先在收集瓶中装好一定量的十二烷，用于萃取反应后的油相，最后将油相进行气相色谱分析。

　　在微化工系统内，由于分散性能好，传质过程得到强化，硫酸烷基化快速反应，在较短时间内实现了丁烯高转化率。动力学的研究结果也为硫酸烷基化微反应过程的规律研究以及工艺优化提供了指导方向。硫酸浓度是影响丁烯的质子化程度以及丁烯聚合过程的关键因素，同时其浓度也是废酸判定的重要指标，是反应过程中酸耗的考量标准。图 5-56 中给出了硫酸浓度对反应产物的影响。可以看到，随着硫酸浓度的改变，反应性能表现出了较大差异。当硫酸浓度由 97.8%（质量分数）降低到 94.1%（质量分数）时，碳八组分的选择性不断升高，由 56% 增加到 71%。但是随着硫酸浓度继续下降，碳八组分的选择性便开始下降。当硫酸浓度为 90.6%（质量分数）时，碳八组分的选择性下降到 43%。出现该现象的原因是

硫酸的浓度是影响丁烯质子化速度、丁烯自聚、高碳组分断裂和氢转移速度的核心因素。硫酸浓度过高，会加快质子化速度，并且高碳组分易于断裂且影响氢转移速度。另一方面，如果硫酸浓度过低，则会导致质子化速度慢且丁烯自聚等副反应极易发生。此外，在低浓度的硫酸条件下，丁烯容易与硫酸形成硫酸酯，使得反应性能下降。因此，合适的酸浓度有利于提高主反应，提高烷基化油品质量。根据图 5-56 得到的实验结果，硫酸烷基化微反应过程的最优酸浓度为 94.1%（质量分数）。

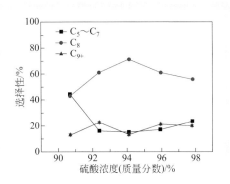

▶ 图 5-56　不同硫酸浓度对产物选择性的影响（F_c=8mL/min，F_d=1mL/min，I/O=8∶1，T=8℃，t=8.4s）

反应温度是影响烷基化反应过程中的一个重要因素。当反应温度由 4 ℃变化到 20℃时，得到的结果如图 5-57 所示。从图 5-57 的结果看，随着反应温度的增加，碳八组分的选择性下降，且下降趋势较明显。当反应温度为 4℃时，碳八组分的选择性为 78%，而当反应温度升高到 20℃时，碳八组分的选择性降低到 40% 左右。该反应是一个放热反应，且副反应的活化能比主反应高，因而提高反应温度更有利于副反应发生，低温有利于提高主反应的选择性。此外，在温度较高时，硫酸也容易发生氧化等副反应，也一定程度上降低了主反应产物的选择性。由此，烷基化反应适宜在低温条件下进行。在工业过程中，由于硫酸的黏度随着温度的降低而增大，增加了两相混合的难度，因此，为了实现两相良好的混合状态，反应温度不能过低。而对于微化工过程而言，连续相 Ca 数是决定液滴尺寸的关键参数，由 Ca 数的定义可知，硫酸黏度增大，Ca 数也随之增大，更有利于体系的分散。可见，微反应技术在实现低温硫酸烷基化方面具有独特的优势。

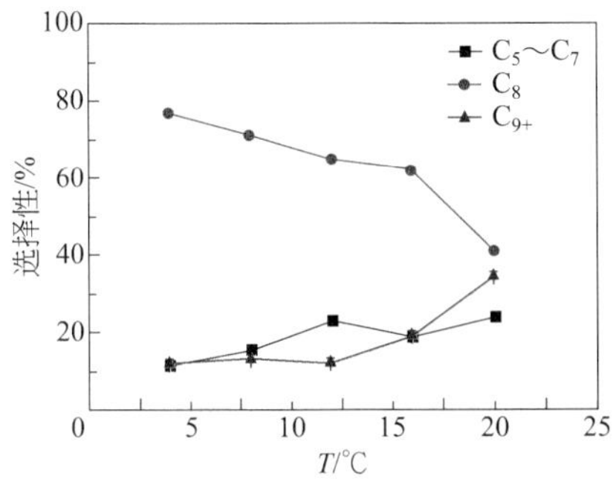

▶ 图 5-57　反应温度对产物选择性的影响 [硫酸浓度为 94.1%（质量分数），F_c=8mL/min，F_d=1mL/min，I/O=8∶1，t=8.4s]

异丁烷和丁烯的摩尔比是影响反应结果的一个重要因素。图 5-58 给出了不同烷烯比对产物选择性的影响。可以看到，随着烷烯比的增大，碳八组分的选择性逐渐增加。当烷烯比为 8∶1 时，碳八组分的选择性为 71%，烷烯比增大到 150∶1 时，碳八组分的选择性为

83%。由于丁烯在硫酸中溶解度高，传质速度快，而异丁烷传质速度慢，根据反应动力学，高的异丁烷含量可以一定程度上稀释丁烯浓度，有效降低丁烯的聚合等副反应。同时，异丁烷含量高时，有利于碳八正离子和异丁烷发生氢转移，生成主产物，避免了碳八正离子与丁烯的加成反应。因此，高异丁烷含量是产品质量的重要保证，这也是工业上通过循环使得反应过程中的烷烯比高达（300～1000）∶1的重要原因。

　　硫酸烷基化过程中废酸量大是烷基化过程需要解决的难点问题。废酸的处理费用占据了整个过程费用的30%，因此硫酸的循环使用情况是考量硫酸烷基化新技术的关键。测量不同循环次数后硫酸的浓度，结果如图5-59所示。硫酸初始浓度为94.1%（质量分数），硫酸在经过6次循环使用后，其浓度依然较高，保持在93.4%（质量分数），结果说明硫酸烷基化微反应过程中，由于良好的分散性质，两相接触面积大，强化了传质过程，一定程度上抑制了副反应，减小了酸耗，相对于传统过程表现出了明显优势，实现了对烷基化过程的强化。

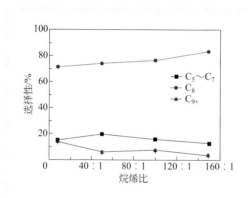

▶ 图5-58　烷烯比对产物选择性的影响
[硫酸浓度为94.1%（质量分数），
F_c=8mL/min，F_d=1mL/min，
T=8℃，t=8.4s]

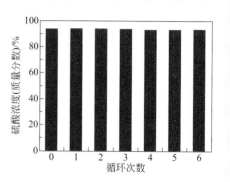

▶ 图5-59　不同循环使用次数硫酸的
浓度[硫酸浓度为94.1%（质量分数），
F_c=8mL/min，F_d=1mL/min，
I/O=8∶1，T=8℃，t=8.4s]

　　根据硫酸烷基化微反应工艺条件的探索，适宜的硫酸浓度、高酸烃比、低温以及高的烷烯比均有利于提高反应性能。当连续相流量为8mL/min、分散相流量为1mL/min时，分散得到的液滴尺寸小，体系的传质系数大。选取硫酸烷基化微反应的操作条件烷烯比为8∶1，反应温度为8℃，反应时间为8.4s，体系压力为0.5MPa，将该条件下得到的反应结果和传统高压搅拌釜（酸烃比1.5，烷烯比8∶1，反应温度8℃，反应时间12.5min，反应压力0.5MPa）的结果进行比较，如表5-10所示：

表 5-10　硫酸烷基化微反应结果与传统搅拌结果比较

项目	酸烃比	烷烯比	反应时间	反应温度	C_8 选择性	辛烷值
传统搅拌釜	1.5	8 : 1	12.5 min	8℃	36%	85.0
微化工系统	8	8 : 1	8.4s	8℃	71%	94.4

第四节　气/液/固多相微反应

实际过程中许多化学反应都涉及含有固体颗粒的多相反应体系。在微化工系统中实现含固体系的运用具有重要意义，但这也是目前微化工技术面临的一大挑战[85, 86]。原因在于固体颗粒在微通道内容易发生团聚，并且在壁面沉积或者黏附，从而导致管径减小，压降升高，甚至造成管路堵塞。另外，固体颗粒的团聚沉积会导致其与反应物无法充分接触，从而影响催化效果。为了能够解决微化工系统中固体颗粒带来的问题，学者们开展了相关研究，例如通过在反应体系中加入惰性溶剂，形成液滴流或者液柱流，使反应在分散的液滴或者液柱内发生，从而避免固体颗粒与壁面接触，减少颗粒沉积或者黏附[87-90] 等。本节重点介绍典型的带有固体沉淀的微反应过程。

一、纳米碳酸钙制备反应

纳米碳酸钙是一种高档填充材料，它具有普通碳酸钙所不具有的量子尺寸效应、小尺寸效应、表面效应和宏观量子效应[91]。这些特殊性质使得纳米碳酸钙在磁性、光热阻、催化性、熔点等方面显示出了优越性[91, 92]。与普通产品相比，纳米碳酸钙在补强性、透明性、分散性、触变性等方面都显示出了优势，因此其广泛地应用在橡胶、塑料、造纸、油墨、胶黏剂等领域[93]。纳米碳酸钙的制备方法依照其原料的不同可以分为碳化法、复分解法、微乳液法和火焰喷涂分解法等[93, 94]。从经济性角度来看以二氧化碳和氢氧化钙为原料的碳化法较为廉价，因此碳化法也是目前最普遍采用的方法。从现有的制备方法上来看，获得纳米级碳酸钙的关键在于强化气/液相间传质[95]，缩短反应时间，强化颗粒成核，控制颗粒的生长。

碳化法制备纳米碳酸钙颗粒的过程是瞬间反应，其反应机理如下所示[96]，

$$CO_2 + OH^- \longrightarrow HCO_3^- \quad k_1 = 8 \times 10^3 \, L/(mol \cdot s), \; 25℃ \qquad (5\text{-}72)$$

$$HCO_3^- + OH^- \longrightarrow CO_3^{2-} + H_2O \quad k_2 = 6 \times 10^9 \, L/(mol \cdot s), \; 25℃ \qquad (5\text{-}73)$$

$$CO_3^{2-} + Ca^{2+} \longrightarrow CaCO_3 \downarrow \qquad (5\text{-}74)$$

碳酸钙制备过程的反应速率主要受到二氧化碳相间传质的影响，整个反应的历程如图 5-60 所示。根据结晶动力学理论，颗粒的形成过程可以分为成核和生长两个阶段，强化沉淀过程中的成核，削弱晶体的生长是获得纳米颗粒的关键[97, 98]。从图 5-60 所示的过程来看，纳米碳酸钙颗粒的制备过程类似于带有串联副反应的预混合反应，因此可以利用微分散设备获得气/液微分散体系，强化二氧化碳的相间传质，进而快速消耗反应物完成反应过程，实现纳米级颗粒的制备。

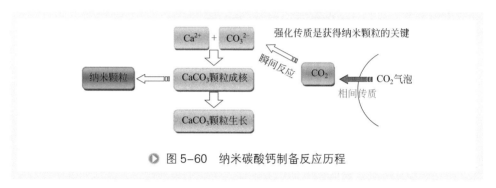

◉ 图 5-60　纳米碳酸钙制备反应历程

　　使用第四章中所述的膜分散设备作为反应装置，首先以"二氧化碳/氮气（混合气）/水"体系作为模拟体系，观察膜分散设备内的气泡分散尺度。混合气中二氧化碳体积分数为 30%，实验温度为 25℃。膜分散设备内主通道横截面为 4mm×2mm，有效膜面积为 16mm²，膜表面平均孔径为 5μm。实验中通过在主通道后连接一个扩大腔室，使形成的气泡减速以便于观察气/液分散情况，如图 5-61 所示。改变气/液两相流量进行实验，考察不同剪切速度（u_c）和单位膜面积上的气体通量（u_d）对气泡分散尺寸的影响，实验结果如图 5-62 所示。从图中可以看出，在微设备中气泡的平均直径在 1mm 左右。影响气泡分散尺寸的主要因素是连续相

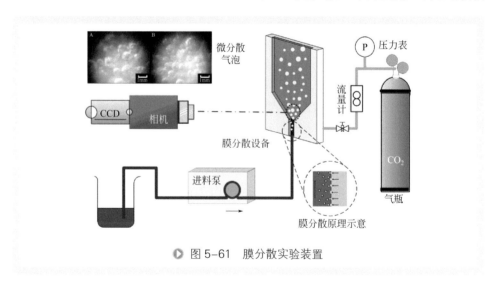

◉ 图 5-61　膜分散实验装置

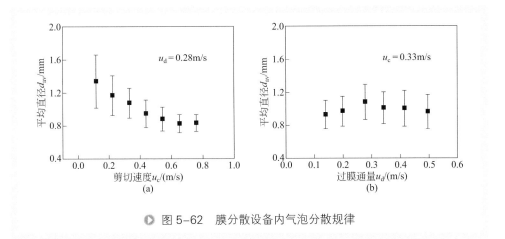

◗ 图 5-62　膜分散设备内气泡分散规律

的剪切速度，随着剪切速度的提升，气泡尺寸逐渐减小。分散相的过膜通量对分散尺寸影响不大。图中给出了气泡直径分布的半峰宽，可见在膜分散设备中气泡呈现多分散性，气泡直径的分布随着剪切速度的提高逐渐变窄。

　　基于以上实验结果，设计了如下纳米碳酸钙制备微反应系统，如图 5-63 所示。反应体系为体积分数 30% 的二氧化碳 / 氮气（混合气）和氢氧化钙悬浊液。使用批次制备的方法，先加入一定量的原料氢氧化钙在 250mL 水中，置于搅拌槽内进行循环，气体通过膜分散设备进入反应系统内，在反应器及其后续的管道内进行反应，管道出口置于搅拌槽上方，在这里气 / 液两相分相。反应器内部通道和膜结构与上一节设备相同，反应温度通过恒温水浴控制在 25℃，二氧化碳混合气进口压力控制在 0.1MPa（表压）。反应过程通过设备进出口的 pH 复合电极监测，当搅拌槽内 pH 值达到 7 时终止实验过程。

　　反应过程的 pH 变化如图 5-64 所示，从搅拌槽内的 pH 变化来看反应初始阶段

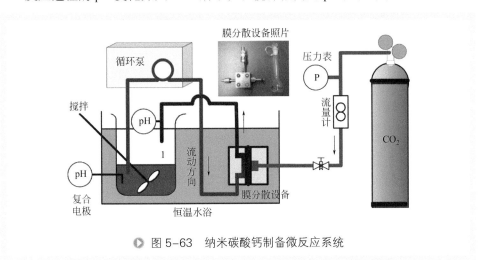

◗ 图 5-63　纳米碳酸钙制备微反应系统

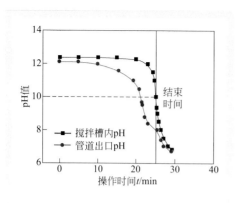

图 5-64 反应过程中 pH 变化情况

氢氧化钙溶解迅速，反应器进料的 pH 没有明显变化，当反应即将结束的时候，槽内 pH 迅速下降，在 pH=10 时达到最大速度，此时槽内已经基本没有固体氢氧化钙的存在，而溶解在溶液中的氢氧化钙也不足原料的 0.1%，因此可以认为反应过程基本结束。考察连续相流量（Q_c）、分散相流量（Q_d）以及浆料中氢氧化钙的体积含率（固含率，X_S）对于颗粒制备的影响，结果表明利用微反应系统制备得到的碳酸钙颗粒均为纳米级，其电镜照片如图 5-65 所示。从图中可以看出，碳酸钙颗粒呈无

Q_c = 56mL/min
Q_d = 130mL/min X_S = 0.74%

(a)

Q_c = 160mL/min
Q_d = 130mL/min X_S = 0.195

(b)

图 5-65 纳米碳酸钙颗粒电镜照片

定形状。使用 X 射线衍射分析获得的纳米颗粒，确定了不同操作条件下制备的碳酸钙均为方解石型，如图 5-66 所示。

通过对电镜照片进行统计，可以获得颗粒的平均直径随操作条件的变化情况，如图 5-67 所示。这里使用表征纳米颗粒通用的 d_{32} 平均直径[97, 98]，其定义如下式所示：

$$d_{32} = \sum d^3 / \sum d^2 \qquad (5-75)$$

式中，d 为单个颗粒直径。从图 5-67 所示的结果来看，颗粒的平均直径会受到连续相流量、分散相流量和氢氧化钙固含率的影响，

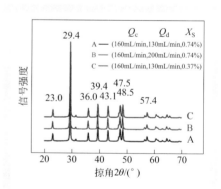

图 5-66 碳酸钙颗粒的
XRD 衍射分析

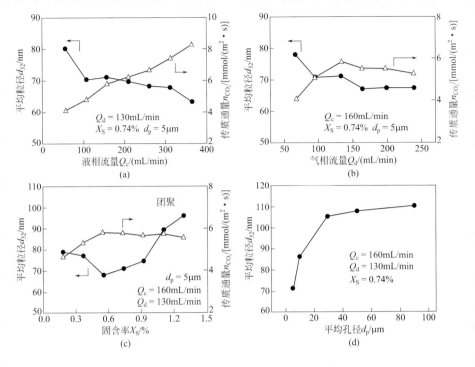

● 图 5-67　颗粒平均粒径调控规律

颗粒的平均直径可以控制在 60 ～ 110nm 的范围内。

根据结晶动力学理论，影响纳米颗粒尺寸的主要因素在于颗粒成核过程中的过饱和度，过饱和度越高，颗粒尺寸越小。体系的过饱和度是指溶液中溶解的碳酸钙超过其热力学饱和值的程度，过饱和度主要受到溶液中碳酸钙形成速率的影响。对于二氧化碳和氢氧化钙溶液的反应来讲，反应受到传质的控制，反应过程主要是在气 / 液界面处的液膜中发生，因此反应速度实际上受到单位时间、单位界面上的二氧化碳传质通量的影响。进一步根据观察到的气泡直径估算了反应过程中的二氧化碳传质通量，并与制备得到的颗粒尺寸进行对比，如图 5-67 所示。传质通量的计算方法如公式（5-76）所示：

$$n_{CO_2} \approx \frac{m_{Ca(OH)_2}/M_{Ca(OH)_2}}{tV\phi_g(6/d_{av})} \qquad (5-76)$$

其中，因为反应过程中水相基本没有自由的二氧化碳分子，所以当反应完成时二氧化碳的总传质量与氢氧化钙的加料量 $m_{Ca(OH)_2}$ 相等，$M_{Ca(OH)_2}$ 为氢氧化钙分子量；t 为反应完成时间（pH=10）；V 为微反应系统内体积（微分散通道和下游管道内腔室体积共计 2.4 mL）；ϕ_g 为气相相含率。图 5-67（a）和图 5-67（b）的结果表明，在一定的氢氧化钙固含率下，颗粒的尺寸随着二氧化碳的传质通量的改变发生了相应的

变化，因此这些操作条件通过影响二氧化碳的传质行为影响了颗粒尺寸。但从图5-68（c）中也可以看出，当氢氧化钙固含率过高时，即使传质通量没有变化，颗粒尺寸也随之增大，这可能是因为在高固含率时晶核之间团聚较为严重造成的。

进一步使用具有不同孔径的微滤膜进行实验，如图5-67（d）所示，实验结果表明碳酸钙颗粒的平均直径随着膜孔径的扩大而增加。膜孔径的扩大一方面增大了气泡的分散尺寸，导致了体系传递性能下降，另一方面也导致反应时间的延长，增加了颗粒的生长时间。不同操作条件下制备得到的颗粒粒径分布如图5-68所示，从中可以看出颗粒粒径分布在较窄的范围内。

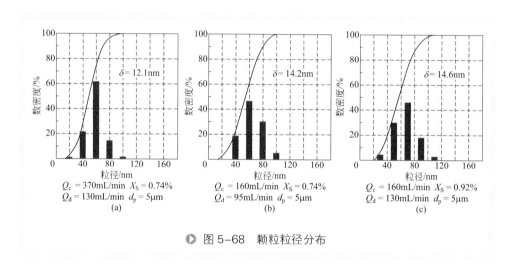

● 图5-68　颗粒粒径分布

微反应设备强化非均相反应的关键是强化相间传质过程，因此认识微分散设备内的传递规律是十分重要的。计算了微反应系统内二氧化碳传质的体积传质系数（$k_l a$），结合气泡分散尺寸进一步估算设备内的传质系数（k_l），如下公式所示：

$$k_l a = \frac{m_{Ca(OH)_2} / M_{Ca(OH)_2}}{t \Delta p_m H_{CO_2}} \qquad (5\text{-}77)$$

$$k_l \approx \frac{m_{Ca(OH)_2} / M_{Ca(OH)_2}}{t V \phi_g (6 / d_{av}) \Delta p_m H_{CO_2}} \qquad (5\text{-}78)$$

式中，Δp_m 为对数平均推动力；H_{CO_2} 为二氧化碳的溶解度系数，$H_{CO_2} = 3.35 \times 10^{-4}$ mol/(L·kPa) (25℃)[99]，计算中认为反应体系水相二氧化碳浓度为0。计算结果如图5-69所示，从中可以看出 k_l 和 $k_l a$ 主要受到连续相剪切速度的影响，分散相过膜通量对于传质系数影响不大。k_l 和 $k_l a$ 随着剪切速度的升高而增大，因此分散度的减小有利于强化气/液传质过程。与间歇鼓泡式碳化反应设备相比[100]，k_l 略有下降，但 $k_l a$ 有较大范围的提升，如表5-11所示。$k_l a$ 的提升有利于反应物的快速

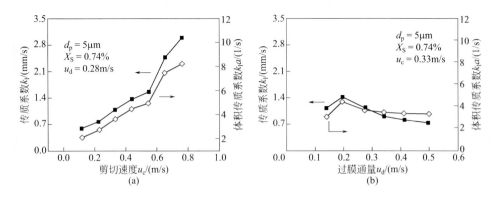

● 图 5-69 微反应系统内气/液传质系数

消耗，缩短反应时间，从而削弱颗粒生长，有利于纳米级颗粒的制备。

表 5-11 微反应系统与常规设备内传质系数对比 [100]

项　目	传质系数 k_l/(mm/s)	体积传质系数 $k_l a$/(1/s)
鼓泡碳化塔①	6.6	1.2
微反应系统②	0.5～3	2～8

① 操作温度 32℃。
② 操作温度 25℃。

二、聚乙烯醇缩丁醛制备反应

聚乙烯醇缩丁醛（polyvinyl butyral，PVB）是聚乙烯醇（简称 PVA）与正丁醛（C_3H_7CHO）在酸催化作用下形成的一种聚合物树脂。它具有良好的柔韧性、溶解性、耐水性、耐热性、耐寒性、耐光性、成膜性，较高的拉伸强度和抗冲击强度，较低的玻璃化温度（T_g）且折射率与玻璃相近 [101]。在 1935 年，美国科学家成功将其合成并应用于汽车夹层玻璃的中间黏合层，替代了以往所使用的增塑纤维素 [102-108]，并于 1936 年开始了夹层玻璃的工业化生产。随着社会的进步和科技的发展，高端军备、公共设施和私人财产的安全得到越来越高的关注，除了汽车和建筑业行业，随着近年来光伏产业、电子科技行业的高速发展，PVB 还被应用于太阳能光伏基板、LED 基板的生产中 [109-113]，品质要求日趋严格，这给 PVB 的发展带来光明前景的同时，也对高品质 PVB 的生产工艺提出越来越高的要求。

如图 5-70 所示，PVB 的合成原理是：在盐酸催化的条件下，正丁醛分子首先被质子化，醛基的碳原子带上正电荷 [101, 114]。当质子化的丁醛遇上聚乙烯醇（PVA）上的羟基时，带有正电荷的碳原子进攻羟基上的氧原子，缩合生成半缩醛并脱去一

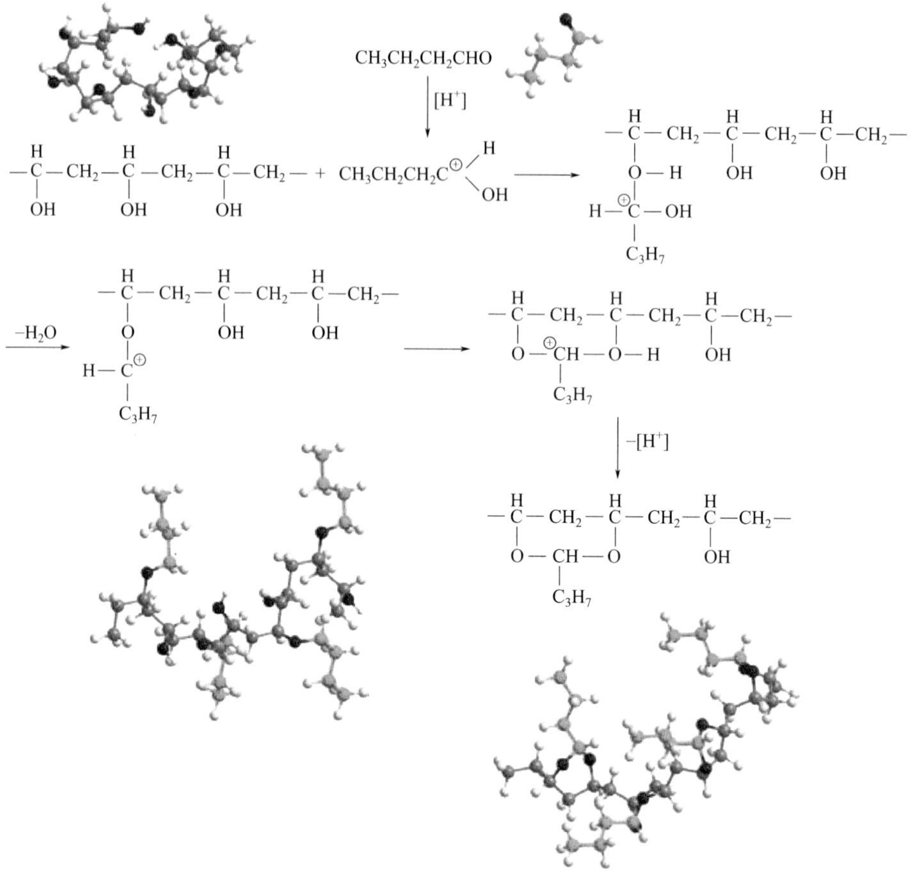

◉ 图 5-70　PVB 的合成反应原理

个水分子。半缩醛是不稳定的化合物，碳原子上依然带有正电荷，还将继续进攻周围的羟基。当与第二个羟基（通常是相邻的羟基）缩合后，碳原子的最外层电子分布达到稳定，失去一个质子，形成最终的缩醛基 / 缩丁基。PVA 向 PVB 转化的过程即是 PVA 分子链上的羟基不断地被正丁醛结合，并生成越来越多缩醛基团的过程。

在 PVB 分子中，除了有未转化的羟基 / 乙烯醇基和反应生成的缩醛基，还有原先 PVA 分子上醇解不完全的醋酸乙烯酯基团，如图 5-71 [这是由于 PVA 本身并非聚合而成，而是由聚醋酸乙烯酯（PVAc）水解得到。型号为 1799 的 PVA 意味着该高分子的聚合度为 1700，醇解度为 99%]。工业上评价 PVB 产品质量的最重要指标是"缩醛度"（Acetalization Degree，AD），它的定义是缩醛基团占整个 PVB 分子的质量分数 [115]。

PVB 的合成本质上是聚合物的改性，是一个高黏度聚合物溶液与小分子有机

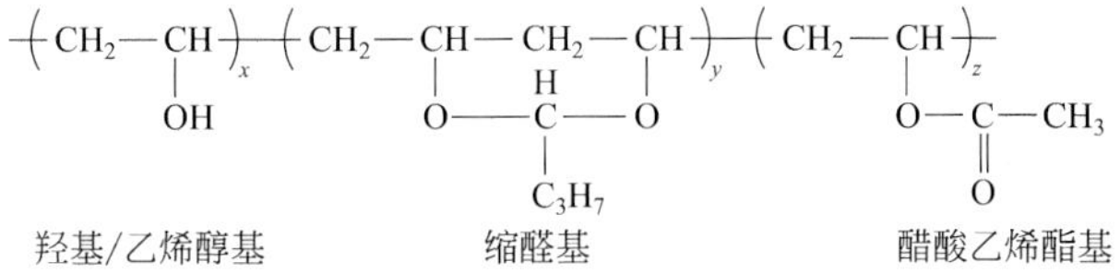

羟基/乙烯醇基　　　　　　缩醛基　　　　　　醋酸乙烯酯基

▶ 图 5-71　PVB 的分子结构 [116]

物、无机酸进行混合并发生反应的过程。这种高黏度、大流量比的反应体系在工业合成过程中十分常见：高黏度的体系常见于原油的预处理（脱硫、脱酸等）、聚合物改性、许多食品加工过程等；萃取精制过程中的萃取、洗涤以及反萃过程也常常需要在大流量比的条件下进行。然而，这些也恰恰是物料混合难度较大的情况，一方面影响分子扩散系数，另一方面也增加了分子扩散距离。而混合效果的好坏往往决定了产物的收率和产品的质量，尤其是对于传递控制或者传递与反应共同控制的过程。因此，解决高黏体系、大流量比下的物料混合成为许多工业过程的关键难题，迫切需要发展相应的高效工艺和设备。通过对高黏体系、大流量比下的液液均相混合以及微混合尺度的研究，已经得知，充分利用微混合器在高效混合上的优势是对 PVB 合成传统沉淀法工艺进行改进的有效方式。关键点是，应在 PVB 析出固体沉淀之前尽可能多地将丁醛转化为半缩醛，减小后续固液反应的负担，从而有效提高固相反应速率，为最终得到高缩醛度的 PVB 奠定基础。

　　基于反应体系的特点，选择十字形微混合器替代原有搅拌加料（此处指添加盐酸）的方式，以微反应器与传统搅拌釜相结合的模式发展出沉淀法改进新工艺，系统地研究包括物料配比、浓度、反应温度、老化升温程序等在内的各个因素的影响规律，在此基础上合成高缩醛度且形貌优化的 PVB 产品具有重要价值。传统沉淀法合成工艺的主要环节包括高温溶解 PVA、丁醛的分散、盐酸的混合以及最后的老化反应。由微反应器与传统搅拌釜相结合的改进思路是将传统工艺中 PVA+ 丁醛溶液与盐酸混合的步骤从原先的低温搅拌替换成十字形微混合器。这一改变不仅是装置的变化，由于微反应器本身的流动属性，原先的批次合成过程将变成半连续化过程，即 PVA+ 丁醛溶液是在连续流动的状态下完成与盐酸的混合和反应。但由于聚合物反应耗时较长（传统方法中，老化反应时间为 8h），老化反应阶段暂时沿用搅拌釜作为反应设备。这一改进新工艺的装置流程如图 5-72 所示。

　　首先使用乳化机将丁醛分散到 PVA 溶液中，以 16000r/min 的转速运转 10min，得到 PVA+ 丁醛溶液。将浓盐酸稀释一定比例配制成盐酸溶液作为另一股物料。为防止平流泵被腐蚀，又考虑到高黏流体不适应于平流泵，专门设计了一种传输系统，高压活塞罐上方的空间储存待输送的物料，当平流泵开始抽水并泵入高压活塞罐的底部，罐内的活塞将被推起，推动活塞上方的物料从高压活塞罐顶部的出口流出，通往微反应器的入口。当活塞推到顶且物料全部排空时，停止平流泵，并且同

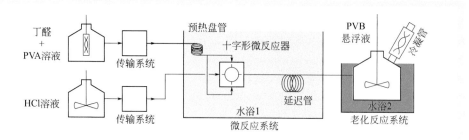

▶ 图 5–72　PVB 沉淀法新工艺的装置流程图

时切换两个阀门的方向。此时从高压活塞罐上方通入高压 N_2，罐内的活塞受压向下运动，推动活塞下方的水排回到水槽中。下一次启动平流泵之前只需再次将待输送物料补充到高压活塞罐内即可。罐体的容积满足完成一组实验所需的物料量。

利用上述输送系统，两股物料通过一段浸没于控温水浴 1 的聚四氟乙烯盘管（盘管的作用是预热料液）流入微混合器的入口，并在十字形微混合器内完成混合。从微混合器的出口流出之后，混合物料还将流经一段聚四氟乙烯盘管，也称为延迟管，在管内，流体以接近平推流的方式流动。实验选择了两种规格和长度的延迟管：loop L1（内径 2mm、长度 16m，$\phi2mm \times 16m$）和 loop L2（一段内径 2mm、长度 3m+ 一段内径 4mm、长度 4.8m，$\phi2mm \times 3m+ \phi4mm \times 4.8m$）。其中 loop L2 的设计是出于降低体系压降的考虑。同样，微反应器及延迟管均浸没在控温水浴 1 中。根据实验的设计，在延迟管的出口，即微反应系统的出口，接取少量样品溶液进行检测。大多数情况下，反应液的主体将直接注入老化反应系统的搅拌釜中，实验室规模的搅拌釜可以选用圆底烧瓶、平底锥形瓶或其他特制的搅拌釜等，搅拌釜带有冷凝管和独立的控温水浴 2。经过一定老化反应时间后，当反应完全结束时，向反应液中加入 NaOH 溶液（0.1mol/L）以中和盐酸并终止反应。接着，用五倍于反应液体积的去离子水在 40℃下洗涤 PVB 固体颗粒，直到洗涤液的 pH 稳定在 7.5 ～ 8.5。过滤之后即可将 PVB 固体颗粒送入真空烘箱，干燥约 8h（45 ～ 50℃），从而得到 PVB 固体样品。

为了快速了解各个操作条件对反应的影响规律，以 2%（质量分数）浓度的 PVA 溶液作为研究体系能够保证溶液处于均相状态，消除可能由操作条件对微液滴传质效率的影响引起的变化，主要观察和分析微反应系统出口，即延迟管出口处的样品溶液。通过观察溶液的状态，可以看到：在延迟管中，溶液从透明的状态逐渐转变为半透明；到延迟管出口处，开始形成不同程度的少量絮状物；注入老化釜进行老化反应后，絮状物持续增多，白色的固体颗粒开始析出，体系黏度经历先增大后减小的变化过程。

盐酸在反应中担当催化剂的角色，主要针对丁醛的质子化过程。通过改变盐酸溶液的浓度或者盐酸溶液的流量来调整 HCl 与 PVA 质量比 $R_{\text{HCl/PVA}}$，在

w_{PVA}=2%，Q_{PVA}=50mL/min，$R_{n\text{-}butanal/PVA}$=0.60，loop L1 的延迟管，以及 t_{aging}=3h，T_{bath1}=T_{bath2}=50℃的条件组合下进行实验，得到图 5-73（a）的结果。可以看出，延迟管出口处溶液的表观缩醛度 AD 因盐酸加入量的增大而带来少量提升（约从 58% 提高到 63%）。仅仅经过不到 1min（<56s）的反应停留时间，表观缩醛度就能够达到 60% 以上，足以证明，在微反应系统内，丁醛被快速转化。相比于传统方法需要花费 0.5h 以上的时间使缩醛度达到 20%～30%（刚刚足够析出固体），反应效率有了较大飞跃。但是，盐酸加入量的增大对于老化 3h 后的 PVB 的表观缩醛度并没有太大影响。

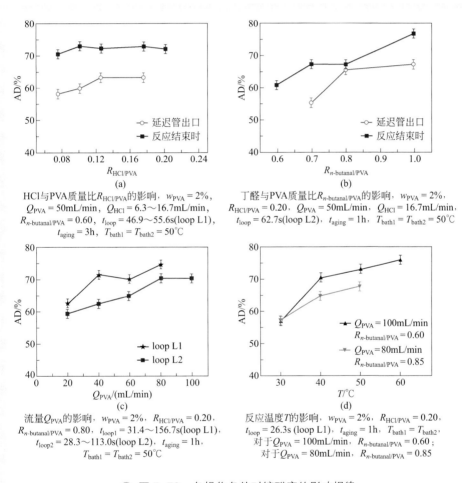

(b)

HCl与PVA质量比$R_{HCl/PVA}$的影响，w_{PVA} = 2%，
Q_{PVA} = 50mL/min，Q_{HCl} = 6.3～16.7mL/min，
$R_{n\text{-}butanal/PVA}$ = 0.60，t_{loop} = 46.9～55.6s(loop L1)，
t_{aging} = 3h，T_{bath1} = T_{bath2} = 50℃

丁醛与PVA质量比$R_{n\text{-}butanal/PVA}$的影响，w_{PVA} = 2%，
$R_{HCl/PVA}$ = 0.20，Q_{PVA} = 50mL/min，Q_{HCl} = 16.7mL/min，
t_{loop} = 62.7s(loop L2)，t_{aging} = 1h，T_{bath1} = T_{bath2} = 50℃

(c)

流量Q_{PVA}的影响，w_{PVA} = 2%，$R_{HCl/PVA}$ = 0.20，
$R_{n\text{-}butanal/PVA}$ = 0.80，t_{loop1} = 31.4～156.7s(loop L1)，
t_{loop2} = 28.3～113.0s(loop L2)，t_{aging} = 1h，
T_{bath1} = T_{bath2} = 50℃

反应温度T的影响，w_{PVA} = 2%，$R_{HCl/PVA}$ = 0.20，
t_{loop} = 26.3s (loop L1)，t_{aging} = 1h，T_{bath1} = T_{bath2}，
对于Q_{PVA} = 100mL/min，$R_{n\text{-}butanal/PVA}$ = 0.60；
对于Q_{PVA} = 80mL/min，$R_{n\text{-}butanal/PVA}$ = 0.85

▶ 图 5-73 各操作条件对缩醛度的影响规律

图 5-73（b）的两条曲线都随着 $R_{n\text{-}butanal/PVA}$ 的增加而上扬，说明不论在微反应系统的出口或是反应最终完成时，过量的丁醛对表观缩醛度 AD 的提高都有较为明显的促进作用。甚至，当 $R_{n\text{-}butanal/PVA}$ = 1.0 时，52.6s 内 AD 即可达到 67%。如果将

图 5-73（b）中 $R_{n-butanal/PVA}$ = 1.0，t_{aging} = 1h 的结果与图 5-73（a）中 t_{aging} = 3h 的老化结果进行对比，发现二者几乎相当。这说明了丁醛加入量的增加在提高反应速率、节省反应时间方面效用显著。进一步在两种延迟管中分别进行实验，延迟管出口处的表观缩醛度 AD 结果已在图 5-73（c）中表示。虽然随着 Q_{PVA} 的增加，反应停留时间从 156.7s 减小到 31.4s（loop L1），或从 113.0s 减小到 28.3s（loop L2），但 AD 不仅没有减小，反而持续增大。尤其是 loop L2 的结果，当 Q_{PVA} 从 20mL/min 变化到 80mL/min 时，AD 随之增大，此时半缩醛的合成受混合性能的影响仍比较显著，过程处于传质控制的状态。这一阶段，微混合器对混合的强化在加快反应速率、提升丁醛转化率上发挥了重要作用。但在 loop L2 的曲线后期，即 Q_{PVA} 从 80mL/min 增加到 100mL/min 时，缩醛度 AD 达到了平台。因此，如果采用 loop L2 的延迟管（出于降低体系压降的考虑），要求 Q_{PVA} 不得小于 80mL/min。对比 loop L1（ϕ2mm×16m）和 loop L2（ϕ2mm×3m + ϕ4mm×4.8m），发现前者的 AD 值更高。合理的解释是，在更细的管道内，更高的流速阻止了沉淀的团聚，从而提供了更大的比表面积参与反应。当然，loop L1 比 loop L2 更长的停留时间也有利于提高延迟管出口处的表观缩醛度 AD。得益于微反应系统在混合性能上的强化作用，混合流体的传质性能得到改善，传质阻力的下降将提高反应体系所允许的反应温度上限。提高反应温度，对于高黏度的聚合物体系，还起到有效降低体系黏度的作用，这反过来又进一步促进传质的进行。实验中设定了四个反应温度值，分别是 30℃、40℃、50℃和60℃，在 Q_{PVA} = 80mL/min 和 100mL/min 的情况下分别进行了两组实验，结果如图 5-73（d）。随着反应温度 T 的提高，经过 1h 的老化时间，缩醛度最高可以达到 75.8%。在较低的温度下，如 30℃，Q_{PVA} 设定为 80mL/min 或者 100mL/min 并没有明显差别。但是，温度越高，两条曲线的差距就越大，强混合带来的优势就越显著。并且注意到，对于 Q_{PVA} = 100mL/min 实验组，丁醛加入量仅为 $R_{n-butanal/PVA}$ = 0.60，比 Q_{PVA} = 80mL/min 实验组更小。究其原因，当反应温度较低时，反应阻力较大，过程处于反应控制或共同控制，此时通过改善混合促进传质并不解决控制环节。而当反应温度提升后，反应阻力减小，传质阻力成为控制步骤，此时加强混合对提高 AD 的作用就得到体现。同时，由于 PVB 的反应进程是从高温溶解的 PVA 水溶液降温至指定反应温度 T 后开始反应，因此提高反应温度还意味着冷却过程能耗的减少。

　　上述研究结果表明，通过引入微反应系统能够有效改善传统工艺中 PVA 溶液与盐酸溶液的混合问题，进一步把这一思路拓展到浓度更高的 PVA 初始溶液，尽管浓度更高的 PVA 初始溶液意味着丁醛将以微液滴而非完全溶解的形式分散在溶液中，并且体系黏度的增大也对混合强化带来更大的挑战。

　　比较四种不同浓度的 PVA 初始溶液（2%，3%，4%，5%），实验体系的参数如表 5-12 所示。很明显，随着 w_{PVA} 的增大，不论老化反应时间是 1h 还是 3h，其 AD 的数值都在逐渐增大。黏度越大的情况反应效果越好。此现象说明，这个过程

仍然是传质阻力与反应阻力的博弈，只不过此时黏度对混合的负面效应不如 w_{PVA} 的提高以及相应盐酸及丁醛浓度的提高对反应效率的正面效应强。此外，提升物料浓度对于实际工业过程来说，意味着产能的提高，单位产品的水耗也相应减小。

表5-12　不同 PVA 初始浓度的结果比较①

w_{PVA}/%	2	3	4	5	w_{PVA}/%	2	3	4	5
w_{HCl}/%	1.2	1.8	2.4	1.8	AD（1h 老化）/%	64.9	71.0	74.2	77.9
$R_{HCl/PVA}$	0.20	0.20	0.20	0.12	AD（3h 老化）/%	70.5	76.5	79.2	79.7

①其他条件：Q_{PVA} = 80.0mL/min，Q_{HCl} = 26.7mL/min，$R_{n\text{-butanal}/PVA}$ = 0.80，T_{bath1} = T_{bath2} = 40℃，t_{loop} = 38.9s（loop L1）。

从表5-12的结果还可以看到，4% 和 5% 实验组在经过 3h 的老化反应之后，缩醛度能够达到 79% 以上，满足了制膜级 PVB 对缩醛度的要求。图5-74 展示了表5-12 中四组实验得到的 PVB 固体样品的照片和扫描电镜（SEM）结果。可以看到，更高 PVA 初始浓度组得到的 PVB 一次颗粒尺寸更小。对于 2% 的情况，一次颗粒尺寸约为 5～7μm；当浓度变为 5%，一次颗粒尺寸达到 3～5μm，减小了近 40%。一次颗粒尺寸的减小应归功于高浓度体系的快速成核和快速沉淀，这也再次印证了反应初期的快速混合有助于反应强化的理论。

◐ 图5-74　PVB 固体样品及其扫描电镜照片（对应于表5-12 中的四组样品）

对 PVB 样品进行红外谱图的分析，如图5-75 所示。3500cm⁻¹ 的吸收峰代表了未反应的羟基（—OH），2960cm⁻¹ 的吸收峰表示—CH 的伸缩振动，而 C═O 的吸收则出现在 1740cm⁻¹。此外，1435cm⁻¹ 和 1380cm⁻¹ 处的两个吸收峰分别表示—CH₂ 的弯曲振动和的—CH₃ 伸缩振动。而出现在 1144cm⁻¹ 和 1055cm⁻¹ 处的吸收峰则是 C—O—C 对称及非对称的伸缩振动峰。上述吸收峰的出现足以证明反应得到的样品确实是 PVB，当中不仅有反应生成的缩丁基，还有一部分未反应的羟

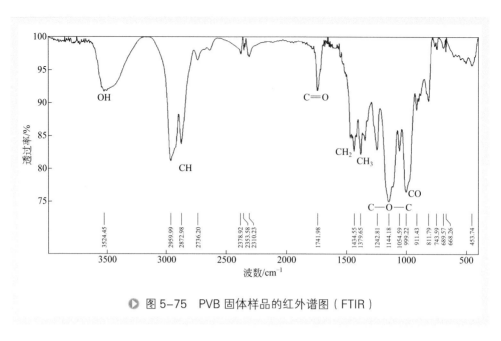

图 5-75　PVB 固体样品的红外谱图（FTIR）

基和少量的醋酸乙烯酯基。

　　研究者也将尝试把新工艺操作条件的参数转移到传统搅拌釜中进行实验，比较两种方法在相同条件下实验室小试规模的实验结果，并与文献结果进行比较。如图 5-76 所示，从表观缩醛度的结果来看，很显然，沉淀法新工艺得到的 PVB AD 更高。当比较二者样品的形貌时，新工艺的优越性则更加突出。前者的一后者次颗粒尺寸比从类似胶状的颗粒明显更小，而且前者的孔隙率也更高，有利于缓解后续中和与洗涤的困难。正是由于混合强化使得丁醛快速转化，导致沉淀析出之前，聚合物达到过饱和状态，才能够形成尺寸小、孔隙大的一次颗粒。但是，在传统搅拌法中，50℃的反应温度对于混合强度不足的搅拌釜而言，会因反应速率过快而导致非均匀缩醛反应，从而易造成羟基被包裹在颗粒内部，并形成大量结块的现象。这也说明传统沉淀法无法适应较高的反应温度。

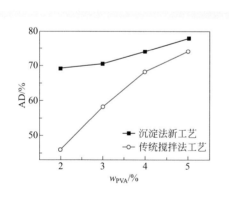

图 5-76　PVB 样品缩醛度的比较——
沉淀法新工艺 & 传统搅拌法工艺

[$R_{n-butanal/PVA}$ = 0.80，Q_{PVA} = 80mL/min，Q_{HCl} = 26.7mL/min，t_{loop} = 28.3s（loop L1），t_{aging} = 3h，T_{bath1} = T_{bath2} = 50℃；对于 w_{PVA} = 2% ~ 4%，$R_{HCl/PVA}$ = 0.20，对于 w_{PVA} = 5%，$R_{HCl/PVA}$ = 0.12]

如果将新工艺的实验结果与公开文献[117]中传统方法操作条件（比如 4% PVA 溶液在 10℃下反应 2h，升温 1h，达到 65℃后维持反应 2h）下得到的结果相比，文献的缩醛度结果为 63% ～ 70%，最优的条件也仅为 76.6%（10% 的 PVA 溶液，老化反应时间至少 8h，需加入表面活性剂），微反应工艺的最优结果能达到 79.7%。值得注意的是，任何添加剂的加入均会保留在体系中，包括后续的样品处理和使用 PVB 树脂制作 PVB 膜片的过程，所以无任何添加剂也是此沉淀法新工艺的一大优点。总之，基于微尺度混合的 PVB 沉淀法新工艺相较于传统搅拌法的工艺，不仅在 PVB 品质（缩醛度和颗粒形貌）上更能满足制膜级 PVB 的标准，并且在节约能量消耗、节约水的消耗、稳定性方面有较为突出的优势。

本章主要针对微尺度下不同相态的反应过程进行了简单介绍，相关内容主要基于笔者研究团队所从事过的相关研究内容。微反应技术是实现化工过程绿色、安全、高效的核心技术。作为新型的化工技术与装备，微反应器能够强化非均相反应过程，降低过程的能耗、物耗，提高生产效率和安全性，因而有着广泛的应用前景。本章以微反应过程的动力学和选择性调控为核心，介绍了微筛孔分散、膜分散等微反应装备，对于非均相反应微型化过程具有一定示范意义。

参考文献

[1] Wiles C, Watts P. Continuous flow reactors, a tool for the modern synthetic chemist[J]. European Journal of Organic Chemistry, 2008, 2008(10)：1655-1671.

[2] Dessimoz A L, Cavin L, Renken A, et al. Liquid-liquid two-phase flow patterns and mass transfer characteristics in rectangular glass microreactors[J]. Chemical Engineering Science, 2008, 63(16): 4035-4044.

[3] Brandner J J, Benzinger W, Schygulla U, et al. Microstructure devices for effective heat transfer[J]. Microgravity Science and Technology, 2007, 19:41-43.

[4] Xu J H, Tan J, Li S W, et al. Enhancement of mass transfer performance of liquid-liquid system by droplet flow in microchannels[J]. Chemical Engineering Journal, 2008, 141:242-249.

[5] Burns J R, Ramshaw C. The intensification of rapid reactions in multiphase systems using slug flow in capillaries[J]. Lab on a Chip, 2001, 1(1):10-15.

[6] Skelton V, Greenway G M, Haswell S J, et al. The preparation of a series of nitrostilbene ester compounds using micro reactor technology[J]. Analyst, 2001, 126(1):7-10.

[7] Skelton V, Greenway G M, Haswell S J, et al. The generation of concentration gradients using electroosmotic flow in micro reactors allowing stereoselective chemical synthesis[J]. Analyst, 2001, 126(1):11-13.

[8] Veser G. Experimental and theoretical investigation of H_2 oxidation in a high-temperature catalytic microreactor[J]. Chemical Engineering Science, 2001, 56(4):1265-1273.

[9] Ehrfeld W, Hartmann H J, Hessel V, et al. Microreaction technology for process intensification and high throughput screening[C]// VandenBerg A, Bergveld P, Olthuis W. Micro total analysis systems 2000, proceedings. 2000: 33-40.

[10] Doku G N, Haswell H J, McCreedy T, et al. Electric field-induced mobilisation of multiphase solution systems based on the nitration of benzene in a micro reactor[J]. Analyst, 2001, 126(1):14-20.

[11] Baraldi P T, Noel T, Wang Q, et al. The accelerated preparation of 1,4-dihydropyridines using microflow reactors[J]. Tetrahedron Letters, 2014, 55(13):2090-2092.

[12] Ishikawa H, Bondzic B P, Hayashi Y. Synthesis of (−)-oseltamivir by using a microreactor in the curtius rearrangement[J]. European Journal of Organic Chemistry, 2011(30):6020-6031.

[13] Baumann M, Baxendale R, Ley S V, et al. A modular flow reactor for performing curtius rearrangements as a continuous flow process[J]. Organic & Biomolecular Chemistry, 2008, 6(9):1577-1586.

[14] Wang X, Cuny G D, Noel T. A mild, one-pot Stadler-Ziegler synthesis of arylsulfides facilitated by photoredox catalysis in batch and continuous-flow[J]. Angewandte Chemie- International Edition, 2013, 52(30):7860-7864.

[15] Chernyak N, Buchwald S L. Continuous-flow synthesis of monoarylated acetaldehydes using aryldiazonium salts[J]. Journal of the American Chemical Society, 2012, 134(43):18147.

[16] Brocklehurst C E, Lehmann H, Vecchia L La. Nitration chemistry in continuous flow using fuming nitric acid in a commercially available flow reactor[J]. Organic Process Research & Development, 2011, 15(6):1447-1453.

[17] Noel T, Maimone T J, Buchwald S L. Accelerating palladium-catalyzed C—F bond formation: Use of a microflow packed-bed reactor[J]. Angewandte Chemie-International Edition, 2011, 50(38):8900-8903.

[18] Baumann M, Baxendale I R, Ley S V. The use of diethylaminosulfur trifluoride (DAST) for fluorination in a continuous-flow microreactor[J]. Synlett, 2008(14):2111-2114.

[19] Nagaki A, Yoshida J. Controlled polymerization in flow microreactor systems[M]//Controlled Polymerization and Polymeric Structures. Cham: Springer, 2012: 1-50.

[20] 骆广生, 王凯, 吕阳成, 等. 微反应器研究最新进展 [J]. 现代化工, 2009 (5): 27-31.

[21] Paulissen R, Reimlinger H, Hayez E, et al. Transition-metal catalyzed reactions of diazocompounds.2. Insertion in hydroxylic bond[J]. Tetrahedron Letters, 1973(24):2233-2236.

[22] Wurz R P, Charette A B. Transition metal-catalyzed cyclopropanation of alkenes in water: Catalyst efficiency and in situ generation of the diazo reagent[J]. Organic Letters, 2002, 4(25):4531-4533.

[23] Clark J D, Shah A S, Peterson J C. Understanding the large-scale chemistry of ethyl diazoacetate via reaction calorimetry[J]. Thermochimica Acta, 2002, 392:177-186.

[24] Clark J D, Shah A S, Peterson J C, et al. The thermal stability of ethyl diazoacetate[J]. Thermochimica Acta, 2002, 386(1):65-72.

[25] 赵林 . 菊酸乙酯工段重氮化反应工艺的改进 [J]. 江苏化工 , 1996(03):45-47.

[26] 王红利 . 重氮乙酸乙酯的合成与含量分析 [J]. 精细化工中间体 , 2008(01):40-46.

[27] Clark J D, Shah A S, Peterson J C, et al. Process research, development, and pilot-plant preparation of clofencet, a novel wheat hybridizing agent: Lewis acid-catalyzed reaction of ethyl diazoacetate with 4-chlorophenyl hydrazonoacetaldehyde[J]. Organic Process Research & Development, 2004, 8(2):176-185.

[28] 潘祖仁 . 高分子化学 [M]. 北京 : 化学工业出版社 , 2007.

[29] Mandal M M, Serra C, Hoarau Y, et al. Numerical modeling of polystyrene synthesis in coiled flow inverter[J]. Microfluidics and nanofluidics, 2011, 10(2): 415-423.

[30] Lorber N, Pavageau B, Mignard E. Investigating Acrylic Acid Polymerization by Using a Droplet-Based Millifluidics Approach[J]. Macromolecular Symposia, 2010, 296(1): 203-209.

[31] Günther A, Jhunjhunwala M, Thalmann M, et al. Micromixing of miscible liquids in segmented gas-liquid flow[J]. Langmuir, 2005, 21(4): 1547-1555.

[32] Kohl A L, Nielsen R B. Gas Purification[M]. 5th ed. Houston, USA: Gulf Publishing Co., 1997.

[33] Metz B, Davidson O, Coninck H C, et al. IPCC Special Report on Carbon Dioxide Capture and Storage[M]. Cambridge, UK: Cambridge University Press, 2005.

[34] Haszeldine R S. Carbon capture and storage: how green can black be? [J] Science, 2009, 325:1647.

[35] Kohl A L, Riesenfeid F C. Gas Purification[M]. Gulf Publishing Company, 1985.

[36] Sartori G, Savage D W. Sterically hindered amines for CO_2 removal from gases[J]. Ind Eng Chem Fundam, 1983, 22:239.

[37] Yamada H, Matsuzaki Y, Higashii T. Density functional theory study on carbon dioxide absorption into aqueous solutions of 2-Amino-2-methyl-1-propanol using a continuum solvation model[J]. J Phys Chem A, 2011, 115:3079.

[38] Arcis H, Rodier L, Coxam J Y. Enthalpy of solution of CO_2 in aqueous solutions of 2-amino-2-methyl-1-propanol[J]. J Chem Thermodyn, 2007, 39:878.

[39] Gabrielsen J, Michelsen M L, Stenby E H, et al. Modeling of CO_2 absorber using an AMP solution[J]. AIChE J, 2006, 52:3443.

[40] Tan J, Shao H W, Xu J H, et al. Mixture absorption system of monoethanolamine-triethylene glycol for CO_2 capture[J]. Ind Eng Chem Res, 2011, 50:3966.

[41] Guo X, Tang Z G, Fei W Y. Solubility of CO_2 in alcohols, glycols, ethers and ketones at high pressures from (288.15 to 318.15) K[J]. J Chem Eng Data, 2011, 56: 2420-2429.

[42] Jou F Y, Otto F D, Mather A E. Solubility of H_2S and CO_2 in diethylene glycol at elevated pressures[J]. Fluid Phase Equilibr, 2000, 175:53.

[43] Park S H, Lee K B, Hyun J C, Kim S H. Correlation and prediction of the solubility of carbon dioxide in aqueous alkanolamine and mixed alkanolamine solutions[J]. Ind Eng Chem Res, 2002, 41: 1658.

[44] Posey M L, Tapperson K J, Rochelle G T. A simple model for prediction of acid gas solubilities in alkanolamines[J]. Gas Sep Purif, 1996,10:181-186.

[45] Murrieta-Guevara F, Rebolledo-Libreros E, Trejo A. Solubility of carbondioxide in binary mixtures of N-methylpyrrolidone with alkanolamines[J]. J Chem Eng Data, 1992,37:4-7.

[46] Svensson H, Edfeldt J, et al. Solubility of carbon dioxide in mixtures of 2-amino-2-methyl-1-propanol and organic solvents[J]. Int J Greenhouse Gas Control, 2014, 27:247-254.

[47] Santacesaria E, Di Serio M, Russo A, et al. Kinetic and catalytic aspects in the hydrogen peroxide production via anthraquinone[J]. Chem Eng Sci, 1999, 54:2799-2806.

[48] Halder R, Lawal A. Experimental studies on hydrogenation of anthraquinone derivative in a microreactor[J]. Catal Today, 2007, 125:48-55.

[49] Berglin T, Schoon N H. Kinetic and mass-transfer aspects of the hydrogenation stage of the anthraquinone process for hydrogen-peroxide production[J]. Ind Eng Chem Res, 1981, 20:615-621.

[50] Solvay. Making hydrogen peroxide by the anthraquinone process: GB 2334028A: New nanosized catalytic membrane reactors for hydrogenation with stored hydrogen: Prerequisites and the experimental basis for their creation[J]. Russ J Phys Chem A+, 2010, 84:2102-2109.

[51] Ranz W E. Friction and transfer coefficients for single particles and packed beds[J]. Chem Eng Prog, 1952, 48:247-253.

[52] Wakao N, Funazkri T. Effect of fluid dispersion coefficients on particle-to-fluid mass-transfer coefficients in packed-beds-correlation of sherwood numbers[J]. Chem Eng Sci, 1978, 33:1375-1384.

[53] Yoshida J, Nagaki A, Iwasaki T, et al. Enhancement of chemical selectivity by microreactors[J]. Chem Eng Technol, 2005, 28(3):259-266.

[54] Nagaki A, Togai M, Suga S, et al. Control of extremely fast competitive consecutive reactions using micromixing. Selective Friedel-Crafts aminoalkylation[J]. J Am Chem Soc, 2005, 127(33):11666-11675.

[55] Giuffre L, Sioli G, Losio E, et al. Comportamento dell'acido cicloesancarbossiliconel solvente solforico Nota Ⅱ [J]. Chim Ind, 1969, 51(1):33-37.

[56] Giuffre L, Sioli G, Losio E. Comportamento dell'acido cicloesancarbossiliconel solvente solforico Nota Ⅲ [J]. Chim Ind, 1969, 51(3):245-252.

[57] Tempesti E, Giuffre L, Sioli G, et al. Mixed anhydrides of cyclohexanecarboxylic acid with sulfonic acids[J]. J Chem Soc Perkin Trans 1, 1974 (7):771-773.

[58] Giuffre L, Sioli G. Valutazione della composizione di soluzioni concentrate di acido

cicloesancarbossilico ed oleum[J]. Chim Ind, 1969, 51(8):787-794.

[59] Maggiorotti P. The application of the reaction calorimetry to investigate reactions involving unstable compounds[J]. J Therm Anal, 1992, 38(12):2749-2758.

[60] Tempesti E, Giuffre L, Buzziferraris G, et al. Investigation into kinetics of reaction between cyclohexanecarboxylic acid and oleum[J]. Chim Ind, 1976, 58(4):247-251.

[61] 王涛 , 朴香兰 , 朱慎林 . 高等传递过程原理 [M]. 北京 : 化学工业出版社 , 2005.

[62] 己内酰胺生产物性手册 [M]. 石家庄 : 中石化石家庄化纤公司 , 2000.

[63] 刘少武 , 齐焉 . 硫酸工作手册 [M]. 南京 : 东南大学出版社 , 2001.

[64] Hommeltoft S I. Isobutane alkylation: Recent developments and future perspectives[J]. Applied Catalysis A, General, 2001, 221(1): 421-428.

[65] Corma A, Martínez A. Chemistry, Catalysts, and Processes for Isoparaffin-Olefin Alkylation: Actual Situation and Future Trends[J]. Catalysis Reviews, 1993, 35(4): 483-570.

[66] Albright L F. Alkylation of Isobutane with C_3-C_5 Olefins To Produce High-Quality Gasolines: Physicochemical Sequence of Events[J]. Industrial & Engineering Chemistry Research, 2003, 42(19): 4283-4289.

[67] 程丽丽 . 硫酸法烷基化工艺的推进 [J]. 当代化工 , 2005 (02): 96-98.

[68] 陈立江 , 史会兵 , 赵倩倩 . 烷基化技术前景及进展 [J]. 广州化工 , 2017, 45(19): 1-3.

[69] 郑冬梅 . 异丁烷与烯烃烷基化工艺技术进展 [J]. 化工进展 , 2004, 23: 58-62.

[70] 胡莹梅 . 烷基化汽油生产技术的发展 [J]. 现代化工 , 2008 (10): 30-34.

[71] Weitkamp J, Traa Y. Isobutane/butene alkylation on solid catalysts. Where do we stand? [J] Catalysis Today, 1999, 49(1): 193-199.

[72] Meister J M, Black S M, Muldoon B S, et al. Optimize alkylate production for clean fuels [J]. Hydrocarbon Processing, 2000, 79(5): 63-75.

[73] Olah G A, Mathew T, Goeppert A, et al. Ionic Liquid and Solid HF Equivalent Amine-Poly(Hydrogen Fluoride) Complexes Effecting Efficient Environmentally Friendly Isobutane-Isobutylene Alkylation[J]. Journal of the American Chemical Society, 2005, 127(16): 5964-5969.

[74] Feller A, Zuazo I, Guzman A, et al. Common mechanistic aspects of liquid and solid acid catalyzed alkylation of isobutane with *n* -butene[J]. Journal of Catalysis, 2003, 216(1-2): 313-323.

[75] 曹祥 . 硫酸法烷基化与固体酸烷基化工艺比较 [J]. 广东化工 , 2010, 37(06): 80-81.

[76] Albright L F, Li K W. Alkylation of Isobutane with light Olefins Using Sulfuric Acid-reaction mechanism and comparison with HF alkylation[J]. Industrial & Engineering Chemistry Process Design and Development, 1970, 9(3): 447-454.

[77] 朱庆云 , 乔明 , 任静 . 液体酸烷基化生产技术的发展趋势 [J]. 石化技术 , 2010, 17(4): 49-53.

[78] Albright L F. Present and Future Alkylation Processes in Refineries[J]. Industrial & Engineering Chemistry Research, 2009, 48(3): 1409-1413.

[79] Li K W, Eckert R E, Albright L F. alkylation of isobutane with light olefins using sulfuric acid-operating variables affecting both chemical and phsycial phenomena[J]. Industrial & Engineering Chemistry Process Design and Development, 1970, 9(3): 441-446.

[80] Sprow F B. Role of interfacial area in sulfuric acid alkylation[J]. Industrial & Engineering Chemistry Process Design and Development, 1969, 8(2): 254-257.

[81] Li K W, Eckert R E, Albright L F. Alkylation of Isobutane with light Olefins Using Sulfuric Acid-Operating Variables Affecting Physical Phenomena Only[J]. Industrial & Engineering Chemistry Process Design and Development, 1970, 9(3): 434-440.

[82] Carrizales-Martínez G, Femat R, González-Alvarez V. Temperature control via robust compensation of heat generation: Isoparaffin/olefin alkylation[J]. Chemical Engineering Journal, 2006, 125(2): 89-98.

[83] 谷涛, 王永虎, 田松柏. 异丁烷与烯烃烷基化工艺研究进展 [J]. 石油技术与应用, 2005, 23(2): 133-137.

[84] 毕建国. 烷基化油生产技术的进展 [J]. 化工进展, 2007, 26(7): 934-939.

[85] Jensen K F, Reizman B J, Newman S G. Tools for chemical synthesis in microsystems[J]. Lab on a Chip, 2014, 14(17): 3206-3212.

[86] Hartman R L. Managing solids in microreactors for the upstream continuous processing of fine chemicals[J]. Organic Process Research & Development, 2012, 16(5): 870-887.

[87] Liedtke A K, Bornette F, Philippe R, et al. Gas-liquid-solid "slurry Taylor" flow: Experimental evaluation through the catalytic hydrogenation of 3-methyl-1-pentyn-3-ol[J]. Chemical Engineering Journal, 2013, 227: 174-181.

[88] Ufer A, Sudhoff D, Mescher A, et al. Suspension catalysis in a liquid-liquid capillary microreactor[J]. Chemical Engineering Journal, 2011, 167(2-3): 468-474.

[89] Ufer A, Mendorf M, Ghaini A, et al. Liquid-liquid slug flow capillary microreactor[J]. Chemical Engineering & Technology, 2011, 34(3): 353-360.

[90] Yap S K, Yuan Y, Zheng L, et al. Rapid nanoparticle-catalyzed hydrogenations in triphasic millireactors with facile catalyst recovery[J]. Green Chemistry, 2014, 16(11): 4654-4658.

[91] 颜鑫, 周继承, 邓新云. 纳米碳酸钙四大纳米效应应用表现 [J]. 化工文摘, 2008 (4):44-47.

[92] Gopinath C S, Hegde S G, Ramaswamy A V, et al. Photoernission studies of polymorphic $CaCO_3$ materials[J]. Mater Res Bull, 2002, 37(7):1323-1332.

[93] 周立, 李超, 钟宏. 纳米碳酸钙合成工艺及应用研究进展 [J]. 广东化工, 2009, 36(192):75-86.

[94] 陈立军, 张心亚, 黄洪, 等. 纳米碳酸钙制备技术评述 [J]. 化工矿物与加工, 2005 (1):1-4.

[95] Chen J F, Wang Y H, Guo F, et al. Synthesis of nanoparticles with novel technology: High-gravity reactive precipitation[J]. Ind Eng Chem Res, 2000, 39(4):948-954.

[96] Burns J R, Jachuck J J. Monitoring of $CaCO_3$ production on a spinning disc reactor using

conductivity measurements[J]. AIChE J, 2005, 51(5):1497-1507.

[97] 陈桂光 . 膜分散微混合器及超细颗粒的可控制备 [D]. 北京 : 清华大学 , 2005.

[98] 李少伟 . 微结构系统内纳米颗粒可控制备 [D]. 北京 : 清华大学 , 2009.

[99] 蒋维钧 , 雷良恒 , 刘茂林 , 等 . 化工原理 (下册)[M]. 北京 : 清华大学出版社 , 2003:39.

[100] 胡庆福 . 纳米级碳酸钙生产与应用 [M]. 北京 : 化学工业出版社 , 2004:87.

[101] Wade B. Vinyl acetal polymers: Encyclopedia of Polymer Science & Science & Technology[Z]. 3rd ed. Hoboken, NJ: Wiley-Interscience, 2005: 381-399.

[102] 任毅 , 姚雪容 , 马蓓蓓 , 等 . 太阳能电池封装膜的应用现状及发展趋势 [J]. 石油化工 , 2014 (05): 481-490.

[103] 朱晓亮 . 太阳电池封装用 PVB 胶膜的制备及性能研究 [D]. 广州 : 华南理工大学 , 2013.

[104] 熊新华 , 刘芳娇 , 王琦 . LED 封装技术发展的研究与展望 [J]. 新材料产业 , 2014 (12): 12-15.

[105] 欧阳雪琼 , 王双喜 , 郑琼娜 , 等 . 大功率 LED 用封装基板研究进展 [J]. 电子与封装 , 2011,11(4): 1-5, 16.

[106] 谢进 , 宗祥福 . 氮化铝陶瓷覆铜基板的研制 [J]. 硅酸盐学报 , 2000 (04): 385-387.

[107] Kalyani N T, Dhoble S J. Organic light emitting diodes: energy saving lighting technology-a review[J]. Renewable & Sustainable Energy Reviews, 2012, 16(5): 2696-2723.

[108] Ahmad J, Bazaka K, Anderson L J, et al. Materials and methods for encapsulation of opv: a review[J]. Renewable & Sustainable Energy Reviews, 2013, 27: 104-117.

[109] 孙宏坚 . 我国 PVB 树脂及其中间膜的进展与展望 [J]. 塑料制造 , 2011 (03): 61-65.

[110] 江镇海 . 聚乙烯醇缩丁醛市场分析与进展 [J]. 合成材料老化与应用 , 2011 (05): 50-51.

[111] 苑会林 , 马沛岚 , 王婧 , 等 . 聚乙烯醇缩丁醛树脂的性能及应用 [J]. 工程塑料应用 , 2004,32(2): 43-46.

[112] 李国东 , 张毅 . 聚乙烯醇缩丁醛树脂的研究与应用 [J]. 中国胶粘剂 , 2006, 15(6): 27-32.

[113] 肖艳 . 透视 PVB 夹层玻璃及其市场 [J]. 玻璃与搪瓷 , 2011 (05): 43-48.

[114] Hermann H D, Joachim F, Ulrich M. Process for the preparation of polyvinyl butyral having improved properties[P]: US 4205146. 19780718.

[115] 王雷刚 , 郑玉斌 , 尚宏周 . 聚乙烯醇缩丁醛的合成新工艺 [J]. 中国胶粘剂 , 2008, 17(8): 15-18.

[116] 王雷刚 . 聚乙烯醇缩丁醛的合成与应用研究 [D]. 大连 : 大连理工大学 , 2008.

[117] 赵容 , 张利存 , 宋倩茜 , 等 . 沉淀法合成聚乙烯醇缩丁醛及其应用性能研究 [J]. 中国胶粘剂 , 2012 (11): 47-51.

第六章

基于微设备的分离过程强化技术

在化工生产中，分离过程是保证原料和产品品质、实现反应物和介质循环、妥善处理三废的关键。分离过程强化的目标在于提高效率、降低成本、减少环境影响。为达成这些目标，使用更小、更高效的分离设备无疑是最直接和有效的手段，微设备是这类设备的典型代表。

第一节 微设备内分离过程强化的理论基础

一、微分散体系的传质行为

传统液/液、气/液传质设备的分散尺度一般在毫米或厘米量级，微设备利用受限空间内的流体与流体、流体与壁面的相互作用，可以形成微米量级的微分散体系，相对于前者，其比表面积更大，传质距离更短，能够大大强化气/液、液/液等相间传质过程。图 6-1 汇总了一些化工设备的热质传递性能。可以看到，微设备明显优于搅拌釜、脉冲塔、静态混合器和板式换热器等传统设备，它们的总体积传质系数可以相差 10 ～ 1000 倍[1]。

研究还发现，微尺度下的湍流和内循环对微结构设备的传质性能也有很大贡献。对于液/液微分散过程，在液滴或液柱内部及连续相内部存在明显的内循环运动[3]，如图 6-2 所示。这种二次流运动是由于流体与壁面间的相互摩擦作用产生的。流体靠近壁面处的速度较低，而通道中部运动较快，从而形成了循环流动。这种内循环流动可以显著强化液/液体系相内及相间传质过程[4]。

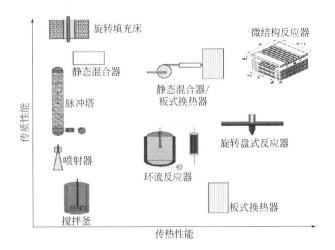

图 6-1　各种反应器的传热传质效率 [2]

而对于气/液传质体系，近年来许多研究者利用浓度分析、在线紫外、显微观察等方法对微通道内的表观传质量及传质面积进行了直接或间接的表征，以考察微通道内的传质性能 [5]。这些研究往往以稳定可控的相界面为基础，更多地集中于气泡/气柱运动阶段的传质过程。在该阶段，气/液两相以较小的相对速度作并流流动。对于分散尺寸均一的气泡流，球形相界面较为规则，整个传质过程可以具体到单个气泡内部向其表面液膜内部的传质过程。对于气柱流（Taylor 流），van Baten 和 Krishna 提出气/液体系总传质可以拆分成两部分：气柱两端"帽子"处与液相之间的传质以及气柱中部与气柱和壁面之间环隙液膜之间的传质 [6]。对于后者而言，尽管气柱中部与

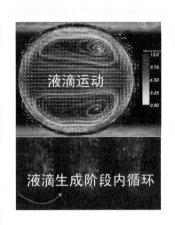

图 6-2　液滴/液柱生成及运动阶段内循环流动 [3]

环隙液膜之间接触面积通常占据总接触面积的 90%，但由于环隙液膜的厚度通常很薄 (10⁻⁶m)，膜内液相很容易饱和，对传质的贡献不大。Pohorecki 给出了用来比较这两部分传质分别对总传质贡献的判据 [7]。

上述研究在说明内循环运动可以强化相内及相间的传质的同时，也发现不同微分散方式和流型下传质行为会呈现出不同特点，在液滴（气泡）/液柱（气柱）生成阶段传质的贡献量很大。反之，当传质量较大时，传质过程本身也会对液（气）/液界面性质及微分散行为产生影响，使得微分散体系的传质行为变得更加复杂。

研究者们还发现，对于大传质量液/液体系，传质会使液/液界面附近存在较

大的浓度梯度和较大的局部界面张力梯度,后者会引发界面处的局部切向运动,这种现象称 Marangoni 对流效应[8]。近年来,有许多研究者利用 CFD 模拟的方法研究了单液滴传质时 Marangoni 现象的出现条件及存在时的液/液传质行为[9]。研究结果表明,传质量越大或界面张力对于溶液浓度的敏感程度越高时,Marangoni 对流现象越明显。主体相流动情况会影响相间传质行为,因此也会影响 Marangoni 对流的强度[10]。

在数值模拟过程中,存在 Marangoni 对流时的传质速率要高于不考虑 Marangoni 对流的结果。Wegener 等[11]以甲苯/丙酮/水为模拟体系,考察了有 Marangoni 对流存在时的单液滴传质行为,模拟结果发现 Marangoni 不对流会促进液滴内的混合,如图 6-3 所示。他们在单液滴扩散传质系数计算式中引入了一个扩散系数因子 $[\alpha(c_{A,0})]$,以表征 Marangoni 对流对传质的强化,结果表明体系传质速率随初始浓度的增加而增大。

$$M_A = \frac{6}{7} d_p^2 \Delta c_A \sqrt{t_c \pi} \sqrt{\alpha(c_{A,0} D_A)} \tag{6-1}$$

式中,M_A 为传质速率;d_p 为液滴直径;Δc_A 为浓度差;t_c 为液滴生成时间;D_A 为扩散系数。

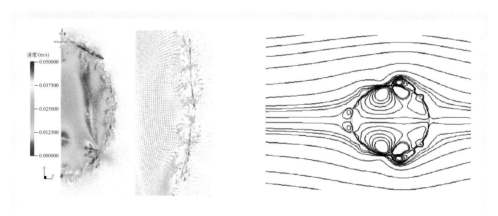

◉ 图 6-3 由传质引发的 Marangoni 对流效应[11]

剧烈的传质过程对于宏观的液/液界面张力也有影响。Martin 等[12]以正丁醇从水相向油相(canola oil)的传质过程为研究对象,发现液/液界面张力随着初始正丁醇浓度的增加而下降。由于剧烈传质引发的界面不稳定性及界面张力的降低使得液滴间的聚并更容易发生[13],如图 6-4 所示。Saboni 等[14]的研究表明这是由于传质过程加速了液滴间液膜的排出。

在液/液微分散过程中,当传质过程对液/液界面性质的影响不可忽略时,有传质体系的微分散行为与无传质体系也会明显不同。Li 等[15]对 T 形剪切通道中硫

酸与氯化钡反应制备纳米硫酸钡的研究表明，当硫酸从油相向水相传质时，液滴（液柱）分散尺寸和流型分布受到初始硫酸浓度的显著影响。Zhao 等[16]利用液/液传质过程造成的界面不稳定性和相分离行为，在单个 T 形剪切通道中成功制得了规则的 W/O/W 双重乳液。他们的实验体系中分散相为含有乙醇的油相，连续相为含表面活性剂的水溶液。在液滴的生成和运动过程中，乙醇不断从液滴相向外相传质，使界面处模糊不清。随着乙醇的传质，液滴内析出小的水滴，最终生成双重乳液或多重乳液，如图 6-5 所示。

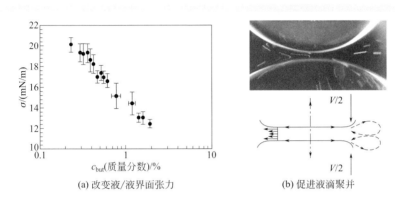

(a) 改变液/液界面张力   (b) 促进液滴聚并

▶ 图 6-4　传质过程对液/液界面张力及液滴聚并情况的影响[13]

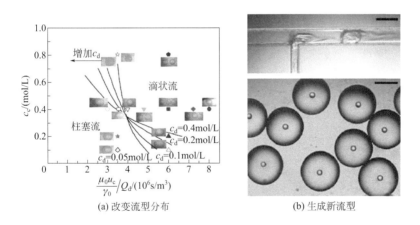

(a) 改变流型分布   (b) 生成新流型

▶ 图 6-5　传质过程对液/液微分散流型的影响[15,16]

二、微分散体系传质过程的模型化

基于对微分散体系传质行为的机理认识建立描述传质过程的数学模型，对于在工业生产中高效、可靠地使用微设备至关重要。下面以 MEA 水溶液吸收 CO_2 的气/液体系微分散传质过程为例，介绍建模与模型化分析的方法。

气/液体系的传质理论主要包括两类：第一类是只考虑扩散作用的 Fick 定律，以扩散系数和浓度梯度描述传质过程；第二类是一系列考虑对流传质的理论模型，以传质系数和浓度差描述传质过程，主要包括 Whitman 等提出的膜理论（film theory）、Higbie 等提出的渗透理论（penetration theotry）和 Danckwerts 等提出的表面更新理论（surface renewal theory）等。

在微设备中，气/液两相并流流动，如图 6-6 所示。由于两相在受限空间内并流流动，可以认为两相的相对运动很小，可以将并流的两相分散流体划分为许多微小单元，每个微小单元由一个气泡及其表面的液膜组成。在这种情况下，就可以将并流流动的气泡群的传质过程简化成单个分散气泡向其表面液膜的传质过程，并建立模型。

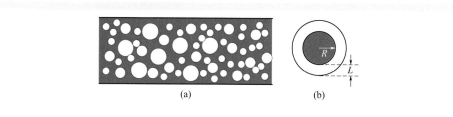

(a)   (b)

▶ 图 6-6　气泡群和单气泡传质示意图

对于 MEA 水溶液吸收 CO_2 的体系，所作假设如下：

（1）气泡分散尺寸均一（对气泡群取平均尺寸为分散尺寸）；

（2）气/液两相分散均匀，即对每一个气泡所在的初始微环境，气/液两相体积比符合进料的气/液体积比；

（3）在传质过程中，气泡的尺寸维持不变（取传质初始时刻和传质结束时刻的体积的平均值计算传质过程的体积和相应的表面积）；

（4）在气相和液相内部，因两相并流流动，无相对运动，只考虑扩散对传质过程的贡献；

（5）假定 MEA 与 CO_2 以发生如式（6-2）的反应为主，忽略醇胺盐的质子化反应；

（6）忽略 MEA 的蒸气压，即认为气相中无 MEA 的存在；

（7）假设反应（6-2）是瞬间反应，只在气/液界面处发生，吸收过程由传质控制。

$$2HOC_2H_4NH_2 + CO_2 \rightleftharpoons HOC_2H_4NH_3^+ + HOC_2H_4NHCOO^- \tag{6-2}$$

基于以上假设，气/液分散体系的传质过程等价于两个同时进行的传质过程：气泡内的气相传质过程和液膜内的传质过程。分别针对这两个传质过程，从 Fick 定律出发，可建立传质模型。

1. 微分散气泡内的传质

基于上述假设，将气泡近似为不可压缩的球体，球半径为传质过程的平均半径。

R，CO_2 初始浓度为 c_{10}，CO_2 在气相中的扩散系数为 D_A，气／液界面处 CO_2 的浓度为 0。以球心为原点建立球坐标系，则气相浓度 c_1 仅与位置 r 及时间 t 相关，为非稳态传质过程，满足方程：

$$\frac{1}{D_A}\frac{\partial c_1}{\partial t} = \frac{\partial^2 c_1}{\partial r^2} + \frac{2}{r}\frac{\partial c_1}{\partial r} \tag{6-3}$$

初始条件：$t=0$，$c_1=c_{10}$

边界条件：$r=R$，$c_1=c_{m1}$

方程（6-3）的解为：

$$c_1 = \sum_{k=1}^{\infty} \frac{2(c_{10}-c_{m1})(-1)^{k-1}\sin\left(\frac{k\pi}{R}r\right)}{\frac{k\pi}{R}r}\exp\left\{-\left(\frac{k\pi}{R}\right)^2 D_A t\right\} \tag{6-4}$$

因此，气／液界面处的传质通量为：

$$\begin{aligned}N_1(t) &= -D_A\frac{\partial c_1}{\partial r}\bigg|_{r=R} \\ &= \frac{2D_A(c_{10}-c_{m1})}{R}\sum_{k=1}^{\infty}\exp\left[-\left(\frac{k\pi}{R}\right)^2 D_A t\right]\end{aligned} \tag{6-5}$$

2. 液膜内的传质

基于上述假设，液相可近似为两球间环隙的液膜，其厚度如式（6-6）所示。

$$L = \left(\frac{Q_g + Q_l}{Q_g}\right)^{1/3} R \tag{6-6}$$

液相中 MEA 的初始浓度为 c_{20}，MEA 在水中的扩散系数为 D_B，气／液界面处 MEA 的浓度为 c_{2m}。将液膜近似为无限大平板，以外界面为原点、指向圆心的方向为正方向建立一维坐标系，则液相浓度 c_2 仅与位置 x 及时间 t 相关，为非稳态传质过程，满足方程：

$$\frac{\partial c_2}{\partial t} = D_B\frac{\partial^2 c_2}{\partial x^2} \tag{6-7}$$

初始条件：$t=0, 0 \leqslant x \leqslant L, c_2 = c_{20}$

边界条件：$t>0：x=0, \frac{\partial c_2}{\partial x}=0$；$x=L, c_2=c_{m2}$

方程（6-7）的解为：

$$c_2 = \sum_{k=0}^{\infty}\frac{2(c_{20}-c_{2m})(-1)^k}{\mu_k L}\cos(\mu_k x)\exp(-\mu_k^2 D_B t) \tag{6-8}$$

其中

$$\mu_k = \frac{1}{L}\left(k\pi + \frac{\pi}{2}\right), (k = 0, 1, 2\cdots) \tag{6-9}$$

因此，气/液界面处的传质通量为：

$$N_2(t) = -D_B \left.\frac{\partial c_2}{\partial x}\right|_{x=L}$$

$$= \frac{2(c_{20} - c_{2m})D_B}{L}\sum_{k=0}^{\infty}\exp(-\mu_k^2 D_B t) \tag{6-10}$$

3. 传质过程的控制步骤

通过对 MEA 水溶液吸收 CO_2 过程中的气相和液相的传质速率进行计算和比较，可以确定传质过程的控制步骤。

假定体系中气相与液相的化学反应当量为 1∶1，当气相的总压力 p、气相中 CO_2 的体积分数 $\phi(CO_2)$ 和液相中 MEA 的浓度 c_{MEA} 确定时，可以计算得到气/液体积比。对于一个组成、体积比确定的体系，以 1s 为总传质时间、10^{-5}s 为时间步长，根据以下判据确定传质过程的控制步骤：

（1）在总传质时间内，若气相和液相均传质完成，即存在 $t_{01} \leqslant 1s$，令 $N_1(t_{01}) = 0$；存在 $t_{02} \leqslant 1s$，令 $N_2(t_{01}) = 0$。传质过程的控制步骤可根据比较 t_{01} 和 t_{02} 确定。若 $t_{01} \geqslant t_{02}$，则传质过程为气相控制；若 $t_{01} < t_{02}$，则传质过程为液相控制。

（2）若在总传质时间内，只有液相传质完成，即 $t_{01} \geqslant 1s$、$t_{02} < 1s$，则传质过程为气相控制；反之，若只有气相传质完成，即 $t_{01} < 1s$、$t_{02} \geqslant 1s$，则传质过程为液相控制。

（3）若在总传质时间内，气相和液相均未传质完成，则传质过程的控制步骤可根据比较传质量积累过程和最终传质量确定。

以 40℃ 时的传质过程为例，图 6-7 给出了当液相 MEA 浓度 c_{MEA} 改变时的结果。

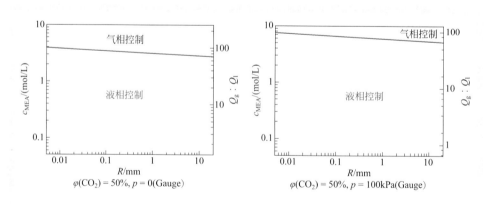

● 图 6-7　液相 MEA 浓度对传质控制步骤的影响

从图中可以看出，当气相总压力 p 和气相中 CO_2 的体积分数 φ（CO_2）固定时，随着 MEA 浓度的增大，液相体积逐渐减小，液膜厚度随之减小，造成液相传质阻力减小，传质过程逐渐从液相控制向气相控制转变。

图 6-8 给出了在气相总压力 p 改变时的计算结果。可以看出，当液相 MEA 浓度 c_{MEA} 和气相中 CO_2 的体积分数 φ（CO_2）固定时，随着气相总压力的增大，气体的体积减小，气泡大小随之减小，气相传质阻力因此降低，传质过程逐渐从气相控制向液相控制转变。

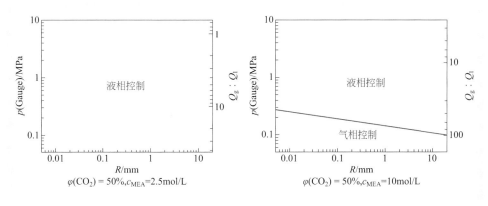

图 6-8　气相总压力对传质控制步骤的影响

4. 两相浓度的变化规律

在前面关于传质阻力分析的基础上，对于典型的气相控制的传质过程，可根据气相的传质通量变化过程计算气相中 CO_2 分压 p（CO_2）的变化过程。图 6-9 给出了当气泡分散尺寸不同（10μm ～ 5cm）时 p（CO_2）的变化过程。从图中可以看出，随着气泡尺寸的减小，p（CO_2）随着时间变化减小的曲线迅速变陡，当气泡尺寸小于

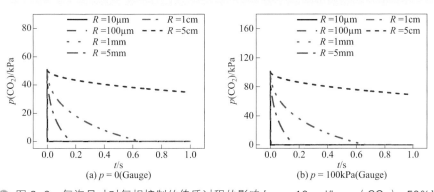

图 6-9　气泡尺寸对气相控制的传质过程的影响 [c_{MEA}=10mol/L，φ（CO_2）=50%]

1mm 时，吸收过程可在 0.01s 内完成。这说明，分散尺寸的减小可以有效强化气相控制的传质过程。

相应地，对于典型的液相控制过程，可根据液膜内的传质通量变化过程计算气相中 CO_2 分压 $p(CO_2)$ 的变化过程。图 6-10 给出了当气泡尺寸不同（10μm ~ 1cm）时 $p(CO_2)$ 的变化过程。从图中可以看出，随着气泡的分散尺寸的减小，$p(CO_2)$ 随着时间变化减小的曲线迅速变陡，当气泡尺寸小于 100μm 时，吸收过程在 0.2s 内迅速完成。这说明，分散尺寸的减小同样可以有效强化液相控制的传质过程。

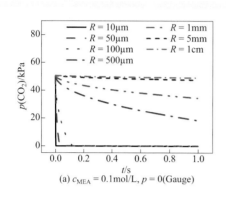
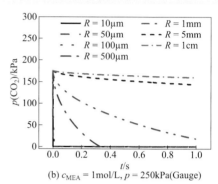

图 6-10　气泡尺寸对液相控制的传质过程的影响 [φ（CO_2）=50%]

5. 传质系数

基于传质系数的定义式，可以分别计算气相控制和液相控制的传质系数。

对于气相控制的传质过程，液相内的传质阻力可以忽略，传质过程由气泡中 CO_2 的传质决定。对于任意时刻 t，传质通量 $N_1(t)$ 和传质系数 $K_1(t)$ 满足：

$$N_1(t) = K_1(t)[c_{1i}(t) - c_{1m}(t)] \tag{6-11}$$

其中，$c_{1m}(t)$ 为 $r=R$ 处气相的浓度，根据假设，$c_{1m}(t) = 0$；$c_{1i}(t)$ 为 t 时刻气泡中心 $r=0$ 处气相的浓度，可根据式（6-12）计算得到：

$$c_{1i}(t) = \sum_{k=1}^{\infty} 2c_{10}(-1)^{k-1} \exp\left\{-\left(\frac{k\pi}{R}\right)^2 D_A t\right\} \tag{6-12}$$

结合式（6-12），任意时刻 t 气泡内的传质系数 $K_1(t)$ 可根据式（6-13）计算得到。从式（6-13）可以看出，$K_1(t)$ 只与气相中气体的扩散系数 D_A 和气泡半径 R 有关。

$$K_1(t) = \frac{D_A}{R} \frac{\sum_{k=1}^{\infty} \exp\left[-\left(\frac{k\pi}{R}\right)^2 D_A t\right]}{\sum_{k=1}^{\infty} (-1)^{k-1} \exp\left\{-\left(\frac{k\pi}{R}\right)^2 D_A t\right\}} \tag{6-13}$$

图 6-11 给出了 CO_2 在不同尺寸的气泡中的 $K_1(t)$ 的变化曲线。从图中可以看出，随着气泡尺寸的减小，$K_1(t)$ 增大；随着传质时间的增长，$K_1(t)$ 逐渐减小并逐渐稳定。

记 t_g 为完成传质量达到气相内待吸收气体总量的 95% 所需要的时间，可以进一步计算时间区间 $(0, t_g)$ 的平均传质系数。$\overline{K_1}$ 同样只与气相中气体的扩散系数 D_A 和气泡半径 R 有关。

$$\overline{K_1} = \frac{1}{t_g} \int_0^{t_g} K_1(t) \mathrm{d}t \tag{6-14}$$

图 6-12 给出了 $\overline{K_1}$ 的计算结果。从图中可以看出，$\overline{K_1}$ 随 D_A 的增大和 R 的减小而增大。对计算结果进行拟合，$\overline{K_1}$ 值与 D_A 和 R 的关系满足：

$$\overline{K_1} = 7.596 \frac{D_A}{R} \tag{6-15}$$

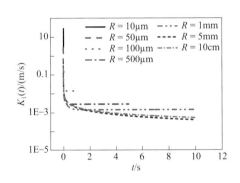

● 图 6-11 气泡尺寸对 $K_1(t)$ 的影响 　　● 图 6-12 气泡半径对 $\overline{K_1}$ 的影响

$\overline{K_1}$ 基于以上计算结果，可以计算得到 MEA 水溶液吸收 CO_2 过程中，当体系处于典型的气相控制时，体系的总传质系数 K_1；通过体系的气/液体积比和分散尺寸，可以进一步计算得到体系的总体积传质系数 $K_1 a$。

图 6-13 给出了在不同的浓度和操作条件下 K_1 和 $K_1 a$ 的计算结果。可以看出，随着气泡半径从 1cm 减小至 1mm，K_1 从 10^{-2}m/s 量级增大至 10^{-1}m/s 量级，$K_1 a$ 从 $10^0 s^{-1}$ 量级增大至 $10^3 s^{-1}$ 量级；当气泡半径减小至 10μm，K_1 进一步增大至 10^1m/s 量级，$K_1 a$ 进一步增大至 $10^6 s^{-1}$ 量级。计算结果表明，对于气相控制的传质过程，气泡分散尺寸减小从减小传质距离（增大 K_1）和提高传质比表面积（增大 a）两方面共同实现了气相控制的传质过程的强化。

对于液相控制的传质过程，气泡内的传质阻力可以忽略，传质过程由液膜中 MEA 的传质决定。对于任意时刻 t，传质通量 $N_1(t)$ 和传质系数 $K_2(t)$ 满足：

$$N_2(t) = K_2(t)[c_{2i}(t) - c_{2m}(t)] \tag{6-16}$$

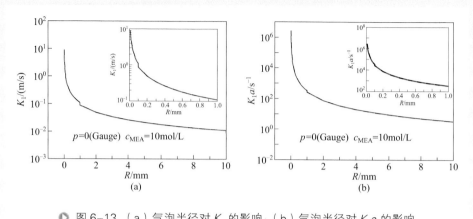

図6-13 （a）气泡半径对 K_1 的影响；（b）气泡半径对 K_1a 的影响

其中，$c_{2m}(t)$ 为 $x=L$ 处气相的浓度，根据假设，$c_{2m}(t)=0$；$c_{2i}(t)$ 为 t 时刻气泡中心 $x=0$ 处气相的浓度，可按式（6-17）计算：

$$c_{2i} = \sum_{k=0}^{\infty} \frac{2c_{20}(-1)^k}{\mu_k L} \exp(-\mu_k^2 D_B t) \qquad (6\text{-}17)$$

进一步，任意时刻 t 气泡内的传质系数 $K_2(t)$ 可根据式（6-18）计算得到。从式（6-18）可以看出，$K_2(t)$ 只与溶质在液相中的扩散系数 D_B 和液膜厚度 L 有关。

$$K_2(t) = \frac{D_B}{L} \frac{\displaystyle\sum_{k=0}^{\infty} \exp(-\mu_k^2 D_B t)}{\displaystyle\sum_{k=0}^{\infty} \frac{(-1)^k}{\mu_k L} \exp(-\mu_k^2 D_B t)} \qquad (6\text{-}18)$$

图6-14 给出了 MEA 在不同厚度的液膜中 $K_2(t)$ 的变化曲线。从图中可以看出，随着传质时间的增长，$K_2(t)$ 逐渐减小；随着液膜厚度的减小，$K_2(t)$ 增大，同时 $K_2(t)$ 随传质时间的增长而减小的速率也增大。

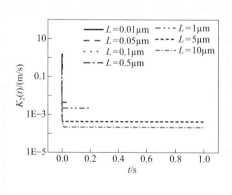

图6-14 气泡尺寸对 $K_2(t)$ 的影响

记 t_1 为完成传质量达到气相内待吸收气体总量的 95% 所需要的时间，则时间区间 $(0, t_1]$ 的平均传质系数 $\overline{K_2}$ 可以根据式（6-19）计算。$\overline{K_2}$ 同样只与液相中溶质的扩散系数 D_B 和液膜厚度 L 有关。

$$\overline{K_2} = \frac{1}{t_1} \int_0^{t_1} K_2(t)\mathrm{d}t \qquad (6\text{-}19)$$

图6-15 给出了 $\overline{K_2}$ 的计算结果。从图中可以看出，$\overline{K_2}$ 随 D_B 的增大和 L 的减小而增大。对计算结果进行拟合，$\overline{K_2}$ 值与 D_B 和 L 的关系满足：

$$\overline{K_2} = 3.329 \frac{D_B}{L} \qquad (6\text{-}20)$$

基于以上计算过程，可以计算得到当体系处于液相控制时，体系的总传质系数 K_2；通过体系的气/液体积比和分散尺寸，可以进一步计算得到体系的总体积传质系数 K_2a。

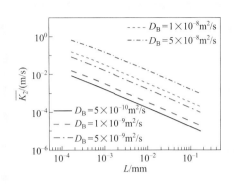

▶ 图 6-15　液膜厚度对 $\overline{K_2}$ 的影响

图 6-16 给出了在不同的浓度和操作条件下 K_2 和 K_2a 的计算结果。可以看出，随着气泡半径从 1cm 减小至 1mm，K_2 从 10^{-6}m/s 量级增大至 10^{-5}m/s 量级，K_2a 从 10^{-4}s^{-1} 量级增大至 10^{-2}s^{-1} 量级；当气泡半径减小至 10μm，K_2 进一步增大至 10^{-3}m/s 量级，K_2a 进一步增大至 10^4s^{-1} 量级。这说明，对于液相控制的传质过程，气泡分散尺寸减小也是从减小传质距离（增大 K_2）和提高传质比表面积（增大 a）两方面共同强化传质过程的。

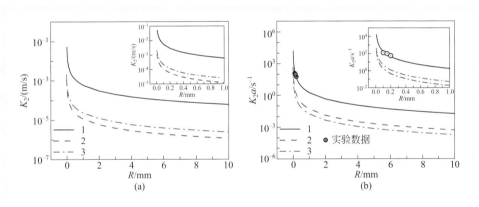

▶ 图 6-16 （a）气泡半径对 K_2 的影响；（b）气泡半径对 K_2a 的影响

1—p=0(Gauge)，c_{MEA}=2.5mol/L，φ（CO_2）=50%；2—p=500kPa(Gauge)，c_{MEA}=0.5mol/L，φ（CO_2）=50%；3—p=1kPa(Gauge)，c_{MEA}=2.5mol/L，φ（CO_2）=50%

综合来看，对于微分散体系的相间传质，减小分散尺度是强化传质的关键。

第二节　基于微设备的吸收工艺和过程强化

气体吸收过程是分离过程中最重要的单元操作之一，在分离气体混合物、气体

净化、制备含气体的溶液以及工业尾气减排等方面都有广泛的应用。分离的效率和能耗是影响吸收操作技术经济性的主要方面，而使用微设备可以通过高效、可控地形成微分散体系，显著强化吸收过程，克服常规设备中分散困难对吸附工艺开发的限制，为提升吸收操作技术经济性创造条件。这里以从工业尾气中吸收捕集二氧化碳为例，对于基于微设备的吸收强化技术做简要介绍。

近年来，由于工业的快速发展和人们对环境问题的日益重视，以二氧化碳（CO_2）为主的温室气体的减排问题受到了全球的关注[17]。包括物理吸收和化学吸收的气体吸收过程，作为气体分离的一种重要的方法，也受到了研究者们的重视。二氧化碳吸收捕集的目的是减少二氧化碳对环境的影响，而开发大规模二氧化碳吸收捕集技术的最大挑战也在于如何将该技术自身对环境的影响降到最低。相对于常规设备，微设备的体积传质系数高，系统很紧凑，有利于降低投资和运行维护成本，因此受到了很多研究者的关注。

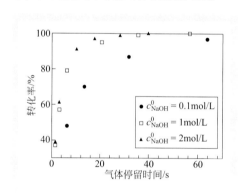

▶ 图 6-17　降膜反应器中转化率变化曲线

例如，Zanfir 等[18]以降膜微反应器实现了 NaOH 水溶液吸收 CO_2 的过程。所采用的降膜反应器由 60 个 300μm 宽 ×100μm 深 ×66.4mm 长的通道组成。在液相流量 50mL/h 的操作条件下转化率在 30s 内基本达到 100%（图 6-17），显著优于传统的鼓泡塔，这得益于降膜微反应器中形成的毫米量级的液膜减小了扩散的距离。

Yue 等[19]分别采用水、0.3mol/L NaHCO₃/0.3mol/L Na₂CO₃ 缓冲溶液和 1mol/L NaOH 水溶液作为吸收剂，使用水力学直径为 667μm 的 PMMA 微通道进行 CO_2 的吸收，发现液膜体积传质系数可达 21s⁻¹，传质比表面积可达 9000m²/m³，均比传统气/液传质设备高 1 到 2 个数量级，气/液传质过程得到了强化。

Tan 等人[20]将膜分散技术应用于气/液吸收体系，发展了气/液膜分散微混合器。该混合器由连续相、分散相侧通道构件以及中间的一片金属烧结膜组合而成，在一定的密封条件下，三个主要部件通过螺栓紧固，构成气/液膜分散微混合器，如图 6-18 所示。在混合过程中，液相作为连续相占据主通道，气相经微滤膜孔被分割破碎，进而在连续相错流剪切作用下形成分散直径在 50～500μm 范围内的微尺度气泡群。该分散过程受非受限破碎机制控制。气泡群体系可以显著强化气/液体系的物理和化学吸收过程。对于 N₂/CO₂/水的物理吸收体系，在气/液相比 1:8 的条件下，在总流量 200～600mL/min 之间可以保证单级 Murphree 效率保持在 90% 以上，总传质时间小于 2s；对于水中含有 CO_2 吸收剂 MEA 的化学吸收体系，在气/液相比 50:1 的条件下，在总流量 100～600mL/min 之间可以实现 90% 以

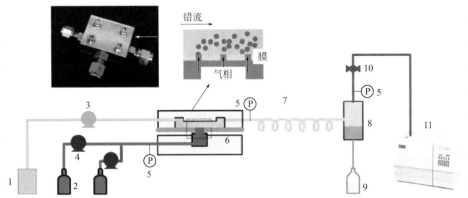

1—液相储罐；2—气瓶；3—泵；4—气体流量计；5—压力传感器；6—膜分散式微吸收器；7—流动通道；
8—相分离器；9—液体样品储罐；10—背压阀；11—在线气相色谱仪

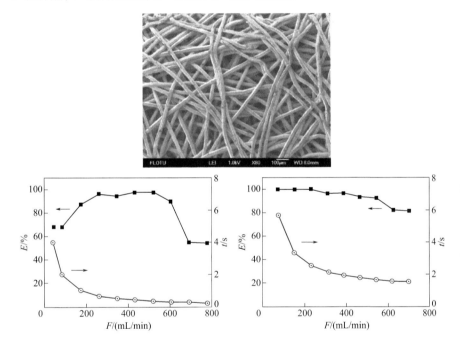

图 6-18　气/液微滤膜分散混合装置示意图及传质性能[20]

上的单级 Murphree 效率，总传质时间在 2s 左右。实验结果表明，该技术可以大幅缩短气/液反应时间、提高反应转化率，同时可以实现过程的安全可控。膜分散技术的研究为气/液微分散技术的放大和应用提供了基础。

可用于二氧化碳吸收捕集的吸收剂有很多，综合来看，20 世纪 30 年代出现的单乙醇胺（MEA）水溶液，由于具有价格低廉、吸收速率高、脱除率高（尤其在低 CO_2 分压下）等优点，被认为是最适合用于处理大型工业装置排放的 CO_2 的。

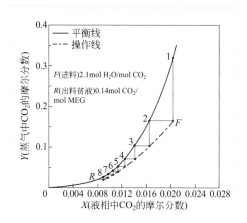

F(进料)2.1mol H_2O/mol CO_2

R(出料贫液)0.14mol CO_2/mol MEG

Y(蒸气中CO_2的摩尔分数)

X(液相中CO_2的摩尔分数)

平衡线
操作线

图 6-19　MEA 水溶液吸收 CO_2 工艺解吸塔逐板模拟

然而，基于此吸收体系的 CO_2 解吸能耗高，使得单位 CO_2 的捕集成本高居不下，严重制约了相关工艺向更大规模推广。造成这种情况的原因有两方面。其一是 MEA 水溶液吸收 CO_2 的吸收热为 88kJ/mol CO_2，MEA 和 CO_2 间较强的化学相互作用决定了解吸需要较高的温度以及输入更多的能量。其二是在解吸的条件下（120℃），溶剂水的蒸发带来可观的汽化潜热损失。通过模拟计算，每解吸 1mol CO_2 需要蒸发掉 2.1mol H_2O，水的汽化潜热为 44kJ/mol，每解吸出 1mol CO_2 需要额外提供 92.4kJ 能量，如图 6-19 所示。为解决 CO_2 吸收捕集能耗高的问题，亟待发展使用非水溶剂的 CO_2 吸收体系。

郑晨[21]提出了以有机胺的甘醇溶液为吸收剂的 CO_2 吸收捕集工艺。通过对比 CO_2 在不同 AMP 溶液中的溶解度，发现溶剂环境对溶解度有着显著的影响，CO_2 溶解度沿 AMP/H_2O>AMP/EG>AMP/DEG>AMP/TEG 顺序依次降低。两方面的原因造成了这一差异：一是脱质子反应的差异；二是溶剂环境内带电离子的稳定性。在这几种溶液中，AMP/EG 体系有着较高的 CO_2 溶解度以及对温度、压力变化较高的敏感性，在变温或是变压吸收/解吸过程中均能实现较高的循环负载量。对比 AMP 甘醇体系和 MEA 水体系，前者在较高温度下 CO_2 溶解度要显著低一些，这样就有条件调低解吸温度，减少吸收剂损耗，消除溶剂蒸发带来的潜热损失。

进一步对比了 CO_2 在不同 AMP 溶液中的吸收热，发现溶剂环境对吸收热有着显著的影响，沿 AMP/TEGDME>AMP/NMP>AMP/H_2O>AMP/EG>AMP/DEG 顺序，CO_2 在其中的吸收热逐渐降低。同时，对 AMP 甘醇溶液，吸收热的测定值与通过气/液平衡建立的机理模型预测吸收热值符合良好，印证了吸收机理。相比当前工艺普遍采用的 MEA 水溶液内 88kJ/mol CO_2 的吸收热，提出的新体系吸收热降低了 20%。通过流动降膜解吸装置可以实现吸收/解吸过程的循环操作。对 1mol/L 和 2mol/L 的 AMP/DEG 溶剂对 CO_2 吸收/解吸过程的研究结果显示，随着气/液比的增大，脱除率呈现下降的趋势，而单位能耗先降低后基本保持不变；随着吸收总压力的增大，脱除率呈上升的趋势，在总压力大于 300kPa 后增长逐渐变缓，而单位能耗则先降低后增大。对于解吸条件，降低解吸压力可以提高脱除率和降低单位能耗，在较低的解吸压力(10kPa)下，低温下有着较低单位能耗和较为理想的脱除率；过高的温度对于脱除率的提升十分有限，同时会带来单位能耗的增大；提高浓度在

相同的吸收 / 解吸条件下能够同时降低单位能耗和提高脱除率；脱除率与单位能耗基本呈正相关。

第三节 基于微设备的萃取分离工艺和过程强化

溶剂萃取是化工分离技术的一个重要分支，在湿法冶金、石油化工、原子能化工等领域起着不可替代的作用。工业生产中常用的萃取设备有混合澄清槽、离心萃取器、萃取塔（分为无机械搅拌和有机械搅拌），在这些传统的萃取设备中进行液 / 液两相萃取，溶剂使用量大，平衡时间长，而且液滴分散不均匀导致装置内部流体力学复杂、难以研究，给萃取器的设计和优化带来阻碍和限制。

1997 年，Brody 和 Yager[22] 首次将微型化的概念引入萃取过程，之后，微化工技术在萃取过程中得到了广泛的应用，如金属离子 [23]、酸 [24]、染料 [25] 等的萃取，表现出独特的优势。主要包括以下几点：

（1）传质性能优异。

在微尺度条件下，传质距离减少，并为萃取过程提供巨大的比表面积，从而大大提高萃取速率。Ju 等 [26] 利用微芯片（Pyrex Microchip）进行水溶液中 In^{3+} 的萃取，萃取剂为二（2-乙基己基）磷酸（D2EHPA），油 / 水两相相互接触 0.55s 即实现 90.80% 的萃取率，计算求得 In^{3+} 的萃取速率可达 $0.34g/(m^2 \cdot s)$。

（2）溶剂使用量少，能耗低，废料少。

一方面，微萃取设备体积小，消耗的溶剂少；另一方面，微萃取设备效率高，选择性高，与传统萃取设备相比，要达到相同的萃取量，所需要的溶剂量少。特别是对于溶剂有毒有害的体系，使用微化工技术进行溶剂萃取，能够减少安全隐患和环境污染。

（3）可实现分相难体系的萃取。

微通道可以实现稳定的层流，操控流水两相直接接触但不混合，利用分子扩散完成萃取过程。如图 6-20 所示的 Y-Y 形微通道（Y-Y-shaped microchannel）[27] 和同轴毛细管微通道（coaxial capillary microfluidic device）[28]，液 / 液两相不需要分相即可分离，为分相难体系的萃取提供新的方法。

（4）可实现连续化操作。

不同的微系统模块可以组合在一起，同时也可以集成例如分析检测这些辅助模块，形成一个连续的、一体化的微流控平台。微化工技术应用于萃取过程中，可以将混合、萃取、分相、检测、产品收集等这些模块集成在一起，实现萃取过程的连续化操作。Sen 等 [29] 利用图 6-21 所示的装置将萃取过程所用的微芯片（microchannel chip）和反萃过程所用的膜分离器（membrane separator）集成在一起，实现了连续

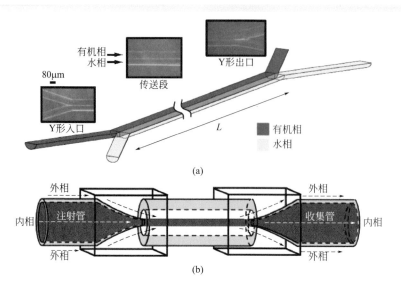

图 6-20　用于进行萃取的（a）Y-Y 形微通道[27] 和（b）同轴毛细管微通道[28]

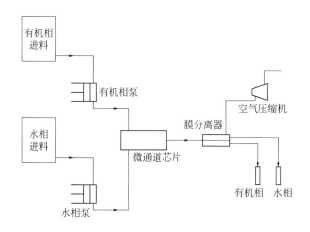

图 6-21　连续化萃取过程的微流控装置示意图[29]

化操作。

　　下面以湿法磷酸净化过程的萃取操作为例，简要介绍如何通过微设备的使用和利用微设备的特性来实现过程强化和工艺创新。

　　磷酸是世界上仅次于硫酸的年产量第二大的无机酸，是化工、农肥、农药、石油、电子、医药、食品等行业不可缺少的原料。据统计数据，2010 年我国磷酸产量达到了 800 多万吨。根据磷酸中杂质含量的多少，磷酸的品级从低到高可分为肥料级、工业级、食品级、电子级等等，如表 6-1 所示。磷酸的生产方法主要分为热法磷酸和湿法磷酸两种。热法磷酸纯度高，可用于生产食品级甚至电子级磷酸，但

是由于在生产过程中采用的电炉法存在耗电量大、成本高等缺点，同时产生的大量粉尘和有毒气体导致一系列环境污染问题，因此发达国家基本上已淘汰了热法磷酸（欧洲最后一家热法磷酸企业 Thermphos 于 2013 年关闭）。相比之下，湿法磷酸能耗低且不产生粉尘，环境污染较小，而且容易规模化生产。随着湿法磷酸工艺的进步以及人们对环境和能源重视程度的提高，湿法磷酸取代热法磷酸是不可避免的。受工艺限制，湿法磷酸中的杂质含量大、种类多，可以用于生产化肥，但要用于其他工业领域或食品、医药、电子行业，都必须经过净化处理。

表 6-1 磷酸分类及其大致杂质含量

磷酸种类	磷酸浓度（P_2O_5）/%	杂质含量 /×10^{-6}
过滤酸	28	5000～25000
肥料级磷酸	42～54	10000～50000
净化磷酸原料酸	54～59	500～25000
萃余酸	25～45	20000～50000
工业级磷酸	50～61.6	500～5000
食品级磷酸	61.6	0.5～250
可乐/医药级磷酸	61.6	0.1～100
电子级磷酸（LCD）	61.6	0.1～1
电子级磷酸（半导体）	61.6	0.01～0.1

目前国际上通过湿法磷酸净化生产食品级磷酸的工艺主要采用溶剂萃取法。几种典型的溶剂萃取法净化湿法磷酸生产食品级磷酸的工艺流程包括：英国 Albright & Wilson 公司流程［以甲基异丁基酮（MIBK）为萃取剂］、法国 Rhone–Poulenc 公司流程［以磷酸三丁酯（TBP）为萃取剂］、以色列 IMI 流程（以异丙醚/正丁醇复合溶剂为萃取剂）、比利时 Prayon 公司流程（以异丙醚/TBP 复合溶剂为萃取剂）、德国 Budenheim 公司流程（以异丙醇为萃取剂）等。著名流程的萃取剂和萃取设备统计如表 6-2 所示。

表 6-2 溶剂萃取法净化湿法磷酸主要流程对比

企业	Albright & Wilson	Rhone-Poulenc	IMI	Prayon
原料酸要求（P_2O_5）	>54%	>45%	>50%	>52%
萃取剂	MIBK	TBP	异丙醚/正丁醇	异丙醚/TBP
洗涤剂	纯水/磷酸溶液	纯水	无/纯水	纯水
设备	混合澄清槽	混合澄清槽和 Kuhni 塔	IMI 混合澄清槽	萃取塔（Kuhni 塔）

其中，MIBK 由于其对磷酸的选择性优异，稳定性好，在工业上得到了广泛应用，如我国贵州瓮福集团于 2007 年引进的以色列 Bateman 公司的食品级磷酸生产流程。该流程采用板环式脉冲萃取塔实现磷酸净化，这种萃取塔相较常见的筛板塔和

填料塔更适应于磷酸体系的复杂性。但在实际生产中，仍然存在以下一系列的问题。

第一，我国的磷矿品位较低（80%是中低品位），导致湿法磷酸粗磷酸中的杂质含量高，对后续的净化步骤要求更加严格。同时，杂质含量高也会影响后续的萃取过程的分配。第二，由于粗磷酸中杂质含量高，在萃取过程中容易析出沉淀，影响设备的操作稳定性。第三，MIBK/磷酸/水部分互溶体系随着磷酸含量的增加两相密度差和界面张力都会大幅下降，导致相分离难度增加。第四，油/水两相操作相比大（如洗涤段能达到油/水相比20：1），但两相接触效果差，萃取塔的板效率低，导致理论板数分别为1和2的萃取段和洗涤段需要10级以上的塔设备，塔径3m左右，塔高20m以上。由于磷酸的腐蚀性，塔设备材质需要选用耐腐蚀的904L特种不锈钢，导致设备造价高昂。第五，由于塔设备体积大，整个流程的开停车时间长，约1个月，而且沉淀积累严重影响设备的操作稳定性，装置停车检修频率高，对实际生产影响巨大。

综上所述，从更大的范围看，设备成本大、生产周期短、开停车时间长等是湿法磷酸净化工业过程存在的普遍问题，因此发展适用于湿法磷酸净化体系的高效萃取设备对解决上述问题具有重要的意义。

邵华伟[30]就湿法磷酸净化过程高效微萃取器的开发展开了研究。图6-22为湿法磷酸净化实验室小试装置图，采用微筛孔阵列作为分散介质，微设备材质为耐酸的904L特种不锈钢。通过并联温度和压力传感器实现温度、压力的实时观测，采用恒温水浴控温。萃取工段连续相为MIBK，分散相为70%（质量分数）的磷酸水溶液或者工业粗磷酸，磷酸萃取率定义为出口油相中磷酸总量/磷酸的进料量；反萃段为负载磷酸的MIBK，分散相为去离子水，磷酸萃取率定义为出口水相中磷酸总量/磷酸的进料量。

图6-23为不同孔径微萃取器在磷酸萃取工段的传质性能和设备压降，通过三元相平衡数据研究可知，0.4mm微筛孔萃取器内传质效率接近1个理论级，0.6mm

 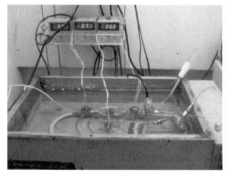

▶ 图6-22　湿法磷酸净化实验室小试装置图

微筛孔萃取器内传质效率略低。两种微筛孔萃取器的压降都很小，能耗较低。图 6-24 为微萃取器在磷酸反萃工段的传质性能，磷酸萃取率高于 94%，且操作温度对磷酸萃取率的影响不大。这些结果充分证明了微设备对湿法磷酸萃取和反萃应用的适应性和有效性。而且，基于 MIBK 萃取磷酸的平衡特性，单级萃取和反萃可以保证高收率，这也保证了微设备使用的可行性。

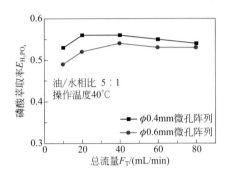 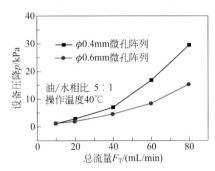

图 6-23　微萃取器在磷酸萃取工段的传质性能和设备压降

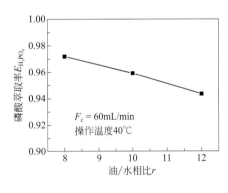 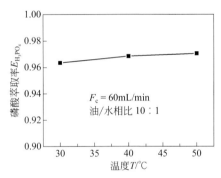

图 6-24　微萃取器在磷酸反萃工段的传质性能

　　洗涤是湿法磷酸萃取净化的重要步骤，主要作用是去除铁、硫酸根、氟、砷等离子态杂质。已有工艺使用产品磷酸为洗涤剂，在萃取塔等多级萃取设备内完成。为减少收率损失，洗涤步采用相对极端的相比（>20），使用常规设备的传质效率很低，必然导致系统庞大、调控困难。可以说，洗涤是发展高效湿法磷酸萃取净化技术最大的瓶颈。

　　以洗涤中最难脱除的 Fe 离子为研究对象，刘国涛等研究了磷酸洗涤过程，结果如图 6-25 所示。可以看到，当油相中磷酸含量小于 6%，油相中 Fe 离子含量约在 0.8×10^{-6}，随着磷酸含量增加，Fe 离子含量线性缓慢递增。要保证 Fe 离子的去除达到食品级磷酸的生产要求，洗涤后油相磷酸浓度需要在 8% 左右，较原来纯水洗

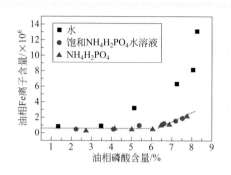

▶ 图6-25 实际体系洗涤过程Fe
含量与油相磷酸含量关系

涤剂或者稀磷酸洗涤剂的级效率更高。

在此基础上,刘国涛[31]进行了湿法磷酸净化全流程实验,利用饱和磷酸二氢铵水溶液作为洗涤剂,测试湿法磷酸净化萃取、洗涤、反萃三步的全流程实验,同时将第一次洗涤的洗余液置于第二次粗磷酸中进行第二次的全流程实验,操作流程如图6-26所示。

实验中,按不同质量比用MIBK萃取粗磷酸中的磷酸,获得的负载磷酸的MIBK按不同的质量比与40℃下的饱和磷酸二氢铵水溶液充分混合洗涤后,得到净化的油相和洗余液,将洗余液加到粗磷酸中后,重复萃取和洗涤的步骤,最后利用纯水反萃净化后的MIBK得到稀磷酸产品。上述的萃取质量比为3∶1和4∶1,洗涤质量比为60∶1,80∶1,100∶1,150∶1。实验结果如图6-27所示。可以看到,从操作稳定的角度考虑,洗余液的加入会导致整个净化体系的水含量累积,由于洗涤段除杂效果对体系水含量十分敏感,因此这部分的洗余液应另外收集,可用氨气中和后重结晶得到纯度较高的磷酸二氢铵盐。通过对最后反萃水相的杂质分析,如图6-27(c),可知在油相的磷酸含量有所下降的前提下,最终的稀磷酸的Fe离子

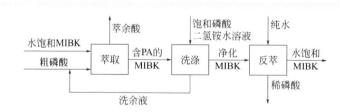

▶ 图6-26 全流程实验操作示意图

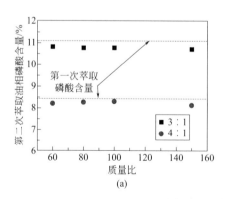

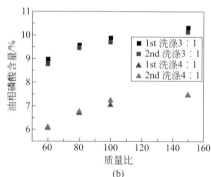

(a)   (b)

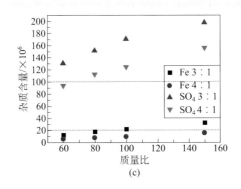

图 6-27　全流程实验萃取后（a）、洗涤后（b）油相磷酸含量，
第二次反萃水相中杂质含量（c）

含量仍然达标（小于图中下虚线），合适的洗涤操作质量比为（60～80）：1。但是，由于饱和磷酸二氢铵水溶液洗涤剂对硫酸根的选择性不高，最终的稀磷酸中硫酸含量基本不达标（小于图中上虚线），需进一步净化除去。

　　综合来看，利用饱和磷酸二氢铵水溶液或者磷酸二氢铵固体为洗涤剂，在油／水（固相洗涤剂）质量比为（60～80）：1条件下，能实现单级对阳离子去除率大于95%，达到食品级磷酸的生产要求，新型洗涤剂可有效简化湿法磷酸净化工艺。传质效率高、对操作条件适用性宽的微设备能够为实施新工艺提供有利保障。

第四节　基于微设备的反应萃取工艺和过程强化

　　对于受平衡限制的均相转化体系，通过反应萃取调控和促进反应的进行，可以发展一系列重要而且有价值的化学品合成路径。萃取法合成磷酸二氢钾就是这样一个典型案例。微设备作为调控和强化相间传质的有力工具，可以赋予这类合成路径更高的效率和可控性。这里以磷酸二氢钾的萃取法合成为例，介绍微设备在反应萃取工艺和过程强化方面的应用。

　　磷酸二氢钾是重要的磷、钾复合肥，表6-3总结了不同的磷酸二氢钾生产工艺及它们的优缺点。其中，复分解法产品质量差，不能够满足生产者的要求；直接法对原料磷矿石的品质要求高，而我国磷酸石资源90%以上为中、低品位，杂质多，净化困难，这些为直接法在我国的工业化带来阻碍；离子交换法与萃取法相比，能耗较高，还有频繁更换树脂带来的麻烦和成本压力。相对而言，萃取法能够更好地满足生产者需求，具有良好的工业化前景。

表 6-3 磷酸二氢钾主要生产工艺的优势和不足

生产工艺	优势	不足
中和法	技术成熟；工艺流程简单；设备投资少；产品纯度高且不含氯；能耗低	以热法磷酸和苛性钾为原料，生产成本高
直接法	以色列 Rotem 公司改进的直接法，生产成本低，在国际竞争中具有很强的优势	对设备有严重腐蚀，能耗高；由于我国磷矿石资源品位低，杂质多，净化难度大，直接法在我国的应用难度大
萃取法	生产成本低；反应条件温和、过程简单；能耗低；产品质量高	有机溶剂使用量大，价格昂贵；体系易乳化
复分解法	生产成本低；生产设备简单；反应条件温和，没有污染	产品质量差；生产过程中对工艺条件的控制比较复杂
离子交换法	产品纯度高；环境污染小	蒸发量大，能耗高；树脂价格昂贵；副产稀氯化铵溶液难处理

然而，萃取法在实际生产中应用很少，这主要是工业化过程中仍存在一些科学上的和工程技术上的难点，主要体现在三个方面。

（1）缺少基础数据。

在萃取法工艺中，无论是在萃取过程中 H_3PO_4 和 KCl 混合溶液与萃取剂反应，还是反萃过程中氨与萃取后的油相反应，体系都同时存在油、水、固三相。因此，萃取法的体系比较复杂，热力学、动力学这些基础研究比较困难。目前，文献中还没有针对萃取法体系的平衡特性和动力学特性的研究，缺少诸如平衡常数、动力学参数等这些在工艺设计和优化中的基础数据。

特别需要注意的是，在萃取过程中，水相含有 KCl、H_3PO_4 和 KH_2PO_4，除了 HCl 外，水相中的 H_3PO_4 不可避免地也会被萃取剂萃取到油相。因此除了发生主反应，还会发生以下副反应：

$$H_3PO_4 + S \longrightarrow S \cdot H_3PO_4$$

可见，萃取过程实际是 HCl 和 H_3PO_4 的选择性萃取过程，这增加了体系和过程的复杂性，但这样一个选择性萃取过程的选择性和动力学特性确是萃取法的关键。只有少部分的文献提及这个过程，而且都没有进行深入的研究。

（2）在工业放大过程中，体系容易发生乳化，萃取剂损失严重。

为了萃取 HCl，萃取剂中通常含有有机碱，此时萃取过程实际是酸碱反应，体系很容易发生乳化。特别是在放大过程中，油/水分散不均匀，很容易造成局部过碱，导致体系乳化。

（3）过程控制困难，晶体的尺寸、形貌难以控制。

萃取法的两个主要反应（萃取反应和反萃反应）都同时涉及萃取、反应、结晶三个过程，因此过程复杂。而且，萃取和反应两个过程的动力学与结晶过程的动力学不匹配。对于前两个过程，动力学越快越好，以实现快速的萃取或者反萃，提高

过程效率。但是对于结晶过程，动力学越慢越好，以实现晶体的慢慢生长，得到大尺寸晶体。过程的复杂性以及不同过程动力学的不匹配造成萃取法过程控制困难。

为了快速地完成 H_3PO_4 和 KCl 混合溶液与萃取剂的反应，结晶得到的往往是细小的 KH_2PO_4 晶体，晶体的尺寸、形貌难以调控，产品无法满足使用者的需求。

因此，生产者希望解决以上三个主要问题，发展一种新的、区别于传统的技术或者装备。为此，赵方等提出如下设计要点和原则。

① 针对萃取法复杂的体系和过程，进行基础研究，特别是动力学的研究；

② 实现油/水两相的均匀分散，改善体系的油/水界面性质，改善油/水两相的相分离特性；

③ 将萃取法工艺中复杂的过程解耦，快速地实现萃取和反应，然后慢慢地结晶，使得整个过程更容易控制。

进一步，研究者使用同轴环管微通道，进行了化学萃取的动力学研究，实验装置如图 6-28 所示。其中，油/水两相均用平流泵输送，进入微通道之前分别经过一段预热管，将流体均加热到所需温度。油相是连续相，从同轴环管微通道的十字两端进入微通道；水相是分散相，从微通道的针头处进入微通道。微通道之后接有一段聚四氟乙烯管（内径 1mm，外径 1.6mm）作为延时管，聚四氟乙烯管长度在 5～15m 之间，调节聚四氟乙烯管的长度可以控制停留时间。油/水两相的预热管、微通道和延时管都放置在恒温水浴锅中，水浴锅的温度设置为实验所需温度。

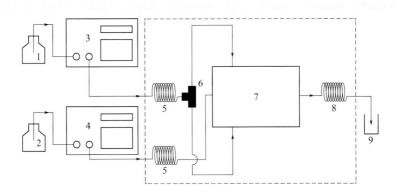

◐ 图 6-28 萃取过程动力学测量装置示意图

1，2—油相和水相储罐；3，4—输送油相和水相的平流泵；5—预热管；
6—三通；7—同轴环管微通道；8—延时管；9—废液收集瓶

一、反应萃取过程的模型化

TOA 与正辛醇的混合溶剂从水相中萃取酸，起主要作用的是 TOA 的反应萃取，模型假设微通道内反应萃取过程由传质控制。又因为萃取过程中油相体积变化小于 5%，因此可以假设萃取过程中油相体积不变。

用油相酸浓度表示传质推动力，对液滴运动阶段，有总传质速率方程：

$$V_o dc_A = KA(c_A^* - c_A)dt \qquad (6\text{-}21)$$

式中，V_o 是油相体积，c_A 是油相酸浓度；K 是总传质系数；A 是油／水接触面积；c_A^* 是与 t 时刻水相平衡的油相中的酸浓度。

因为反应萃取过程中反应比较快，因此模型假设界面酸浓度为 0，于是 c_A^* 可认为是萃取平衡时油相中的酸浓度 c_A^{eq}。对于特定体系来说，c_A^{eq} 是一个定值。

又有

$$\frac{A}{V_o} = \frac{a}{1-\varphi}$$

式中，V_o 是总体积；a 是体系的比表面积；φ 是分散相停留分数。

于是式（6-21）可变为：

$$\frac{dc_A}{dt} = \frac{Ka}{1-\varphi}(c_A^{eq} - c_A) \qquad (6\text{-}22)$$

$$\frac{d(c_A / c_A^{eq})}{dt} = \frac{Ka}{1-\varphi}(1 - c_A / c_A^{eq}) \qquad (6\text{-}23)$$

因为油相初始酸浓度为 0，因此酸的萃取效率 E 为：

$$E = \frac{c_A}{c_A^{eq}} \qquad (6\text{-}24)$$

代入式（6-23）有：

$$\frac{dE}{dt} = \frac{Ka}{1-\varphi}(1 - E) \qquad (6\text{-}25)$$

解这个微分方程就可以得到：

$$E = 1 - M\exp\left(-\frac{Ka}{1-\varphi}t\right) \qquad (6\text{-}26)$$

即反应萃取过程中，酸萃取效率 E 随着停留时间 t 的变化关系式。因为模型假设萃取过程由传质控制，因此称式（6-26）为传质模型。模型中有三个参数：总体积传质系数 Ka、分散相停留分数 φ 以及常数 M。

在微通道中，水相均匀地分散在油相中，可认为 φ 等于水相体积流量占总体积流量的分数。如用油／水相比 R 表示，即

$$\varphi = \frac{1}{1+R} \qquad (6\text{-}27)$$

因此，在式（6-26）中，φ 属于操作参数，已知。那么式（6-26）中有两个待定参数：Ka 和 M。

实验可测量得到不同停留时间下油相中的酸浓度，即 $c_A\text{-}t$ 数据。根据式（6-25），$c_A\text{-}t$ 数据可换算成为 $E\text{-}t$ 数据。利用不同条件下的 $E\text{-}t$ 数据，按照式（6-26）

进行拟合，就可以得到不同条件下的 Ka 和 M，其中总体积传质系数 Ka 是传质模型的重要动力学参数。

二、反应萃取过程的动力学特性

将式（6-26）所示的传质模型分别应用于萃取剂萃取 HCl 溶液、H_3PO_4 溶液以及 H_3PO_4 和 KCl 的混合溶液的过程，结果如图 6-29 所示。其中对于 H_3PO_4 和 KCl 的混合溶液［图 6-29（c）］，酸萃取效率计算的是总酸萃取效率，因为初始油相 HCl 和 H_3PO_4 的浓度均为 0，因此总酸萃取效率的计算式为

$$总酸萃取效率 = \frac{油相HCl和H_3PO_4的总浓度}{平衡油相HCl和H_3PO_4的总浓度} \times 100\% \qquad （6\text{-}28）$$

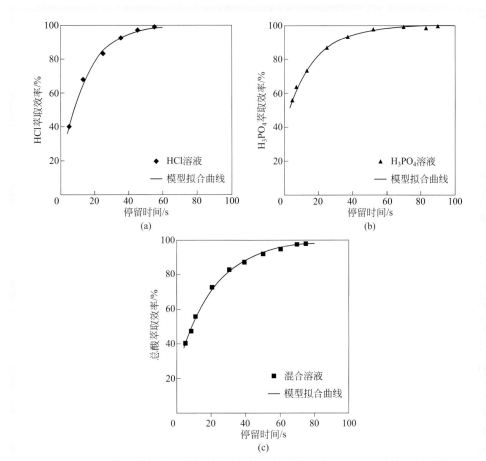

▶ 图 6-29 微通道中萃取剂分别萃取初始酸浓度相同（1.74mol/L）的三种溶液：
（a）1.74mol/L HCl 溶液；（b）1.74mol/L H_3PO_4 溶液；（c）1.74mol/L H_3PO_4+1.82mol/L KCl 的混合溶液。油相流量 3mL/min，水相流量 1mL/min，温度 27.0℃

图 6-29 的三张图中，数据点和模型拟合曲线之间的偏差均小于 4%，可见模型拟合结果与实验结果吻合得很好。因此，式（6-26）所示的传质模型能够很好地描述微通道内三种溶液萃取过程中酸萃取的动力学。

表 6-4 列出了图 6-29 中三种溶液萃取过程中的总体积传质系数 Ka。三种溶液对应的 Ka 值大小顺序为：HCl 溶液 ＞ H_3PO_4 溶液 ＞ H_3PO_4 和 KCl 的混合溶液。当将三种溶液的初始酸浓度均由 1.74mol/L 提高到 1.90mol/L 时，上述 Ka 值的大小顺序不变，如表 6-4 所示。

表 6-4　微通道内萃取剂分别萃取初始酸浓度相同的 HCl 溶液、H_3PO_4 溶液以及 H_3PO_4 和 KCl 的混合溶液过程中的总传质系数 Ka（油相流量 3mL/min，水相流量 1mL/min，温度 27.0℃）

水相组成 /（mol/L）			Ka/s^{-1}
HCl	H_3PO_4	KCl	
1.74	–	–	0.0513
–	1.74	–	0.0446
–	1.74	1.82	0.0357
1.90	–	–	0.0438
–	1.90	–	0.0284
–	1.90	2.01	0.0251

因此，萃取剂萃取初始酸浓度相同的三种溶液，萃取过程中总体积传质系数 Ka 的大小顺序为：HCl 溶液 ＞ H_3PO_4 溶液 ＞ H_3PO_4 和 KCl 的混合溶液。这说明在初始酸浓度相同的情况下，三种溶液的酸萃取快慢的顺序为：HCl 溶液比 H_3PO_4 溶液快，H_3PO_4 溶液比混合溶液快。

另外，对萃取平衡特性的研究表明，TOA 萃取 HCl 的平衡常数要比萃取 H_3PO_4 的平衡常数大 1～2 个数量级，这说明 HCl 比 H_3PO_4 更容易被 TOA 萃取。而且 HCl 分子比 H_3PO_4 分子小，传质更快。因此，理论上 HCl 萃取比 H_3PO_4 萃取快。从这一结论中可以得出，在各种条件相同的情况下，HCl 溶液的萃取要比 H_3PO_4 溶液的萃取快。这与上文通过比较 Ka 值得出的结论是相符的。

还需要注意的是，传质模型计算的 Ka 是整个测量的停留时间范围内的体积传质系数，是一个平均的概念，不能代表萃取过程中任意停留时间下传质的快慢。图 6-30 将 HCl 溶液和 H_3PO_4 溶液（初始酸浓度相同）的萃取动力学曲线放在同一坐标系中，可以看到在萃取初期，H_3PO_4 的萃取效率要高于 HCl 的萃取效率，也就是说萃取初期 H_3PO_4 溶液要比 HCl 溶液萃取得更快些。当萃取进行到一定程度时，HCl 溶液的萃取才快于 H_3PO_4 溶液的萃取，即 HCl 的萃取效率慢慢赶上了 H_3PO_4 的萃取效率，如图 6-30 所示。

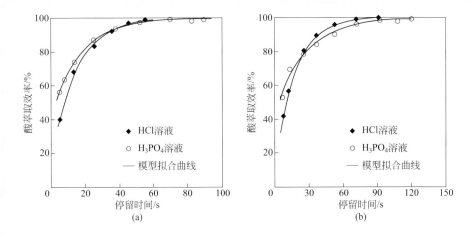

● 图6-30 微通道中萃取剂分别萃取初始酸浓度相同的 HCl 溶液和 H_3PO_4 溶液。
（a）两种溶液初始酸浓度均为 1.74mol/L；（b）两种溶液初始酸浓度均为 1.90mol/L。
油相流量 3mL/min，水相流量 1mL/min，温度 27.0℃

在萃取初期，H_3PO_4 溶液的萃取要快于 HCl 溶液的萃取，这可以用两种溶液的初始组成解释。以两种溶液的初始浓度均为 1.90mol/L 为例。在 1.90mol/L 的 HCl 溶液中，由于 HCl 是强酸，可完全电离生成 H^+ 和 Cl^-，因此可以认为初始溶液中存在着 1.90mol/L 的 H^+。在 1.90mol/L 的 H_3PO_4 溶液中，25℃时 H_3PO_4 的一级电离平衡常数的值为 0.00711，忽略 H_3PO_4 的二级、三级电离，通过计算得到此时 H_3PO_4 分子的浓度为 1.79mol/L，占总磷酸的 94%，H^+ 浓度约为 0.11mol/L。

借鉴胺类络合萃取剂萃取有机羧酸的机理[32]，TOA 从水相中萃取 HCl 或 H_3PO_4，可能存在两种主要机理。一种是 TOA 对酸的氢键作用，此时 TOA 萃取的是酸分子。另一种是 TOA 对酸的离子对成盐萃取作用，此时 TOA 萃取的是 H^+，为了保持电中性，酸的负离子（Cl^- 或 $H_2PO_4^-$）也同时被萃取。以上两种萃取作用在萃取剂萃取 HCl 或 H_3PO_4 的过程中同时存在，其中 TOA 直接萃取酸分子显然更容易且更快一些。

1.90mol/L 的 HCl 溶液中存在 1.90mol/L 的 H^+，1.90mol/L 的 H_3PO_4 溶液中存在约 1.79mol/L 的 H_3PO_4 分子和约 0.11mol/L 的 H^+。根据以上对 TOA 萃取酸机理的分析，后者溶液中的 H_3PO_4 分子更容易被萃取进入油相。因此，在萃取初期，由于 H_3PO_4 溶液中存在大量的 H_3PO_4 分子，比 HCl 溶液（只存在 H^+）萃取得更快，会出现图 6-30 所示的 H_3PO_4 的萃取效率高于 HCl 的萃取效率的情况。

当萃取进行到一定程度后，H_3PO_4 溶液浓度减小，就没有了上述的优势。同时，TOA 萃取 HCl 本质比萃取 H_3PO_4 快，因此，一旦 H_3PO_4 溶液没有了存在大量 H_3PO_4 分子的优势，其萃取速率就会慢于 HCl 溶液的萃取速率，于是 HCl 的萃

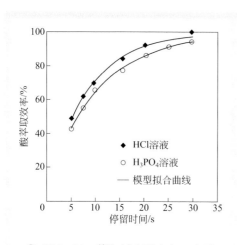

取效率会慢慢赶上然后超过 H_3PO_4 的萃取效率。

为了验证以上分析，赵方[33] 进行了低 TOA 浓度的萃取剂萃取低浓度的 HCl 溶液和 H_3PO_4 溶液的动力学实验。一方面，减小酸溶液的初始浓度，可以减小初始 H_3PO_4 溶液中存在大量 H_3PO_4 分子的优势。另一方面，减小萃取剂中 TOA 的浓度，可以减慢萃取速率，从而更好地观察和比较 HCl 溶液和 H_3PO_4 溶液的萃取快慢。

使用 TOA 与正辛醇的体积比为 1∶20 的萃取剂，分别萃取 0.20mol/L 的 HCl 溶液和 0.20mol/L 的 H_3PO_4 溶液，所得到的两条动力学曲线如图 6-31 所示。可以看到，在测量范围内（停留时间大于 5s），HCl 的萃取效率始终高于 H_3PO_4 的

● 图 6-31 萃取剂（TOA 与正辛醇的体积比为 1∶20）分别萃取初始酸浓度均为 0.20mol/L 的 HCl 溶液和 H_3PO_4 溶液。油相流量 3mL/min，水相流量 1mL/min，温度 27.0℃

萃取效率。这是因为酸溶液初始浓度减小，于是萃取初期 H_3PO_4 溶液的优势减小，HCl 的萃取效率很快就超过了 H_3PO_4 的萃取效率。因此在实验测量的停留时间范围内，HCl 的萃取效率一直高于 H_3PO_4 的萃取效率。

三、反应萃取过程的选择性

对于萃取法生产磷酸二氢钾的过程，认识萃取剂萃取 H_3PO_4 和 KCl 的混合溶液的动力学特性是过程设计调控的基础，其实质是要量化 HCl 和 H_3PO_4 的选择性萃取动力学。研究者分别在萃取剂相对过量和不足量的情况下开展了相关实验研究。

萃取剂相对过量情况下的实验结果如图 6-32 所示。可以看到，在萃取初期，HCl 和 H_3PO_4 的萃取效率都会快速增长，HCl 的选择性也快速增大。

由于初始水相是 H_3PO_4 和 KCl 的混合溶液，当溶液中存在大量的 H_3PO_4 分子和少量 H^+（萃取初期），H_3PO_4 比 HCl 萃取得快一些。于是，H_3PO_4 的萃取效率会先于 HCl 的萃取效率达到一个平台。之后，当 HCl 的萃取效率快要达到平台时，油相中的 TOA 仍然大大过量，会进一步萃取 H_3PO_4，于是 H_3PO_4 的萃取效率又会有一个先快速增大然后慢慢趋向于一个平台的过程。这个过程使得 HCl 的选择性降低。

图 6-33 给出萃取剂不足量条件下的一系列实验结果。可以看到，在这种情况下，动力学的主要特点是油相 H_3PO_4 浓度先快速增长，但很快（在停留时间约 20s 时）又慢慢下降。后期油相 H_3PO_4 浓度的下降是受动力学相对较慢的离子交换机制

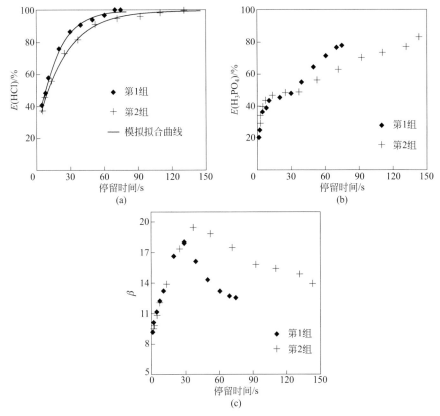

● 图6-32 在初始TOA相对于H$_3$PO$_4$过量的情况下，萃取剂萃取H$_3$PO$_4$和KCl的
混合溶液过程中：（a）HCl的萃取效率的变化；（b）H$_3$PO$_4$的萃取效率的变化；（c）HCl
相对于H$_3$PO$_4$的选择性β的变化。初始溶液组成：第1组，H$_3$PO$_4$ 1.71mol/L，
KCl 1.89mol/L；第2组，H$_3$PO$_4$ 1.89mol/L，KCl 2.01mol/L。油相流量
3mL/min，水相流量1mL/min，温度27.0℃

控制的。

　　研究者进一步对不同情形的动力学特性进行了汇总，如表6-5所示。表中列出
的几个情形实际上都是萃取/反应复合过程，在微通道中，可以快速并准确地测量
这些萃取/反应复合过程的动力学。在为这些萃取/反应复合过程建立动力学模型
时，首先根据过程特点假设过程的控制步骤，然后基于此假设建立相应的模型（或
传质模型，或反应模型，或传质/反应模型），并得到含有待定参数的浓度随时间
变化的关系式，其中的待定参数通常是模型的重要动力学参数。利用实验测量得到
的动力学数据，即不同停留时间下的浓度数据，根据关系式进行拟合，就可以得到
待定参数（动力学参数）。利用这些动力学参数和模型，多组分共存的反应萃取过
程可以得到比较准确的描述，从而为过程设计、调控和优化提供重要基础。

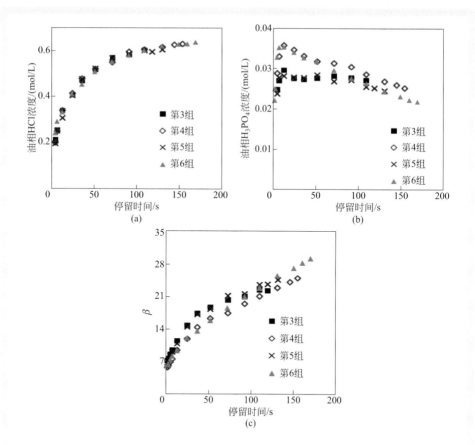

◐ 图 6-33　在初始 H_3PO_4 相对于 TOA 过量的情况下，萃取剂萃取 H_3PO_4 和 KCl 的混合溶液过程中：（a）油相 HCl 浓度的变化；（b）油相 H_3PO_4 浓度的变化；（c）HCl 相对于 H_3PO_4 的选择性 β 的变化。初始溶液组成：第 3 组，H_3PO_4 2.12mol/L，KCl 2.25mol/L；第 4 组，H_3PO_4 2.39mol/L，KCl 2.55mol/L；第 5 组，H_3PO_4 2.13mol/L，KCl 2.40mol/L；第 6 组，H_3PO_4 2.40mol/L，KCl 2.71mol/L。油相流量 3mL/min，水相流量 1mL/min，温度 27.0℃

表 6-5　萃取 / 反应复合过程动力学模型汇总

过程	过程控制步骤	动力学模型	动力学参数
萃取剂萃取 HCl 溶液、H_3PO_4 溶液、H_3PO_4 和 KCl 的混合溶液（初始 TOA 相对于 H_3PO_4 过量）	传质控制	传质模型式	体积传质系数 Ka
萃取剂萃取 H_3PO_4 和 KCl 的混合溶液（初始 H_3PO_4 相对于 TOA 过量）	初期传质控制；后期传质 / 反应共同控制	初期传质模型式；后期传质 / 反应模型式	前期 Ka；后期 Ka 及萃取过程界面反应常数 k_+ 和 k_-

过程	过程控制步骤	动力学模型	动力学参数
含有 H_3PO_4 的萃取剂与 KCl 溶液的反应	反应控制	反应模型式	k_+ 和 k_-
氨从负载油相中反萃 HCl	反应控制	反应模型式	反萃过程界面反应常数 k_{s+} 和 k_{s-}

四、基于微设备的磷酸二氢钾萃取法生产工艺

在以上研究的基础上，赵方[33]提出了反应萃取制备 KH_2PO_4 的新工艺，新工艺的流程如图 6-34 所示。首先萃取剂与 H_3PO_4、KCl 和 KH_2PO_4 的混合溶液在微通道中，35℃左右进行反应萃取，然后进入传统结晶器中，常温下进行结晶。结晶完成后固相洗涤干燥得到 KH_2PO_4 产品，水相返回反应萃取步骤，油相进入微通道中与吸收氨气后的 NH_4Cl 溶液反应进行反萃过程，然后进入传统结晶器中进行结晶。结晶完成后固相洗涤干燥得到 NH_4Cl 副产品，水相吸收氨气后返回反萃步骤，油相循环返回反应萃取步骤。

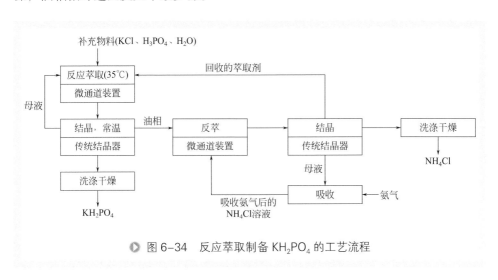

◉ 图 6-34 反应萃取制备 KH_2PO_4 的工艺流程

相较于传统的萃取法工艺，新工艺具有以下优势：解决了体系容易乳化的问题；利用微通道将反应萃取过程和结晶过程解耦，将晶体的成核过程和生长过程分开，使得过程更加容易控制，并实现对晶体尺寸、形貌的调控，得到颗粒尺寸大、尺寸分布集中的 KH_2PO_4 晶体；萃取剂的稳定性好；工业放大更容易。

参考文献

[1] Xu J H, Tan J, Li S W, et al. Enhancement of mass transfer performance of liquid–liquid system by droplet flow in microchannels[J]. Chemical Engineering Journal, 2008,141(1-3):242-249.

[2] Kashid M N, Kiwi-Minsker L. Microstructured Reactors for Multiphase Reactions: State of the Art[J]. Industrial & Engineering Chemistry Research, 2009,48(14):6465-6485.

[3] Malsch D, Gleichmann N, Kielpinski M, et al. Effects of fluid and interface interaction on droplet internal flow in all-glass micro channels// Proceedings of the 6th international conference on nanochannels, microchannels, and minichannels. New York: Amer Soc Mechanical Engineers, 2008: 1571-1578.

[4] Xu J H, Tan J, Li S W, et al. Enhancement of mass transfer performance of liquid-liquid system by droplet flow in microchannels[J]. Chem Eng J, 2008, 141 (1-3): 242-249.

[5] Roudet M, Loubiere K, Gourdon C, et al. Hydrodynamic and mass transfer in inertial gas-liquid flow regimes through straight and meandering millimetric square channels[J]. Chemical Engineering Science, 2011, 66: 2974-2990.

[6] van Baten J M, Krishna R. CFD simulations of mass transfer from Taylor bubbles rising in circular capillaries[J]. Chemical Engineering Science, 2004, 59: 2535-2545.

[7] Pohorecki R. Effectiveness of interfacial area for mass transfer in two-phase flow in microreactors[J]. Chemical Engineering Science, 2007, 62: 6495-6498.

[8] Scriven L E, Sternling C V. Marangoni effects[J], Nature, 1960, 187 (4733): 186-188.

[9] Mao Z S, Chen J Y. Numerical simulation of the Marangoni effect on mass transfer to single slowly moving drops in the liquid-liquid system[J]. Chem Eng Sci, 2004, 59 (8-9): 1815-1828.

[10] Pertler M, Haberl M, Rommel W, et al. Mass-transfer across liquid-phase boundaries[J]. Chem Eng Process, 1995, 34 (3): 269-277.

[11] Wegener M, Paschedag A R, Kraume M. Mass transfer enhancement through Marangoni instabilities during single drop formation[J]. Int J Heat Mass Tran, 2009, 52 (11-12): 2673-2677.

[12] Martin J D, Hudson S D. Mass transfer and interfacial properties in two-phase microchannel flows[J]. New J Phys, 2009, 11: 115005.

[13] Chevaillier J P, Klaseboer E, Masbernat O, et al. Effect of mass transfer on the film drainage between colliding drops[J]. J Colloid Interf Sci, 2006, 299 (1): 472-485.

[14] Saboni A, Alexandrova S, Gourdon C, et al. Interdrop coalescence with mass transfer: comparison of the approximate drainage models with numerical results[J]. Chem Eng J, 2002, 88 (1-3): 127-139.

[15] Li S W, Xu H H, WangY J, et al. Controllable preparation of nanoparticles by drops and plugs flow in a microchannel device[J]. Langmuir, 2008, 24 (8): 4194-4199.

[16] Zhao C X, Middelberg A. Microfluidic Mass-Transfer Control for the Simple Formation of Complex Multiple Emulsions[J]. Angew Chem Int Edit, 2009, 48 (39): 7208-7211.

[17] Meehl G A, Washington W M, Collins W D, Arblaster J M, Hu A X, Buja L E, Strand W G, Teng H Y. How much more global warming and sea level rise? [J] Science, 2005, 307: 1769-1772.

[18] Zanfir M, Gavriilidis A, Wille C, et al. Carbon dioxide absorption in a falling film microstructured reactor: Experiments and modeling[J]. Ind Eng Chem Res, 2005, 44 (6): 1742-1751.

[19] Yue J, Chen G W, Yuan Q, Luo L G, Gonthier Y. Hydrodynamics and mass transfer characteristics in gas-liquid flow through a rectangular microchannel[J]. Chemical Engineering Science, 2007, 62: 2096-2108.

[20] Tan J, Xu J H, Wang K, et al. Rapid measurement of gas solubility in liquid using a membrane dispersion microcontactor[J]. Industrial & Engineering Chemistry Research, 2010, 49(20): 10040-10045.

[21] 郑晨. 微气泡群形成机制及性能的基础研究 [D]. 北京：清华大学，2016.

[22] Brody J P, Yager P. Diffusion-based extraction in a microfabricated device[J]. Sens Actuators A, 1997, 58(1): 13-18.

[23] Morita K, Hagiwara T, Hirayama N, et al. Extraction of Cu(Ⅱ) with dioctyldithiocarbamate and a kinetic study of the extraction using a two-phase microflow system[J]. Solvent Extr Res Dev Jpn, 2010, 17: 209-214.

[24] Surmeian M, Hibara A, Slyadnev M, et al. Distribution of methyl red on the water-organic liquid interface in a microchannel[J]. Anal Lett, 2001, 34(9): 1421-1429.

[25] Surmeian M, Slyadnev M N, Hisamoto H, et al. Three-layer flow membrane system on a microchip for investigation of molecular transport[J]. Anal Chem, 2002, 74(9): 2014-2020.

[26] Ju S H, Peng P, Wei Y Q, et al. Solvent extraction of In^{3+} with microreactor from leachant containing Fe^{2+} and Zn^{2+}[J]. Green Process Synth, 2014, 3(1): 63-68.

[27] Mason L R, Ciceri D, Harvie D J E, et al. Modelling of interfacial mass transfer in microfluidic solvent extraction: part I. Heterogenous transport[J]. Microfluid Nanofluid, 2012, 14(1-2): 197-212.

[28] Huang Y, Meng T, Guo T, et al. Aqueous two-phase extraction for bovine serum albumin (BSA) with co-laminar flow in a simple coaxial capillary microfluidic device[J]. Microfluid Nanofluid, 2013, 16(3): 483-491.

[29] Sen N, Darekar M, Singh K K, et al. Solvent extraction and stripping studies in microchannels with TBP nitric acid system[J]. Solvent Extr Ion Exch, 2014, 32(3): 281-300.

[30] 邵华伟. 磷酸萃取设备微型化的基础研究 [D]. 北京 : 清华大学 , 2012.

[31] 刘国涛. 湿法磷酸净化新工艺和过程微型化的研究 [D]. 北京 : 清华大学 , 2016.

[32] Eyal A M, Canari R. pH dependence of carboxylic and mineral acid extraction by amine-based extractants: effects of pK_a, amine basicity, and diluent properties[J]. Ind Eng Chem Res, 1995, 34(5): 1789-1798.

[33] 赵方. 反应萃取制备磷酸二氢钾的基础研究 [D]. 北京 : 清华大学 , 2015.

第七章

基于微设备的反应过程强化技术

反应过程强化是微化工技术的一个重要的应用方向，特别是对于快速强放热的多相反应，采用微化工技术可以实现安全和高效的反应过程。本章将在简要论述基于微设备反应过程强化基本原理的基础上，以几个典型的反应过程为例，介绍微化工技术在反应过程强化中的突出效果。

第一节 反应过程强化原理

基于微设备的反应过程强化技术源于微设备的特性，微设备的特征尺寸通常在亚微米到亚毫米量级，得益于其设备内缩小的特征尺寸带来的大比表面积和大相界面面积，微化工系统有诸多独特的优点。

一、混合速度快

如本书第二章所述，微设备由于线尺度的减小，可以快速实现物料的均匀混合。微设备内的流动大多为层流，扩散时间与特征尺度的二次方成正比，在扩散系数不变的情况下，微设备特征尺度通常为几百微米，相比于传统设备尺寸，可以极大地缩短混合时间，甚至仅靠扩散就可以实现毫秒级均匀混合 [1, 2]。

通过微结构的特殊设计带来的壁面效应可以引起流体内产生混沌流或者二次流 [3-6]，从而进一步促进对流扩散来加强混合。Bringer 等 [3] 设计了弯曲通道，发现弯曲通道可以引起液滴内的拉伸 - 折叠作用 [图 7-1(a)] 和混沌二次流 [图 7-1(b)]，极大加快液滴内流体的混合速度。

此外，如第二章所述，微通道内的流体混合还可以方便地引入超声、电场、磁场和周期性振动等外场来进一步强化。图 7-2 表示的是不同微反应器内混合时间与雷诺数的关系[7]，在特征尺寸 d 为 $100\mu m$、流动状态为层流时，各种微混合器的混合时间 t_m 普遍在 $0.01 \sim 1s$ 之间。在湍流状态下，普遍在 $1ms$ 左右。

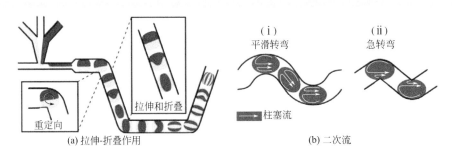

● 图 7-1 弯曲通道引起的拉伸 – 折叠作用和二次流[3]

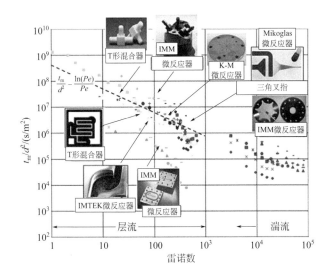

● 图 7-2 微反应器内混合时间与雷诺数关系[7]

二、优异的传热传质性能

得益于特征尺寸的大幅度减小，微通道的比表面积在 $10^4 \sim 10^6 m^2/m^3$ 量级，大大高于传统反应器，可以显著增加微化工系统内的传热和传质面积[8]。Brandner 等[9] 提到微换热器的总传热系数可以达到 $56kW/(m^2 \cdot K)$，约为传统板式换热器的 20 倍。对于多相体系，微化工系统提供的相间界面面积可以达到 $5000 \sim 30000m^2/m^3$，相间体积传热系数可以达到 $5 \sim 25MW/(m^3 \cdot K)$，是传统相间传热系数的 15 ～

20 倍 [10]。对于传质，除了微米量级的传质距离和更大的传质面积，微通道内由于通道结构 [4-6]、惰性气体添加 [11-14] 或者通道内填充的内构件 [15] 引起的混沌流或者二次流，可以进一步强化微通道内的传质过程。研究结果表明，微设备内的相间体积传质系数可以达到传统设备的 10 ~ 1000 倍 [16]。如图 6-1 所示，微结构设备的传热和传质能力相比于传统的传热传质设备，如搅拌釜、脉冲塔、静态混合器和板式换热器等，都具有明显的优势 [17]。

三、停留时间和温度高度可控

微设备内的流动多为连续并流，许多研究者曾研究了微通道内流动的停留时间分布 [18-21]，如图 4-3（a）所示，经过 300mm 后，示踪粒子的分布仍然很窄，并且与注入源的分布十分接近 [20]。这些研究结果表明，在微通道内的流动可以近似为平推流，尤其是在液柱流、液滴流等流型下，微设备内的轴向扩散被大大减少。因此，流体在微化工系统内的停留时间可以通过改变流体流速或者通道长度进行精确的控制。

微化工系统内优异的相间传热能力和流体与微通道壁面的传热能力，可以使流体中的热量迅速移出，达到流体温度的均匀分布，减少了流体中热点的产生 [23]。如图 4-3（b）所示 [22]，微反应器内的温度分布相比于搅拌釜，更加接近于理想温度分布情况。

由于基于微设备的微化工系统具有混合高效、传递效率高和过程条件可控等独特的特点，所以其应用于反应过程带来了减小停留时间、提高反应收率和提高安全性等优点，实现反应过程的强化。具体的反应过程强化特点总结如下：

加快反应速度，提高反应选择性。微化工系统内优异的混合和传质效率，可以极大地消除传质控制，提高反应速度，在有些例子中可以极大地减少反应所需时间。Wiles 等 [24] 在微反应器内进行一种醛类和甲硅烷基醚的羟醛缩合反应（图 7-3），反应时间只需要 20min，而该反应在搅拌釜内进行则需要 24h。

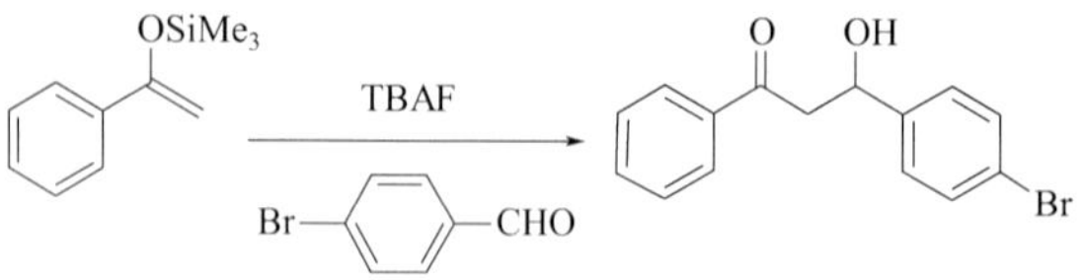

▶ 图 7-3　羟醛缩合反应

另一方面微设备优异的传热性能，可以保证反应产生的热量更快地移出，使整个系统的温度分布更加均匀。这可以使一些放热量大的反应在更高温度下安全进行，从而极大提高反应速度。如图 7-4 所示的加氢反应 [25]，该反应在搅拌釜内进行

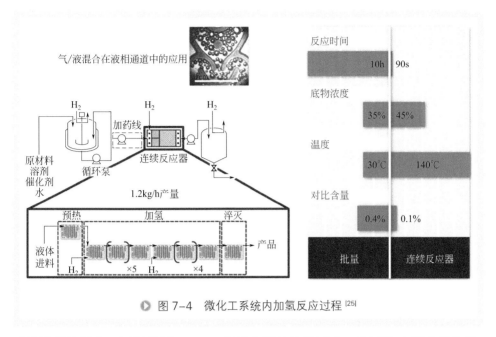

● 图 7-4　微化工系统内加氢反应过程[25]

时的选择性很高，可以接近 100%。但是由于放热量巨大，为了防止反应器飞温，通常需要控制反应在较低温度下进行（30℃），这导致需要长达 10h 才能完成反应。但是在微化工系统内通过减少氢气的分散尺寸，提供更大的传质系数，并且使反应在更高温度（140℃）下进行，反应时间缩短为 90s。

　　此外，在反应过程中，除了主反应外，常常还存在着平行或连串副反应。微化工系统内良好的温度和停留时间控制，可以抑制副反应的发生，提高主反应的选择性。Yoshida 等[26] 提炼了反应中一类快速连串反应模型，如图 7-5（a）所示，S 反应生成中间产物 I，I 在加入淬冷剂后将迅速生成产物 P，在淬冷剂未加入时，I 会生成副产物 B。如图 7-5（b）所示，当 $k_1=10s^{-1}$，$k_2/k_1=0.01$ 时，淬冷剂在 0.5s 左

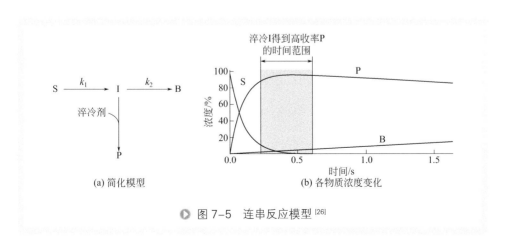

● 图 7-5　连串反应模型[26]

右加入时，可以获得较高的收率，时间过短或过长，收率都会下降。对于这类反应，微反应系统可以根据主副反应的动力学，设定适当的停留时间，从而提高反应的选择性。硝化是工业上常用的一个经典反应，这个反应通常放热剧烈，由于温度很难控制，产生大量副产物。Ducry 等[27] 在搅拌釜和微反应器内分别进行了苯酚的硝化反应。研究发现，由于微反应器优异的传热能力，保证了反应中的温升不超过 5℃，而在搅拌釜中的温升则有 55℃，所以该反应在微设备内的收率从 55% 提高到 75%。

总的来说，在微反应器内实现反应过程的强化的机理通常包括以下几个方面：①对于均相反应，微反应器可以通过缩短混合时间，减少副反应发生，减少反应时间，实现反应过程的强化；②对于气/液、液/液和液/固等非均相反应，如果本征反应动力学很快，实际反应过程受限于相间传质过程，通过微反应器强化相间传质，也能实现过程的强化；③对于像硝化等危险反应，通常需要通过滴加等方式减慢反应从而更好地控制反应过程，而由于微反应器高效的传质传热效率，可以实现物料直接接触混合的方式进行反应，从而强化反应；④对于一些慢反应，在微反应器内可以在更高压力和更高温度下进行，从而提高反应速度，实现过程强化。下面结合具体的案例来分析基于微设备的反应过程强化技术。

第二节　均相反应过程强化

贝克曼重排反应是指一个由酸催化的重排反应，反应物肟在酸的催化作用下重排为酰胺。若起始物为环肟，产物则为内酰胺。此反应是由德国学者 E.Beckmnan 在 1886 年发现并由此得名[28]。1900 年德国 O.Wallach 利用硫酸作为催化剂催化环己酮肟合成己内酰胺。1938 年 P. Schalk 通过聚合己内酰胺得到了尼龙 6，从此己内酰胺在世界范围内得到了大规模的生产和应用[29, 30]。

工业上采用的环己酮肟的 Beckmann 重排过程如图 7-6 所示，发烟硫酸是反应的催化剂和介质。产生的己内酰胺在体系中以硫酸的络合物存在[31]，还需要向体系中加入氨水，以中和硫酸，获得己内酰胺和硫酸铵。得到的 70% 左右的己内酰胺水溶液经过苯或甲苯等溶剂萃取后，通过减压精馏获得产品。同时，硫酸铵水溶液经蒸发结晶后得到副产硫酸铵[30]。因此，为了获得产品己内酰胺，必须消耗大量氨水来中和硫酸，同时副产大量低价值的硫酸铵。典型的重排工艺每生产 1t 己内酰胺通常副产约 2t 硫酸铵[32]。在重排中降低硫酸的使用量，又会带来体系黏度增加、混合更加困难、产品品质下降等问题。因此，如何降低甚至避免烟酸的使用，开发无副产硫酸铵的重排工艺，一直是重排工艺改进的重要目标[33]。

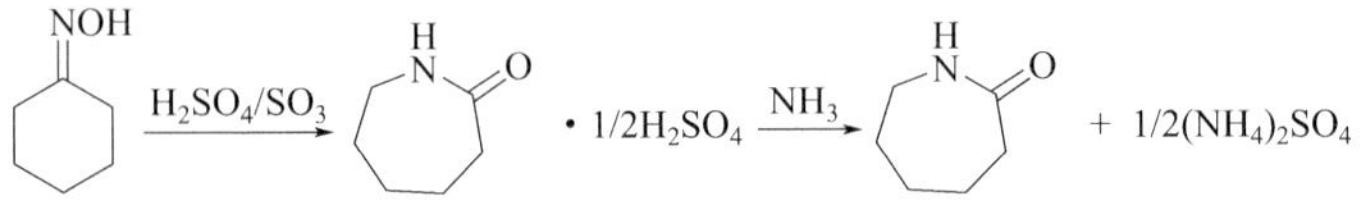

图 7-6 传统贝克曼重排反应过程

有机物作为贝克曼重排的催化剂，其与产物己内酰胺结合不紧密，因此可以采用萃取或者精馏的方法进行分离，而且其作为液体，用来代替工业重排过程中的烟酸，工艺装置改动较小。Ronchin 等[34-36] 报道了三氟乙酸（trif luoroacetic acid，TFA）作为催化剂，在温和条件下可以实现环己酮肟的高收率转化，己内酰胺选择性在 80% ～ 95% 之间。他们研究了溶剂、反应物和催化剂浓度对反应性能的影响，提出了反应的机理过程。该催化过程相对于前面的研究是一个较大的进步，一方面该过程的收率较高，另一方面，三氟乙酸的沸点较低（73℃），且其为有机酸，与己内酰胺结合较弱，可通过精馏或者萃取实现己内酰胺的分离和催化剂的循环使用。但是，该催化体系相对于传统重排过程仍存在反应速度较慢 [1.2×10^{-5}mol/(L·s), 343K]、选择性低的问题。在文献中把惰性溶剂作为反应介质，TFA 作为催化剂。本书作者借鉴烟酸催化的过程，提出一种新型的有机催化体系[37,38]，即：TFA 同时作为反应的介质和催化剂，通过介质环境的改变来强化反应。表 7-1 给出了改进催化体系和文献体系的对比。尽管两者都基于 TFA 和乙腈，但由于催化环境的改变，带来副反应和动力学过程的优化，两者的催化性能截然不同。由于 TFA 和乙腈在反应过程中的复杂作用，当乙腈质量分数为 10%（质量分数）时，反应速度最快，60℃时初始反应速度可达 7.9×10^{-5}mol/(L·s)，是文献值的 20 倍。由于在改进催化体系中可逆水解平衡的存在，反应的选择性可达到 99% 以上，而在文献中选择性只有 83% ～ 95%。此外，有机酸和有机添加物可以通过精馏实现分离和循环使用，从而避免硫酸铵的产生。因此，该有机酸催化重排过程有望使重排反应变得更加经济高效。

表 7-1 改进催化体系与文献体系催化性能的对比

催化体系	有机溶剂浓度（质量分数）/%	初始反应速度（60℃/[10^{-6}mol/(L·s)]）	选择性 /%
改进催化体系[37,38]	10	79	99 以上
文献体系[35, 36]	85	4.1	83 ～ 95

但是即使是改进的有机催化体系，反应时间仍在 40min 左右，同时反应体系中有大量的有机溶剂和有机酸，加上反应放热剧烈，按照本质安全评价的标准[39]，该过程安全隐患较大，亟需进行过程强化。因此下面我们采用了微设备对该过程进行过程强化。

用于有机催化重排反应的微化工系统示意图如图 7-7 所示 [40]。三氟乙酸和环己酮肟的乙腈溶液分别采用计量泵输送。物料输送管道放入油浴中以控制加料温度。所用的微混合器为 T 形微混合器，材质为聚四氟乙烯，内径为 0.25mm。一段延迟管（外径 3mm，内径 2.0mm，材质聚四氟乙烯）直接连接在微混合器 1 的出口处，并浸没在油浴中控制反应温度。反应时间可以通过改变延迟管的长度或者改变流速来控制。为了更为精确地控制停留时间，我们设计了微混合器 2 来淬冷终止反应。大量的乙腈通过计量泵进入微混合器 2 中，把 TFA 的浓度迅速稀释，同时把体系温度降低到室温。在该条件下，该反应已经终止。由于 TFA 和乙腈的沸点较低，为了使反应能在更高温度下进行，需要提高系统内压力，以防止系统内液体发生汽化。为此，我们在微混合器 2 后装有背压阀，以控制体系内的压力为 0.5MPa（绝压）。

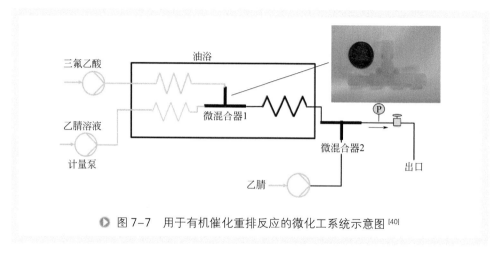

● 图 7-7 用于有机催化重排反应的微化工系统示意图 [40]

采用建立的微化工系统，首先采用近似于文献值的催化体系进行反应，这时反应的转化率和选择性随温度和时间的变化情况如图 7-8 所示。在这时，催化体系中乙腈的含量为 82%（质量分数），COX 的摩尔浓度约为 0.12mol/L。结果表明，反应在微化工系统内的反应速度大大提高，在 130℃下 100s 时就能完成 92% 的转化率。相比文献中 100～1000min 的反应时间，在微化工系统内的反应时间要小 2～3个数量级。采用反应过程的平均反应速度来对比，文献中在 70℃时的平均反应速度仅为 1.2×10^{-5}mol/(L·s)[35, 36]，而在微化工系统内 110℃下，过程的平均反应速度为 2.9×10^{-4} mol/(L·s)，当温度提高到 130℃时，该值为 1.1×10^{-3}mol/(L·s)。对于选择性，由于反应过程中后期副产物环己酮的浓度基本不变，所以随着停留时间的增加，反应的选择性不断增加。按照转化率达到 100% 时，计算该过程的选择性为 93%～97%，相对于文献值中的 83%～95% 也有一定的提高。这是由于反应时间的缩短，使得羟胺的分解损失减少，减少了环己酮的生成，从而提高了过程的选择性。

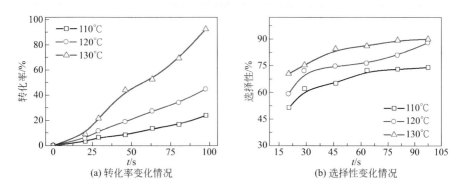

(a) 转化率变化情况　　　　　(b) 选择性变化情况

● 图 7-8　微化工系统内采用文献催化体系时反应性能

温度 110～130℃，TFA 流速：1 mL/min，COX 在乙腈中质量分数：2%，

乙腈溶液流量：10mL/min，物料在延迟管内停留时间为 21～98s

　　进一步，我们采用改进的催化体系进行实验，得到停留时间和温度对反应性能的影响，如图 7-9 所示。这时，催化体系中乙腈的含量为 10%（质量分数），COX 的摩尔浓度约为 0.14mol/L。从图 7-9（a）中可以看出，在 100℃下，在 40s 时，反应转化率已经达到 100%，而在图 7-8 中，110℃下，100s 时仅完成了 24% 的转化率，可见，在微化工系统内改进的催化体系可以进一步提高反应的速度。对于选择性，在转化率较低时，反应的选择性最低在 90% 左右。当转化率达到 100% 时，反应的选择性均在 99% 以上。从图 7-9（b）中可以看出，温度的升高可以明显提高反应的速度。在 80℃时，转化率仅为 10% 左右，当温度升为 100℃时，反应转化率已经接近 100%。采用平均反应速度计算，在 90℃下，过程的平均反应速度为

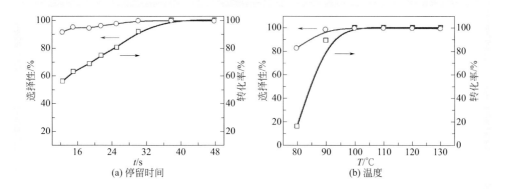

(a) 停留时间　　　　　　　(b) 温度

● 图 7-9　停留时间和温度对反应性能的影响

COX 在乙腈中质量分数：10%，（a）温度 100℃，TFA 流速：1.6～6mL/min，乙腈溶液流量：

0.4～1.5mL/min，两股流体的流量比保持为 4，反应时间为 13～48s；（b）温度 80～130℃，

TFA 流速：1.6mL/min，乙腈溶液流量：0.4mL/min，反应时间为 48s

2.6×10^{-3}mol/(L·s)，相对于在搅拌釜中在 70℃时的平均反应速度 2.1×10^{-4}mol/(L·s) 提高了近 10 倍。对于这时的选择性，在 100～130℃下，当转化率达到 100% 后，选择性均在 99% 以上。

最后，我们考察了环己酮肟浓度对反应性能的影响，如图 7-10 所示。在图（a）中，催化体系中乙腈的含量约为 20%（质量分数），COX 的摩尔浓度约为 0.69mol/L；在图（b）中，催化体系中乙腈的含量约为 30%（质量分数），COX 的摩尔浓度约为 0.90mol/L。从图（a）中可以看出，当温度提高到 100℃以上时，反应的转化率提高到接近 100%，选择性达到 99% 以上。在 100℃时，反应的平均反应速度为 5.9×10^{-3}mol/(L·s)。从图（b）中可以发现，当温度提高到 110℃以上时，反应的转化率才提高到接近 100%，但这时的选择性只有 97+%。可能是因为随着 COX 浓度提高，反应放热量太大，局部温度控制不好造成的。根据前面测量的反应体系放热估算，这时的绝热温升为 50℃。在 100℃时，反应的平均反应速度为 6.0×10^{-3}mol/(L·s)，由于图（b）中乙腈含量更高，按照规律其速度要比图（a）略低。但计算的反应速度反而比图（a）中的速度要高一些，这说明在图（b）中体系内的温度要高于水浴中的温度。可见，在较高的环己酮肟浓度下，改进催化体系在微化工系统内仍保持了较高的反应性能。

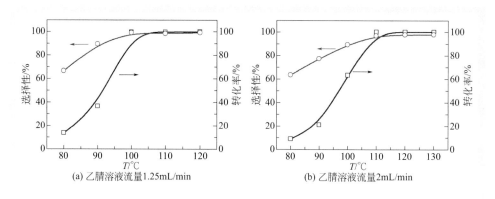

（a）乙腈溶液流量1.25mL/min　　　　（b）乙腈溶液流量2mL/min

▶ 图 7-10　较高环己酮肟浓度下反应性能

COX在乙腈中质量分数：25%，TFA流量：2mL/min，温度：80～130℃，

（a）反应时间为117s；（b）反应时间为95s

表 7-2 给出了在搅拌釜和微化工系统内两种催化体系反应性能的对比。当采用文献催化体系时，在微反应器内进行该反应，相对于搅拌釜平均反应速度要提高约 20 倍以上，而选择性也从 83%～95% 提高到 93%～97%。而采用改进催化体系后，在微反应器内进行该反应，相对于搅拌釜反应速度会提高约 30 倍以上，选择性仍保持在 99% 以上。

表 7-2 搅拌釜和微反应器内反应性能的对比 [35-39]

反应装置	催化体系	反应温度 /℃	平均反应速度 /[10^{-4}mol/(L·s)]	选择性 /%
搅拌釜	文献体系 [35,36]	50 ～ 70	0.12(70℃)	83 ～ 95
微反应器	文献体系 [35,36]	80 ～ 130	2.9(110℃)	93 ～ 97
搅拌釜	改进催化体系 [37,38]	50 ～ 70	2.1(70℃)	99 以上
微反应器	改进催化体系 [37,38]	80 ～ 130	59(100℃)	99 以上

第三节　气/液非均相反应过程强化

气/液非均相反应广泛存在于石油石化、精细化工、水处理和食品加工等行业中。比如加氢、氧化、氯化等反应过程。这类反应过程通常存在着强烈的气/液传质控制。本部分以可控制备的微分散气泡群来实现气/液非均相反应，系统地考察各操作条件对分散尺寸及传质性能、反应性能的影响，建立反应动力学或传质模型，实现非均相反应过程的强化。选取蒽醌法制备过氧化氢过程中的关键反应——氢蒽醌的氧化反应，作为气/液非均相反应的典型对象展开研究。

一、氢蒽醌的氧化反应

蒽醌法制备过氧化氢生产过程中主要涉及的反应 [41]，如图 7-11 所示，在此过程中以蒽醌类衍生物作为氢的"载体"，以避免生产过程中氢气和氧气的直接接触。生产中常用的蒽醌衍生物为 2- 乙基蒽醌（EAQ）及其氢化物四氢 -2- 乙基蒽醌（THEAQ）。在反应过程中，EAQ 或 THEAQ 首先和氢气在钯或镍的催化下反应生成氢化 2- 乙基蒽醌（$EAQH_2$）或氢化四氢 -2- 乙基蒽醌

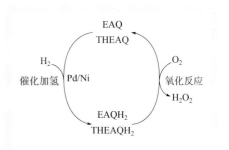

▶ 图 7-11 蒽醌法制备过氧化氢的反应过程

（$THEAQH_2$），$EAQH_2$ 或 $THEAQH_2$ 和氧气接触反应生成过氧化氢（H_2O_2），并重新得到 EAQ 或 THEAQ，进入下一个循环周期。在工业中，蒽醌及氢化蒽醌通常溶解在三甲苯和磷酸三辛酯的混合溶剂中，构成循环工作液。

在工业中所使用的循环工作液中，EAQ 和 THEAQ 通常以 30∶70（质量比）存在，在氢化蒽醌存在的情况下，存在可逆反应（7-1）：

$$EAQH_2 + THEAQ \rightleftharpoons THEAQH_2 + EAQ \qquad (7\text{-}1)$$

在通常的状态下，反应（7-1）的平衡基本完全向右移动[42]，而在氢化过程中，为避免副反应，通常只有 60% ～ 70% 的 EAQ 或 THEAQ 被加氢。因此，可以认为在工作液的氧化过程中只有反应（7-2）发生：

$$\text{THEAQH}_2 + O_2 \longrightarrow \text{THEAQ} + H_2O_2 \qquad (7\text{-}2)$$

Santacesaria 等[43]分别使用 Levenspiel 连续反应釜[44]和半间歇气/液反应釜对反应（7-2）进行了研究。他们的研究结果表明，反应（7-2）为二级反应，其本征动力学如式（7-3）所示：

$$r_{ox} = k_{ox}[\text{THEAQH}_2][O_2] \qquad (7\text{-}3)$$

他们的研究还确定了反应的本征动力学常数，如式（7-4）所示：

$$k_{ox} = (1.14 \pm 0.08) \times 10^3 \exp[-(59695 \pm 4351)/(RT)][\text{cm}^3/(\text{mol} \cdot \text{s})] \qquad (7\text{-}4)$$

在工业生产过程中，通常在 40 ～ 70℃的条件下，在逆流操作的鼓泡塔中实现反应（7-2）。在逆流操作的鼓泡塔中，总体积传质系数通常在 $4 \times 10^{-4} \sim 1.02\text{s}^{-1}$[45]。按式（7-5）计算反应的 Ha 数，以判断反应器中化学反应的相对快慢：

$$Ha = (D_{O_2} k_{ax}[\text{THEAQH}_2])^{1/2} / k_1 \qquad (7\text{-}5)$$

式中，D_{O_2} 为氧气在工作液中的扩散系数；k_1 为气/液体系的传质系数。计算结果表明，在鼓泡塔中，反应（7-2）的 $Ha > 30$，这说明，相对于传质过程，反应（7-2）为快速反应。这说明，在常规设备中，反应（7-2）的决速步骤在于氧气自气相向有机相中的传质过程。因此，强化气/液传质过程，对于强化反应（7-2）是十分必要的。在此以微分散气泡群来实现反应（7-2），可能通过强化气/液相间传质过程，实现反应过程的强化。

实验装置图如图 7-12 所示。实验中，液相（氢化工作液）通过平流泵 1 进入

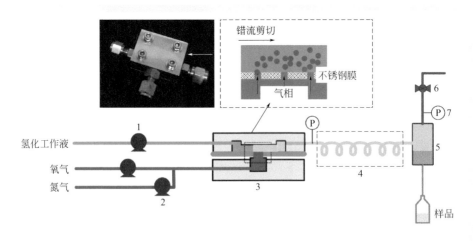

▶ 图 7-12　实验装置示意图

膜分散器 3 的连续相入口，气相（氧气或模拟空气）通过质量流量计 2 进入膜分散器 3 的分散相入口，制备微米级分散的气泡群。气 / 液微分散体系自膜分散器 3 的出口流出，进入延时盘管 4。为了实现对停留时间的准确调控，实验中采用了六根不同长度的延时盘管。经过分散过程和一定的停留时间的反应后，气 / 液微分散体系进入分相室 5 并迅速完成分相，得到液相样品。

进料管、膜分散器、延时盘管和分相室的温度均由恒温水槽控制，分散及流动过程的压力均由分相室气相出口处的背压阀 6 控制，分散后气 / 液体系的压力及背压阀出口前反应后气相的总压力均由压力传感器 7 测定。

实验中 THEAQH$_2$ 浓度分别为 0.04mol/L，0.07mol/L 和 0.14mol/L；所采用的氧气（O$_2$）和氮气（N$_2$）纯度均为 99.995%（体积分数）。

实验中以不锈钢微滤膜为分散介质制备微分散气泡群实现 THEAQH$_2$ 的氧化反应。图 7-13 给出了通过高速在线显微系统在线观察和获取膜分散器出口的气泡群显微照片。从图中可以看出，分散在有机溶液中的气泡的直径在 10 ~ 200μm 之间，平均直径在 100μm 左右。

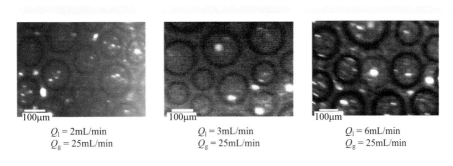

$Q_1 = 2mL/min$
$Q_g = 25mL/min$

$Q_1 = 3mL/min$
$Q_g = 25mL/min$

$Q_1 = 6mL/min$
$Q_g = 25mL/min$

▶ 图 7-13　不同流量下气泡群的显微照片

二、模拟空气氧化 THEAQH$_2$ 的反应性能

根据之前的介绍，在工业过程中，THEAQH$_2$ 的氧化过程是在逆流鼓泡塔中以空气与氢化工作液相接触而实现的。在此，将 N$_2$ 和 O$_2$ 以 79 : 21(体积) 的比例混合以模拟空气的组分，并将混合气体分散至有机工作液中，形成气泡群，并考察气 / 液微分散体系的反应性能。

首先，在 40℃下，采用 THEAQH$_2$ 浓度为 0.14mol/L 的工作液，固定气 / 液两相流量比，并使气相中 O$_2$ 过量 50%，改变液相流量 Q_1，分别考察出口总压 p_{air} 分别为 0kPa 和 400kPa 时，Q_1 对产物中 H$_2$O$_2$ 浓度 $c(H_2O_2)$ 的影响，结果如图 7-14 所示。结果表明，Q_1 从 5mL/min 增大至 40mL/min，$c(H_2O_2)$ 对时间 t 的变化基本符合同一条曲线。可见在实验条件范围内，在同一气 / 液流量比的条件下改变 Q_1，对

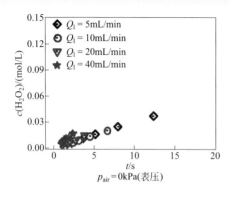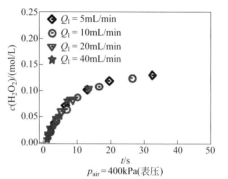

$p_{air}=0kPa$(表压) $p_{air}=400kPa$(表压)

● 图7-14 两相流量对空气氧化过程的影响

40℃, $c(THEAQH_2)=0.14mol/L$, O_2:$THEAQH_2 = 1.5:1$, $Q_l=20mL/min$

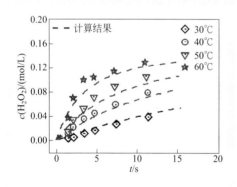

● 图7-15 反应温度对空气氧化
过程的影响

40℃, O_2:$THEAQH_2 = 1.5:1$,
$Q_l=20mL/min$, $p_{air}=300kPa$(表压)

反应性能的影响可以忽略。

固定 O_2 过量50%，控制 p_{air} 为300kPa，考察了不同温度下 $c(H_2O_2)$ 对时间 t 的变化情况，结果如图7-15所示。实验结果表明，随着温度的升高，$c(H_2O_2)$ 对 t 的曲线变陡，表明反应（7-2）的反应速率随着温度的升高而增大，这主要是由反应动力学常数的增大所导致的。

固定反应温度为40℃，分别考察气相和液相反应物浓度的改变对反应性能的影响。O_2 的浓度同时受 p_{air} 及气相中 O_2 的体积分数 $\Phi(O_2)$ 的影响。首先，以模拟空气作为气相反应物，在不同的 O_2 过量程度的条件下，考察了 p_{air} 分别为0kPa，200kPa，300kPa 和400kPa（均为表压）的条件下，$c(H_2O_2)$ 对 t 的变化情况，结果如图7-16所示。实验结果表明，随着 p_{air} 的增大，$c(H_2O_2)$ 对 t 的曲线变陡，表明反应（7-2）的反应速率随着 p_{air} 的增大而增大。进而，保持出口压力为300kPa（表压），分别调整气相中 O_2 的初始体积分数 $\Phi(O_2)$ 为21%，15% 和10%，考察 $c(H_2O_2)$ 对 t 的变化情况，结果如图7-17所示。实验结果表明，随着 $\Phi(O_2)$ 的减小，反应（7-2）的反应速率减小。以上结果表明，反应速率随气相中 O_2 浓度的降低而减小。

固定 p_{air} 为300kPa，以模拟空气作为反应物，考察液相反应物中 $THEAQH_2$ 的浓度 $c(THEAQH_2)$ 分别为0.14mol/L，0.07mol/L 和0.04mol/L，$c(H_2O_2)$ 对 t 的变

化情况，结果如图 7-18 所示。实验结果表明，反应速率随液相中 THEAQH$_2$ 的浓度的降低而减小。

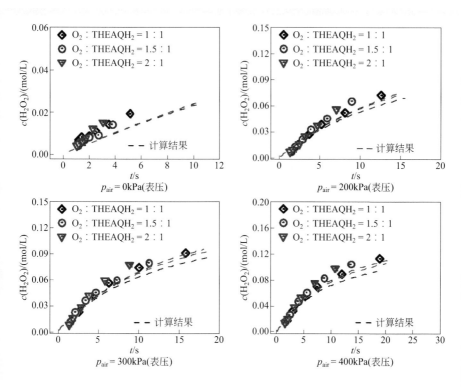

▶ 图 7-16　总压力对空气氧化过程的影响

40℃, c(THEAQH$_2$)=0.14mol/L, Q_l=20mL/min

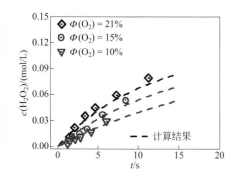

▶ 图 7-17　初始 O$_2$ 体积分数对空气
　　　　氧化过程的影响

40℃, O$_2$：THEAQH$_2$ = 1.5：1, c(THEAQH$_2$)=
0.14mol/L, Q_l=20mL/min, p_{air}=300kPa（表压）

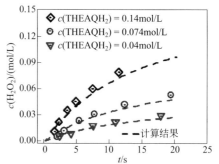

▶ 图 7-18　THEAQH$_2$ 浓度对空气
　　　　氧化过程的影响

40℃, O$_2$：THEAQH$_2$ = 1.5：1, c(THEAQH$_2$)=
0.14mol/L, Q_l=20mL/min, p_{air}=300（表压）

三、氧气氧化THEAQH$_2$的反应性能

根据上面的研究结果可知，提高气相O$_2$的浓度对于提高O$_2$在有机溶液中的溶解度，进而提高反应动力学，是十分有效的。因此，在这部分实验中，采用纯氧气与工作液接触，并考察纯氧气氧化THEAQH$_2$的反应性能。

首先，在40℃下，采用THEAQH$_2$浓度为0.14mol/L的工作液，固定气/液两相流量比，并使气相中O$_2$过量50%，改变液相流量Q_1，分别考察出口总压p_{O_2}分别为0kPa（表压）和400kPa（表压）时，总流量对$c(\text{H}_2\text{O}_2)$的影响，结果如图7-19所示。结果表明，在不同的总流量下，$c(\text{H}_2\text{O}_2)$对时间t的变化基本符合同一条曲线。可见在实验条件范围内，在同一气/液流量比的条件下改变Q_1，对反应性能的影响可以忽略。

固定反应温度为40℃，在不同的O$_2$过量程度的条件下，考察了p_{O_2}分别为0kPa，200kPa，300kPa和400kPa（均为表压）的条件下，$c(\text{H}_2\text{O}_2)$对t的变化情况，结果如图7-20所示。实验结果表明，反应（7-2）的反应速率随着p_{O_2}的增大而增大。

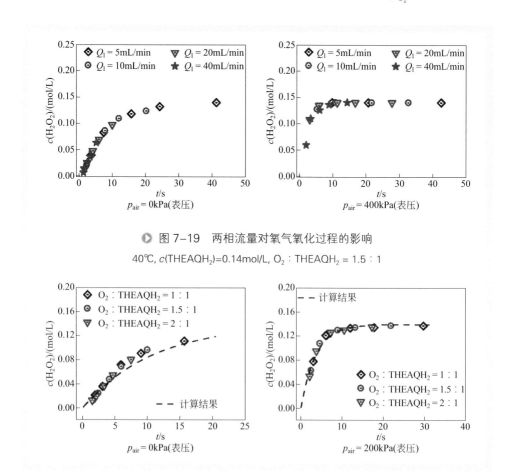

▶ 图7-19　两相流量对氧气氧化过程的影响

40℃, $c(\text{THEAQH}_2)$=0.14mol/L, O$_2$：THEAQH$_2$ = 1.5：1

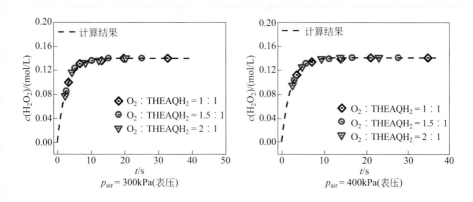

$p_{air}=300kPa$(表压) $p_{air}=400kPa$(表压)

◉ 图 7-20 压力对氧气氧化过程的影响

40℃, $c(THEAQH_2)$=0.14mol/L, Q_1=20mL/min

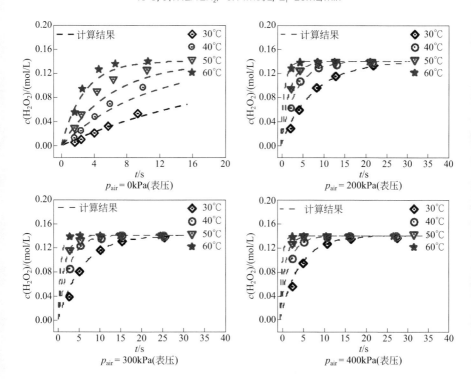

$p_{air}=0kPa$(表压) $p_{air}=200kPa$(表压)

$p_{air}=300kPa$(表压) $p_{air}=400kPa$(表压)

◉ 图 7-21 反应温度对氧气氧化过程的影响

$c(THEAQH_2)$=0.14mol/L, O_2：$THEAQH_2$ = 1.5：1, Q_1=20mL/min

  固定 O_2 过量 50%，分别控制 p_{O_2} 为 0kPa，200kPa，300kPa 和 400kPa，考察了不同温度下 $THEAQH_2$ 转化率对 t 的变化情况，结果如图 7-21 所示。实验结果表明，反应（7-2）的反应速率随着温度的升高而增大。

在这部分实验中，以纯氧气作为氧化剂，实现了 THEAQH₂ 的氧化过程，并考察了气相压力及反应温度对反应性能的定量影响。值得注意的是，当温度高于 50℃，气相压力高于 300kPa（表压）时，THEAQH₂ 转化率在 10s 左右就将近达到了 100%，相比于传统工业过程中在逆流鼓泡塔中实现以空气氧化 THEAQH₂ 所需要的 20min 左右的停留时间，大幅度缩短了反应的停留时间，氧化过程得到了显著的强化。

四、反应过程分析及模型建立

在上面的实验中，分别将空气和氧气分散至有机工作液中，形成微米级的气泡群，实现了 THEAQH₂ 的氧化过程，并考察了两相流量、反应物浓度、反应温度等因素对反应过程的影响，实现了反应过程的强化。在此，以实验结果作为基础，对反应过程进行分析，并建立相应的数学模型，以更好地理解反应过程强化的原理。

首先，对 THEAQH₂ 的氧化过程的传质速率和反应速率作数量级分析，以确定反应过程的决速步骤。

根据式（7-5）计算在气/液微分散体系中反应（7-2）的 Ha 数。由微尺度气/液相间传质性能的研究可知，对于平均尺寸约为 100μm 的并流微分散气泡群，其传质系数在 $10^{-4} \sim 10^{-3}$ m/s 数量级，相应地，Ha 数在 0.01 ~ 0.2，这说明，相对于传质过程，反应（7-2）为慢速反应，反应在液体主体进行。因此，在实验条件范围内的 THEAQH₂ 的微尺度氧化过程中，传质阻力对反应过程的影响可以被忽略，即反应过程由反应（7-2）的本征动力学控制。

根据之前的介绍，反应（7-2）为二级反应，其本征动力学如式（7-3）所示。下面以本征动力学控制反应过程为假设，建立模型计算该过程的本征动力学常数，并与文献值[43]进行比较。

在模型建立的过程中，假设反应过程满足以下假设：

（1）在微分散气泡群流经延时盘管的过程中，轴向返混可以忽略，此时，反应进行的停留时间可以根据延时盘管的体积及气/液微分散体系的流速计算；

（2）根据压力传感器的测量结果，实验过程中自膜分散器出口至进入分相室前的压降不超过 40kPa，因此可假设微分散气泡群在延时盘管中的压力保持恒定，且与出口由背压阀所控制的压力相等；

（3）由于延时盘管为不锈钢管，具有优良的导热性能，因此可以假设微分散气泡群在延时盘管中的温度保持恒定且与恒温水槽所控制的温度相等；

（4）本征反应动力学常数 k 受压力的影响可以忽略，而只与反应温度相关。

基于上述假设，首先针对 O₂ 氧化 THEAQH₂ 的过程，建立数学模型。

根据反应动力学的定义，式（7-3）等价于微分方程（7-6）

$$c_{A0}dx = kc_{A0}(1-x)\frac{p}{H}dt \qquad (7-6)$$

初值：$t = 0, x = x_0$

其中，c_{A0} 为 THEAQH₂ 的初始浓度，mol/L；x 为某一时刻 THEAQH₂ 的转化率；k 为反应动力学常数，L/(mol·s)；H 为 O₂ 在溶剂中的亨利系数，Pa·L/mol；p 为流体的绝对压力，Pa；x_0 为反应过程的初始转化率。

求解微分方程（7-6），可得：

$$-\ln\left(\frac{1-x}{1-x_0}\right) = k\frac{p}{H}t \qquad (7\text{-}7)$$

式（7-7）说明，可以通过将 $-\ln\left(\frac{1-x}{1-x_0}\right)$ 对 pt 进行线性拟合得到 k/H 的数值，40℃的结果如图 7-22 所示，可知，k/H 为 $9.090\times10^{-7}\,\mathrm{Pa}^{-1}\cdot\mathrm{s}^{-1}$。

根据文献 [43] 的报道，O₂ 在 20℃ 和 50℃ 下在工作液中的亨利系数分别为 112100atm·cm³/mol 和 109100atm·cm³/mol。假设在不同的温度下，亨利系数满足 $H = H_0\exp[-E/(RT)]$，则可以根据

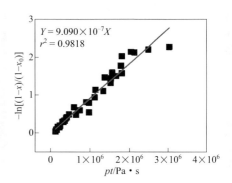

图 7-22 40℃时 $-\ln\left(\dfrac{1-x}{1-x_0}\right)$ 对 pt 的拟合结果

20℃和50℃下的亨利系数得到 H_0 和 E。基于此，不同温度下的亨利系数可以通过式（7-8）计算得到，其中 40℃ 下的亨利系数为 $1.114\times10^7\,\mathrm{Pa\cdot L/mol}$，进而可以计算得到 40℃ 下的动力学常数。

$$H / (\mathrm{Pa\cdot L/mol}) = 8.397\times10^6\exp[88.553/(T/\mathrm{K})] \qquad (7\text{-}8)$$

按照同样的方法，可以根据实验结果计算得到 30～60℃ 下的参数值，如表 7-3 所示。

表 7-3 不同温度下的参数

温度 /℃	k/H/$10^{-7}\mathrm{Pa}^{-1}\cdot\mathrm{s}^{-1}$	H/($10^7\mathrm{Pa\cdot L/mol}$)	k/[L/(mol·s)]
30	5.310	1.125	5.85
40	9.090	1.114	10.04
50	15.62	1.104	17.25
60	35.29	1.095	38.66

根据 Arrhenius 公式，反应动力学常数和热力学温度 T 满足式（7-9）：

$$k = A\exp[-E_1/(RT)] \qquad (7\text{-}9)$$

其中，A 为指前因子，L/(mol·s)；E_1 为反应的活化能，J/mol；R 为理想气体常数，8.314J/(mol·K)；T 为热力学温度，K。

根据上面计算得到不同温度下的反应动力学常数，以 $\ln k$ 对 $1/T$ 作线性拟合，

则可以得到 Arrhenius 公式中的指前因子及反应活化能的数值。根据拟合结果，式（7-9）可以写作：

$$k / [\text{L/(mol·s)}] = 2.8773 \times 10^{10} \exp[-6827/(T/\text{K})] \qquad （7-10）$$

与文献 [29] 所得到的结果［式（7-2）］作比较：本实验所得到的指前因子为 $28773 \times 10^{10} \text{L/(mol·s)}$，是文献中数值的 2.5 倍，而活化能为 56.76kJ/mol，比文献 [43] 报道的 59.695kJ/mol 略低。对比的结果表明，本实验所得到的反应动力学常数大于文献 [43] 中所得到的数值，因此，可能是更接近于反应（7-2）的本征动力学的结果。

将计算得到的动力学常数代入式（7-7），可以计算得到产物中 H_2O_2 浓度的曲线。比较表明，计算值与实验值符合得很好，尤其是在压力高于常压，即模型假设（2）可以较好地成立的情况。

进一步，对空气氧化 THEAQH$_2$ 的过程，以本征动力学控制为假设，建立数学模型。模型假设条件与氧气氧化过程相同。根据反应动力学的定义，式（7-3）等价于微分方程（7-11）

$$c_{A0}dx = kc_{A0}(1-x)\frac{Q_{B0} - F_A c_{A0} x}{Q_{B0} - F_{A0} c_{A0} x + Q_0}\frac{p}{H}dt \qquad （7-11）$$

初值： $\qquad\qquad\qquad t = 0, x = x_0$

其中，c_{A0} 为 THEAQH$_2$ 的初始浓度，mol/L；x 为某一时刻 THEAQH$_2$ 的转化率；k 为反应动力学常数，L/(mol·s)；H 为 O_2 在溶剂中的亨利系数，Pa·L/mol；p 为流体的绝对压力，Pa；Q_{B0} 为 O_2 的初始摩尔流量，mol/min；Q_0 为 N_2 的初始摩尔流量，mol/min；x_0 为反应过程的初始转化率。

求解微分方程（7-11），可得

$$\begin{cases} k\dfrac{p}{H}t = \dfrac{Q_0 - F_A c_{A0} + Q_{B0}}{Q_A c_{A0} - Q_{B0}}[\ln(1-x) - \ln(1-x_0)] \\ \qquad - \dfrac{Q_0}{Q_A c_{A0} - Q_{B0}}\ln\left(\dfrac{Q_{B0}/(K_A c_{A0}) - x}{Q_{B0}/(F_A c_{A0}) - x_0}\right) \qquad Q_{B0} \neq F_A c_{A0} \\ k\dfrac{p}{H}t = \ln(1-x_0) - \ln(1-x) + \dfrac{Q_0}{F_A c_{A0}}\left(\dfrac{1}{1-x} - \dfrac{1}{1-x_0}\right) \quad Q_{B0} = F_A c_{A0} \end{cases} \qquad （7-12）$$

其中，$Q_{B0} = F_A c_{A0}$ 所指的是 O_2：THEAQH$_2$=1：1 时的情况。

将以氧气氧化 THEAQH$_2$ 模型中得到的动力学常数代入式（7-12），可以计算得到空气氧化 THEAQH$_2$ 时，产物中 H_2O_2 浓度的曲线。同样地，计算值与实验值符合得很好，尤其是在压力高于常压，即模型假设（2）可以较好地成立的情况。

基于计算得到的数据，可以得到在受本征动力学控制的情况下，分别以空气和氧气作为氧化剂时的转化率随时间变化的曲线和数据，分别如图 7-23 和表 7-4 所示。

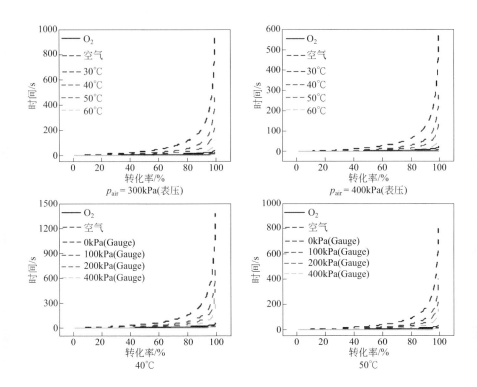

图 7-23　本征动力学控制下达到不同转化率所需时间

O_2：THEAQH$_2$=1.1：1，c(THEAQH$_2$)=0.3mol/L

表 7-4　氧化过程参数比较[①]

温度 /℃	p(Gauge)/kPa	氧化剂	t[②]/s	Q_g：Q_l
40	200	空气	465.89	13.57
		O_2	19.34	2.85
	400	空气	279.43	8.16
		O_2	11.63	1.71
50	200	空气	270.56	15.00
		O_2	11.26	2.94
	400	空气	162.62	8.42
		O_2	6.77	1.77
60	200	空气	119.75	15.44
		O_2	5.98	3.03
	400	空气	71.98	8.68
		O_2	2.99	1.82

① O_2 ： THEAQH$_2$=1.1：1，c(THEAQH$_2$)=0.3mol/L。

② THEAQH$_2$ 转化率达到 99.5% 所需要的时间。

结果表明，以空气氧化 THEAQH$_2$ 的过程，以 1.1 比例进料，要达到 99.5% 的转化率，在 40℃下需要 465s 的停留时间，相比于传统工业设备中，达到 95% 的转化率需要 30min 的停留时间，过程得到了显著的强化，可见，以微米级分散的气泡群实现 THEAQH$_2$ 的氧化过程，可以克服传质阻力，实现反应过程的强化。

另一方面，比较 O$_2$ 和空气氧化 THEAQH$_2$ 的过程可以发现，使用 O$_2$ 氧化 THEAQH$_2$ 达到 99.5% 转化率所需要的停留时间远小于空气氧化所需要的时间，这是由于反应过程中在出口压力相等的情况下，O$_2$ 氧化的过程可以保持更高的 O$_2$ 的分压，并使之维持不变，进而促进反应的本征动力学所引起的。同时，使用纯氧气作为氧化剂，由于没有惰性气体的存在，在同样的液相流量和浓度时，可以在较低的气/液体积流量比的情况下提供氧化反应所需要的 O$_2$。因此，相比于以空气氧化 THEAQH$_2$，使用 O$_2$ 氧化 THEAQH$_2$ 可以从减少停留时间和降低气/液体积流量比两方面共同减小反应器的体积，实现反应过程的进一步强化。

第四节　液/液非均相反应过程强化

本部分还是基于前面提到的环己酮肟的贝克曼重排反应为例，探讨液/液非均相反应的过程强化规律，该反应的工业过程仍采用发烟硫酸作为反应介质，总结该反应体系有以下特点：

首先，重排体系黏度大，在搅拌条件下要实现物料的均匀混合非常困难。文献 [46] 指出溶解了己内酰胺的烟酸会形成类似于离子液体的物质，黏度变得非常大，甚至在 80℃时用标准黏度计都很难测量。因此，在重排过程中，如何实现物料的均匀混合，是强化重排过程的关键。此外，为了控制反应体系温度，一些工艺技术采用加入惰性溶剂来带入环己酮肟的方法 [47]，比如 DSM 公司的重排工艺。但是这种体系通常是大相比、大密度差的两相体系。通常采用的正己烷密度在常温下只有 0.66g/cm³，而烟酸的密度通常达到 1.9g/cm³。从两相相比来看，烟酸相的相比通常只有惰性溶剂相的 1/20，甚至更低。在这样大的相比和密度差下，要实现物料的均匀混合和分散，仍然是巨大的挑战。

其次，由于己内酰胺是一种碱性物质，在烟酸体系中与硫酸结合紧密。为了获得产品己内酰胺，必须消耗大量氨水来中和硫酸，同时副产大量低价值的硫酸铵。典型的重排工艺每生产 1t 己内酰胺通常副产约 2t 硫酸铵 [32]。在重排中降低硫酸的使用量，又会带来体系黏度增加、混合更加困难、产品品质下降等问题。因此，如何降低甚至避免烟酸的使用，开发无副产硫酸铵的重排工艺，一直是重排工艺改进的重要目标 [33]。

再次，重排反应是快速强放热反应。在理想条件下，反应在几秒内就可以完成。文献 [48] 提到，环己酮肟在硫酸中的溶解热达到 75kJ/mol，重排反应热达到 188kJ/mol。再加上重排烟酸体系黏度大，传热系数低，为了把反应热顺利移出，避免过热危险，重排反应器通常采用外循环，并且循环比很大（20 ～ 245）。这样就导致反应器体积较大和物料停留时间过长（15 ～ 180min）等问题。工业上典型的重排工艺过程如图 7-24 所示，环己酮肟直接加入搅拌釜，发烟硫酸在循环泵前加入重排体系，循环泵不断把重排体系泵入外置换热器以控制体系温度。

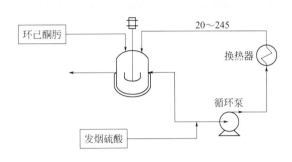

▶ 图 7-24　传统典型的重排工艺过程

此外，重排过程副反应众多，停留时间过长和温度过高均会产生大量副产物，导致反应选择性下降，给后续精制带来麻烦 [33, 47]。比如环己酮肟中一般都有一定的含水量，在 SO_3 没有及时把水反应完时，环己酮肟容易发生水解生成环己酮和硫酸羟胺（如图 7-25 所示）。环己酮在烟酸中会发生磺化反应，或者在过热条件下被氧化，或者发生缩合反应，生成呋喃和四氢化呋喃等衍生物。而环己酮肟在过热条件下也容易发生缩合反应，生成十氢化吩嗪或八氢化吩嗪。此外，硫酸羟胺也会与己内酰胺反应，生成 ε- 氨基己氧肟酸，这种物质不稳定，受热会进一步分解成 ε- 氨基己酸。所以，为了减少重排过程的副产物，提高反应的选择性和收率，关键在于控制反应过程的温度，防止局部温度过热，同时降低反应停留时间，防止己内酰胺与副产物进一步反应。

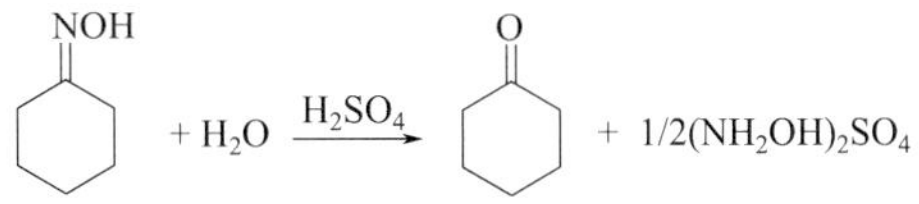

▶ 图 7-25　环己酮肟水解过程 [47]

总之，贝克曼重排反应为典型的快速强放热液 / 液反应，且烟酸体系黏度大，均匀混合困难，利用微化工系统可以强化传热传质，提供更为均匀的温度和浓度分布。同时由于微系统内的流动近似为平推流，可以方便地通过改变管长或者流速来改变停留时间，实现反应过程的准确控制。因此，基于微设备可以很好地实现环己酮肟的贝克曼重排反应的过程强化。本部分将搭建微化工系统，研究系统内液 / 液

微分散过程及其传质性能，利用数值模拟研究烟酸液滴尺寸对反应性能的影响，探讨微化工系统内重排反应强化规律。

一、重排反应中的液/液微分散性能和传质性能

在微化工系统内进行环己酮肟的贝克曼重排反应，把发烟硫酸作为分散相，其中正辛烷作为惰性溶剂，不与硫酸发生反应，在反应中可以起到移热的作用。实验中烟酸作为分散相，通过筛孔进入主微通道内被正辛烷相剪切形成小液滴。其反应过程如图7-26所示。环己酮肟从正辛烷传递到烟酸液滴内部，在烟酸的催化下发生重排反应生成己内酰胺，己内酰胺由于碱性较强，与硫酸结合紧密，而正辛烷极性较小，因此己内酰胺仅存在烟酸内，不会从烟酸扩散到正辛烷中。

实验搭建的微化工系统示意图如图7-27所示。烟酸和环己酮肟的正辛烷溶液

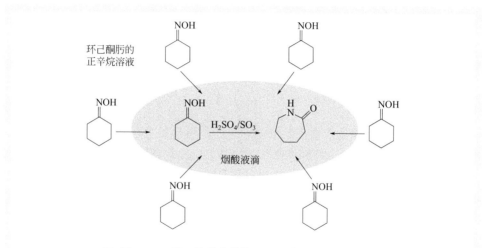

图 7-26 液/液微分散体系下贝克曼重排反应过程

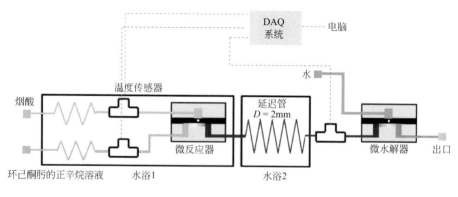

图 7-27 用于重排反应的微化工系统示意图

分别采用计量泵输送。由于环己酮肟在正辛烷中的溶解度较低，为了保证在泵和管道中不析出，泵头和管道均采用自控温加热带保温。物料输送管道均放入水浴 1 中以控制加料温度。一段延迟管直接连接在微反应器出口处，并浸没在水浴 2 中控制反应温度。反应时间可以通过改变延迟管长或者改变流速来控制。三个温度传感器通过三通安装在管路上，并采用数据采集系统记录温度变化情况。

为了更为精确地控制停留时间，我们设计了微水解器来淬冷终止反应，如图 7-27 所示。大量的水通过计量泵进入微水解器中，使烟酸水解生成稀硫酸，同时把体系温度降低到室温。Ogata 等[49]曾在 60 ～ 90℃条件下研究过重排反应在稀硫酸内的动力学。结果发现，反应速度是肟浓度的一级反应，其反应速率常数在 90℃时仅为 10^{-5} ～ $10^{-4} s^{-1}$。所以可以认为在常温下稀硫酸溶液内的重排反应被终止。微水解器的结构与微混合器的结构类似，但为了防腐蚀，其内部结构均采用聚四氟乙烯材料制成。实验中，烟酸和正辛烷溶液被泵入微反应器内引发反应，在延迟管内继续进行反应，在微水解器内被大量水淬冷终止反应。实验中当系统运行稳定后，在微水解器的出口处取样，取样时间用秒表计时。

良好的微分散体系是实现微化工系统特性的基础，这里我们采用硫酸 / 正辛烷体系作为模拟体系，考察设备内硫酸的微分散行为。我们设计了在线观测装置放置在微反应器后管长 0.4m 处，该装置由 316 钢加工而成，里面加工有一条长 30mm、宽 5mm、深 2mm 的狭缝，狭缝两面粘有石英玻璃。采用以正辛烷为连续相，以硫酸为分散相，两相相比固定为 31，改变连续相流量以考察流速对分散液滴大小的影响。

实验中微分散液滴的显微照片和液滴分散尺寸随流量变化如图 7-28 所示。当连续相流量为 25mL/min 时，形成的硫酸液滴平均直径为 90μm，连续相流量的增大会减小液滴分散尺寸。相对于传统设备的毫米级分散尺寸，微化工系统内的分散尺寸要小 1 ～ 2 个数量级。

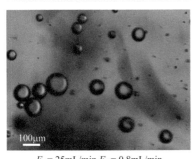

$F_c = 25mL/min, F_d = 0.8mL/min$
(a) 液滴显微照片

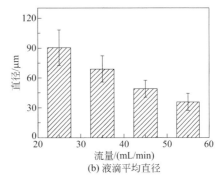

(b) 液滴平均直径

● 图 7-28　微分散液滴显微照片和分散尺寸

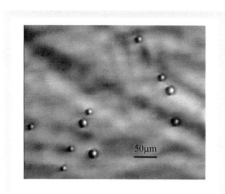

图 7-29　烟酸液滴照片

F_c=25mL/min，F_d=1mL/min，温度为70℃

为了了解重排反应发生时，烟酸液滴的分散尺寸情况，我们在微混合器后 0.4m 处采用覆盖石蜡油的表面皿收集液 / 液两相体系，并立即用显微镜观察。在表面皿中，正辛烷会迅速溶解到石蜡中，而烟酸液滴悬浮在石蜡油中。液滴的照片如图 7-29 所示，液滴的平均直径为 21μm。

进一步我们采用硫酸 / 环己酮肟 / 正辛烷体系作为模拟体系，考察微化工系统内的传质过程。环己酮肟的浓度为 3.6%（质量分数），温度控制在 70℃，取样仍在微混合器后管长 0.4m 处。油相浓度 c_o 由气相色谱测定，硫酸相浓度 c_w 由质量衡算计算得到。实验中两相相比仍控制在 31。系统内总的体积传质系数用来表征环己酮肟的传质速率。环己酮肟的传质速率 N 如下所示：

$$N = \frac{\Delta c}{\Delta t} = K_l a \Delta c_M \tag{7-13}$$

式中，$K_l a$(s^{-1}) 为总体积传质系数；Δc(mol/L) 为初始浓度和取样浓度的浓度差；Δt(s) 为取样时间；Δc_M(mol/L) 为对数平均浓度差，计算如下：

$$\Delta c_M = \frac{(c_{o,i} - c_{o,i}^*) - (c_{o,0} - c_{o,0}^*)}{\ln[(c_{o,i} - c_{o,i}^*)/(c_{o,0} - c_{o,0}^*)]} \tag{7-14}$$

式中，c_o（mol/L）为正辛烷中环己酮肟浓度；c_o^* 为正辛烷中平衡环己酮肟浓度。

环己酮肟在正辛烷中微溶，而与硫酸能够混溶。在搅拌釜中两股流体充分接触平衡后，正辛烷中平衡浓度几乎为 0。因此 c_o^* 可以认为等于 0。式（7-14）可以变为：

$$\Delta c_M = \frac{c_{o,i} - c_{o,0}}{\ln(c_{o,i}/c_{o,0})} \tag{7-15}$$

根据该方法计算得到的总体积传质系数如图 7-30 所示。结果表明，在液 / 液微分散体系中环己酮肟的总体积传质系数随流量的增加而增大，为 0.11 ～ 0.26s^{-1}，相比于传统设备体积传质系数（1.75×10^{-3} ～ 6.3×10^{-3}s^{-1}）[50] 提高两个数量级。

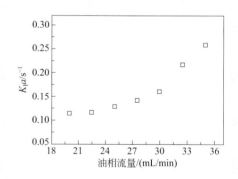

图 7-30　液 / 液微分散体系中环己酮肟传质的总体积传质系数

二、液/液微分散体系中重排反应动力学

本部分重排采用的烟酸中 SO_3 浓度为 20%（质量分数），环己酮肟在正辛烷中的浓度为 4%（质量分数）以减少释放的热量，实验中温度传感器示数不超过水浴温度 2℃，可认为在该体系中由于良好的微分散系统形成的传热保证了反应过程中温度分布的均匀。反应中酸肟比控制在 2.7，停留时间通过改变管长来控制。实验中由于环己酮肟浓度较低，放热效应不明显，过程的选择性为 99% 以上。在三个温度和不同停留时间下环己酮肟的转化率如图 7-31 所示，该转化率随时间的变化快慢就表示了重排反应的反应速率。结果表明，在 20s 左右微反应器内就可以完成 90% 以上的转化率，同时温度的升

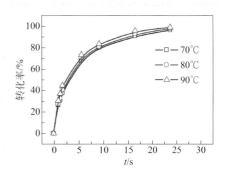

▶ 图 7-31　微化工系统内贝克曼
重排反应动力学

F_c=25mL/min，F_d=0.8mL/min，
温度分别为70℃，80℃和90℃

高，对反应速度的提高作用不大。但是该反应速度仍慢于日本宇部测定的动力学速度（90℃时 1s 内完成 50% 转化率），并且温度对反应速度的影响不大也不符合重排反应本征动力学特征。所以即使在微化工设备内该反应过程仍然是传质控制。

从上面的实验结果可知，实际的重排反应过程耦合了传质、传热和反应过程，因此，结合流体力学模拟技术（CFD），建立描述贝克曼重排反应的数学模型，对于深入认识液/液微分散体系中贝克曼重排反应动力学十分重要。

考虑到烟酸液滴与连续相在微化工系统内流动为并流流动，两者之间相对运动很小，我们这里采用扩散模型来描述该过程。在前面的介绍中，我们知道烟酸在反应中被分散成许多小液滴，每一个液滴可以认为是一个反应单元，为了简化模型，我们针对一个液滴建立数学模型，并提出相关假设：

（1）液滴直径采用实验测得的平均直径，忽略反应过程中液滴间的聚并或者再破碎造成的液滴尺寸变化；

（2）忽略反应生成的己内酰胺溶解在烟酸内，造成的烟酸黏度增大和扩散系数下降；

（3）忽略反应生成的己内酰胺对催化活性的影响；

（4）之前的文献报道 [49] 反应动力学是环己酮肟浓度的一级反应，为满足该反应过程为传质控制，反应的巴田数（反应速度和传质速度的比值，简写 Ha）需满足大于等于 3 [51]。一级反应的巴田数的定义为：

$$Ha = \frac{\sqrt{kD_{in}}}{k_1} \qquad (7-16)$$

式中，D_{in} 为液滴内部扩散系数。根据上述测得的体积传质系数 0.13s⁻¹，我们取重排反应的速率常数 k=31s⁻¹。

根据以上假设，建立二维的轴对称数学模型如图 7-32 所示。半球形区域为烟酸液滴，其周围为环己酮肟的正辛烷溶液。

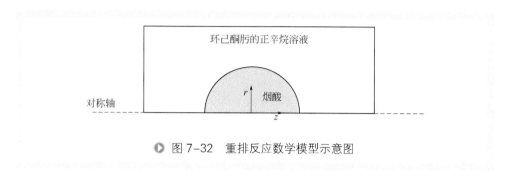

● 图 7-32　重排反应数学模型示意图

该过程的传质和传热过程由以下方程控制：

$$\frac{\partial c_i}{\partial t} + \nabla \cdot (-D\nabla c_i) = R_i \tag{7-17}$$

$$\rho c_p \frac{\partial T}{\partial t} + \nabla \cdot (-k\nabla T) = q \tag{7-18}$$

其中，i 代表环己酮肟和己内酰胺。R_i 为反应速率；q 为反应放热速率，分别计算如下：

$$\begin{aligned} R_{ox} &= -kc_{ox} \\ R_{CPL} &= kc_{ox} \\ q &= kc_{ox}\Delta H \end{aligned} \tag{7-19}$$

按照前面的实验结果，采用烟酸液滴的直径为 90μm，两相相比为 31。初始条件 t=0 时，液滴外 c_{ox}=245mol/m³，液滴内 c_{ox}=0，液滴内外 c_{CPL}=0。连续相边界无传热和传质，在两相界面处，由于己内酰胺只存在烟酸内，所以相界面处无己内酰胺传质，而环己酮肟和热量在相界面处符合通量连续条件：

$$D_{in}\nabla c_{ox} = D_{out}\nabla c_{ox}, k_{in}\nabla T = k_{out}\nabla T \tag{7-20}$$

由于烟酸内扩散系数和热导率数据很少，这里的数据均为纯硫酸内的数据。模型中其他各物性参数如表 7-5 所示。由于之前测定的动力学数据是 70℃等温条件，所以这里我们首先设定反应放热 ΔH=0，这时模拟的过程便是等温过程。使用模拟软件 COMSOL 3.4 来完成该模型的计算和后续的处理过程，得到环己酮肟浓度随时间的变化过程如图 7-33 所示。

从图中可以发现，反应主要在界面处进行，在烟酸液滴内几乎没有环己酮肟的

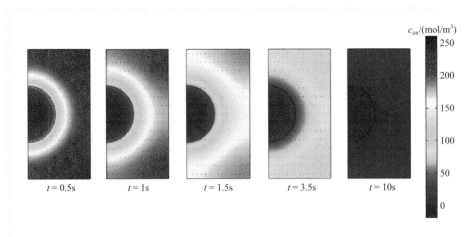

			$c_{ox}/(mol/m^3)$
$t = 0.5s$	$t = 1s$	$t = 1.5s$	$t = 3.5s$

$t = 10s$

▶ 图7-33　反应过程中环己酮肟浓度变化（箭头为传质通量方向）

表7-5　数学模型中各物性参数（70～100℃）[52-54]

项目	扩散系数 /(m²/s)	热导率 /[W/(m·℃)]	热容 c_p/[J/(kg·K)]
液滴内	1.8×10^{-9}(333K)	0.32	c_{poleum}=2.5(T-273)+1816
液滴外	2.3×10^{-9}(293K)	0.218-0.0003T	$c_{poctane}$=2.84T+1372 c_{pox}=3.46(T-273)+1943

存在。当时间为10s时，反应已经接近完成。对正辛烷相进行环己酮肟浓度的积分可以得到反应过程的转化率变化曲线的计算值，如图7-34所示。结果表明，在反应初期，两者吻合较好，在反应后期，模拟值明显快于实验值，这可能主要由假设（2）和（3）造成，因为随着反应进行，烟酸中积累的己内酰胺会使体系黏度增大，扩散系数降低，同时会使催化活性降低。

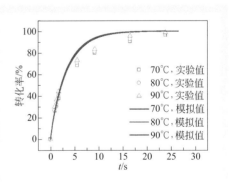

▶ 图7-34　反应过程中环己酮肟转化率模拟值与实验值对比

在此基础上，我们假定反应过程为绝热过程，考察在反应过程中相界面处的温度分布情况，这时反应放热 ΔH=263kJ/mol，得到的结果如图7-35所示。结果表明，界面处释放的热量可以迅速地被正辛烷溶剂移走，液滴内外几乎没有温度梯度。这说明了在液/液微分散体系中进行重排反应，体系温度分布十分均匀，获得的数据更为准确。

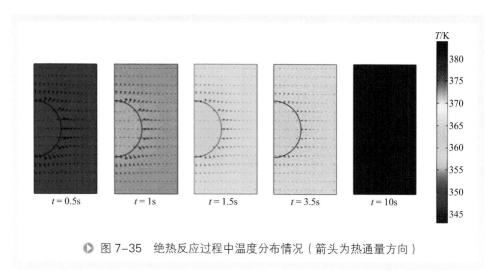

● 图 7-35 绝热反应过程中温度分布情况（箭头为热通量方向）

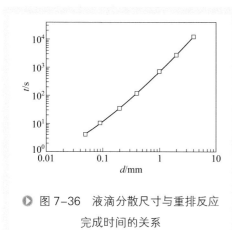

● 图 7-36 液滴分散尺寸与重排反应
完成时间的关系

最后，我们利用该数学模型来计算液滴的分散尺寸对于完成反应所需时间的影响，如图 7-36 所示。这里的反应完成标准假定为环己酮肟转化率为 95% 以上。从图中可以看出，烟酸液滴的分散尺寸基本上和反应时间的平方成正比，所以液滴分散尺寸的减小能够极大地缩短反应所需要的时间，比如液滴分散尺寸从 1mm 降低到 0.1mm，反应所需的时间从 1000s 降低到 10s 左右。这也是微化工技术能够强化重排反应，极大降低反应停留时间的主要原因。

三、微化工系统内贝克曼重排反应性能研究

下面我们将以实现贝克曼重排反应的微型化为目标，研究重排反应中酸肟比、停留时间和反应温度等因素对反应转化率和选择性的影响规律，降低酸肟比和相应的硫酸铵副产物，减少物料停留时间，提出基于微化工系统的贝克曼重排反应新工艺[55,56]。进一步，我们提出气体扰动强化绝热重排新工艺，即在绝热微化工系统内，利用气体扰动来提供汽化空间，强化换热，减少聚并，从而提高己内酰胺的选择性和过程的安全性[57]。

采用与图 7-27 的实验装置，分析方法也与前面相同，在不同的温度、酸肟比和停留时间下，研究这些因素对反应转化率和选择性的影响。使用的烟酸浓度均为 20%（质量分数），正辛烷中环己酮肟的质量分数均为 10%。

图 7-37 给出了在不同酸肟比 1.98，1.06 和 0.53 下，环己酮肟的转化率随停留时间的变化规律。由图可以发现，在酸肟比为 2 左右，温度 70℃时，仅在 10s 内就可以完成反应，且在反应初期，速度非常快，在 1s 的时间内就可以完成 50% 的转化率。这样的反应完成时间不仅远远低于传统设备内 15 ～ 180min 的停留时间，相对于前面章节中动力学研究中的 25s 也有很大的降低，这是因为环己酮肟浓度的提高，导致放热量增大，该条件下的绝热温升高达 85℃，在装置微水解器前的温度传感器表明温升有 10℃左右，这说明实际反应的后期温度要高于水浴的温度，

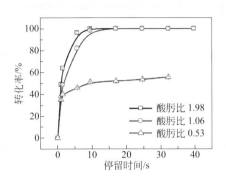

◆ 图 7-37　不同酸肟比下环己酮肟的转化率随时间变化曲线

F_c=25mL/min，F_d=1.5mL/min，0.8mL/min 和 0.4 mL/min，水浴1和2的温度均为70℃

因此，其反应速度高于前面的结果也是合理的。当酸肟比降低到 1.06 时，反应速度略微降低，当酸肟比降低到 0.53 时，在 40s 的时间内，反应只能完成 50% 左右。

微系统内反应停留时间相对于传统设备有了极大的降低，这主要有两方面原因：一方面，传统设备中由于换热能力的限制，多采用外循环换热，且外循环比达到 20 ～ 245，这使得物料在体系内的停留时间大大增加；另一方面，传统设备内烟酸的分散尺寸只有毫米级别，远大于微设备内的烟酸分散尺寸，由前面的动力学模型可知，在烟酸分散尺寸为 1mm 时，反应时间需要 1000s，而分散尺寸降低到 90μm 时，反应时间降低到 10s。

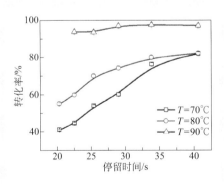

◆ 图 7-38　不同温度下环己酮肟的转化率随停留时间变化曲线

F_c=25 ～ 50mL/min，F_d=0.5 ～ 1.0mL/min，酸肟比控制在0.7，延迟管长度为5.4m

至于酸肟比在 0.53 时，反应的转化率只能达到约 50%，这可能是由于在酸肟比较低时，在反应的后期，烟酸液滴内积累的己内酰胺将结合大部分的 SO_3，使得作为催化剂的自由 SO_3 浓度大大降低，这时酸催化占主导，因此反应速率大大降低。

图 7-38 给出了不同温度下环己酮肟转化率随停留时间的变化规律。由于该部分酸肟比控制在较低的 0.7，因此 70℃时，即使停留时间达到 40s，转化率仍只有 80%。而温度提高到 90℃，在 20s 时间内，转化率就可以达到 90%。这说明在低酸肟比条件下，温度的提高有利于提高

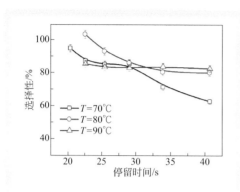

> 图 7-39　不同温度下己内酰胺的选
> 择性随停留时间变化曲线

F_c=25～50mL/min，F_d=0.5～1.0mL/min，酸肟比控制在0.7，延迟管长度为5.4m

反应速度。

如前面所述，重排过程中的副反应很多，重排过程选择性得好坏，直接决定了己内酰胺的质量和后续分离精制部分的成本。而提高重排反应选择性的关键在于控制反应过程的温度，防止局部温度过热，同时降低反应的停留时间，防止己内酰胺与副产物进一步反应。而由前面转化率的变化规律可知，反应的停留时间大大降低，再加上微化工系统优异的换热能力，在微化工系统内有望在更低的酸肟比条件下，减少副产物，获得更高的选择性。

图 7-39 给出了在不同温度下己内酰胺选择性随停留时间的变化规律。整体上停留时间的增加会降低反应的选择性。在反应的初期，选择性接近 100%，随着反应的进行，反应的选择性不断降低。

图 7-40 给出了不同温度下己内酰胺的选择性随酸肟比的变化规律。从图中可以发现，在微化工系统中，在三个不同温度下，在酸肟比 1.0 附近，选择性可以达到 99% 以上，相对于工业上 1.2 ～ 1.7 的酸肟比，有了很大降低。而当酸肟比增大或者减小时，选择性都会降低。在酸肟比小于 1 时，90℃的选择性要高于 70℃时的选择性，在 90℃时，酸肟比最低在 0.8 时也能获得高选择性（99% 以上）。

我们在 20%（质量分数）烟酸中溶解了不同质量分数（25% ～ 60%）的己内酰胺，并采用旋转黏度计（DV-Ⅱ+Pro，Brookfield）测量各种含量的烟酸体系在不同温度下的黏度值，如图 7-41 所示。结果表明，随着己内酰胺含量的增加，烟酸体系黏度急剧增加，其含量是 60%时，即使温度为 80℃，体系黏度仍然高达 10000mPa·s。此外，温度对黏度的影响非常大，当温度提高时，体系黏度迅速下降。烟酸内己内酰胺含量是 50%时，对应着进料的酸肟比是 1.2。实验中的酸肟比范围 0.53 ～ 1.98，对应的烟酸内己内酰胺的含量是 38% ～ 69%（质量分数）。

从图中的结果，我们可以得到结

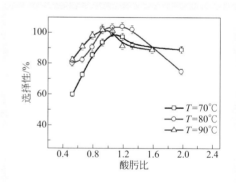

> 图 7-40　不同温度下己内酰胺的选
> 择性随酸肟比变化曲线

F_c=25mL/min，F_d=0.4～1.5mL/min，延迟管长度为5.4m，停留时间约为41s

论，在重排反应的后期，烟酸体系黏度提高很快。尤其在低酸肟比条件下，反应后期烟酸内黏度会非常高，传热系数大大降低，局部热点增多，这也是低酸肟比条件下选择性较低的原因之一。而温度的提高则有利于降低体系的黏度，从而提高烟酸内的传热速率，减少局部热点的存在，从而提高反应选择性。

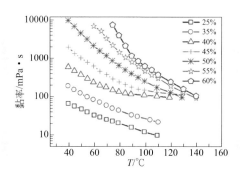

▶ 图 7-41　烟酸中己内酰胺含量对于体系黏度的影响

四、基于微化工系统的重排新工艺

从前面的研究中，我们认识到在反应初期，传递到烟酸液滴内的环己酮肟较少，液滴内酸肟比较大，且己内酰胺这时积累较少，抑制作用不强，所以前期的反应速度非常快，放热量较大，容易产生热点，从而降低选择性；而在反应后期，烟酸体系内己内酰胺含量较高，体系黏度增大，传热能力较差，且大量催化剂 SO_3 被己内酰胺结合，反应速度较慢。因此，如果在反应前期设定较低的温度，有利于降低初期反应速度，降低放热速率，减少局部热点的产生，从而提高反应选择性；而在反应后期设定较高的温度，有利于释放更多的自由态 SO_3，强化反应，减少烟酸体系黏度，从而提高体系的传热系数，提高反应的选择性。整个过程的思路如图 7-42 所示。

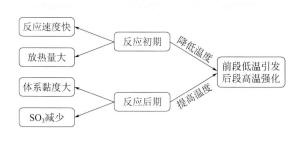

▶ 图 7-42　新工艺的思路

基于这样的思路，我们把水浴 1 设定为 70℃，水浴 2 设定为 90℃，微反应器和后面的 0.4m 延迟管放置在水浴 1 中，后面的延迟管置于水浴 2 中。这样物料的混合和初期的反应设定在较低的温度，而后期的反应设定在较高的温度。在新的工艺条件下己内酰胺选择性随酸肟比的变化规律如图 7-43 所示。结果发现，在较大的酸肟比范围内（0.8 ~ 2.0），反应均可以获得高选择性（99% 以上）。荷兰研究者 Zuidhof 等 [58] 借鉴了我们的思路，在微反应器内进行重排时也设计了类似的两

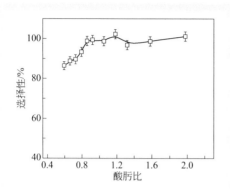

图 7-43 新工艺条件下己内酰胺选择性随酸肟比变化曲线

F_c=25mL/min，F_d=0.4～1.5mL/min，延迟管长度为5.4m，停留时间约为41s，水浴1温度为70℃，水浴2温度为90℃

段温度区域，结果反应的选择性从95%提高到99%。这种工艺条件的设计也为传统工艺的改进提供了新的思路。

表 7-6 给出了微化工系统内重排过程与传统过程的对比。在两种设备内进行的重排反应过程选择性均可以达到 99+% 以上，但是微化工系统内的重排过程是连续合成的方式，无外循环过程，而传统设备内需要非常大的外循环量（外循环比 20～245），这使得该过程的能耗较高。同时，微化工系统内的重排过程停留时间只有 10～40s，相对于传统设备内的 15～180min，极大地降低了反应停留时间，提高了过程安全性。更为重要的是，微化工系统内的重排反应的酸肟比最低可以达到 0.8，相比于传统过程的 1.2～1.7，有了很大降低，这意味着硫酸消耗的降低和副产硫酸铵的减少。因此，在微化工系统内进行重排反应能够带来诸多的优点。

表 7-6 微化工系统内重排过程与传统过程的对比

装置	合成方式	停留时间	酸肟比	选择性 /%
微设备	连续合成	10～40s	0.8～2.0	99 以上
传统设备	外循环过程	15～180min	1.2～1.7	99 以上

五、气体扰动强化液/液微分散体系重排反应过程

在前面工作的基础上，我们提出在绝热微化工系统内进行重排反应，其思路如图 7-44 所示。绝热过程带来的优点有：第一，利用重排反应的反应热可以提高整个体系的温度，降低烟酸体系的黏度；第二，后期更高的温度有利于释放更多的自由态 SO_3，从而提高反应性能，降低酸肟比；第三，避免了换热器的使用，节省设备投资。但是该过程最大的挑战就是过程温度的控制。前面提到，在绝热条件下，该体系的绝热温升可达 85℃，如何在这样的条件下控制体系温度，减少副产物的产生是实现微系统内绝热重排过程的关键。

在微化工系统内引入气体扰动是一个很好的强化相间传递的手段，已经在强化液/液萃取方面得到一些应用 [11,13,59]。气体扰动的加入可以减少液滴的分散尺寸以及强化液滴内循环从而强化传质过程。针对重排过程，气体扰动的引入可以强化传

热，同时在密闭的微通道内为惰性溶剂提供汽化空间，以更好地利用汽化过程移热。此外，气体扰动的加入还能够减少液滴的聚并，增加相界面面积。因此，在本部分中，我们尝试在微化工系统内引入气体扰动来进行绝热贝克曼重排过程。

气体扰动强化重排反应的实验装置示意图如图 7-45 所示。主要的区别在于：第一，烟酸这股流体在进入微混合器前接入了 T 形混合器，通过该 T 形混合器引入氮气；第二，延迟管放置于保温装置中，该部分处于绝热状态；第三，延迟管的材质选用聚四氟乙烯，以减少散热，形成更好的绝热条件。

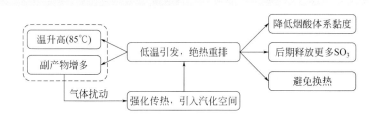

◐ 图 7-44　气体扰动强化重排过程的思路

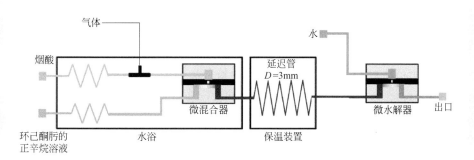

◐ 图 7-45　气泡强化重排反应实验装置示意图

图 7-46 为延迟管内的流型示意图和实际照片。气体和正辛烷形成气/液柱状流，烟酸在正辛烷中被分散成小液滴并被气柱隔开。气柱的存在可以为惰性溶剂提供汽化空间以更好地移除热量。同时，气柱还可以隔开烟酸液滴，减轻液滴聚并，增加液/液界面面积。

我们采用正辛烷作为连续相、硫酸作为分散相，在不同气体流量下液滴的平均直径和显微照片如图

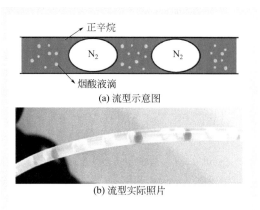

(a) 流型示意图

(b) 流型实际照片

◐ 图 7-46　加入气体扰动后延迟管内流型

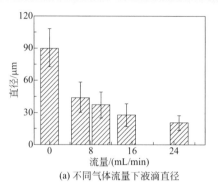
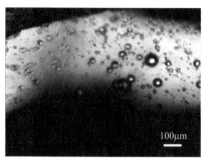

(a) 不同气体流量下液滴直径   (b) 液滴显微照片

图 7-47   气体扰动对硫酸液滴分散的影响

F_c=25mL/min，F_d=0.8mL/min，延迟管长度为0.4m，温度为70℃，照片中气体流量为25mL/min

7-47 所示。结果表明，随着气体流量的增加，液滴分散尺寸逐渐减小。图 7-47（b）为液滴分散到正辛烷中的照片，其液滴直径相比于无气体扰动时明显减小。因此，我们可以得到结论，气体扰动的加入有利于减小烟酸液滴分散尺寸。

为了研究气体扰动对传质的影响，我们测定气体扰动对于总体积传质系数的影响，如图 7-48 所示。环己酮肟的浓度为 3.6%（质量分数）。当无气体加入时，总体积传质系数为 0.11～0.26s⁻¹；当有气体加入时，总体积传质系数增大到 0.16～0.74s⁻¹，这主要是因为气体的加入可以强化液相流体的内循环，并通过减小液滴分散尺寸来增加相界面面积。从图中可发现，气体扰动对体积传质系数的强化倍数是 1.5～3.8。

图 7-49 给出了不同气体流量下重排反应的转化率和选择性随酸肟比的变化规律。从图（a）中可以发现，在低气体流量时，反应转化率反而低于无气体扰动下的转化率。气体扰动的加入会带来两个因素从而影响转化率。一方面，气体扰动的加入会减轻液滴的聚并，在相同时间内提高转化率，另一方面，因为延迟管长度不变，气体的加入会减少物料停留时间。但在低气体流量时，由于其流速较低，不能很好地阻止液滴聚并，如图 7-49（b）所示，延迟管内液滴仍然会形成液柱。与此同时，气体的加入降低了停留时间，因此，低流量气体的加入降低了反应的转化率。而当气体流量

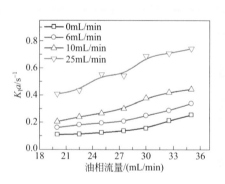

图 7-48   气体流量对于总体积
传质系数的影响

F_c=25mL/min，F_d=0.8mL/min，延迟
管长度为0.4m，温度为70℃

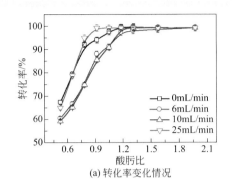
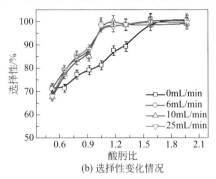

(a) 转化率变化情况 （b) 选择性变化情况

▶ 图7-49 不同气体流量下重排反应的反应性能

F_c=25mL/min，F_d=0.4～1.5mL/min，延迟管长度为8m，温度为90℃

增加到 25mL/min 时，酸肟比为 0.9 时，体系就可以实现 100% 的转化率。考虑到由于气体的加入，反应停留时间已经从 46s 降低到 23s，气体扰动强化反应速率的效应非常明显。

对于反应的选择性，我们发现，气体扰动的加入可以很好地提高反应的选择性。在酸肟比大于 1.05 时，都可以获得 97% 以上的选择性。这说明气体扰动的加入，可以很好地强化体系的传热能力，局部的热点和物料炭化大大减小。

图 7-50 给出了不同酸肟比下取得的样品照片，从左往右，酸肟比依次从 1.98 降低到 0.66。其中图 7-50（a）对应着图 7-49 中气体流量为 0mL/min 时的结果，图 7-50（b）对应着图 7-49 中气体流量为 25mL/min 时的结果。图中可以发现，没有气体扰动时，样品的颜色随着酸肟比的减少逐渐加深，这意味着随着酸肟比的减少，由于温度控制得不理想，反应中物料的炭化等副反应逐渐加剧。而当气体扰动加入后，所有样品的颜色接近透明。这从直观的角度上较好地说明了气体扰动的加入可以很好地控制绝热体系内的温度。

综上所述，在绝热微化工系统内，加入气体扰动是一种很好的强化传质和传热速率的方法。通过引入足够强度的气体扰动，可以很好地减轻液滴的聚并行为，从而提高反应速率。同时，气体扰动的加入，可以对反应温升有很好的控制，从而获得更好的选择性。因此，引入气体扰动是

(a) 无气体扰动

(b) 气体扰动

▶ 图7-50 气泡加入前后产物颜色变化

实现绝热重排微型化很好的手段。

第五节 **液/固非均相反应过程强化**

1987 年，意大利的 Enichem 公司提出了环己酮氨肟化反应，以环己酮、氨和过氧化氢为原料，在 TS-1 钛硅分子筛的催化作用下，合成环己酮肟，反应方程式如图 7-51 所示。

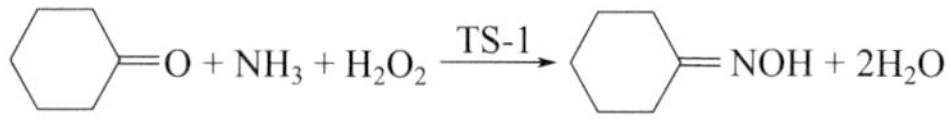

$$\bigcirc=O + NH_3 + H_2O_2 \xrightarrow{\text{TS-1}} \bigcirc=NOH + 2H_2O$$

▶ 图 7-51　环己酮氨肟化反应方程式

氨肟化反应是一个典型的液 / 液 / 固非均相催化反应。氨和过氧化氢溶解在水溶液中，而环己酮微溶于水，催化剂钛硅分子筛为固体颗粒。因此，在氨肟化反应的研究和工业生产中，常加入有机溶剂叔丁醇。叔丁醇的加入能够使油 / 水两相互溶，从而使反应物之间更好地接触，提高反应速率[60,61]。

在该过程中，如果无溶剂叔丁醇，反应体系中钛硅分子筛和氨的浓度可以大幅提高，从而使反应速率和钛硅分子筛的催化效率得到提升。微通道中，纳米浆料能够剪切生成更小的液滴，从而增大体系的比表面积，具有优异的传质性能。在此基础上，本部分将从理论上分析在微化工系统中实现无溶剂加入的液 / 液 / 固非均相氨肟化反应的可行性。建立适用于浆料体系的微化工系统，研究液 / 液 / 固非均相条件下，反应物浓度、催化剂浓度以及反应温度等条件对氨肟化反应转化率和选择性的影响。探索无溶剂加入的液 / 液 / 固非均相氨肟化反应新工艺。

一、微反应器内的液滴群分散尺寸和传质性能

在液 / 液 / 固非均相氨肟化反应过程中，液滴的分散尺寸和体系的传质速率是影响反应性能的关键因素。因此，首先需要考察微反应器内液滴群的分散尺寸和传质性能。

液 / 液 / 固非均相氨肟化反应中，中间产物羟胺需要在相间传质。由于羟胺在环己酮和水中的扩散系数及分配系数未知，而且容易分解，所以采用正丁醇 / 丁二酸 / 水体系，在常温下进行模拟研究。

设计如图 7-52 所示的实验装置。采用微筛孔反应器作为微分散设备。在微反应器的出口连接一个由有机玻璃（PMMA）加工而成的观察通道。实验中，水和正丁醇预先互相饱和。将 TS-1 钛硅分子筛通过超声和搅拌的作用分散在水中形成纳米浆料，并以此作为连续相，以正丁醇作为分散相。固定分散相流量，改变连续相流量，考察液滴尺寸的变化规律。

在钛硅分子筛浓度为 5%（质量分数）时，液滴的显微照片和平均直径如图 7-53 所示。

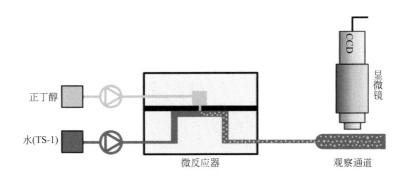

● 图 7-52　微反应器实验装置

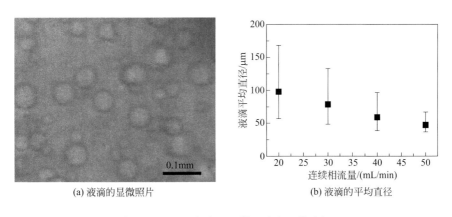

(a) 液滴的显微照片　　　　　(b) 液滴的平均直径

● 图 7-53　液滴的显微照片和平均直径

从图中可以看出，连续相流量为 20mL/min 时，液滴的平均直径约为 100μm。随着连续相流量的增大，液滴尺寸逐渐减小。当连续相流量增大到 50mL/min 时，液滴的平均直径降至约 50μm。相比于传统反应设备，微反应器内纳米浆料体系的分散尺度减小了 1～2 个数量级，有利于相间传质。从分散体系的显微照片及液滴直径的误差限来看，液滴尺寸分布较宽。这是因为体系中没有加入表面活性剂，液滴在流动过程中存在一定程度的聚并。

为了考察体系的传质性能，在分散相正丁醇中加入浓度为 0.3mol/L 的丁二酸。

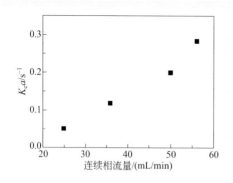

◉ 图7-54 微反应器中的体积传质
系数 $K_c a$ 随连续相流量的变化

在微反应器的出口连接一段外径 3mm、内径 2mm、长度 15cm 的钢管。在管路的出口收集样品，取上层油相通过 NaOH 标准溶液进行滴定分析，得到油相中丁二酸的浓度。通过物料守恒，可以计算水相中的丁二酸浓度，进而得到整个过程的平均体积传质系数 $K_c a$，结果如图 7-54 所示。

从图中可以看出，当连续相流量为 25mL/min 时，体积传质系数 $K_c a$ 约为 $0.05s^{-1}$。随着连续相流量的提高，体积传质系数 $K_c a$ 不断增大。当连续相流量增大到 50mL/min 时，体积传质系数 $K_c a$ 达到 $0.2s^{-1}$ 以上。相比于传统设备，微反应器内纳米浆料体系的体积传质系数提高了 1~2 个数量级。

二、微尺度下液/液/固非均相氨肟化反应的可行性分析

根据前面对环己酮氨肟化反应动力学和反应机理的认识，氨肟化反应按照"羟胺机理"进行。过氧化氢和氨在钛硅分子筛的催化作用下生成中间产物羟胺，羟胺进一步与环己酮反应生成环己酮肟。其中，羟胺与环己酮的反应不需要钛硅分子筛的催化作用，而且该反应比整个氨肟化反应速率快十倍以上[62]，因此可以认为羟胺与环己酮的反应为瞬间反应。结合动力学的研究结果，我们认为氨肟化反应的速率控制步骤为羟胺的生成反应。

在现有工艺条件下，溶剂叔丁醇的加入降低了反应物和催化剂的浓度，导致羟胺的生成速率降低，反应的停留时间延长，反应器体积增大，同时增加了溶剂分离的成本。解决现有问题的方法在于取消溶剂叔丁醇的加入，此时反应体系变成液/液/固三相，如图 7-55 所示。水相中包含过氧化氢、氨和钛硅分子筛，为纳米浆料，油相为环己酮。在水相中，钛硅分子筛可以催化过氧化氢和氨反应生成羟胺，而羟胺必须与油相中的环己酮接触才能反应生成环己酮肟。如果羟胺的相间传质速率较低，则会导致其无法及时与环己酮接触，从而滞留在水相中。羟胺本身具有较高的反应活性，而且容易发生分解，因此水相中较高的羟胺浓度不利于氨肟化反应的转化率和选择性的

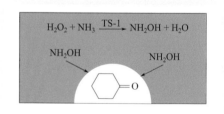

◉ 图7-55 微尺度下液/液/固非均
相氨肟化反应过程

提高。所以，在无溶剂的条件下，实现环己酮氨肟化反应的关键在于强化液/液/固体系的相间传质性能。

下面将通过理论计算证明，在微化工系统中实现无溶剂加入的液/液/固非均相氨肟化反应的可行性。假设反应条件如下：水相中，钛硅分子筛的浓度为5%（质量分数），过氧化氢的浓度为0.25mol/L，氨的浓度为0.5mol/L。油相为纯的环己酮。以模拟体系的冷态实验结果近似液滴尺寸和体积传质系数，由于羟胺与环己酮为瞬间反应，认为界面处羟胺浓度为0。忽略主体相的浓度分布，当反应体系达到稳态时，满足式（7-21）。

$$r = K_{c}ac_{c} \qquad (7-21)$$

式中，r 为羟胺的生成速率，mol/(L·s)。c_{c} 为水相中的羟胺浓度。根据上式，水相中的羟胺浓度可以进行计算，结果如图7-56所示。

从图中可以看出，随着液滴直径的减小，传质性能得到强化，水相中的羟胺浓度也随之降低。当分散液滴的直径小于70μm时，水相羟胺浓度可以降低至0.05mol/L左右。通过进一步减小液滴尺寸，强化传质性能，可以达到0.02mol/L的羟胺浓度，这对于氨肟化反应是十分有利的。以上结果表明：在微化工系统中，羟胺能够快速从水相传递到油相，从而与环己酮接触发生反应，无溶剂加入的液/液/固非均相氨肟化反应是可行的。

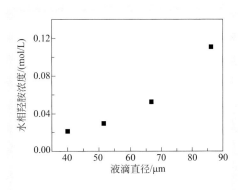

图7-56　设定反应条件下，水相羟胺浓度的计算值

三、微化工系统中液/液/固非均相氨肟化反应性能

进一步设计并建立如图7-57所示的微化工系统，主要包括微混合器、微反应

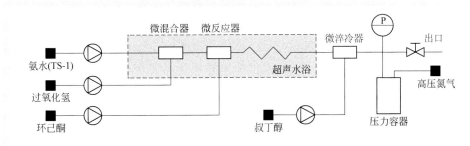

图7-57　用于液/液/固非均相氨肟化反应的微化工系统示意图

器和微淬冷器。实验中，通过搅拌和超声的作用将 TS-1 钛硅分子筛分散在氨水中形成浆料，与过氧化氢溶液在微混合器中快速混合。混合后的浆料作为连续相在微反应器中将油相环己酮剪切成微米级液滴，形成液 / 液 / 固非均相反应体系，从而发生氨肟化反应。微反应器的出口连接一段不锈钢盘管，用于延长反应的停留时间。通过改变进料流量和盘管长度，可以精确调控反应的停留时间。微混合器、微反应器以及相连的管路均置于一个超声水浴中，在控制反应温度的同时，通过超声的作用保持反应器及管路中钛硅分子筛的均匀分散，减少团聚和沉降的发生，从而实现反应过程的稳定运行。

为了精确地控制反应时间，在盘管末端连接一个微淬冷器。实验中，利用微淬冷器实现反应物料和大量低温叔丁醇的快速混合，使反应体系瞬间降至室温，从而终止反应。叔丁醇的加入还可以使油 / 水两相互溶，从而便于样品的分析。微淬冷器的出口连接一个压力容器，通过高压氮气加压、背压阀调节的方法可以精确控制其内部压力，以避免氨气的挥发。在微淬冷器和压力容器之间还连接一个阀门用于取样分析。实验中，环己酮肟的选择性均达到 99% 以上。

如果反应在常压或者较低压力下进行，氨气会挥发出来，导致水相中氨的浓度降低，影响反应的顺利进行。因此，必须保持反应器出口具有一定的压力。图 7-58 为环己酮转化率与反应压力的关系。从中可以看出，当压力从 0.2MPa 增大到 0.3MPa 时，环己酮的转化率有所提高。当压力高于 0.3MPa 时，转化率几乎保持不变。这说明在较低压力下，氨气的挥发导致环己酮的转化率降低。当反应压力提高到 0.3MPa 以上时，氨气的挥发被有效地阻止，从而可以达到稳定的转化率。在之后的实验中，反应压力均保持在 0.3MPa 以上。

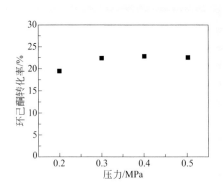

图 7-58 环己酮转化率随反应压力的变化

氨的初始浓度：2mol/L，过氧化氢的初始浓度：0.73mol/L，钛硅分子筛的初始浓度：0.8%（质量分数）。反应物摩尔比：环己酮/过氧化氢/氨=1/1.26/3.44。反应温度：80℃，反应压力：0.2～0.5MPa

当过氧化氢的浓度达到 0.3mol/L 时，氨肟化反应速率可以达到理论最大值的 85.7%。进一步提高过氧化氢的浓度，反应速率变化很小。过高的过氧化氢浓度反而会加速自身分解，降低过氧化氢的利用率，甚至造成安全隐患。实验中，提高反应体系中水相过氧化氢的浓度，发现环己酮的转化率几乎保持不变，如图 7-59 所示。实验结果符合反应动力学的推断。

图 7-60 为不同氨浓度下环己酮转化率随停留时间的变化趋势。根据氨肟化反应动力学，反应速率与氨的浓度成正比，提高反应体系中氨的浓度可以提高反应速

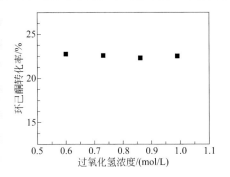

▶ 图 7-59   环己酮转化率随过氧
化氢浓度的变化

氨的初始浓度：2mol/L，过氧化氢的初始
浓度：0.6～1mol/L，钛硅分子筛的初始浓
度：0.8%（质量分数）。反应物摩尔比：
环己酮/过氧化氢/氨=1/(1.03～1.59)/3.44。
反应温度：80℃，反应压力：0.3MPa

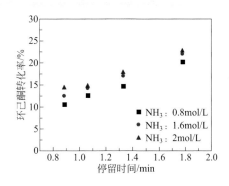

▶ 图 7-60   不同氨浓度下环己酮转化率
随停留时间的变化

氨的初始浓度：0.8mol/L、1.6mol/L、
2mol/L，过氧化氢的初始浓度：0.73mol/L，
钛硅分子筛的初始浓度：0.8%（质量分
数）。反应物摩尔比：环己酮/过氧化氢/氨=
1/1.26/(1.38、2.76、3.44)。反应温度：
80℃，反应压力：0.3MPa

率。但是，在实验条件下随着反应体系中水相氨浓度的增大，环己酮的转化率的
提高并不明显。这说明氨浓度的增大不会无限制地提高反应速率。因为当氨的浓度提高到一定程度时，催化剂活性位点的数目成为反应的限制因素，所以反应速率不会继续增大。因此，在优化反应条件时，氨的浓度要和催化剂浓度同步提高，互相匹配。

环己酮氨肟化反应的活化能为93.2kJ/mol。活化能数值较大，说明反应速率对温度较为敏感。图 7-61 为不同反应温度下环己酮的转化率。从中可以看出，温度的提高可以较大幅度地提高转化率。但是文献研究报道[63]，反应温度过高会加速过氧化氢的分解，因此在优化反应条件时将反应温度确定为80℃。

提高反应体系中催化剂的浓度可以提供更多的反应活性位点，从而有效地提高

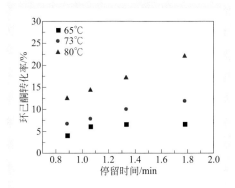

▶ 图 7-61   不同反应温度下环己酮
转化率随停留时间的变化

氨的初始浓度：1.6mol/L，过氧化氢的初始浓度：0.73mol/L，钛硅分子筛的初始浓度：0.8%（质量分数）。反应物摩尔比：环己酮/过氧化氢/氨=1/1.26/2.76。反应温度：65℃、73℃、80℃，反应压力：0.3MPa

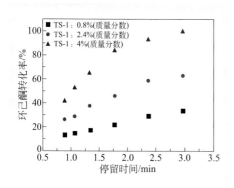

反应速率。图 7-62 为不同催化剂浓度下，环己酮转化率随停留时间的变化趋势。结果表明，提高钛硅分子筛的浓度可以极大地促进环己酮的转化。当浆料中催化剂的浓度为 4%（质量分数）时，可以在 3min 内达到 99% 以上的环己酮转化率。

● 图 7-62 不同催化剂浓度下环己酮转化率随停留时间的变化

氨的初始浓度：1.6mol/L，过氧化氢的初始浓度：0.73mol/L，钛硅分子筛的初始浓度：0.8%、2.4%、4%（质量分数）。反应物摩尔比：环己酮/过氧化氢/氨=1/1.26/2.76。反应温度：80℃，反应压力：0.3MPa

四、微化工系统中反应性能与现有工艺的对比

以上实验证明：在微化工系统中，液/液/固非均相环己酮氨肟化反应可以顺利实现。在反应温度为 80℃，反应压力为 0.3MPa，钛硅分子筛浓度为 4%（质量分数），反应物摩尔比环己酮/过氧化氢/氨 = 1/1.26/2.76 的条件下，可在 3min 内达到 99% 以上的转化率和选择性。反应时间较现有工艺[64]（65 ～ 75min）降低了一个数量级。钛硅分子筛的催化效率可达 6mmol/(g•min)，是现有工艺[65][约 0.8mmol/(g•min)] 的 7.5 倍。按照文献报道[66]的工业上催化剂单程寿命 600h 计算，单位质量催化剂的产能可达 24.4t/kg，较现有工艺[65]（约 2.74t/kg）提高了 8 倍。另外，在微化工系统中的液/液/固非均相氨肟化反应工艺没有溶剂叔丁醇的加入，从而无需现有工艺中的溶剂回收步骤，实现了工艺流程的简化和生产成本的降低。液/液/固非均相氨肟化工艺与现有工艺的对比如表 7-7 所示。

表 7-7 液/液/固非均相氨肟化工艺与现有工艺的对比

项目	液/液/固非均相工艺	现有工艺
反应器	连续流动微反应器	淤浆床搅拌釜
溶剂	无溶剂	叔丁醇
转化率	99% 以上	99.5%
选择性	99% 以上	99.5%
停留时间	3min	65 ～ 75min
催化剂效率	6mmol/(g•min)	0.8mmol/(g•min)

在微反应器内能够实现氨肟化反应强化的原因在于：微反应器内高效的混合与传质性能，可以在无溶剂加入的条件下促进油/水两相的相间传质，保证反应物之

间良好的接触。在液/液/固非均相反应体系中，反应物和催化剂浓度的提高能够加快反应速率。同时，平推流的反应器形式减少了反应过程中的返混，进一步促进了反应速率的提高，从而实现了反应时间的缩短和催化剂效率的提升。

参考文献

[1] Nguyen N, Wu Z. Micromixers-a review[J]. Journal of Micromechanics and Microengineering, 2005, 15(2):R1-R16.

[2] Hessel V, Löwe H, Schönfeld F. Micromixers-a review on passive and active mixing principles[J]. Chemical Engineering Science, 2005, 60(8-9):2479-2501.

[3] Bringer M R, Gerdts C J, Song H, et al. Microfluidic systems for chemical kinetics that rely on chaotic mixing in droplets[J]. Philosophical Transactions of the Royal Society A: Mathematical, Physical and Engineering Sciences, 2004, 362(1818):1087-1104.

[4] Adeosun J T, Lawal A. Mass transfer enhancement in microchannel reactors by reorientation of fluid interfaces and stretching[J]. Sensors and Actuators B: Chemical, 2005, 110(1):101-111.

[5] Cha J, Kim J, Ryu S, et al. A highly efficient 3D micromixer using soft PDMS bonding[J]. Journal of Micromechanics and Microengineering, 2006, 16(9):1778-1782.

[6] Nguyen T N T, Kim M, Park J, et al. An effective passive microfluidic mixer utilizing chaotic advection[J]. Sensors and Actuators B: Chemical, 2008, 132(1):172-181.

[7] Falk L, Commenge J M. Performance comparison of micromixers[J]. Chemical Engineering Science, 2010, 65(1):405-411.

[8] Dessimoz A, Cavin L, Renken A, et al. Liquid-liquid two-phase flow patterns and mass transfer characteristics in rectangular glass microreactors[J]. Chemical Engineering Science, 2008, 63(16):4035-4044.

[9] Brandner J J, Benzinger W, Schygulla U, et al. Microstructure devices for efficient heat transfer[J]. Microgravity Science and Technology, 2007, 19(3):41-43.

[10] Wang K, Lu Y, Shao H, et al. Heat-transfer performance of a liquid-liquid microdispersed system[J]. Industrial & Engineering Chemistry Research, 2008, 47(23):9754-9758.

[11] Su Y, Chen G, Zhao Y, et al. Intensification of liquid-liquid two-phase mass transfer by gas agitation in a microchannel[J]. AIChE Journal, 2009, 55(8):1948-1958.

[12] Su Y, Chen G, Yuan Q. Influence of hydrodynamics on liquid mixing during Taylor flow in a microchannel[J]. AIChE Journal, 2012, 58(6):1660-1670.

[13] Tan J, Liu Z D, Lu Y C, et al. Process intensification of H_2O_2 extraction using gas-liquid-liquid microdispersion system[J]. Separation and Purification Technology, 2011, 80(2):225-234.

[14] Zha L, Shang M J, Qiu M, Zhang H, Su Y H. Process intensification of mixing and chemical modification for polymer solutions in microreactors based on gas-liquid two-phase flow,

Chemical Engineering Science, 2019, 195: 62-73.

[15] Su Y, Zhao Y, Jiao F, et al. The intensification of rapid reactions for multiphase systems in a microchannel reactor by packing microparticles[J]. AIChE Journal, 2011, 57(6):1409-1418.

[16] Xu J H, Tan J, Li S W, et al. Enhancement of mass transfer performance of liquid-liquid system by droplet flow in microchannels[J]. Chemical Engineering Journal, 2008, 141(1-3):242-249.

[17] Kashid M N, Kiwi-Minsker L. Microstructured reactors for multiphase reactions: State of the art[J]. Industrial & Engineering Chemistry Research, 2009, 48(14):6465-6485.

[18] Chen G G, Luo G S, Li S W, et al. Experimental approaches for understanding mixing performance of a minireactor[J]. AIChE Journal, 2005, 51(11):2923-2929.

[19] Trachsel F, Günther A, Khan S, et al. Measurement of residence time distribution in microfluidic systems[J]. Chemical Engineering Science, 2005, 60(21):5729-5737.

[20] Kazemi Oskooei S A, Sinton D. Partial wetting gas-liquid segmented flow microreactor[J]. Lab on a Chip, 2010, 10(13):1732.

[21] Adeosun J T, Lawal A. Residence-time distribution as a measure of mixing in T-junction and multilaminated/elongational flow micromixers[J]. Chemical Engineering Science, 2010, 65(5):1865-1874.

[22] Schwalbe T, Autze V, Hohmann M, et al. Novel innovation systems for a cellular approach to continuous process chemistry from discovery to market[J]. Organic Process Research & Development, 2004, 8(3):440-454.

[23] Mason B P, Price K E, Steinbacher J L, et al. Greener approaches to organic synthesis using microreactor technology[J]. Chemical Reviews, 2007, 107(6):2300-2318.

[24] Wiles C, Watts P, Haswell S J, et al. The aldol reaction of silyl enol ethers within a micro reactor[J]. Lab on a Chip, 2001, 1(2):100.

[25] Calabrese G S, Pissavini S. From batch to continuous flow processing in chemicals manufacturing[J]. AIChE Journal, 2011, 57(4):828-834.

[26] Yoshida J, Takahashi Y, Nagaki A. Flash chemistry: flow chemistry that cannot be done in batch[J]. Chemical Communications, 2013, 49(85):9896.

[27] Ducry L, Roberge D M. Controlled autocatalytic nitration of phenol in a microreactor[J]. Angewandte Chemie International Edition, 2005, 44(48):7972-7975.

[28] Beckmann E[J]. Berichte der Deutschen Chemischen Gesellschaft, 1886, 19:988.

[29] Ritz J, Fuchs H, Kieczka H, et al. Caprolactam//Ullmann's encyclopedia of industrial chemistry[M]. Weinheim: Wiley-VCH, 2003:1-21.

[30] Dahlhoff G, Niederer J P, Hoelderich W F. ε-Caprolactam: new by-product free synthesis routes[J]. Catalysis Reviews, 2001, 43(4):381-441.

[31] Vinnik M I, Zarakhani N G. Kinetics and mechanism of the Beckmann rearrangement of alicyclic ketoximes under the catalytic action of sulphuric acid and oleum, Russian Chemical

Reviews, 1967 36.

[32] 刘华锋. 己内酰胺生产中贝克曼重排工序工艺分析及优化 [J]. 合成纤维工业, 2002, 25(3):31-33.

[33] 谭永泰. 浅谈环己酮肟转位改进 [J]. 合成纤维工业, 1980(02):37-41.

[34] Marziano N C, Ronchin L, Tortato C, et al. Catalyzed Beckmann rearrangement of cyclohexanone oxime in heterogeneous liquid/solid system[J]. Journal of Molecular Catalysis A: Chemical, 2008, 290(1-2):79-87.

[35] Ronchin L, Vavasori A, Bortoluzzi M. Organocatalyzed Beckmann rearrangement of cyclohexanone oxime by trifluoroacetic acid in aprotic solvent[J]. Catalysis Communications, 2008, 10(2):251-256.

[36] Ronchin L, Vavasori A. On the mechanism of the organocatalyzed Beckmann rearrangement of cyclohexanone oxime by trifluoroacetic acid in aprotic solvent[J]. Journal of Molecular Catalysis A: Chemical, 2009, 313(1-2):22-30.

[37] Zhang J S, Riaud A, Wang K, et al. Beckmann rearrangement of cyclohexanone oxime to ε -caprolactam in a modified catalytic system of trifluoroacetic acid[J]. Catalysis Letters, 2014, 144(1):151-157.

[38] Zhang J S, Lu Y C, Wang K, et al. Novel one-step synthesis process from cyclohexanone to caprolactam in trifluoroacetic acid[J]. Industrial & Engineering Chemistry Research, 2013, 52(19):6377-6381.

[39] Zhang J S, Wang K, Zhang C Y, Luo G S. Safety evaluating of Beckmann rearrangement of cyclohexanone oxime in microreactors using inherently safer design concept[J]. Chemical Engineering and Processing: Process Intensification, 2016, 110:44-51.

[40] Zhang J, Dong C, Du C, Luo G. Organocatalyzed Beckmann Rearrangement of Cyclohexanone Oxime in a Microchemical System[J]. Organic Process Research & Development. 2015, 19(2):352-356.

[41] Drelinkiewicz A, Laitinen R, Kangas R, et al. 2-ethylanthraquinone hydrogenation on Pd/Al$_2$O$_3$-the effect of water and NaOH on the degradation process[J]. Appl Catal A-Gen, 2005, 284:59-67.

[42] Berglin T, Schoon N H. Selectivity aspects of the hydrogenation stage of the anthraquinone process for hydrogen-peroxide production[J]. Ind Eng Chem Res, 1983, 22:150-153.

[43] Santacesaria E, Ferro R, Ricci S, et al. Kinetic aspects in the oxidation of hydrogenated 2-ethylte-trahydroanthraquinone[J]. Ind Eng Chem Res, 1987, 26:155-159.

[44] Levenspi O, Godfrey J H. Gradientless contactor for experimental study of interphase mass-transfer with-without reaction[J]. Chem Eng Sci, 1974, 29:1723-1730.

[45] Campos-Martin J M, Blanco-Brieva G, Fierro J L G. Hydrogen peroxide synthesis: An outlook beyond the anthraquinone process[J]. Angew Chem Int Edit, 2006, 45:6962-6984.

[46] Fábos V, Lantos D, Bodor A, et al. ε-Caprolactamium hydrogen sulfate: an ionic liquid used for decades in the large-scale production of ε-caprolactam[J]. Chem Sus Chem, 2008, 1(3): 189-192.

[47] 吴寿辉. 环己酮肟贝克曼转位生产过程的影响因素 [J]. 石油化工, 1973(05):471-474.

[48] 陈德芳. 己内酰胺生产中环己酮肟重排过程的探讨 [J]. 合成纤维工业, 1992 (04):44-49.

[49] Ogata Y, Okano M, Matsumoto K. Kinetics of the Beckmann rearrangement of cyclohexanone oxime[J]. Journal of the American Chemical Society, 1955, 77(17):4643-4646.

[50] Kashid M N, Harshe Y M, Agar D W. Liquid-liquid slug flow in a capillary: an alternative to suspended drop or film contactors[J]. Industrial & Engineering Chemistry Research, 2007, 46(25):8420-8430.

[51] Kockmann N, Karlen S, Girard C, et al. Liquid-liquid test reactions to characterize two-phase mixing in microchannels[J]. Heat Transfer Engineering, 2013, 34(2-3):169-177.

[52] 汤桂华. 硫酸 [M]. 北京 : 化学工业出版社, 1999.

[53] Maggiorotti P. The application of the reaction calorimetry to investigate reactions involving unstable compounds[J]. Journal of Thermal Analysis, 1992, 38(12):2749-2758.

[54] 己内酰胺生产物性手册 [M]. 石家庄 : 中石化石家庄化纤公司, 2000.

[55] Zhang J, Wang K, Lu Y, Luo G. Beckmann rearrangement in a microstructured chemical system for the preparation of ε-caprolactam[J]. AIChE Journal, 2012, 58(3):925-931.

[56] Zhang J, Wang K, Lu Y, Luo G. Beckmann rearrangement of cyclohexanone oxime in a microchemical system: The role of SO_3 and product inhibition[J]. AIChE Journal, 2012, 58(10):3156-3160.

[57] Zhang J, Wang K, Lin X, Lu Y, Luo G. Intensification of fast exothermic reaction by gas agitation in a microchemical system[J]. AIChE Journal. 2014, 60(7):2724-2730.

[58] Zuidhof N T, de Croon M H J M, Schouten J C, et al. Beckmann rearrangement of cyclohexanone oxime to ε-caprolactam in a microreactor[J]. Chemical Engineering & Technology, 2012, 35(7):1257-1261.

[59] Assmann N, von Rohr P R. Extraction in microreactors: Intensification by adding an inert gas phase[J]. Chemical Engineering and Processing: Process Intensification, 2011, 50(8):822-827.

[60] 王亚权, 潘明, 吴成田, 等. TS-1 催化的环己酮氨氧化反应研究 [J]. 四川大学学报, 2002, 34(5): 20-23.

[61] 李平, 卢冠忠, 罗勇, 等. TS 分子筛的催化氧化性能研究 [J]. 化学学报, 2000, 58(2): 204-208.

[62] Kulkova N V, Kotova V G, Kvyathovskaya M Y, et al. Kinetics of liquid-phase cyclohexanone ammoximation over a titanium silicate[J]. Chemical Engineering & Technology, 1997, 20(1): 43-46.

[63] 李红梅. 氨肟化反应中双氧水分解的影响因素探讨 [J]. 合成纤维工业, 2012, 35(4): 34-37.

[64] 孙洁华 , 毛伟 . 己内酰胺生产工艺及技术特点 [J]. 化学工程师 , 2009, 160(1): 38-44.

[65] 顾耀明 , 刘春平 , 程立泉 , 等 . HTS-1 钛硅分子筛催化环己酮氨肟化工业试验 [J]. 化工进展 , 2010, 29(1): 187-190.

[66] 王洪波 , 傅送保 , 吴巍 . 环己酮氨肟化新工艺与 HPO 工艺技术及经济对比分析 [J]. 合成纤维工业 , 2004, 27(3): 40-42.

第八章

基于微化工过程的纳微材料可控制备

随着材料科学的快速发展，人们合成了越来越多具有光、电、磁、催化、生物相容性等特殊性质的纳米及微米材料。纳米材料，其尺寸通常小于 100nm，在电子、光学、催化、传感、生物医学和环境保护等领域有着非常广泛的应用；微米材料，其尺寸通常为 1 ~ 1000μm，常用于化妆品、电子、食品、化工、环境、生物免疫分析和药物递送等领域 [1,2]。当然，无论材料的组成和结构设计如何精巧、功能如何强大，只有在材料能够批量、可重复制备的情况下才有实际意义，才能真正实现工业化和推动相关领域的发展。而随着各种结构和组成更加复杂、精密的纳微米材料不断出现，对于材料的均匀性、单分散性、孔结构、表面性质、形状和尺寸的要求也日益提高。因此，也对其进行规模可控制备的过程提出了更高的要求。

从制备过程分析，为了得到特定尺寸的材料，一方面可以通过宏观块状材料粉碎、分级获得，即"自上而下"方式；另一方面还可以通过分子层面的反应和聚集形成目标尺寸的材料，即"自下而上"的方式。除了少数微米级、低品质纳米填充材料会通过前种方式获得，大多数材料均需要通过液相或者气相中分子层面的反应来制备。具体而言，纳米材料的形成过程通常遵循经典的成核 - 生长理论 [3]，对于常见的尺寸较小的纳米颗粒来说，需要通过快速混合过程（毫秒级反应过程）以满足其爆炸性成核的要求，从而限制材料的尺寸；而对于相对较大或结构复杂的纳米材料来说，通常还需要均匀、稳定的化学环境实现材料的进一步结晶或生长，其中液相法为大规模制备纳米材料的主要方法。微米材料的形成过程通常是由初级颗粒团聚和颗粒生成控制而形成的。在微通道设备内，微米级颗粒的制备一般需要先形成特定的单重或多重乳液，在乳液的流动过程中或收集的凝固浴中完成乳液分散相

的固化或其中单体原料的聚合[4]。总的来说，材料制备的关键在于控制均一、可控的流体分散及反应环境，保证均相或多相流体系内具有一致的混合、分散、传递行为。然而，传统设备很难提供均一的流体混合和传递条件，反应系统中的流速、温度和反应物浓度分布亦难以有效控制，同时存在着严重的设备放大效应，这种效应会严重影响材料在大规模制备过程中的可控性和精准性。

从化工的角度分析，解决高性能材料的可控制备，需要发展高效、可控、易于放大的制备方法，保证材料合成过程中的传递、反应条件符合材料性质的演变预期。从 20 世纪 90 年代开始，微化工技术的出现显著提高了多相体系流动、分散、混合、传递行为的控制精度，其在材料制备领域中的应用也体现出了明显的优势[5,6]。微化工技术通过界面力和黏性力等微尺度作用力的精确调控，控制流体的分散和混合，促进高效传递和反应，实现过程强化，这也正是制备高性能材料所需要的理想条件。此外，微化工技术应用于材料制备的放大生产也相对容易，按照集成化的思路，可以基于微通道数量的平行增加和流体力学的相似行为进行设备尺寸适当放大，并最终保证放大效应最小，实现实验室成果的快速可靠转化。

本章将通过分析材料制备过程强化的基本原理，总结制备过程中的关键因素，进而结合微化工技术控制材料合成环境的机制，讨论微化工技术在材料制备中的方法设计原理和实际应用，以为读者提供一些基于微化工技术的材料制备理论和方法。当然，作为一个学术的前沿方向，一些研究者也对相关研究进展进行了一些综述，读者若需要更加全面深入了解，亦可阅读最新的综述性文章和报告。

第一节　材料制备过程强化的基本原理

一、纳米材料的可控制备

1. 纳米材料性质与制备条件的关系

按照材料的外观特征来分，常见的纳米材料包括纳米颗粒（颗粒通常特指形貌简单的类球形和正方形材料）和径向尺度为纳米级的一维纳米材料（主要包括纳米纤维、纳米棒、纳米管等），如图 8-1（a）所示。

材料自身的组成和尺寸是影响纳米材料性质的关键因素之一。纳米材料由于其尺度显著降低，材料表面处原子和电子占总体比例的增加，造成了材料晶体结构、表面带电性质的改变，因此具有区别于宏观尺度材料的特殊的光、电、磁等效应[7]。以纳米颗粒作为颜料添加剂的情况为例，颗粒的大小直接决定了其对被涂物体表面

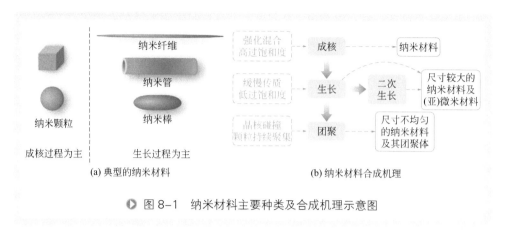

(a) 典型的纳米材料   (b) 纳米材料合成机理

◉ 图 8-1　纳米材料主要种类及合成机理示意图

的遮盖力：当纳米颗粒粒度在可见光波长（约 $380 \sim 780$nm）的 $0.4 \sim 0.5$ 倍时，纳米颗粒对入射光的散射能力最大，此时颜料的遮盖能力最强；而当纳米颗粒直径远小于可见光波长的 $1/2$ 时，此时光的衍射占据主导，即颜料的遮盖能力下降，颜料具有更强的透明性。因此，若要充分发挥纳米材料的特殊性能，需要确保材料有合适的尺寸和较窄的尺寸分布。这就对纳米材料的单分散性，特别是纳米材料在实际添加体系中的分散性提出了很高的要求。

按照反应物所处的原始状态分类，纳米材料的制备方法主要可分为三种：气相合成法、固相合成法和液相合成法。其中液相合成法是目前实验室和工业上应用最为广泛的纳米材料制备方法，亦为本章所讨论的重点。从机理上分析，纳米级材料的合成历经成核、生长、二次生长及团聚（可能发生）等阶段，如图 8-1（b）所示。将反应原料大量消耗于成核阶段是合成纳米材料的关键，可以避免其继续生长和团聚；而对于纳米纤维等材料，在成核阶段得到晶核和晶种的基础上，还需要在特定维度上充分生长，达到特定长度或长径比的要求。

实际上，成核是液相中的反应物达到一定过饱和度、粒子间碰撞产生晶核并逐渐出现沉淀的现象，而过饱和度的存在又会持续补充反应物粒子，使晶核不断补充粒子、不断生长。因此，首先需要定量分析纳米材料成核、生长过程与过饱和度的关系。为了更准确地描述沉淀过程，需要引入过饱和度的定量表达式。对于离子沉淀反应的体系，将液相中的不同离子进行编号 $i = 1, 2, \cdots, j$，则过饱和度定义为

$$S = a_1^{n_1} a_2^{n_2} \cdots a_j^{n_j} / (a_{1,e}^{n_1} a_{2,e}^{n_2} \cdots a_{j,e}^{n_j}) \tag{8-1}$$

n_i 是晶体分子式中含第 i 个离子的数量，a_i 和 $a_{i,e}$ 分别是溶液中第 i 个离子的实际活度和平衡活度，式（8-1）的分母就是溶度积 K_{sp}。对于极稀溶液，a_i 和 $a_{i,e}$ 可用实际浓度 c_i 和平衡浓度来 $c_{i,e}$ 代替，则

$$S = c_1^{n_1} c_2^{n_2} \cdots c_j^{n_j} / (c_{1,e}^{n_1} c_{2,e}^{n_2} \cdots c_{j,e}^{n_j}) \tag{8-2}$$

材料成核、生长与过饱和度的关系已有较多研究，根据 Mersmann 结晶手册 [8]

中给出的溶质分子向晶核分子团表面附着和脱离的动态平衡关系，材料的成核速率 B 可以按下式计算：

$$B = \frac{kTc_e^2 v}{4\gamma} S^2 \ln S (\ln \sqrt{S} - 1) \exp \left[-\frac{16\pi v_0^2 \gamma^3}{3(kT)^3 \ln^2 S} \right] \qquad (8\text{-}3)$$

式中，γ 表示固/液界面张力；v 表示溶质分子的平均运动速度；v_0 表示溶质分子所占的体积；c_e 表示与无限大体积溶质晶体相平衡的溶液的浓度。

而对于生长过程来说，还需要进一步计算材料的生长速率。以材料各向同性生长的方式为例，其生长过程实际上是球形颗粒周围的溶质向颗粒表面扩散的过程，生长速率 q 可计算如下：

$$q = 4\pi DRc_e \left[S - \exp \left(\frac{2\gamma v_0}{kTR} \right) \right] \qquad (8\text{-}4)$$

式中，D 表示溶质扩散系数；c_e 表示颗粒表面溶质浓度。从式（8-3）和式（8-4）可以看出，过饱和度对成核速率的影响比对生长速率的影响更大。因此，在高饱和度条件下的沉淀过程中，成核行为占据主导；而在低饱和度下，材料的生长行为更为明显。

这样，对于大多数纳米颗粒来说，要求体系具有较高的过饱和度和快速均匀的混合过程，保证颗粒具有较小的粒度和较窄的粒度分布；对于纳米纤维等材料，受生长动力学所限，其制备过程还需要经历相对缓慢的生长阶段，这就要求反应体系具有均匀的浓度分布和较低的过饱和度，避免因大量形成纳米颗粒而造成纤维生长不充分、纤维尺寸分布变宽等问题。

此外，纳米材料的团聚行为会造成颗粒表面有效作用位点的急剧减少和尺度效应的巨大转变。同样对材料的最终性质有较大影响。从原理上分析，由于纳米材料表面能较高，分子之间范德华力、静电力作用对于纳米材料的影响非常明显，通常情况下会导致纳米材料个体之间出现互相黏附的现象。实际上，分子间作用力不仅存在于微纳米材料之中，在沙子和砾石中也同样存在，但对这些宏观块状材料来说，分子间作用力的影响远远小于材料自身的质量和惯性的影响。只有当材料体积小到一定程度，即当分子间力占主导地位的时候，才会出现明显的团聚现象。因此，在纳米材料制备过程中，还需要针对团聚问题设计方案。例如，通过引入稳定剂或改性剂改变纳米材料表面性质、降低纳米材料表面能或增加空间位阻，以此来避免材料的团聚；或改变纳米材料制备过程的反应环境，通过引入其他相态（一般为气相或液相）的流体，通过扰动、分隔或富集作用，改变合成材料之间的相互作用环境，保证最终产品仍然具有单分散纳米材料所具有的独特性能。

从纳米材料制备中的成核、生长、团聚行为可以看出，纳米材料可控制备的关键在于反应环境的精确控制，需要针对不同尺寸、形状、组成、表面性质要求的材料在制备的特定阶段进行针对性的过程强化，保证大规模合成的纳米材料仍然具有

实验室小批量合成的材料的性质。

2. 微化工技术强化纳米材料制备过程的基本原理

近几十年来,人们在合成纳米材料设备方面开展了大量的研究工作,采用了引入外场,如电场[9]、磁场[10]、超重力场[11]、超声场[12,13]等方法结合传统设备对粉体材料合成进行更精确的调控或过程强化。其中能够显著提高过程效率和可控性的微化工技术,源自微结构设备的兴起和微分散技术的发展。微化工技术主要改变了材料制备过程中的作用力影响程度:在微尺度下,界面力和黏性力的影响占据主导地位,这些微尺度作用力可以通过调节反应体系的黏度、流速、界面张力精确控制,进而提高反应体系中流动、分散、混合、传递行为的可控程度,实现高效率的传质、传热,为制备纳米材料提供均匀的反应环境和理想的条件。

具体分析反应物浓度分布的影响程度,正如上文中提到的材料在合成中形态会不断变化所述:由分子级别的团簇逐渐形成晶核,晶核之间相互融合和小幅度地生长产生较为稳定的纳米颗粒;而当纳米颗粒仍具有生长活性且体系维持低过饱和度下稳定的原料供给条件,则颗粒会继续生长直到条件终止,得到更大尺寸的材料或纳米纤维,可知材料在不同阶段都会受到体系中浓度分布的影响。以 $BaSO_4$ 纳米颗粒的合成为例,其过饱和度如式(8-5)所示:

$$S = \gamma_{\pm} \sqrt{\frac{c_A c_B}{K_{sp}}} \qquad (8-5)$$

式中,c_A 和 c_B 分别是 SO_4^{2-} 和 Ba^{2+} 的浓度;K_{sp} 是 $BaSO_4$ 的溶度积,在 25℃ 下其值约为 $1.08 \times 10^{-10} kmol^2/m^6$。当过饱和度分别为 100、1000 和 10000 时,相应的成核速率依次约为 $10^{10} m^{-3} \cdot s^{-1}$、$10^{22} m^{-3} \cdot s^{-1}$ 和 $10^{28} m^{-3} \cdot s^{-1}$,而对于粒径在 10nm 左右的颗粒来说,其生长速率则分别为 $10^{-20} m/s$、$10^{-19} m/s$ 和 $10^{-18} m/s$。可见,高的过饱和度有利于成核过程进行,而低的过饱和度则有利于稳定生长过程的进行。

但是,对于传统反应器来说,其在时间尺度上和空间尺度上都很难有效区分纳米材料的成核和生长过程。通常情况下,设备中的局部浓度如图 8-2(a)所示。在时间尺度上难以实现快速的混合,空间上同样难以保证混合的均匀性,造成反应器内的返混难以消除,导致体系中同时存在材料的成核行为和生长行为,得到的材料尺寸分布宽,形貌难以控制。

强化成核过程得到纳米材料可以从两个方面入手:时间尺度上加快混合,使原料大量消耗于成核阶段,如图 8-2(b)所示;或者在空间尺度上降低材料生长的阈值,使成核行为同样发生在较低过饱和度的条件下,如图 8-2(c)所示。借助微结构设备中较大的浓度梯度和比表面积来,前者可以通过增大流体、降低原料流体的混合尺度来实现;后者往往还需要引入其他物质或者提高体系温度,使原料的溶解度下降,如醇/水溶液加热法等方法。

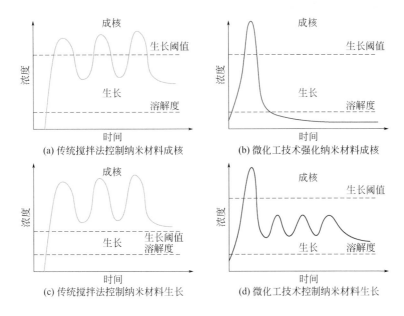

图8-2　不同制备方法中纳米材料成核－生长行为示意图

相比之下，材料生长难以控制的问题则更加突出，因此需要在时间和空间尺度上通过精确控制来实现。具体来说，首先需要经历成核阶段，得到一定数量的尺寸均匀的纳米晶核；第二步要实现原料的持续低浓度补充，同时严格控制在生长条件的阈值内，如图8-2（d）所示。可控生长通常还需要精确控制温度。以半导体Sn纳米晶体的制备为例，在成核阶段原料的快速注入和温度的激升有助于得到活性中间体，进而促进纳米晶体的成核。相应的后续生长阶段持续时间较长，需要控制在较低的温度范围，既要提供足以激活晶核持续生长所需的能量，又要避免体系内的二次成核。而微化工技术非常适合控制均匀的反应环境，既可以通过维持多相流体间相界面的存在而控制缓慢的扩散传质（而非对流传质），也可以通过微通道结构设计结合流体流动调控来维持均匀的浓度分布，保证生长条件的均匀性和一致性。

通过上述分析可知，微化工技术所采用的微结构设备可以针对不同阶段的制备条件，分别强化材料的成核和生长过程。既可以充分降低混合尺度，增加流体接触的比表面积，保证成核的进行；同时在微结构设备内可以实现成核、生成环的有效区分，避免轴向返混，精确控制浓度和温度分布；并借助微结构设备中可以精确调控流体行为的优势，对于加入稳定剂、改性剂或引入其他相态的合成体系亦可准确控制反应条件，为可控制备高性能纳米材料提供良好的平台。此外，微化工技术基本不存在放大效应——按照集成化的思路，可以基于微通道数量的平行增加和流体力学的相似行为进行放大，保证工业规模生产中的单通道反应环境与实验室单通道条件一致，确保材料的大规模可控制备。

二、微米材料的可控制备

1. 微米材料性质与制备条件的关系

微米材料在生物、医药、电子、化工等诸多领域发挥着重要作用。对于微米材料来说，其尺寸、形状、结构、组成直接决定了材料的性质。通过控制微米材料的这些特性，可以将其用作微型载体、微环境反应器或微型分离器，用于药物递送、物质封装、化学催化、生化分离、人工细胞、传感、检测和酶固定化等方面。微米材料的制备通常需要先形成特定的乳液，如油包水（W/O）或水包油（O/W）乳液、W/O/W 或 O/W/O 双重乳液、甚至更复杂的多重乳液等。以乳液作为微米材料的模板，在乳液的流动过程中或收集乳液的凝固浴中通过溶剂蒸发、自组装、聚合或交联，完成乳液中所需相的固化。

典型的微米材料如图 8-3 所示，其分类和各自的特点依次为：（a）对于单乳液固化而来的微球来说，具有特定的尺寸和尺寸分布是其核心要求。例如，壳聚糖微球通常要求在几微米至几十微米，其粒径和粒径分布的控制对其在生物医学方面的应用具有重要的意义，如用作载体时需要保证药物均匀稳定释放 [15]。（b）复合微球的主要特点是多重固体组分的复合与分布控制，通常是为了实现多种功能的耦合，将无机纳米颗粒或其他有机成分引入到制备原料之中，通过对乳液模板的控制，满足复合材料单分散性、在最终微球中分布位置的要求。尤其是在微球内部以

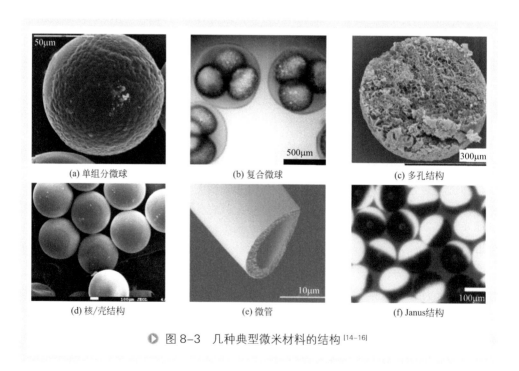

(a) 单组分微球　　　　　　　(b) 复合微球　　　　　　　(c) 多孔结构

(d) 核/壳结构　　　　　　　(e) 微管　　　　　　　(f) Janus结构

▶ 图 8-3　几种典型微米材料的结构 [14-16]

隔间方式封装的多重组分，更是需要对前驱体多重乳液的结构进行精确调控，按照不同封装级别和释放要求对不同组分进行分隔封装[16]。（c）微米材料的多孔结构既可以提供巨大的比表面积和传质通道，还可以通过孔尺寸和结构的设计有效改变材料的吸附、分离和传递性能，甚至带来一些新的功能，如在尺寸排阻色谱柱中作为填充材料等进行选择性吸附。（d）核/壳结构的微球可以在内核、壳层方面做很多探索，通过组成和尺寸、孔径调控来发挥特定功能，如改性壳层、通过分子识别完成内核的定向释放，通过控制内核尺寸来控制释放量。另外通过去除内核的方法还可以获得中空结构的微球，利用内部空腔实现特定物质的负载和分离。换言之，核心问题便是对其内核、壳层前驱体——双重乳液的精确控制，通过内、外液滴作为模板，构建核/壳结构微球。（e）得益于独特的一维结构，微管在储能系统、组织工程等领域中可以起到很好的平台作用。例如，中空结构的微管可以作为运输血液和培养血细胞，还可以作为酶固定化生物催化的生物微反应器，并封装相变材料作为能量存储系统。开发结构、长度、致密度可控的微管根据上述领域的不同实际应用进行设计和封装。（f）Janus 微球由两个具有完全不同的物理或化学性质的半球组成[14]，因而在同一微球上表现出明显的性质差异，在催化、传感、油/水分离、微米马达、数字成像等领域有着广泛的应用，开发新的具有可调尺寸、形状、结构和化学性质的 Janus 微球亦具有重要的意义。

根据上述不同材料的特点和要求，可以看出微米材料制备的关键问题在于前驱体乳液的精确控制，使含有固化物质的多相流体达到预定的分散与混合状态。对于微米材料的大规模制备来说，为了使微米材料个体具有一致的理化性质以保证其功能应用，需要使微米材料在尺寸、组成和形状上保持一致，这也对制备方法提出了较高的要求。

2. 微化工技术强化微米材料制备过程的基本原理

合成微米材料通常需要先制备作为模板的乳液，即先对多相液体进行分散和混合，目前液体分散的主要方法有机械搅拌、膜分散、静态混合、胶体磨和超声分散等。这些传统方法虽然可以保证高通量制备乳液，但一般情况下只能得到单乳液或双重乳液，进而得到简单球形颗粒，对于制备空间构造复杂或具有反常结构的前驱体乳液则难有对策（如制备 Janus 微球）；同时，制备过程的可控性、前驱体乳液与最终的材料产品在尺寸和结构上的均一性难以保证，微米材料可调控的尺寸范围也相对较窄。对于复合微米材料、核/壳结构微球、微管或 Janus 结构微球来说，采用传统制备方法还会面临更多的问题。

相较之下，微化工技术在微米材料的大规模可控制备方面具有突出的优势。一方面，利用微化工技术，可以有效调控多相流体中的微分散行为，制备尺寸均匀的单乳液或多重乳液，精确控制液滴内部组分配比、包覆小液滴数量与尺寸以及各层液体的厚度等，可重复性极强。另一方面，借助于界（表）面力和黏性力等微尺度

作用力的精确调控，微化工系统可以在较大范围内调控乳液中分散相的尺寸、液滴中包覆的小液滴或小气泡的尺寸、多相体系的组成配比以及不同液层的厚度，制备过程可以按照材料功能需求充分设计和实施，并实现连续化生产。

利用微化工技术制备微米材料一般可以分成两种：一种是在微通道中先将一相原料分散到另一相中，然后对分散相进行固化，即分散固化法；另一种是仅在微结构设备中引入一种流体，并直接对连续相进行固化，即模板固化法。

对于分散固化方法，通常需要在微通道中进行多相流体分散和乳液制备。目前用于多相流体分散的基础型微通道结构主要有以下 3 种：错流剪切型（T 形）、水力学聚焦型和同轴环管型，分别如图 8-4（a）～（c）所示。由这 3 种基础型微通道互相组合形成的复杂微通道可以用于制备双重乃至多重乳液，从而制备核/壳结构或多腔室结构的复合微球或微胶囊，例如图 8-4（d）中所示结构，通过连续的多级嵌套同轴环管结构，可以制备单液滴内包覆多个更小液滴的乳液。实际上，这一类方法的核心在于对微通道内液滴断裂时机的控制，由此控制液滴的尺寸和配比，而在微通道中液滴的断裂机制主要取决于黏性力与多相流体界面张力之间的平衡。换言之，液滴的尺寸与微通道结构、两相相比、黏度、流速以及界面张力直接相关。一般情况下，随着连续相流速或黏度的增加、分散相流速或黏度的减小，液滴的尺寸也会减小，而界面张力小的体系易形成较小的液滴。液滴尺寸与微尺度作用力存在着定量关系，由此，借助微通道可以精确地控制多重乳液的

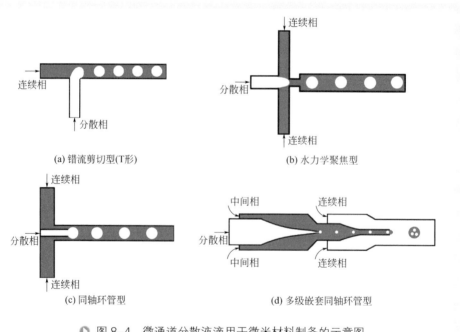

(a) 错流剪切型(T形)

(b) 水力学聚焦型

(c) 同轴环管型

(d) 多级嵌套同轴环管型

▶ 图 8-4　微通道分散液滴用于微米材料制备的示意图

分散尺寸和内部结构，进而调控微球、微胶囊等微米材料的组成、包覆率及其释放特性。

对于模板固化方法来说，通常采用单通道结构，引入聚合物单体溶液作为其中一相，通过紫外光照射引发聚合反应完成微米材料的固化。紫外光发射器上放置一片挡光薄片作为模板，薄片按照材料所需的形状刻掉其相应的部分，使透过膜的紫外光照射在流体上呈现出所需的形状[17,18]。通过设定光源的相对位置和数量，以及在通道内设计内构件（让液滴碰到内构件发生变形的时候固化），可以制备诸多二维、三维特殊结构的微米材料，如图8-5所示。实际上，这种制备方法的核心仍然在于精确控制流体流速和初始液滴尺寸，进而结合外场作用、辅助设备调控完成结构相对复杂的材料制备。

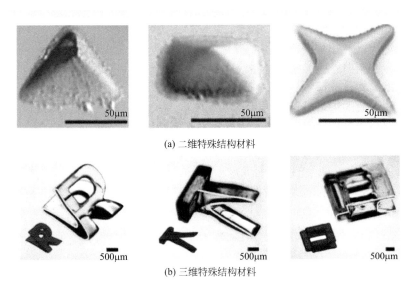

(a) 二维特殊结构材料

(b) 三维特殊结构材料

◉ 图8-5 模板固化方法合成的特殊结构微米材料[17,18]

总的来说，无论是制备纳米材料还是制备微米材料，核心问题都是流体本身、多相流体之间的流体分散、混合和传递行为的精确控制和重现，而微化工技术得益于微尺度条件下对流体体系内作用力的精确控制，有效地、有针对性地解决了材料制备中的核心问题，容易操作和放大生产，在制备尺寸、组成、结构、形貌可控的纳微米材料方面有显著的优势。本章第二～四节将结合微化工技术制备纳微米材料的实际体系进一步阐述其强化制备的原理，剖析不同流体体系中制备方法的机理及其解决的核心问题。

第二节　纳米材料可控制备技术

　　根据微化工技术强化纳米材料制备的基本原理可知，借助于微尺度作用力的精确控制、微结构设备中极大的传质传热梯度和比表面积，可以按照材料尺寸、形貌的需求针对性地选择操作条件，分别强化材料的成核或生长过程。对于需要强化成核、获得尽可能小粒径的纳米材料的制备过程来说，微结构设备中尺寸的降低为原料流体带来了较大的比表面积，再结合对流体混合的强化可以有效促进原料快速消耗和材料成核；对于需要材料充分生长和流体中多步处理（如材料表面改性和功能化）的过程，可以控制微结构设备中的扩散传质，或采用分隔流体的方法消除轴向返混，人为构造相似的生长和后处理环境。

　　越来越多设计新颖的微结构设备也成功应用于纳米材料的制备中，例如 T 形 / Y 形等各类微通道、微滤膜分散或微筛孔分散设备等，设备中流体包括均相流、多相层流、液滴流、液柱流、气泡流和气柱流等多种形态，多种具有不同尺寸、形貌特征和表面性质的纳米材料也得以成功制备，包括金属颗粒、合金颗粒、无机盐颗粒、有机聚合物颗粒、复合颗粒、磁性和半导体材料等。

　　对于微化工技术制备纳米材料来说，核心问题还是对反应物流体的控制。本节以微结构设备的混合性能与纳米材料成核 - 生长的理论模型为基础，就如何针对性地调控流体行为、反应条件的影响规律与目标纳米材料性质之间的关系进行分析和讨论。

一、混合性能与纳米材料成核－生长的理论基础

　　如本章第一节所述，纳米材料的成核 - 生长行为直接决定了材料最终的性质，而影响其成核 - 生长行为的关键便是制备设备中的混合性能。混合性能是一个复杂的研究对象，会受到设备形式、流动状况、体系浓度、体系物性（如黏度）等多方面的影响。对此，可以抽提出混合性能的最主要影响因素——混合尺度。混合尺度可以定义为在混合过程中通过物理方法将流体分割成的流体单元的尺度，比如搅拌的两相液体中液滴的尺度、一股物料进入另一股物料时形成液体涡团的尺度等。混合尺度是混合性能的直观体现，为描述混合性能的好坏提供了一个量化指标——混合尺度越小越有利于混合性能的提高。

　　尽管采用平行竞争反应体系 [19] 的分隔因子可以为混合性能提供量化指标，但它的应用受到很大限制。尤其受操作条件所限，很多体系无法引入平行竞争反应所需要的反应物。而混合尺度则是一个易于普遍应用的指标，无论对均相还是两相体系，均存在混合尺度这一概念，因此，研究混合尺度对纳米材料制备的定量影响便具有重要的意义。对此，本书作者通过对均相流混合的物理模型抽象描述，通过这

种模型化的方法建立设备结构与操作条件、混合尺度、纳米材料尺寸三者的定量关系，进而直接评价制备方法对目标纳米材料的适用性。

在混合尺度的基础上，可以抽象出混合区域的概念，把它定义为通过物理方法将流体分割成的流体单元，在此区域内的混合靠扩散完成。根据混合区域的概念，两股流体混合并进行沉淀反应生成纳米材料就可抽象为如下过程：一股流体在另一股流体中分散为混合区域，而后两股流体中的物料分别向混合区域的边界进行扩散并发生反应，生成纳米材料。假设两股反应流体中的物料分别为 A 和 B，含 A 物料的流体被分散在含 B 物料的流体中，混合区域外是厚度为 δ 的平直区域，根据前面的假设，可以得到如图 8-6 所示的混合区域示意图，进而可以建立求解物料 A 从球形混合区域内扩散出来的通量的数学模型。

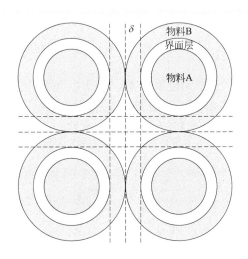

◉ 图 8-6　沉淀过程中混合区域示意图

以混合区域球心为中心建立球坐标系。在半径为 R 的混合区域中，A 的初始浓度为 c_{A0}，混合后的浓度为 c_{Am}，设 A 在溶液中扩散系数为 D_A，传质微分方程和定解条件如下

$$\frac{1}{D_A}\frac{\partial c_A}{\partial t} = \frac{\partial^2 c_A}{\partial r^2} + \frac{2}{r}\frac{\partial c_A}{\partial r}\qquad（8\text{-}6）$$

初始条件：
$$t=0,\quad c_A = c_{A0}\qquad（8\text{-}7）$$

边界条件：

$$\begin{cases} r=0, \dfrac{\partial c_A}{\partial r}=0 \\ r=r_{\text{zone}}, c_A = c_{Am} \end{cases}\qquad（8\text{-}8）$$

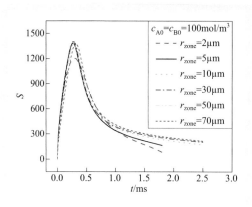

图 8-7　不同混合区域半径下过饱和度
S 随时间的变化

式中，r_{zone} 为带有单位的混合尺度（即混合区域半径）。通过分离变量法可以得到此问题的分析解，并进一步得到过饱和度 S、颗粒数密度分布在不同 r_{zone} 下随时间 t 的变化。图 8-7 是通过该模型计算出的不同混合尺度下过饱和度随时间的变化。可以看到过饱和度的变化范围在 0 ～ 1500 之间，沉淀反应的时间在毫秒级量级。混合尺度的影响也可以从计算结果中看出，增大混合尺度对反应时间的影响较小，但会使材料生长期的过饱和度维持在比较高的水平，因而会导致材料的继续生长或出现新的晶核。

图 8-8 是不同混合尺度下颗粒数密度分布随时间的变化情况，同样可以看出混合尺度的降低明显抑制了颗粒的生长行为，较低混合尺度下在 2ms 左右时的颗粒平均粒径可降低约 10nm，证明原料已大量消耗于成核阶段。

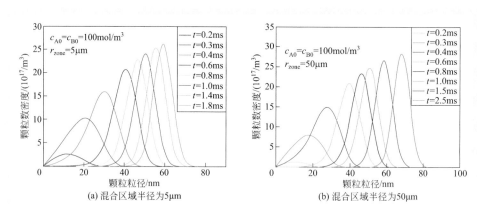

图 8-8　不同混合区域半径 r_{zone} 下的颗粒数密度分布随时间的变化

混合尺度与材料成核 - 生长模型的计算表明，混合尺度对体系的过饱和度变化过程及所制备纳米材料的尺寸有较大影响。混合尺度较大时，体系的过饱和度始终维持在比较高的水平，为纳米材料的生长提供了原料，因而制备得到的纳米材料尺寸较大。基于该模型建立的定量关系，可以有效评价制备方法混合性能对目标纳米材料的适用性，确定操作条件范围是否符合目标材料需求，也使得不同方法、不同体系（均相、非均相流体体系）制备纳米材料的效果可以进行横向比较。

二、均相流体系合成纳米材料

最初利用共沉淀反应合成纳米材料的研究大多是基于均相体系，均相体系的研究亦开展得较为广泛和深入。从理论上讲，若反应原料属于均相体系且反应属于快速反应过程，则传质阻力相对较小，通常保证快速均匀的混合、足够的原料流体接触面积就可以得到粒度较小的纳米材料。典型的制备实例如表 8-1 所示，可以通过多种类型的微结构设备实现。

表 8-1　微化工技术合成纳米颗粒的典型实例

研究工作	产品	平均粒径 /nm	微结构设备
Kawasaki 等 [20]	NiO	20.1 ～ 54.3	T 形微通道
	TiO$_2$	13 ～ 30	
Lee 等 [21]	Fe$_2$O$_3$	4 ～ 6	双环路微混合器
Chen 等 [22]	BaSO$_4$	20 ～ 70	膜分散结构微反应器
Shalom 等 [23]	Au	0.6 ～ 0.9	径向对撞流微混合器
Song 等 [24]	Pd	3	分支 - 汇合型微通道
Takagi 等 [25]	TiO$_2$	40 ～ 150	同轴环管型微通道

虽然从原理上来说，快速均匀的混合即可达到较为理想的反应环境，但是实际实施过程中，需要将微结构设计与流体调控充分结合，确定关键操作条件，并处理好纳米材料沉积和堵塞微结构等问题。

1. 均相流体系强化混合性能

为了强化混合性能，本书作者研究团队开发了一种膜分散结构微反应器（如图 8-9 所示，分散膜为孔径 0.2 ～ 5μm 的不锈钢纤维烧结膜，有效膜面积为 12.5mm^2），实现了均相流体系中 BaSO$_4$、TiO$_2$、ZrO$_2$、Ca$_3$(PO$_4$)$_2$、SiO$_2$ 和 BaSO$_4$/TiO$_2$ 等纳米颗粒的可控制备 [26]。

以 BaCl$_2$ 和 Na$_2$SO$_4$ 为反应物，在与一般搅拌法合成 BaSO$_4$ 颗粒的对比实验中发现，受限于混合均匀性，一般搅拌法制备的 BaSO$_4$ 颗粒粒径大小在 0.3 ～ 1μm 之间，粒度分布不均匀，如图 8-10（a）所示。这与 Couette 型沉淀反应器等传统反应器中的结果相当 [27]。实际上，在一般的搅拌釜或沉淀反应器中，制备得到的 BaSO$_4$ 颗粒主要呈片状或者十字交叉状，平均粒度在 0.5 ～ 5μm。

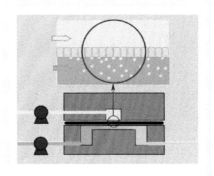

▶ 图 8-9　膜分散结构微反应器示意图

这主要是由于 $BaSO_4$ 沉淀反应极快，而反应器中的混合性能相对较差，混合所需要的时间远远大于反应时间。因此，反应器内反应物质的浓度分布不均匀，造成反应器内过饱和度的显著差异，进而导致材料成核过程和生长过程同时发生，所得到的粒径粒度大且均匀性差，粒径分布宽。而通过带有 $0.2\mu m$、有效膜面积为 $12.5mm^2$ 镍膜的膜分散结构微反应器制备得到的 $BaSO_4$ 颗粒，其扫描电镜（SEM）照片如图 8-10（b）所示。可以明显看出，$BaSO_4$ 颗粒几乎全部为球形或类球形，单分散性很好。从图中可以看出，膜分散沉淀法制备得到的 $BaSO_4$ 颗粒尺寸均在 100nm 以下。与一般搅拌法相比，无论是形态还是单分散性都有明显的提升。

连续流体和分散流体（即主通道流体和侧通道被剪切的流体，为了描述清楚流动剪切关系和方便于比较，按照连续流体和分散流体来讨论）的流量对 $BaSO_4$ 颗粒平均粒径的影响如图 8-11（a）和图 8-11（b）所示。从图中可以看出，连续流体（Na_2SO_4 水溶液）流量对 $BaSO_4$ 颗粒平均粒径的影响很大：随着 Na_2SO_4 溶液的流量上升，$BaSO_4$ 颗粒平均粒径急剧下降。从理论上分析，连续流体流量的上升有

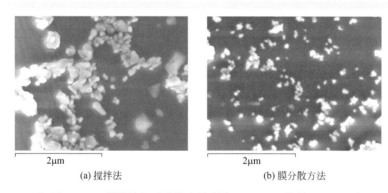

(a) 搅拌法   (b) 膜分散方法

▶ 图 8-10　搅拌法与膜分散方法制备 $BaSO_4$ 颗粒的 SEM 照片

（制备条件：$BaCl_2$ 0.10mol/L，Na_2SO_4 0.20mol/L）

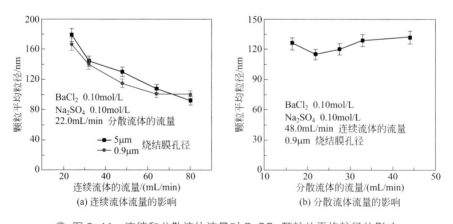

(a) 连续流体流量的影响   (b) 分散流体流量的影响

▶ 图 8-11　连续和分散流体流量对 $BaSO_4$ 颗粒的平均粒径的影响

利于增强流场的脉动，提高微混合器腔室中的混合性能；同时连续流体流量的上升可以增大传质梯度，增大总传质量和参与反应 Na_2SO_4 的浓度。混合性能的改善和 Na_2SO_4 浓度的增加都有利于制备出平均粒径更小的颗粒。而分散流体（$BaCl_2$ 水溶液）流量对 $BaSO_4$ 颗粒平均粒径的影响较小，粒径基本保持在 120nm 左右。

混合性能对于存在多级电离平衡的体系的影响更加突出，如合成 β-$Ca_3(PO_4)_2$ 颗粒所用到的 $Ca(OH)_2$/H_3PO_4 体系。H_3PO_4 存在着多级解离行

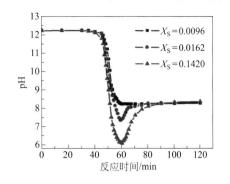

图 8-12 不同分隔因子 X_S 下 $Ca(OH)_2$/H_3PO_4 体系 pH 值随反应时间的变化

为，混合性能较差（即分隔因子 X_S 较大）时，会造成局部浓度的差异，也就是离子消耗速率的差异，在 $Ca(OH)_2$ 并未实际消耗完的时候局部呈酸性，如图 8-12 所示。在这种情况下，会生成副产物 $CaHPO_4$ 颗粒，影响目标产品的纯度。

在 T 形微通道中，均相流体系制备纳米颗粒也符合这一规律。例如 Kawasaki 等[20] 利用 T 形微通道实现了超临界水热合成纳米颗粒的连续化生产过程，合成了高纯度锐钛矿晶型的 TiO_2 和 NiO 纳米颗粒。他们在实验中发现，在相同的操作条件下，随着 T 形通道内部直径的减小，纳米颗粒的粒径也明显下降，说明通道尺寸的降低有利于提高流速，强化流体的快速混合和颗粒成核，得到较小粒度的纳米颗粒。Schwarzer 等[28] 也利用 T 形微通道合成了 $BaSO_4$ 的纳米颗粒，并同样发现在低雷诺数下（Re=382），$BaSO_4$ 纳米颗粒的单分散性较差，颗粒的尺寸也比较大，平均粒径约 100nm。但当雷诺数增加到 6360 以上即达到湍流状态以后，就可以得到具有良好单分散性的小尺寸纳米颗粒。

为了强化均相体系的混合性能，研究者们还尝试通过改变微通道结构强化流体扰动。Song 等[24] 设计了分支 - 汇合型的微混合器，如图 8-13（a）所示。在一个 10cm×10cm 大小的芯片上设计有五个平行的反应通道，通过流体的分支和汇合让流场方向不断转变，增强流体内部扰动，合成了平均粒径仅为 3nm 的 Pd 纳米颗粒。Shalom 等[23,29] 采用的径向撞击流微通道同样可以大幅提升混合性能，如图 8-13（b）所示。通过多通道对向汇合实现反应物流体的撞击，可以得到平均粒径仅为 2.9nm 的纳米金颗粒。类似的一些连续弯曲型微通道、反转型微通道的研究工作也都是通过对流体流动方向不断改变的设计（类似静态混合器），一方面可以在无外加能量场（如超声、微波、电场）辅助的条件下，在微通道内即可提高混合效率；另一方面通过结构设计调节流场还可以有效防止回流和减少死区。通过这种设计，这些研究者们都成功地实现了高效的均相混合，合成了窄粒度分布

的颗粒（标准偏差 <5%），如图 8-13（c）所示[30]。

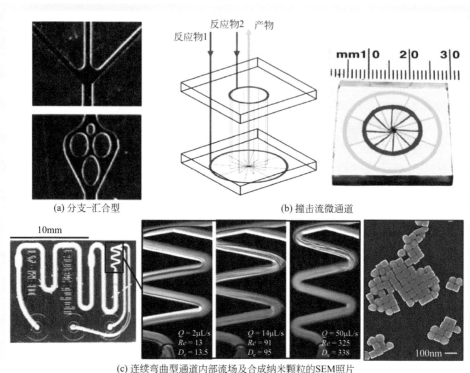

(a) 分支-汇合型

(b) 撞击流微通道

(c) 连续弯曲型通道内部流场及合成纳米颗粒的SEM照片

图 8-13　强化均相体系混合、制备纳米材料的典型微结构设备[24,29,30]

2. 过饱和度对纳米材料性质的影响

影响纳米材料产品质量的另一个重要影响因素是过饱和度。过饱和度对纳米材料尺寸的影响是通过材料成核和生长的竞争实现的。成核速率与过饱和度呈高度非线性依赖关系，随过饱和度增大而快速增加；生长速率与过饱和度则呈线性依赖关系，随过饱和度增大而线性增加。

同样以制备 $BaSO_4$ 纳米颗粒为例，均在较好混合性能的条件下，$BaSO_4$ 纳米颗粒粒径受反应物浓度的影响如图 8-14 所示。可以看出，随着反应物浓

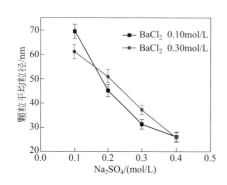

图 8-14　Na_2SO_4 浓度对 $BaSO_4$ 颗粒平均粒径的影响

度的增加，颗粒的平均粒径迅速降低。对于纳米材料来说，反应物浓度升高，过饱和度也升高，成核过程速率急剧上升。

由过饱和度的定义式（8-5）可知，提高体系的过饱和度既可以通过增加反应物浓度来实现，还可以通过改变溶剂环境、即改变反应物在溶液中的活度系数来实现。另外，对于同一种物质而言，在不同的介质体系中，物质的过饱和度会有显著差异。而且在不同的介质中，反应物料溶液的界面张力也有所不同，这也同样会影响反应物料的混合，进而影响材料的成核和生长的速率。以 $BaSO_4$ 纳米颗粒为例，为了进一步提高制备体系的相对饱和度，可以将水溶液改为乙醇/水溶液，即将 $BaCl_2$ 和 Na_2SO_4 溶于 20% 的乙醇/水溶液中，并通过膜分散微反应器制备 $BaSO_4$ 纳米颗粒。图 8-15 是两种不同的体系制备的 $BaSO_4$ 颗粒的透射电镜（TEM）照片。从图中可以看出，在乙醇/水溶液为介质的条件下，$BaSO_4$ 颗粒的粒度明显降低。

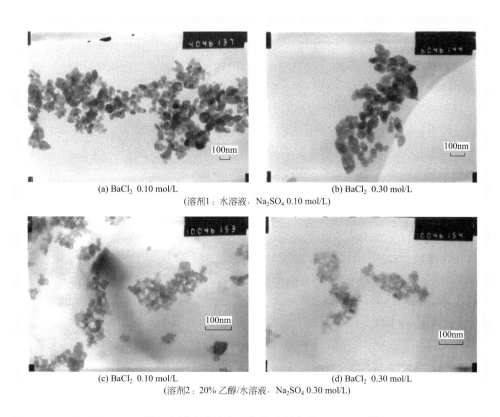

(a) $BaCl_2$ 0.10 mol/L

(b) $BaCl_2$ 0.30 mol/L

(溶剂1：水溶液，Na_2SO_4 0.10 mol/L)

(c) $BaCl_2$ 0.10 mol/L

(d) $BaCl_2$ 0.30 mol/L

(溶剂2：20% 乙醇/水溶液，Na_2SO_4 0.30 mol/L)

◉ 图 8-15　利用溶剂种类改变过饱和度制备的 $BaSO_4$ 颗粒 TEM 照片

表 8-2 列出了两种合成体系中制备 $BaSO_4$ 颗粒的平均粒径。当 Na_2SO_4 浓度为 0.10mol/L，$BaCl_2$ 浓度为 0.10mol/L 时，颗粒平均直径从约 70nm 下降到约 23nm；$BaCl_2$ 浓度为 0.30mol/L 时，颗粒平均直径从约 73nm 下降到约 15nm，证明了溶剂

改变过饱和度的重要影响。

表 8-2　两种溶剂的体系中制备的 $BaSO_4$ 纳米颗粒的平均粒径

反应物浓度 / (mol/L)	BaCl₂ 0.10, Na₂SO₄ 0.10		BaCl₂ 0.30, Na₂SO₄ 0.10	
溶剂种类	溶剂 1	溶剂 2	溶剂 1	溶剂 2
颗粒平均粒径 /nm	69.3 ± 3.0	22.6 ± 2.0	60.9 ± 3.0	15.1 ± 2.0

3. 均相体系中避免纳米材料沉积的设计方法

纳米材料的表面能非常高，不仅在材料之间容易发生团聚，而且在材料与通道接触的时候极易发生粘连，尤其是在亲疏水性一致的情况下（如在不锈钢材质通道中，水相体系合成无机纳米材料），非常容易造成通道堵塞和积垢。对于均相体系制备纳米材料的过程来说，流体呈连续状态，纳米材料尤其是其团聚体很容易向通道或管路壁面处移动，堵塞和积垢的问题亦会更加突出，会直接影响到管路压降和运行周期。为了防止纳米材料在通道表面的沉积，研究者们通常人为构造非均相体系，通过惰性相分隔反应物流体的方式，借助惰性相（通常为油相）冲刷通道壁面来避免纳米材料沉积；对于需要完全保持均相环境的制备过程来说，通常采用将反应位置与微通道在空间上进行分离的方法，让晶核等颗粒物在尺寸相对较大的通道或管路产生，避免在微细结构处（尤其是在流速较低的情况下）生成纳米材料。

例如本书作者研究团队发展的膜分散结构微反应方法，便是将纳米材料成核位置移至了尺寸相对较大的主通道处（主通道直径为 1～4mm），通过流体的高速流动，使分散流体快速通过带有细微膜孔的分散介质，进入主通道被连续流体快速剪切以后真正开始材料的制备过程，从而有效避免了传统 T 形 /Y 形微通道处理均相体系制备纳米材料常出现的通道交汇处颗粒沉积的问题。同时通过主通道尺寸的适当增加还显著提高了处理量，单套膜分散装置（膜面积仅为 12.5mm²）制备 $BaSO_4$ 纳米颗粒可以达到 10～20t/a。Shalom 等 [23] 设计的用来合成 Au 纳米颗粒的径向对撞流微混合器也采用了相似的方式。在这种微混合器中，流体从外圈流道被喷出，在圆心通向平面外侧（垂直于平面）的流道中相撞并快速混合，避免了在最狭窄和通道转角处的积垢问题。在积垢和通道污染得到避免的情况下，颗粒的品质也有显著的提高，平均颗粒直径的标准偏差仅有 0.6～0.9nm，颗粒的单分散性也比较理想。

从本节的分析和讨论中可以得出结论：强化混合过程、提高过饱和度和抑制积垢是均相流体系中可控制备纳米材料的关键因素。总的来说，微化工技术用于均相制备纳米材料能够体现出非常明显的优势，尤其是在操作简单和易于控制以及高处理量和相对容易的分离过程等方面。但是，对于超高品质、功能化、具有特殊表面性质和形貌的纳米材料来说，均相体系存在着明显的局限性：在大多数情况下，传质和纳米材料的生成会对流动造成影响，特别是层流条件下的合成会明显影响层流

流动状态；同时，受均相体系中流场分布的影响，反应物停留时间也不易控制；此外，通道堵塞和积垢也难以彻底消除。因此，对于均相合成过程，合成体系的选择和微化工设备中细微结构的设计必须非常谨慎，需要充分考虑材料制备的可控性和稳定性，以及设备的长周期运行等问题。

三、非均相体系合成纳米材料

对于非均相体系中的纳米材料制备，微化工技术同样有着广泛的应用。按照合成过程特点来说，可以将其分为两类：一类是在存在相间传质的多相体系中制备纳米材料，即每一相流体都含有原料，都参与到合成纳米材料的反应之中，在这种情况下，合成过程很大程度上是由传质速率控制的，需要增大相间传质面积、提高传质推动力；另一类是在没有相间传质的非均相体系中制备纳米材料，即连续相的引入通常是为了让经过原料混合后形成向下游流动的液滴、液柱之间不发生聚并，并避免或减少液滴、液柱与通道壁面的接触，从而解决堵塞或污染通道等问题，同时也有利于精确控制原料、中间体和产物在微设备内的停留时间。

1. 存在相间传质的非均相体系

（1）气/液体系。对于制备纳米材料来说，非均相体系仍然需要强化混合、促进传质过程。而气/液两相间的界面张力通常较大，在传统设备中的非受限空间中很难得到较小的气泡，相间传质比表面积小，反应物浓度梯度同样较小，无法满足纳米材料爆炸性成核的需求。以 $CO_2/Ca(OH)_2$ 气/液体系合成 $CaCO_3$ 纳米颗粒的过程为例，$CaCO_3$ 颗粒的形成速度主要受到 CO_2 在两相间传质的影响，反应历程如图 8-16 所示。与均相体系合成 $BaSO_4$ 纳米颗粒的过程相似，气/液体系中仍然需要强化沉淀过程中的成核过程，削弱颗粒的生长。因此，核心问题便是获得分散相尺寸较小的气/液微分散体系，增加气/液相间比表面积，增大浓度梯度，强化 CO_2 的相间传质，进而快速消耗反应物并快速完成反应，实现纳米级颗粒的制备。

在微尺度受限空间内，气/液微分散体系呈现出新的特性，借助于微尺度作用力的调控，可以实现均一、可控的小尺寸气泡分散，保证气/液相间良好的传质性

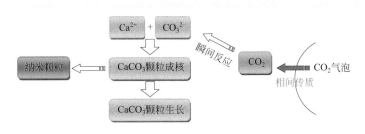

● 图 8-16　$CO_2/Ca(OH)_2$ 气/液体系制备 $CaCO_3$ 纳米颗粒反应历程

能。在本书作者利用膜分散结构微反应器合成 $CaCO_3$ 纳米颗粒的研究中 [31]，所得气泡的平均直径在 1mm 左右，与传统的鼓泡碳化塔相比分散尺寸明显减小。通过改变气、液两相流量考察不同剪切速度（u_c）和单位膜面积上的气体过膜速度（u_d）对气泡分散尺寸的影响，结果如图 8-17 所示。可以看出，影响气泡分散尺寸的主要因素是连续相的剪切速度，随着剪切速度的提升，气泡尺寸逐渐减小，而分散相的过膜速度对分散尺寸影响较小。

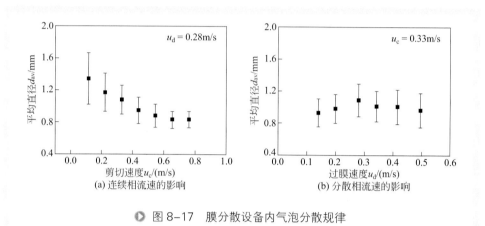

(a) 连续相流速的影响   (b) 分散相流速的影响

● 图 8-17   膜分散设备内气泡分散规律

对于 CO_2 和 $Ca(OH)_2$ 溶液的反应来说，反应受到传质的控制，反应过程主要是在气/液界面处的液膜中发生，因此反应速度实际上受到单位时间、单位界面上的 CO_2 传质通量的影响。根据实验测得的气泡直径，可以计算反应过程中的 CO_2 传质通量，并与制备得到的颗粒尺寸进行对比，如图 8-18 所示。传质通量的计算方法如式（8-9）所示，其中因为反应过程中水相基本没有自由的 CO_2 分子，所以当反应完成时 CO_2 的总传质量与 $Ca(OH)_2$ 的加料量相等。

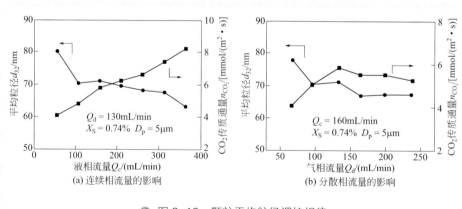

(a) 连续相流量的影响   (b) 分散相流量的影响

● 图 8-18   颗粒平均粒径调控规律

$$n_{CO_2} \approx \frac{N_{Ca(OH)_2}}{tV\phi_g(6/d_{av})} \qquad (8-9)$$

式中，$N_{Ca(OH)_2}$ 为 Ca(OH)$_2$ 加料的物质的量；t 为反应完成时间（pH=10）；V 为微反应系统内体积（微分散通道和下游管道内腔室体积共计 2.4mL）；ϕ_g 为气相相含率。实验结果表明，在一定的 Ca(OH)$_2$ 浓度条件下，颗粒的尺寸的确随着 CO$_2$ 传质通量的改变而同步变化，即不同操作条件主要通过影响 CO$_2$ 的传质行为影响颗粒的尺寸。

基于数目放大结合流体行为相似放大的思路，本书作者研究团队设计了含有 100 个平行通道的 CaCO$_3$ 中试反应装置和 1000 通道纳米碳酸钙工业反应装置，实现了平均粒径在 20nm 到 100nm 范围内的 CaCO$_3$ 颗粒的可控制备。工业上以 6 个微反应单元组成一套装置，两套装置并联操作可以达到万吨级年产量，新装置的应用大大降低了生产成本，确保了产品质量稳定可靠。图 8-19 即工业微反应装置及所制备的 CaCO$_3$ 纳米颗粒透射电镜照片。

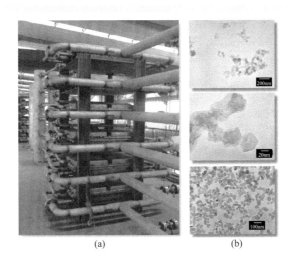

(a)　　　　　　　(b)

▶ 图 8-19　（a）工业级微反应系统，（b）CaCO$_3$ 纳米颗粒的透射电镜照片

通过微分散技术，还可以在保持高效传质的前提下切换气体环境，实现不同结构和性质的纳米材料的合成。例如，美国麻省理工学院 Jensen 课题组 [32] 发展了一种气/液分段流微分散技术，对于不同的气体原料都可以实现其流型的稳定控制，实现不同形貌纳米材料的可控制备。所用微通道结构如图 8-20（a）所示，为促进被动混合，混合区为弯曲通道结构，并使用循环冷却剂保持混合区温度维持在 15℃，避免过早发生反应；同时得益于 silicon-Pyrex 基板优异的机械性能，在同一块基板上即可设计高温反应区，可加热至 250℃，系统加压至近 1MPa，以增加液

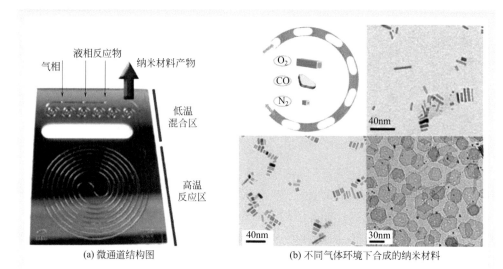

(a) 微通道结构图	(b) 不同气体环境下合成的纳米材料

▶ 图 8-20　气/液分段流微分散方法合成不同形貌的纳米材料 [32]

相中的气体溶解度。通过切换氧化、还原、惰性气体环境（O_2、CO、N_2），实现快速混合和爆炸性成核，以及材料的定向生长，可以得到棒状、片状、立方体等多种形貌的钯纳米材料，如图 8-20（b）所示。

（2）液/液体系。非均相体系中液滴流的混合方式同样非常利于充分提高混合性能，它也是纳米材料制备设备中混合方式的一个较优选择，即便是均相体系也可以针对目标材料引入不互溶的溶剂来进行合成。同时，微通道内的液滴、液柱流也是制备纳米材料过程中解决堵塞和积垢问题的有效方法之一。

如以 $BaCl_2$ 的水溶液和 H_2SO_4 的醇溶液（正丁醇、正己醇、正辛醇）为原料，在 T 形微通道设备中制备 $BaSO_4$ 纳米颗粒的过程，如图 8-21 所示 [33]。分散相水溶液在连续相醇溶液的剪切作用下形成液滴或液柱，生成 $BaSO_4$ 纳米颗粒的反应在

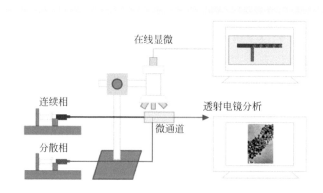

▶ 图 8-21　微结构设备内两相反应制备 $BaSO_4$ 纳米颗粒实验示意图 [33]

液滴或液柱内进行，并随着连续相流体流出微通道。

对于液 / 液体系来说，过饱和度受多方面影响，包括体系的初始浓度、流动状况、混合尺度以及传质速率等。通过优化这些条件，可以成功制备出尺寸在 $10 \sim 40nm$ 之间的 $BaSO_4$ 纳米颗粒，颗粒尺寸亦会随流体剪切形态的变化有一定改变。在流动状况相似的情况下，即在相同的液滴或液柱尺寸条件下，体系的过饱和度主要由其初始浓度决定，即体系的初始浓度越高，所制得的纳米颗粒尺寸就越小，如图 8-22 所示。液柱长度相近，连续相浓度为 0.1mol/L，颗粒尺寸随分散相浓度的提高而明显减小。

在体系流动状况不同的情况下，即两相流的液滴或液柱尺寸不同时，即使体系有相同的浓度，所制得的颗粒尺寸并不相同，如图 8-23 所示。图中两相浓度均为 0.4mol/L，但是由于两相流速的不同，使其液滴尺寸有从小到大的变化，随着液滴尺寸的变大，颗粒尺寸明显减小，表明大的液滴有利于颗粒成核。

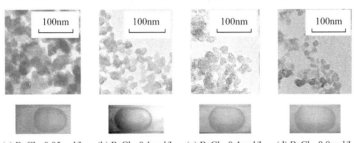

(a) BaCl$_2$ 0.05mol/L　(b) BaCl$_2$ 0.1mol/L　(c) BaCl$_2$ 0.4mol/L　(d) BaCl$_2$ 0.8mol/L

(H_2SO_4 0.1mol/L，连续相流量 $Q_c = 50\mu L/min$，分散相流量 $Q_d = 20\mu L/min$)

▶ 图 8-22　液 / 液体系在相似流动状况和不同原料浓度下流动与 $BaSO_4$ 颗粒的对照图

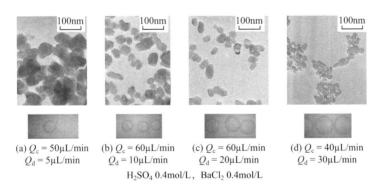

(a) $Q_c = 50\mu L/min$　(b) $Q_c = 60\mu L/min$　(c) $Q_c = 60\mu L/min$　(d) $Q_c = 40\mu L/min$
　 $Q_d = 5\mu L/min$ 　　 $Q_d = 10\mu L/min$ 　　 $Q_d = 20\mu L/min$ 　　 $Q_d = 30\mu L/min$

H_2SO_4 0.4mol/L，$BaCl_2$ 0.4mol/L

▶ 图 8-23　液 / 液体系在相同体系浓度和不同流量下流动与 $BaSO_4$ 颗粒的对照图

图 8-24 总结了液滴、液柱尺寸与颗粒尺寸的关系，其中横坐标为混合尺度，即液滴的直径（<1000μm 时）或液柱的长度（>1000μm 时），纵坐标为颗粒的平均

粒径。结果表明，粒径数据都落在两个带状区域内，而这两个带状区域分别处于液滴流和液柱流的流型下，带的宽度表征了体系浓度对颗粒尺寸的影响，斜率则表征了混合尺度对颗粒尺寸的影响。在两个区域内，都遵循颗粒尺寸随液滴或液柱尺寸的增大而减小的规律，同时两个区域之间有区间较窄的过渡区，颗粒尺寸在此区域会有一定程度的增加，同样说明体系的浓度也会对流型及液滴尺寸有较大影响。

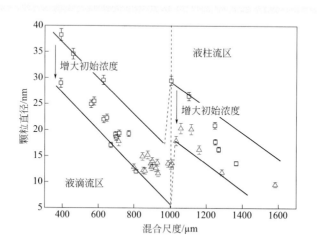

● 图 8-24 液/液体系混合尺度与 BaSO₄ 颗粒尺寸关系图
□ 正丁醇溶液作连续相；△ 正辛醇溶液作连续相

（3）多相体系的纳米材料合成与改性。纳米材料的表面性质通常会直接决定其使用效果，特别是纳米材料用于复合材料合成或形成有机溶剂分散体等场合，通常需要将纳米材料进行疏水化表面改性后，才能将其应用于最终产品或做进一步功能化处理。这也对纳米材料的合成与改性过程提出了更高的要求，通常需要通过在多相体系中（如气/液/液、气/液/固、气/液/液/固等）进行多步处理。

多相体系中纳米材料的原位改性可以有效缓解传统方法（得到纳米材料的固体产品后再与改性剂搅拌混合）材料在改性前就发生团聚的问题，即改性剂（表面活性剂）与反应原料同步加入，随着材料的生成让改性剂分子吸附于材料表面，同步进行改性。不过原位改性过程存在着体系和传质过程复杂、合成过程难以精确控制、改性剂消耗量大等问题，对原位改性机理和规律的研究也同样欠缺。对此，本书作者以原位改性 CaCO₃ 纳米颗粒的气/液/固体系为研究对象，借助于膜分散微反应器平台对流体高效分散和均一稳定条件的控制，系统研究了多相流体中同时伴有纳米材料合成与改性过程的分散与传质行为 [34]。

当 CaCO₃ 纳米颗粒的改性度不同时，其对微分散气泡尺寸的影响如图 8-25 所示。随着颗粒疏水性的增加，更多的颗粒富集在气/液界面，导致气/液界面张力降低，气泡的尺寸明显降低。

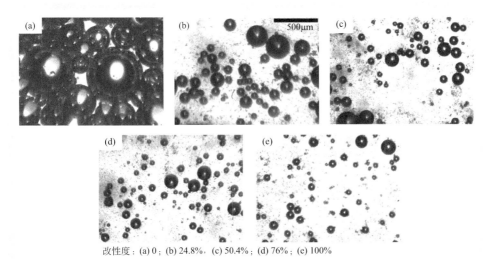

改性度：(a) 0；(b) 24.8%；(c) 50.4%；(d) 76%；(e) 100%

▶ 图 8-25　含不同改性度 CaCO$_3$ 颗粒的浆料剪切气泡的显微照片

CaCO$_3$ 颗粒疏水性和浓度（固含率）对传质系数 k_l 的影响如图 8-26 所示。尽管疏水颗粒的加入会使气/液界面接触面积显著增加，但此时 k_l 的值却小得多。随着颗粒疏水性和浓度的增加，k_l 继续减小。其原因是疏水颗粒在界面的吸附，导致气泡表面的颗粒覆盖率增加、颗粒空间阻碍造成 k_l 降低。也正是因为 k_l 明显受到颗粒亲疏水性的影响，量化颗粒亲疏水性对传质过程的影响便具有重要的意义，可以帮助确定合适的操作条件。

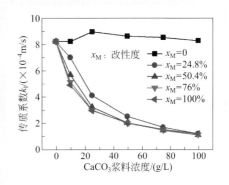

▶ 图 8-26　气/液体系中 CaCO$_3$ 颗粒亲疏水性和浓度对传质系数的影响

另外，随着疏水化改性颗粒合成与分离过程耦合的研究日益增多，研究者们还需要将添加了疏水颗粒的有机物与反应物通过不同的方式进行混合，在颗粒合成及改性的同时将颗粒从水相环境中转移到油相中。这样，既可以避免疏水颗粒对传质的影响，又可以有效缩短制备流程。但是，油相的引入也导致反应和改性的环境更为复杂，反应物的混合、传质和在体系中的浓度分布都难以控制，合成过程不易调控，颗粒的粒径、粒径分布和改性度都受到影响。

对此，基于气/液界面改性颗粒分布的规律，本书作者进一步发展了气/液/液/固多相复杂体系中合成润滑油清净剂（即以疏水性纳米 CaCO$_3$ 为分散核心、以润滑油基础油为连续相载体的体系）的方法。通过微分散方法控制多相流体的次序

混合，保证反应体系和分离体系适时且高效地接触，实现疏水 $CaCO_3$ 合成及原位分离的可控进行。

按照微分散方法结合水包油体系、正丁醇作为助剂的思路，中和反应和碳化反应可以同步进行；之后，将含有改性 $CaCO_3$ 纳米颗粒的正丁醇与润滑油基础油进行乳化，实现改性颗粒在基础油中的分散；最后经过离心处理，将清净剂与不溶解的残渣进行分离。合成路线如图 8-27 所示。

最终清净剂产品中的 $CaCO_3$ 纳米颗粒的形貌及粒度分布如图 8-28 所示，可以看出不同条件下颗粒的单分散性和均匀性都非常好，在较好的混合条件下颗粒粒径可低至 8 ~ 12nm，在图 8-28（b）中的局部放大照片中可以看出核心颗粒的形貌。另外，通过动态光散射方法分析清净剂中胶束的大小，结果表明胶束尺寸在

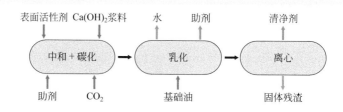

◉ 图 8-27　微分散方法合成清净剂的工艺路线示意图

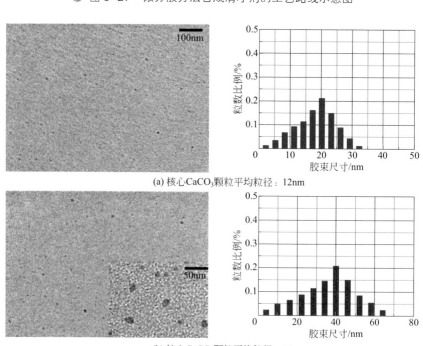

(a) 核心 $CaCO_3$ 颗粒平均粒径：12nm

(b) 核心 $CaCO_3$ 颗粒平均粒径：18nm

◉ 图 8-28　$CaCO_3$ 颗粒 TEM 照片及胶束动态光散射结果

$19 \sim 58nm$ 的理想范围内，而且分布较窄。

将微分散方法制备的清净剂与间歇搅拌方法和其他传统方法进行比较，结果如表 8-3 所示。可以看出，通过微分散方法可以合成高品质的清净剂产品，清净剂达到了超高碱值和高碱值的标准（碱值的高低取决于油相中稳定分散的 $CaCO_3$ 纳米颗粒的质量）。同时，微分散方法所需的反应温度相对较低，反应时间也明显降低，显著提高了 CO_2 的利用率和 $CaCO_3$ 的收率。

表 8-3 微分散方法合成润滑油清净剂与传统方法的比较

项　　目	微分散方法	间歇搅拌	鼓泡法 [35]	间歇搅拌 [36]
中和及碳化反应时间 /h	$0.2 \sim 1$， $2 \sim 2.5$	$0.2 \sim 1.2$， $2.5 \sim 4$	2，$1.3 \sim 1.5$	0.75，2.5
反应温度 /℃	$20 \sim 30$， $20 \sim 50$	$20 \sim 60$， $20 \sim 50$	$20 \sim 60$，85	$45 \sim 55$
CO_2 利用率 /%	$80 \sim 90$	$40 \sim 60$	$30 \sim 45$	未知
收率 /%	>98	$80 \sim 85$	>96	90
$Ca(OH)_2$ 残留量（质量分数）/%	未检出	未检出	11.87	<1.6
总碱值 /（mg KOH/g）	$360 \sim 415$	$235 \sim 320$	$274 \sim 436$	$360 \sim 400$

2. 无相间传质的非均相体系

无相间传质的非均相体系中制备纳米材料的研究同样具有重要的意义。无相间传质指的是反应体系中有某一相（或某几相）流体始终作为惰性相存在。这种情况下惰性相的引入，一般是作为连续相用于避免分散相液滴或液柱之间的接触（经过原料混合后形成的液滴或液柱），以及避免分散相与通道壁面的接触，从而解决堵塞或污染通道等问题。同时，也有利于控制原料、中间体和产物在微设备内的停留时间；或者是为了起到增强扰动的作用，借助惰性相引起均相流体内部二次绕流和湍动的作用，进一步提高均相流体系的混合性能。

对于微化工过程来说，由于反应时间基本由流动时间控制，故较窄的停留时间分布亦是关键控制要求之一。在纳米材料成核阶段，停留时间分布的范围决定了其成核的时间间隔，从而决定了初始晶种的均匀性。对于有生长要求的纳米材料来说，其停留时间直接影响生长的持续时间，并影响材料最终的尺寸和尺寸分布。

在均相条件下，反应物、产物的停留时间分布会受到物质所在位置的影响。例如层流流动时，流速呈抛物线型分布，随着流动的持续会放大管中心处和壁面处物质的停留时间差异，如图 8-29 所示。即便是湍流条件下加剧流体质点的脉动，物质所在位置仍会影响其停留时间分布，且很难消除轴向返混的影响。而惰性相分隔则基本消除了停留时间分布差异的影响。通过惰性相将反应物料液分隔为一系列相

同体积的液滴或液柱,每一个液滴或液柱都是独立的个体,以相同的速度运动,停留时间基本一致,有效消除了轴向返混。此外,在惰性相分隔的情况下,液滴或液柱除了随流动系统整体流动以外,其内部还会存在二次环流,进一步增加了其内部的扰动强度和反应环境的均匀性。

按照这一思路,可以通过设计剪切顺序形成惰性相分隔的液滴流。例如,Duraiswamy 等 [37] 利用 T 形结构的微通道合成各向异性的 Au 纳米晶体分散体,如图 8-30(a)所示。在他们的研究中,原料的水溶液经混合之后,又引入了油相作

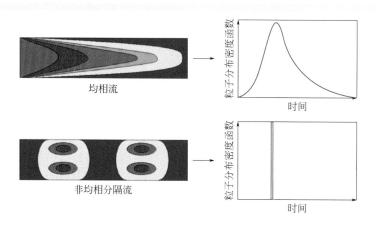

🔵 图 8-29 均相流与分隔流体系中反应物的停留时间分布示意图

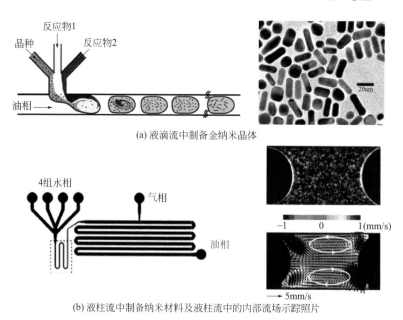

(a) 液滴流中制备金纳米晶体

(b) 液柱流中制备纳米材料及液柱流中的内部流场示踪照片

🔵 图 8-30 无相间传质的分隔流微通道制备纳米材料示意图 [37,39]

为连续相将其剪切为液滴，并在液滴周围形成一层薄的润滑性油膜，既防止晶核返混，又避免了颗粒与微通道壁面之间的接触。在该装置中，成功地制备出了均匀的金纳米晶体（5～25nm）。Sotowa 等[38]也开发了一种十字交叉型的微通道，利用液滴流来合成 $CaCO_3$ 纳米颗粒。在这样的系统中，反应物从对称的两条支路被输送到主通道，并在连续的有机相剪切作用下形成了液滴，通过这种方法精确控制反应环境。在连续相有机物的分隔作用下，这一微分散系统在运行合成实验 9h 以后都没有在通道壁面上发现任何污染，体现了设备长周期运行的良好性能。此外，通过惰性连续相的分隔和冲刷，液柱流也可以起到同样的效果。Khan 等[39]通过油相、气相分隔的方式获得了液柱流，实现了胶体 SiO_2 颗粒的可控制备，如图 8-30（b）所示。气体被用于剪切液相来产生相互分隔的流体，得到了气柱、液柱交替的流型。而且液柱内部二次流造成的循环有效消除了原料的轴向扩散，并强化了原料的混合，最终得到了粒度分布窄的 SiO_2 纳米颗粒。液柱内部的二次流可以通过粒子图像测速（particle image velocimetry）确认，可以观察到清晰的内部循环流动。

另一类微分散过程引入惰性相的原因通常是为了进一步强化均相流中的扰动。因为在沉淀法合成纳米材料的实际工业过程中，为降低后续固/液分离过程的能耗，通常采用高浓度、低含水量的溶液或悬浊液作为料液，其质量分数可以达到 10%～40%。虽然这样会有助于达到高过饱和度条件，促进颗粒的成核，但是对混合性能的要求也变得更加严苛[29,40]。而均相流体系由于受混合强度限制，同时还要考虑防止微通道积垢或堵塞，通常采用相对较低浓度条件（即过饱和度而言，浓度较高；但就溶解度而言，浓度相对较低）。以 $BaSO_4$ 纳米颗粒为例，实验室通常采用低浓度的 $BaCl_2$ 溶液（溶液的摩尔浓度在 0.1～0.3mol/L 左右）作为反应物，而工业上生产 $BaSO_4$ 亚微米颗粒的原料是 70℃的 BaS 饱和溶液（工业上常用的浓度在 2.1mol/L 以上，质量分数超过 35.6%）。如果实验室以 BaS 饱和溶液为原料的话，很难通过微分散方法、强化搅拌的方法得到纳米级的颗粒。这种情况下，一方面是均相流体系单纯依靠增加流速已无法继续强化混合性能的问题；另一方面从原子经济的角度来说，产物 Na_2S 是化学染色和皮革生产中非常重要的化学品，使用高浓度的 BaS 和 Na_2SO_4 制备 $BaSO_4$ 的合成过程可以最大限度地利用原料。

对此，本书作者提出在均相流微反应体系中进一步引入微尺度气泡，通过气/液流体中的相互作用，增加两股或多股均相流体的实际传质面积，并强化均相体系内部的扰动和混合。同时，对于反应过程来说并没有引入杂质，氮气或惰性气体的微气泡可以在混合后方便地进行分离。所采用的微分散实验装置如图 8-31 所示，由两个相同的膜分散结构微反应器构成。分散介质采用的是平均孔径为 $5\mu m$ 的不锈钢纤维烧结膜，分散介质面积为 $12.5mm^2$。通过引入不参与反应的 N_2 气体（99.999%，0.3MPa）来产生微尺度气泡。

制备 $BaSO_4$ 纳米颗粒的实验结果也充分证明了惰性微分散气泡强化扰动的作用。图 8-32 表示的是对照组均相流体系合成 $BaSO_4$ 颗粒的透射电镜照片。在低浓度条件

制备的颗粒照片中，可以看出 BaSO₄ 颗粒的尺寸在纳米量级，说明在相对较低的原料浓度条件下，通过膜分散结构微反应器可以实现高效的流体混合和 BaSO₄ 纳米颗

进料A为BaS饱和水溶液，进料B为Na₂SO₄饱和水溶液

▶ 图 8-31　微尺度气泡强化均相流扰动合成纳米颗粒的实验装置示意图

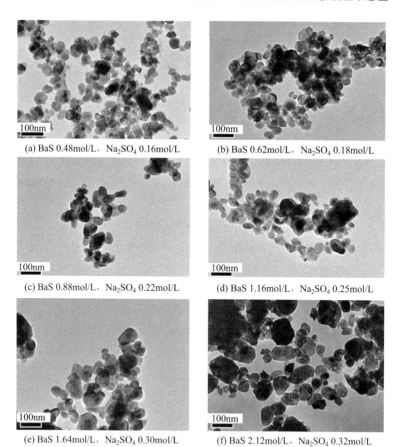

(a) BaS 0.48mol/L，Na₂SO₄ 0.16mol/L　　(b) BaS 0.62mol/L，Na₂SO₄ 0.18mol/L

(c) BaS 0.88mol/L，Na₂SO₄ 0.22mol/L　　(d) BaS 1.16mol/L，Na₂SO₄ 0.25mol/L

(e) BaS 1.64mol/L，Na₂SO₄ 0.30mol/L　　(f) BaS 2.12mol/L，Na₂SO₄ 0.32mol/L

▶ 图 8-32　BaS/Na₂SO₄ 均相流体系合成 BaSO₄ 纳米颗粒的 TEM 照片

粒的可控制备，实测分隔因子 X_S 最低也可以达到 0.01 ～ 0.016 左右，与前述 $BaCl_2/Na_2SO_4$、TiO_2、ZrO_2 等膜分散方法处理均相流体系的分隔因子数值相当。但是当反应物浓度增加时，可以看出制备过程产生了更多的大尺寸颗粒，颗粒不仅粒径不均匀，同时还发生了严重的团聚现象。

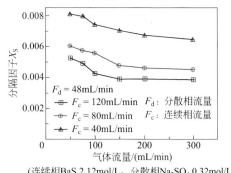

（连续相BaS 2.12mol/L，分散相Na₂SO₄ 0.32mol/L）

▶ 图 8-33 微分散气体流量对混合性能和颗粒粒径的影响

相比之下，引入惰性微分散气泡的制备过程明显得到了强化。其分隔因子 X_S 随体系流量的变化如图 8-33 所示。在引入微尺度气泡之后，X_S 大幅降低，流体的混合性能增强。相比于液相均相体系的混合，气/液非均相体系的 X_S 降低了 30% ～ 80%；而相比于传统混合过程，微尺度气泡强化作用下的 X_S 降低了两个数量级，说明微尺度气泡的引入可以有效地提高体系的混合性能。考虑到流速的影响，即便是在相同的总平均流速下，非均相体系的 X_S 也要比均相体系的小得多，这也说明混合性能的提升主要是由微尺度气泡引起均相流内部扰动起到了关键作用，而非简单增加整体流速的影响。

在不同的气体流量下合成 $BaSO_4$ 纳米颗粒的相关表征如图 8-34 所示。从透射电镜照片中可以明显看出，微气泡的引入明显提高了 $BaSO_4$ 纳米颗粒的单分散性。在连续组分流体的剪切作用下，也得到了大量均匀的气泡，可以带来更强的扰动。而且在同样的原料浓度下，引入微气泡合成的颗粒粒径比均相合成的颗粒粒径小得多。说明通过引入微气泡强化混合，即便是在工业高浓度体系的条件下，颗粒平均粒径最低仍然可以达到 35 ～ 40nm 左右，实现了纳米级颗粒的制备。

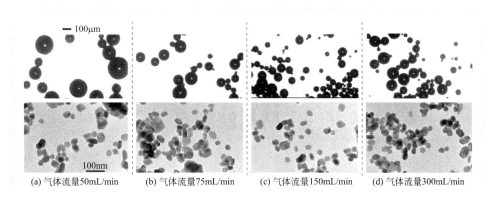

(a) 气体流量50mL/min (b) 气体流量75mL/min (c) 气体流量150mL/min (d) 气体流量300mL/min

▶ 图 8-34 引入微气泡的 BaS/Na₂SO₄ 体系合成 BaSO₄ 纳米颗粒

将微尺度气泡强化混合制备 $BaSO_4$ 纳米颗粒的方法，与其他典型的合成方法，包括工业合成法进行比较 [41-43]，其结果如表 8-4 所示。可以明显看出，引入微气泡强化的合成方法无论是在反应物种类选择还是在体系的浓度方面都有明显的优势，其通过 BaS 合成的 $BaSO_4$ 纳米颗粒和以 $BaCl_2$ 为原料微反应器合成的 $BaSO_4$ 纳米颗粒相比毫不逊色。另外，和实验室合成研究相比，微气泡非均相流方法所用原料的浓度可以高至其他方法的 3～10 倍，可以实现设备产能的大幅度提高，减少水的用量。这一方法同时还具有连续合成、过程容易控制、重复性好的优点，并可以有效应用于工业高浓度体系，使这一原来只能制备亚微米尺寸颗粒的 BaS/Na_2SO_4 反应体系亦能应用于纳米级 $BaSO_4$ 颗粒的可控制备。

表 8-4　微气泡非均相流合成 $BaSO_4$ 颗粒与各种合成方法的比较

合成方法	反应物	反应物浓度 /(mol/L)	$BaSO_4$ 颗粒粒径 /nm
工业间歇搅拌合成 [42]	BaS Na_2SO_4	2.12 0.32	1000～2000
微反应器合成 [41]	$BaCl_2$ Na_2SO_4	0.1～1.0 0.1～1.0	12～40
微反应器合成 [43]	$BaCl_2$ Na_2SO_4	0.5 0.1	300～400
微尺度气泡强化合成	BaS Na_2SO_4	2.12 0.32	35～40

总结本节纳米材料制备技术的核心内容，主要还是针对目标纳米材料对于成核、生长、表面处理的要求，结合制备体系相态的特点，通过微结构设备实现对反应物流体的精确控制。对于均相体系来说，强化混合及传质过程、提高过饱和度和抑制积垢是实现小尺寸纳米材料可控制备的关键；而对于非均相体系来说，选择合适的微结构设备和相应的操作方法有利于合成具有复杂结构和特殊功能、特殊表面性质的纳米材料，并有效解决通道堵塞和积垢的问题，改变原有的低效率的混合和传质行为。尤其对于合成过程复杂的体系来说，借助于微尺度作用力的精确调控，微化工技术可以确保均匀一致的反应环境，实现纳米材料的合成和同步改性。

第三节　纳微米纤维材料的制备

随着材料科学的高速发展，对于由分子层面逐级构建得到的高纯度、具有精确结构、尺寸的纳微米级材料的可控制备，也提出了更高的要求。其中自下而上合成的纳米、微米纤维材料非常具有代表性，对其结构、尺寸、形貌方面的控制更是直

接决定了材料的最终性能 [43]。

对于纤维材料来说，如果其长度达到亚微米级甚至微米级的话，传统搅拌方法会直接造成纤维的机械损伤，甚至发生折断。目前主要的合成方法包括间歇静置、控制纤维缓慢生长的方式（主要针对纳米纤维），模板成型后洗脱的方式，以及静电纺丝、湿法纺丝等方法。相比于传统的控制生长方法，微化工技术具有精确控制传质速率、均一生长环境的优势，满足了纳米纤维在晶种成核后缓慢生长的要求；同时可以通过微结构调控多相体系的流型，以流体本身作为模板直接合成微米纤维材料。

本节以纳米纤维对生长条件的控制要求和微米纤维与前驱体流型的关系为基础，就微化工技术如何针对性地控制反应条件、控制流型与成型的关系进行分析和讨论。

一、纳米纤维材料的可控制备

由于纳米纤维独特的一维结构和径向维度上纳米级的尺寸特征，因而具有极大的比表面积，同时有大量的原子暴露在纳米纤维表面上，可以提供大量活性位点和极宽的有效接触区域，并增强了晶格在光化学和电化学过程中的反应活性，在相关功能化器件和产品的应用中具有良好的前景。

1. 纳米纤维的生长机理

纳米纤维材料的要求主要是纤维长度、长径比、晶相（物质）纯度等。从分子级别的物质合成纳米纤维，其合成历程同样遵从纳米材料的成核 - 生长过程，需要在均匀晶种的基础上维持均匀、稳定的生长条件，有时还需要进一步加入晶型控制剂。

以高长径比的文石型 $CaCO_3$ 纳米纤维为例，因其具有优异的机械和光学特性，可以用作高品质橡胶、塑料和油漆的填充材料或添加剂。特别是在生物体中，文石和球霰石型的晶体可以较为稳定地存在，并与酸性氨基酸共同形成有机大分子。高品质文石型 $CaCO_3$ 一般要求纤维的长度大于 $20\mu m$，长径比大于 35，文石晶相的含量大于 98%。而 $CaCO_3$ 晶体有三种晶型：方解石、文石和球霰石，其中方解石型是最稳定的，而文石型和球霰石型都属于 $CaCO_3$ 的不稳定晶相，精确控制文石 $CaCO_3$ 纳米纤维的合成非常困难，反应物离子的浓度需要准确控制在亚稳态范围内，才能较好地维持纳米纤维生长，生长条件如图 8-35 所示。

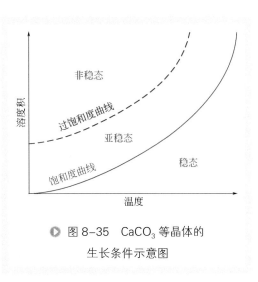

◉ 图 8-35　$CaCO_3$ 等晶体的
生长条件示意图

但是，在实际的长时间生长过程中（通常需要 4 ~ 24h），受到混合强度和混合均匀性的限制，体系中很难保持均匀的浓度分布，通常会出现局部浓度过高的情况，甚至远高于亚稳态生长的临界条件。会产生大量方解石晶型、纳米级的 $CaCO_3$ 颗粒，这些颗粒性质非常稳定，很难再溶解并重新经过成核、生长过程得到高纯度、高品质的文石型 $CaCO_3$ 纳米纤维。

文石型 $CaCO_3$ 等类型纳米纤维的制备方法大体可分为两类：一类是加入控制剂维持纤维缓慢生长；一类是通过水和有机溶剂调节反应环境提高文石晶相的稳定性。通常情况下，控制剂为含有 Sr^{2+}，Ba^{2+}，Pb^{2+} 和 Mg^{2+} 等离子的无机添加物，与可溶性钙盐溶液反应，随着碳源的补充缓慢释放 Ca^{2+}，结合较高的温度条件促进纤维的生长。而有机溶剂加入的条件下，反应环境发生了显著改变。例如，在乙醇和水体积比为 1 : 3 的条件下可以实现高纯度文石型 $CaCO_3$ 纤维的合成，乙醇的存在可以有效阻止文石型向方解石型的转变[44]。与之相似的还有利用吡啶与水混合控制反应环境的方法，同样也可以实现 $CaCO_3$ 纤维的可控制备[45]。从本质上来说，这些方法的目的还是控制体系的过饱和度，同时需要借助较高的温度、较低的反应物浓度和缓慢的加入速度，否则局部浓度过高的话会出现新的晶核，抑制原有纤维在轴向上获得物质补充和持续生长，这也对传质的均匀性和可控性提出了更高的要求。因此，20μm 以上长度的 $CaCO_3$ 纤维通常需要在流体几乎完全静止的条件下，通过低浓度 CO_2 气体的溶解缓慢扩散维持纤维生长，总生长时间往往超过 24h。简言之，对于文石型 $CaCO_3$ 等纳米纤维材料来说，关键仍然是材料生长过程的控制，而传质过程是控制合成的关键和决速步骤，保证均匀的混合状态和反应物浓度是合成高纯度材料及实现其充分生长的关键。同时，在文石型 $CaCO_3$ 纤维生长过程中，除了局部浓度过高难以消除的问题，在水溶液环境中方解石晶型更为稳定的特点也不利于文石型材料的制备——亚稳态的文石型 $CaCO_3$ 纤维即使在生长过程中，也倾向于溶解和再次结晶为方解石型 $CaCO_3$，如图 8-36（a）所示。

对此，本书作者提出将均匀的反应环境和加入可溶解有机添加剂的方法相结合，二者共同控制实现文石型 $CaCO_3$ 纳米纤维的可控制备。一方面受到有机基体或模板剂方法、实验模拟 $CaCO_3$ 生物矿化过程的启发，考虑到将此类添加剂均匀分散在体系中，并动态吸附在 $CaCO_3$ 表面，$CaCO_3$ 纤维表面积较大的侧面可以与有机链相互作用，保持 $CaCO_3$ 纤维仅在一维方向生长，如图 8-36（b）所示。为了满足上述要求，引入了醇溶性添加剂——十二烷基苯磺酸钙 $[Ca(Ar—SO_3)_2]$，并以均相体系乙醇 / 水作为溶剂和反应环境。醇溶性的 $Ca(Ar—SO_3)_2$ 既可以均匀分散在体系中，又可以通过静电力吸附在 $CaCO_3$ 纤维表面，维持 $CaCO_3$ 纤维的生长。和其他无机添加剂不同，$Ca(Ar—SO_3)_2$ 的作用并不是通过控制 Ca^{2+} 缓慢释放实现的。因为十二烷基苯磺酸比碳酸的酸性更强，CO_2 不能与 $Ca(Ar—SO_3)_2$ 反应生成 $CaCO_3$，而且这种本身并不参与反应的添加剂及溶剂可以继续回收利用。另一方面，对于均匀混合环境的要求，则可以充分利用微分散方法的优势，保证混合的可

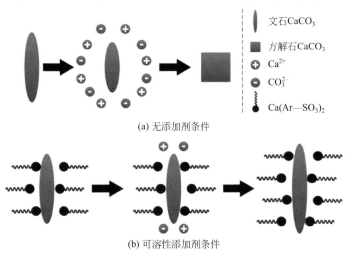

- 文石CaCO₃
- 方解石CaCO₃
- ⊕ Ca²⁺
- ⊖ CO₃²⁻
- ● Ca(Ar—SO₃)₂

(a) 无添加剂条件

(b) 可溶性添加剂条件

▶ 图 8-36　不同体系中合成 CaCO₃ 纤维的原理示意图

控性和重复性，使连续加入 CO_2 气体后的液相反应环境达到间歇过程中气体缓慢扩散所能达到的均匀程度。

2. 微分散方法提供均匀生长环境的实验验证

针对 $CaCO_3$ 纤维生长程度和晶型纯度的要求选择有机控制剂，再结合微分散方法有利于控制均匀混合的优势进行实验研究。实验装置如图 8-37 所示，分散介质采用微滤膜，即平均孔径为 5μm 的不锈钢纤维烧结膜，膜面积为 12.5mm²。混合腔室的几何尺寸为 20mm×2mm×0.5mm（长 × 宽 × 高）。$Ca(OH)_2$ 的溶液或浆料（0.008 ~ 0.34mol/L）和不同浓度的 $Ca(Ar—SO_3)_2$ 醇溶液预先混合作为连续相，

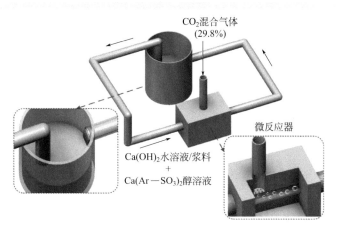

CO₂混合气体
(29.8%)

微反应器

Ca(OH)₂水溶液/浆料
+
Ca(Ar—SO₃)₂醇溶液

▶ 图 8-37　微分散方法合成文石型 CaCO₃ 纳米纤维的实验装置图

Ca(Ar—SO$_3$)$_2$ 与 Ca(OH)$_2$ 的摩尔比在 0 ～ 0.2 之间。CO$_2$ 混合气体（0.3MPa）被连续相剪切为微分散气泡，连续相按照一定的流量循环流动并不断发生反应。

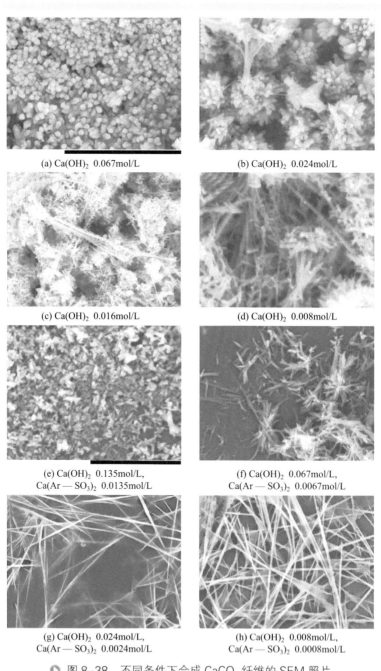

(a) Ca(OH)$_2$ 0.067mol/L

(b) Ca(OH)$_2$ 0.024mol/L

(c) Ca(OH)$_2$ 0.016mol/L

(d) Ca(OH)$_2$ 0.008mol/L

(e) Ca(OH)$_2$ 0.135mol/L,
Ca(Ar — SO$_3$)$_2$ 0.0135mol/L

(f) Ca(OH)$_2$ 0.067mol/L,
Ca(Ar — SO$_3$)$_2$ 0.0067mol/L

(g) Ca(OH)$_2$ 0.024mol/L,
Ca(Ar — SO$_3$)$_2$ 0.0024mol/L

(h) Ca(OH)$_2$ 0.008mol/L,
Ca(Ar — SO$_3$)$_2$ 0.0008mol/L

图 8-38　不同条件下合成 CaCO$_3$ 纤维的 SEM 照片
［（a）～（d）］和［（e）～（h）］的标尺分别为10μm和20μm

不同条件下合成 $CaCO_3$ 纤维的扫描电镜照片如图 8-38 所示。不加入控制剂时，当 $Ca(OH)_2$ 的浓度超过 0.024mol/L 以后，得到的是 $CaCO_3$ 颗粒而非纤维。随着过饱和度的降低，开始有 $CaCO_3$ 纤维的生成并且其生长程度不断增加。但即便是在最低浓度、缓慢生长的条件下，纤维的生长也非常有限，长度只有 6μm，长径比在 22 左右，如图 8-38（d）所示。相比之下，随着 $Ca(Ar—SO_3)_2$ 的加入，$CaCO_3$ 纤维生长明显增强，如图 8-38（e）～（h）所示，纤维的平均长度仍可达到 27μm，长径比达到 58。

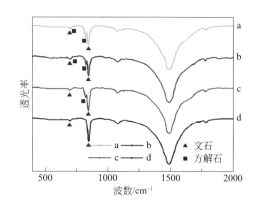

▶ 图 8-39　$CaCO_3$ 纤维的红外光谱谱图
a—$Ca(OH)_2$ 0.024mol/L，无 $Ca(Ar—SO_3)_2$；
b—$Ca(OH)_2$ 0.008mol/L，无 $Ca(Ar—SO_3)_2$；
c—$Ca(OH)_2$ 0.067mol/L，$Ca(Ar—SO_3)_2$ 0.0067mol/L；
d—$Ca(OH)_2$ 0.024mol/L，$Ca(Ar—SO_3)_2$ 0.0024mol/L

$CaCO_3$ 纤维的红外光谱谱图如图 8-39 所示。其中，在 854cm^{-1} 和 706cm^{-1} 处的吸收峰，是由于文石 $CaCO_3$ 中—CO—的 ν_2 和 ν_4 弯曲振动造成的，可以在全部样品中观察到。但没有加入 $Ca(Ar—SO_3)_2$ 的样品发现了方解石 $CaCO_3$ 中—CO—的在 848cm^{-1} 处（ν_2）和 714cm^{-1} 处（ν_4）的吸收峰，即便是在 $Ca(OH)_2$ 浓度为 0.008mol/L 时合成的 $CaCO_3$ 纤维中也同样存在。相比之下，在 $Ca(Ar—SO_3)_2$ 加入以后，$CaCO_3$ 纤维的纯度明显提高。当 $Ca(OH)_2$ 浓度低于 0.024mol/L，即低于饱和溶液浓度的条件下，$CaCO_3$ 纤维中不再出现方解石的吸收峰。另外，全部样品都未发现 $Ar—SO_3^-$ 的吸收峰（1210cm^{-1}），说明 $Ca(Ar—SO_3)_2$ 最终并没有吸附在 $CaCO_3$ 纤维的表面。

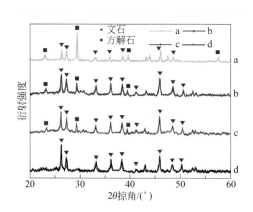

▶ 图 8-40　$CaCO_3$ 纤维的 X 射线衍射谱图
a—$Ca(OH)_2$ 0.024mol/L，无 $Ca(Ar—SO_3)_2$；
b—$Ca(OH)_2$ 0.008mol/L，无 $Ca(Ar—SO_3)_2$；
c—$Ca(OH)_2$ 0.067mol/L，$Ca(Ar—SO_3)_2$0.0067mol/L；
d—$Ca(OH)_2$ 0.024mol/L，$Ca(Ar—SO_3)_2$0.0024mol/L

通过 X 射线衍射可以分析 $Ca(Ar—SO_3)_2$ 对 $CaCO_3$ 晶型的影响，其结果如图 8-40 所示。尽管在较低过饱和度下得到的产品在电镜下并未观察到颗粒，但其衍

射谱图的结果仍表明有方解石型 $CaCO_3$ 的存在（b 曲线）。而随着过饱和度的增加，方解石的特征峰更为尖锐，说明方解石晶相的比例显著增加（a 曲线）。而 $Ca(Ar—SO_3)_2$ 加入后，晶型发生了很大改变，出现了明显的文石型特征峰。当 $Ca(OH)_2$ 为溶液状态时，已观察不到方解石的特征峰。X 射线衍射结果初步证明了 $Ca(Ar—SO_3)_2$ 具有维持文石型 $CaCO_3$ 生长的作用。

微分散方法制备文石 $CaCO_3$ 纤维的方法与一般搅拌方法的比较如表 8-5 所示。可以看出，微分散方法所需要的反应条件更加温和，产品品质更佳。反应温度比传统方法有显著降低，而且文石晶相的含量较高。特别是 $CaCO_3$ 纤维的生长程度显著提高，充分证明了微分散强化混合和 $Ca(Ar—SO_3)_2$ 的控制剂作用。

表 8-5 微分散方法合成 $CaCO_3$ 纤维与一般搅拌方法的比较

项目	微分散方法	搅拌[46]	搅拌[47]	搅拌[48]
控制剂	$Ca(Ar—SO_3)_2$	十二烷基硫酸钠（SDS）	$MgCO_3$	无
溶剂	乙醇/水	乙醇/水	水	水
反应温度/℃	20	90	70~90	60~70
反应时间/h	2~6	3~4	8	4~6
纤维长度/μm	24~28	8~16	8~12	10~15
纤维长径比	50~58	22~30	12~20	16~30
文石晶相含量/%	≥98	90.7	98.8~100	96~98

另外，根据反应条件及 $CaCO_3$ 材料形貌的关系，可以按体系的离子积和控制剂含量划分三个区域：$CaCO_3$ 纤维区域，$CaCO_3$ 纤维/颗粒过渡区域和颗粒区域，如图 8-41 所示。区域之间的边界基本按照合成反应的离子积条件与添加剂含量确定，边界对应的离子积分别约为 $7.59×10^{-9}mol^2/L^2$，$18.98×10^{-9}mol^2/L^2$ 和 $46.32×10^{-9}mol^2/L^2$。根据 $CaCO_3$ 形貌的划分，可以初步得出结论，在低过饱和度下精确控制均匀混合是合成高品质文石 $CaCO_3$ 纤维的关键因素。而过饱和度相对

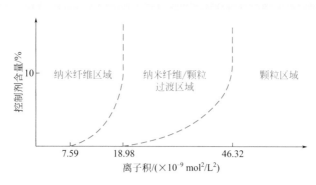

◗ 图 8-41 $CaCO_3$ 纳米材料沉淀反应区域的划分

较高的过渡区域会导致更为稳定的方解石 $CaCO_3$ 颗粒的生成，降低文石产品的纯度。同时，区域划分结果也说明通过微分散方法精确控制混合和反应条件，可以在较大范围内实现不同形貌和尺寸的材料的可控制备。

类似地，利用微流控技术控制均匀生长环境的思路，Mason 等同样发展了微通道中合成肽超分子纳米纤维和亚微米纤维的方法 [49]。利用注射泵倒抽的方式缓慢提高体系中的过饱和度，并系统研究了纤维生长行为，如图 8-42 所示。而上面提到的惰性分隔流，受液滴、液柱尺寸的限制，通常用于长度在 1μm 以下的纳米棒等准一维材料的合成。

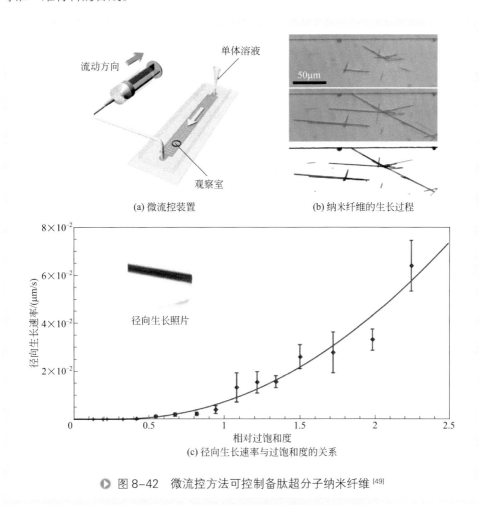

(a) 微流控装置　　　　　　　(b) 纳米纤维的生长过程

(c) 径向生长速率与过饱和度的关系

▶ 图 8-42　微流控方法可控制备肽超分子纳米纤维 [49]

二、多相微流控技术制备微米纤维材料

微化工技术还可以通过微通道结构设计，结合对层流微流体的环形液/液界面

的连续和精确控制，以这些稳定的环状多相层流界面系统为模板，通过在液／液界面或内相反应、固化，来制备线型固体微束、空心管状微米纤维和复合纤维材料等多种材料。

1. 单、双重同轴层状流方法制备聚合物、复合或无机微米纤维

本书作者以微通道内单、双重同轴层状流为基础，实现了 TiO_2 无机微米纤维与多种聚合物微米纤维的可控制备，建立了纤维形貌与尺寸的精确调控方法[50]。并以微米纤维为支撑材料，成功制备了负载离子液体的支撑膜，实现了 CO_2 与 N_2 的高效分离；并进一步通过负载有机胺，将纤维束组成吸收柱，实现了 CO_2 气体的高效吸收。

典型的实验装置如图 8-43 所示，利用微雕刻技术在尺寸为 50mm×20mm×3mm 的聚甲基丙烯酸甲酯（PMMA）基材上加工微通道。内径为 1.0mm 的聚四氟乙烯（PTFE）毛细管埋入基材中作为多相流主通道，而另一根玻璃毛细管同轴插入 PTFE 毛细管中作为中间相流动通道，一根不锈钢微针头同轴插入玻璃毛细管中

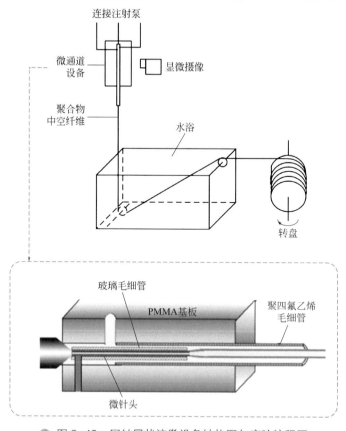

▶ 图 8-43 同轴层状流微设备结构图与实验流程图

作为内相流动通道。三相流体进入微通道后形成稳定的多相同轴层状流，随着聚合物溶液中的溶剂被内相和外相流体逐渐萃取，聚合物逐渐析出、固化形成中空纤维。随后，所得产物先通过水浴升温，进一步萃取其中的溶剂，再通过由电机带动的转盘缠绕收集该纤维。其中，制备聚合物纤维可以选用 10%（质量分数）聚砜（PSF）、10%（质量分数）聚丙烯腈（PAN）或 15%（质量分数）聚苯乙烯（PS）的 N,N-二甲基甲酰胺（DMF）溶液作为中间相流体，以 20%（质量分数）的聚乙二醇（PEG）20000 的水溶液为外相和内相流体。

通过调节流体流速，可以在非常大的操作范围内控制三相流体在微通道内形成稳定的双重同轴层状流动，如图 8-44 所示。

通过对制得的纤维形貌进行表征，可以确定纤维的结构。图 8-45（a）为 PS 纤维宏观形貌照片，图 8-45（b）为 PAN 纤维截面的显微照片。可以看出，纤维的内外径都很均匀，与其在固化前时层流流动的形态相近。

利用扫描电镜观察纤维的结构特征细节，如图 8-46 所示。中空纤维最外层为两层致密层，其上仅有纳米级小孔。内部紧邻致密层的是两层含有指状孔的疏松层。不同材质的纤维中，指状孔的大小也不同，PAN、PS 和 PSF 纤维的指状孔平均孔径分别约为 $10 \sim 20\mu m$，$2 \sim 3\mu m$ 和 $4 \sim 5\mu m$。两层指状孔层之内的中间层结构也随材质的差异而有所不同。PSF 纤维中，中间层较厚，呈包含大孔的海绵状

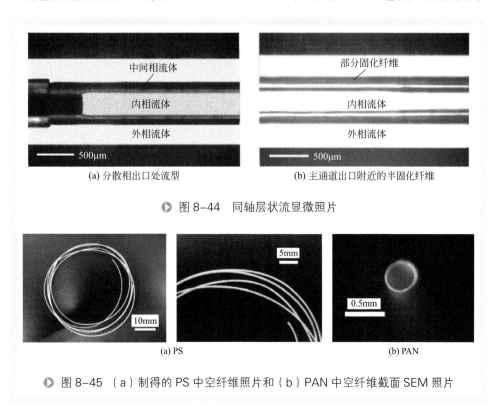

(a) 分散相出口处流型　　　　　　(b) 主通道出口附近的半固化纤维

◉ 图 8-44　同轴层状流显微照片

(a) PS　　　　　　(b) PAN

◉ 图 8-45　（a）制得的 PS 中空纤维照片和（b）PAN 中空纤维截面 SEM 照片

结构，而 PAN 与 PSF 纤维中的中间层较薄，且相对致密。

利用同轴环管的方法同样可以制备与 TiO_2 纳米颗粒复合的纤维材料，纤维的截面扫描电镜照片如图 8-47 所示，可以看出纳米颗粒在纤维中的复合状态。

复合纤维拉伸强度的考察结果如表 8-6 所示。可以看出，一定量 TiO_2 纳米颗

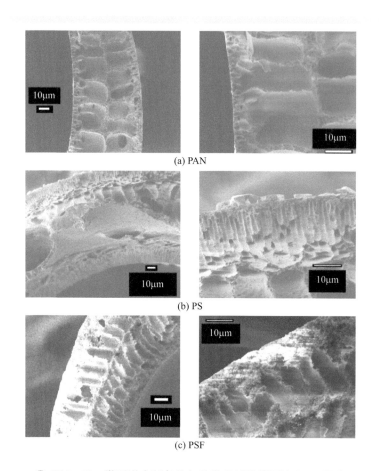

(a) PAN

(b) PS

(c) PSF

图 8-46　微通道中制备的各种微米纤维截面的 SEM 照片

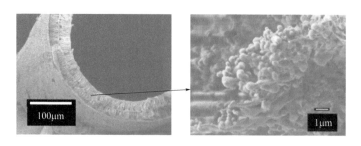

图 8-47　复合 9.09%（质量分数）的 TiO_2 纳米颗粒微米纤维的 SEM 照片

粒的加入使纤维的强度获得了明显提升。

表 8-6 复合 TiO₂ 纳米颗粒含量不同的样品纤维的拉伸强度

样品中 TiO₂ 含量（质量分数）/%	0	0.99	4.76	9.09	16.7
拉伸强度 /MPa	2.4	3.1	3.2	4.1	3.7

相较于聚合物纤维，无机纤维材料的制备难度更高。基于同轴层状流的研究基础，还可以实现微米级无机纤维的连续制备，如 TiO₂ 无机纤维材料的制备（图8-48）。通过调节两相流体相对位置，可以在单重同轴环管微通道内实现实心纤维、壁厚在纳米级的中空纤维这两种形貌纤维的制备。

(a) 壁厚在纳米量级　　　　(b) 壁厚在微米量级

◉ 图 8-48 利用单重同轴环管微通道制备的 TiO₂ 中空纤维的 SEM 照片

2. 同轴环管层流流动制备微米纤维的理论模型

在同轴环管层流流动制备微米纤维的过程中，电机带动转盘收集纤维的方法发挥了重要作用。将无转盘带动时纤维向前运动的速度定义为 v_{crit}，而转盘运动的线速度定义为 v_r。当 $v_{crit} \leqslant v_r$ 时，由于转盘对纤维有拉伸作用，纤维的内壁也对内相流体有向前的黏性拉力作用。假设内相流体向前运动的速度与纤维相同，则可得到下式：

$$v_r \times \frac{\pi}{4} d_i^2 = Q_i \tag{8-10}$$

为了验证此式的正确性，将不同操作条件下纤维内径的计算值与实验值进行对比，发现两者符合良好，如图 8-49 所示。

当 $v_{crit} > v_r$ 时，双重同轴层状流动形态决定了纤维尺寸。以流动方向为 z 轴，纤维半径方向为 r 轴，建立柱坐标系。在此坐标系下，由连续性方程和 Navier-Stokes 方程可以推导得到如下的微分方程组：

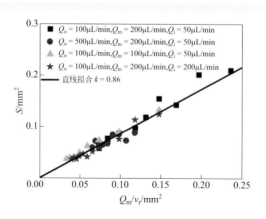

● 图 8-49　$v_{crit} \leqslant v_r$ 时，纤维截面积的计算值与实验测量值的比较

$$\begin{cases} \dfrac{dp}{dz} = \mu_o \left[\dfrac{1}{r} \dfrac{d}{dr} \left(r \dfrac{du_o}{dr} \right) \right] \\[3mm] \dfrac{dp}{dz} = \mu_m \left[\dfrac{1}{r} \dfrac{d}{dr} \left(r \dfrac{du_m}{dr} \right) \right] \\[3mm] \dfrac{dp}{dz} = \mu_i \left[\dfrac{1}{r} \dfrac{d}{dr} \left(r \dfrac{du_i}{dr} \right) \right] \end{cases} \tag{8-11}$$

式中，μ_o、μ_m、μ_i 分别为外相、中间相和内相流体的黏度，u_o、u_m、u_i 分别为外相、中间相和内相流体的速度。代入边界条件解以上微分方程组，可以得到如下所示的关于 r_i 和 r_m 的四次方程，r_i、r_m 分别为内相流体与中间相流体外表面处的 r 值，R 为通道内半径。

$$\begin{cases} \dfrac{Q_i}{Q_o} \dfrac{(R^2 - r_m^2)^2}{2\mu_o} - \dfrac{r_i^4}{2\mu_i} + \dfrac{r_i^2(r_i^2 - r_m^2)}{\mu_m} - \dfrac{r_i^2(R^2 - r_m^2)}{\mu_o} = 0 \\[3mm] \dfrac{Q_m}{Q_o} \dfrac{(R^2 - r_m^2)^2}{2\mu_o} - \dfrac{(r_i^2 - r_m^2)^2}{2\mu_m} - \dfrac{(r_m^2 - r_i^2)(R^2 - r_m^2)}{\mu_o} = 0 \end{cases} \tag{8-12}$$

中间相流体的截面积可以由 $S_c = \pi(r_m^2 - r_i^2)$ 计算得到，而纤维的截面积应该正比于中间相流体截面积，即 $S = \eta S_c$。η 为小于 1 的收缩因子。由纤维截面积测量值 S 和中间相流体截面积计算值 S_c 进行线性拟合，可求得 η。结果如图 8-50 所示，$\eta = 0.63$，且线性关系良好。通过上述实验结果与理论模型计算结果的比较可知，同轴环管层流流动的方法可以针对目标微米纤维的尺寸要求，根据模型较为准确地确定操作条件范围。

3. 微米纤维的功能化及实际应用研究

在微米纤维材料制备研究的基础上，将所制备的聚合物纤维材料进行功能化，并应用到 CO_2 分离过程中，考察材料尺寸与结构对其性能的影响。

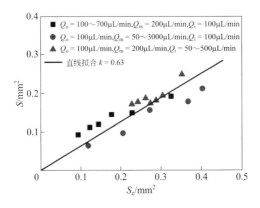

◉ 图 8-50 $v_{crit} > v_r$ 时，纤维截面积的计算值与实验测量值的比较

聚醚砜（PES）中空微米纤维同样通过同轴环管层流流动的方法制备，选择 1- 丁基 -3- 甲基咪唑四氟硼酸盐（[bmim][BF$_4$]）和 1- 丁基 -3- 甲基咪唑六氟磷酸盐（[bmim][PF$_6$]）作为待负载的功能离子液体，负载情况如表 8-7 所示。

表 8-7　制备所得微米中空纤维的各项参数

编号	膜溶液质量分数 /%			外径 /μm	内径 /μm	孔隙率 /%	负载量 /（g 离子液体 /g 纤维）	
	PES	DMF	甘油				[bmim][BF$_4$]	[bmim][BF$_6$]
HF1	20	80	0	1060	840	73	2.95	3.44
HF2	25	75	0	990	835	69	2.49	3.12
HF3	23.75	71.25	5	960	810	61	1.58	2.11

分别以不同中空纤维样品 HF1、HF2、HF3 为支撑材料制得离子液体支撑膜，测量气体逆向扩散时的渗透通量，可以考察支撑材料结构对膜性能的影响。如图 8-51 所示，以 HF1 为支撑材料时，CO_2 的渗透通量总是高于以 HF2 为支撑材料时的通量，这是由于制备 HF1 所用的膜溶液浓度较低，HF1 的孔隙率高于 HF2，因此以 HF1 为支撑材料时，离子液体与气体的有效接触面积较大，使表观渗透系数增大。由图 8-51（a）同样可知，以 HF3 为支撑材料时 CO_2 的渗透通量总是小于以 HF2 为支撑材料时的通量，这是由于 HF2 中存在直径大于 2μm 的指状大孔，较之没有大孔存在的 HF3，离子液体在前者中负载时更容易由于分布不均匀而形成空腔，这些空腔的存在会使膜的有效厚度减小，从而得到更高的表观渗透通量。此外，空腔的存在使液体膜中形成通孔的概率增加，这也会导致表观渗透通量的升高。即以 HF3 为支撑材料时，膜的理想选择性最高。由于 HF3 中没有大孔存在，液体膜中形成通孔的概率最小，从而提高了气体分离性能。

聚合物微米纤维还可负载有机胺吸收剂实现对 CO_2 气体的高效分离，负载 2- 氨

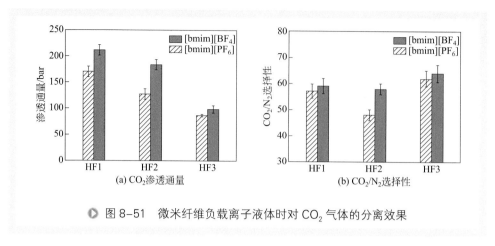

图 8-51　微米纤维负载离子液体时对 CO_2 气体的分离效果

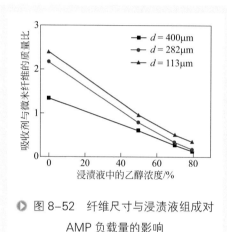

图 8-52　纤维尺寸与浸渍液组成对
AMP 负载量的影响

基 -2- 甲基 -1- 丙醇（AMP）并装成柱的研究也证明了这一点。吸收剂负载容量是纤维在气体吸收中的应用的重要性质，而纤维直径（d）的变化会影响纤维的比表面积，从而对吸收剂负载容量产生影响。实测的吸收剂负载量如图 8-52 所示，可以看出纤维越细，其比表面积越大，亦具有更高的吸收剂负载容量。通过实验测定 CO_2 负载量，发现吸收剂的利用率最高可达 84%，证明了通过微米纤维固定化吸收剂装柱的重要作用。

总结本节纤维材料制备技术的核心内容，一方面是依靠对材料成核 - 生长环境的精确控制，通过微分散等方式创造均一可控的浓度分布条件，实现纳米纤维的充分生长；另一方面则是通过微流控技术，调控内 - 中 - 外式的单、双重同轴环管层流流动，以流体本身为模板剂，直接调控聚合物、无机微米纤维、复合微米纤维的尺寸和结构，并通过固化方式调控微米、纳米级孔结构。同时，基于微尺度层状流的基本理论，还可以建立预测中空纤维内外径尺寸的理论模型，针对目标微米纤维的尺寸要求，根据模型较为准确地确定操作条件范围。

第四节　微球及含特殊结构的微颗粒材料制备技术

微米颗粒材料在生物、医药、电子、化工等诸多领域发挥着重要作用。例如，

特定粒径和粒径分布的微球，其作为载体时可以有效保证药物的定量释放，或作为功能材料实现均匀吸附与分离。这些微米颗粒材料通常具有无机纳米颗粒／聚合物复合、Janus 结构、多核心或核／壳结构等多种特征，上述特征和制备中的难点已在本章第一节中详细介绍。例如复合材料需要调控无机纳米颗粒在聚合物中的单分散性、分布位置和乳液模板的结构，Janus 微球需要打破其前驱体液滴自身具有的对称性，多核心结构需要多重乳液模板的精确控制，核／壳结构的关键问题便是对其内核、壳层前驱体——双重乳液的精确控制。实际上，这些问题的共性在于通过乳液结构的调控、多相流体的调控实现液相模板的可控制备，进而制备出特定要求的材料。而微化工技术也非常适合用于复杂乳液的设计和溶液环境的控制，同时具有操作简单和重复性好的优势。本节将从上述几类典型特殊结构材料的微流控方法合成展开，详细讨论其中的理论基础和制备方法。

一、微球颗粒制备

微球颗粒通常是由单分散液滴固化得到的，具有特定的尺寸和尺寸分布是其核心要求。此外，调控特殊的孔道结构也是功能相对单一的微球颗粒的重要方面，孔道既可以提供巨大的比表面积和传质通道，还可以通过孔尺寸和结构的设计有效改变材料的吸附、分离和传递性能。

相较于传统搅拌设备中的乳化过程，借助微结构设备可以制备粒径分布极窄的单分散液滴，并通过光、热、溶剂固化等方式制备聚合物微球颗粒或微胶囊。如本书作者以液／液微分散技术为基础，在微通道设备内成功制备出了尺寸均一的单分散双重孔结构 SiO_2 微球颗粒，实现了对 SiO_2 微球颗粒的外观形貌的调控[51]。通过聚合反应辅助凝胶，结合 pH 引发和温度引发复合快速凝胶，实现了对 SiO_2 微球双重孔结构的调控。并通过改变硅溶胶中的正硅酸四乙酯（TEOS）浓度、甲基纤维素（MC）浓度等，有效调节了 SiO_2 微球的大孔结构和介孔结构，制备出的微球颗粒直径为 $300 \sim 500\mu m$，具有良好的球形度、单分散性以及大孔／介孔复合的特点。

1. 制备机理与方法

制备 SiO_2 微球的实验装置如图 8-53 所示。通过采用同轴的微流体设备来控制油／水两相流。连续相（油相）经支路通入微通道主通道中，并将分散相硅溶胶溶液剪切成液滴。通过温度、pH 调节，引发反应速率远高于硅溶胶凝胶化的聚合反应，得到固化的聚丙烯酰胺骨架，进而将微球的尺寸限定。随后硅溶胶便在此聚合物骨架中缓慢固化，TEOS 浓度的降低导致复合球中硅含量的降低，从而使最终得到的硅球中的组织孔增多，结构疏松。

通过上述方法制得的 SiO_2 微球外表面存在规则的组织孔结构，如图 8-54（a）

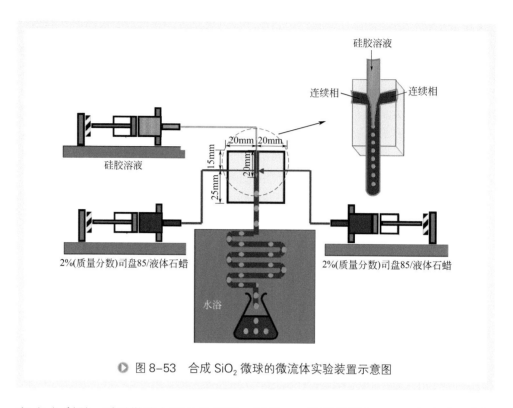

图 8-53　合成 SiO_2 微球的微流体实验装置示意图

和（b）所示。对于微球内部结构来说，随着 MC 浓度的增加，MC 在硅球的内部占据了更多的空间。焙烧去除 MC 之后，MC 浓度较高时制备的微球内部的网状结构更加明显，大孔的尺寸也会更大。这是因为当 MC 的浓度较高时，MC 分子和 PEG 分子的团聚作用得到增强，造成微球内部出现了约 1μm 的较大组织孔结构，如图 8-54（e）所示。对于表面组织孔结构来说，对比图 8-54（c）和（d），可以看出高浓度样品的表面组织孔更加密集。同时，高浓度样品的内部结构和外表结构之间的差别更大，如图 8-54（c）和（e）所示；低浓度样品的外表面结构和内部的结构更加均一，如图 8-54（d）和（f）所示。这是由于微球表面的硅溶胶凝胶化会早于内部硅溶胶的凝胶化，从出口处所收集微球将优先固化的外部骨架固定下来，内部硅溶胶而后便在此骨架中缓慢固化。当 MC 的浓度较高时，表面的凝胶化速度更快，和内部的凝胶化速度相差较大，故微球表面较为致密，内部更加疏松。而 MC 浓度较低时，硅溶胶表面的凝胶化速度和内部的速度相差不大，因此内部和外表面的结构更加均匀。

　　SiO_2 微球的介孔结构可以通过 N_2 吸附 / 脱附来表征。图 8-54 所示微球对应的孔结构参数如表 8-8 所示，数据显示该方法制备的 SiO_2 微球都具有较高的比表面积（>300m^2/g）和较大的孔容量（>2.0mL/g），以及明显的介孔结构，非常适合用来作为大的生物分子的载体。

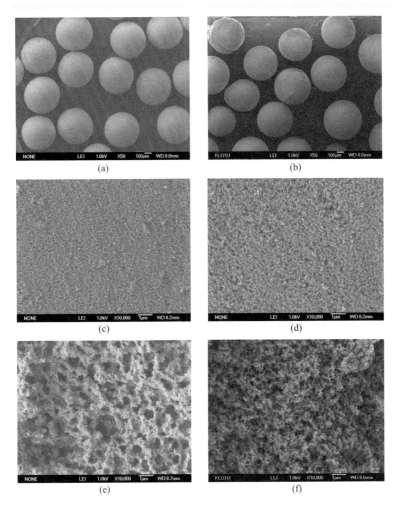

● 图 8-54 微通道中合成的 SiO₂ 微球的 SEM 照片，其中（a）、（c）、（e）MC 的加
入量为 0.5g，（b）、（d）、（f）MC 的加入量为 0.25g。（a）、（b）微球颗粒宏观形貌；
（c）、（d）外表面；（e）、（f）内部

表 8-8　温度引发快速凝胶法的所得样品的孔结构参数

样品	硅溶胶	结构参数①						
	MC/g	粒径/μm	变异系数/%	S_{BET}/(m²/g)	V_t/(mL/g)	D_A/nm	D_{BJHA}/nm	D_{BJHD}/nm
S1	0.5	490	2.9	309	2.14	13.8	11.5	8.9
S2	0.25	490	3.2	390	2.00	20.5	31.8	17.7

① 结构参数中的 S_{BET}：按照 Barrett-Emmett-Teller（BET）方法计算的比表面积；V_t：总孔容量；
D_A：平均孔径；D_{BJHA}：吸附孔径；D_{BJHD}：脱附孔径。

2. 微球的吸附性能

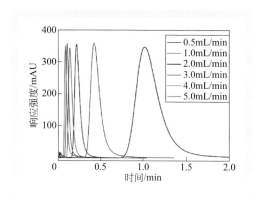

图 8-55　BSA 和 LYS 的混合物在
SiO₂ 微球装填柱中的色谱图
（25℃，pH=8.0，[BSA]₀=[LYS]₀=10mg/mL）

通过干法装柱法将 0.28g 的 SiO₂ 微球装入不锈钢液相色谱柱，并采用流动相为 pH=8.0 的缓冲液，在 Angilent 1050 液相色谱装置上进行蛋白质两组分混合物分离实验。其中，牛血清白蛋白（BSA）和溶菌酶（LYS）的混合物在不同流速下进样的色谱图如图 8-55 所示。在不同流速下洗脱曲线中均只出现单个峰，且随着流动相流速的提高（0.5mL/min，1.0mL/min，2.0mL/min，3.0mL/min，4.0mL/min 和 5.0mL/min），出峰时间分别相应缩短，分别为 1.02min，0.43min，0.22min，0.14min，0.11min 和 0.09min。同时，各个峰的峰高几乎相同，说明装填柱中几乎没有轴向返混。

进一步采用 Schiff 碱法化学嫁接 BSA 至介孔 SiO₂ 微球同样可获得较高的负载量（450mg/g），并在色氨酸外消旋体（DL-Trp）和苯丙氨酸外消旋体（DL-Phe）等氨基酸对映体的手性拆分中同样获得了较好的分离效果。负载 BSA 的硅球对于氨基酸对映体的吸附速度非常快，双重孔结构也使得吸附阻力很小，在 6min 内就能达到平衡。借助于 pH 值和温度的调控，可以进一步提高分离效果，例如 pH 值会影响 BSA 的空间构象和氨基酸对映体的电荷特性，而温度会影响 BSA 的空间结构而影响分离效果。在适宜 pH 值和温度的条件下，DL-Trp 在分离前后的色谱谱图如图 8-56 所示，从出峰时间上可以看出 BSA/SiO₂ 微球优先吸附了 L-Trp，从而使两种对映体实现高效分离。

二、无机纳米颗粒/聚合物微球复合材料

无机纳米颗粒在微米级微球上的负载可以避免功能性纳米颗粒在使用过程中易于发生团聚以及难以回收、难以重复利用的问题。其中，纳米颗粒附着在微球表面的复合材料对于功能性纳米颗粒的利用率相对较高，受到了研究者的广泛关注。在 Pickering 乳液法等典型制备方法中，纳米颗粒通常被吸附于油/水界面并帮助稳定乳液，而后分散相固化得到复合微球[52]。但是，这些方法存在着明显的问题：首先，制得的微球通常有较大的尺寸分布与组成差异；另外，传统方法通常只能让亲水纳米颗粒附着于疏水微球，或疏水纳米颗粒附着于亲水微球，而无法使相同亲疏水性的纳米颗粒与主体微球复合。对此，本书作者根据纳米颗粒界面吸附的原理，

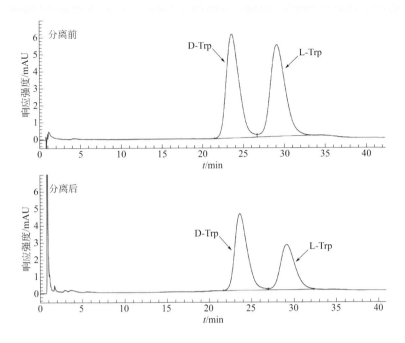

◐ 图 8-56　DL-Trp 在 BSA/SiO₂ 微球上吸附分离前后的色谱谱图对比

发展了在微通道内原位负载纳米颗粒制备复合微球的新方法，可以实现核／壳复合微球的一步连续制备，操作简单且无副产物残留，制得的颗粒单分散度高，并且可以实现相同亲疏水性的纳米颗粒与主体微球的复合，如复合钛硅分子筛、TiO_2、Fe_3O_4 等纳米颗粒的壳聚糖微球。

制备机理示意图及制备过程的显微照片分别如图 8-57（a）和（b）所示。该过程实际上是一个"内环流 - 碰撞 - 吸附"的过程，当液滴在通道中流动时，由于流体与壁面的摩擦作用，液滴间会产生内环流。液滴间内环流促进了连续相内部物质混合与浓度梯度的消除，增加了纳米颗粒与液滴碰撞的频率。当纳米颗粒与液滴发生碰撞时，由于颗粒的亲水性质使其倾向于吸附在水相液滴的表面。被纳米颗粒覆盖处表面能较低，因此也更加稳定，防止了液滴间发生聚并。吸附于油／水界面上的纳米颗粒在液滴固化的同时会被固定在微球表面。而利用微流控技术实现这一过程，能够在避免不必要的液滴破碎与聚并的情况下，同时提高纳米颗粒与液滴碰撞的频率。连续相中内环流的存在使得纳米颗粒可以快速扩散到液滴表面，保证液滴附近的纳米颗粒浓度与连续相主体中的浓度几乎一致，不会因为颗粒在界面的吸附而降低。而要增加颗粒碰撞频率与颗粒负载量，传统方法通常依靠增加搅拌速度，不可避免地会引起液滴的破碎、聚并与多分散性。微流控方法得益于内环流的存在，可以使液滴在通道中始终保持特定距离的同时提高负载量，即在不影响乳液单分散性的情况下提高碰撞频率。此外，利用微流控方法制备乳液也并不像 Pickering

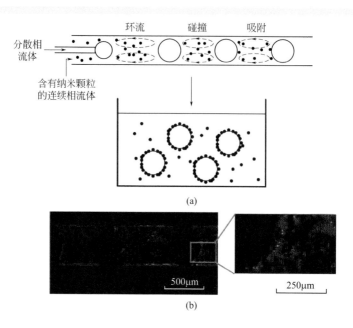

(a)

(b)

▶ 图 8-57 （a）表面负载纳米颗粒的复合微球的制备机理示意图，

（b）荧光粒子示踪的微通道内显微照片

乳液法一样要依赖于纳米颗粒的亲疏水性，操作也更为便捷。

通过这种制备方法，可以实现钛硅分子筛、TiO_2、Fe_3O_4 等纳米颗粒的有效复合，这些纳米颗粒的负载量在 1% ～ 8%（质量分数）间可以精确调控。部分表征结果如图 8-58 所示。其中复合 Fe_3O_4 纳米颗粒的微球在外界磁场的作用下被磁铁强力吸引，证明了其具有较高的负载量。此外，TiO_2 纳米颗粒也可以用作负载颗粒，图 8-58（c）给出了负载 TiO_2 纳米颗粒的微球的表面形貌，可以看出颗粒均匀分布在微球表面上，与图 8-58（d）所示的能谱仪（Energy Dispersive Spectroscopy，EDS）分析结果一致。

三、Janus 型液滴及材料

Janus 型液滴或微球颗粒是由两个具有完全不同的物理或化学性质的半球组成的，这样在同一液滴或微球上即可表现出明显的性质差异。对 Janus 液滴或微球颗粒的制备过程来说，打破前驱体液滴自身具有的对称性是最为关键的环节。传统的方法包括微接触印刷、凝胶捕集、掩蔽技术以及 Pickering 乳液法等。这些方法的制备过程都包含以下必要步骤：制备单分散颗粒，令目标颗粒在气 / 液、液 / 液或液 / 固两相界面进行排布，最后使改性剂从其中一相接触目标颗粒。这样的多步过程不仅耗时较多，多步的间歇操作过程也不利于确保产品质量稳定。

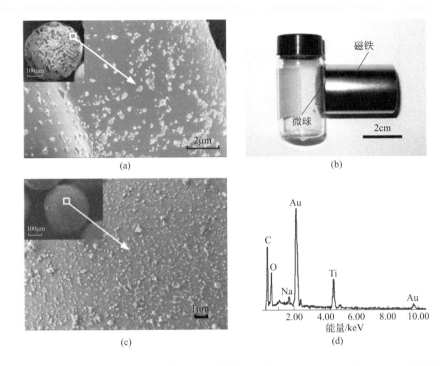

图 8-58 （a）Fe₃O₄ 纳米颗粒表面负载微球的 SEM 照片，（b）图（a）中样品在外磁场作用下趋向一侧运动的照片，（c）TiO₂ 纳米颗粒表面负载微球的扫描电镜照片，（d）图（c）中样品的 EDS 图

相比之下，微流控技术可以实现微尺度下三相流体的精确调控，使其中两相共同分散到另一相中形成液滴分散流，得到同时含有两相的液滴。基于此种流型，通过固化双液滴中的某一相、或同时固化两相液滴可以制备单分散的非球形材料，并可以通过调控三相流体的流量比，实现对非球形颗粒形貌与尺寸的调控。

例如在本书作者的研究工作中，利用同轴环管结构微通道（图 8-59）可以使两

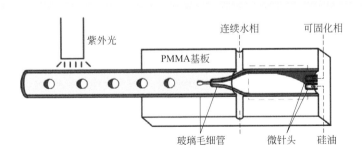

图 8-59　形成 Janus 液滴的微通道实验装置图

相分散相流体在进入主通道前保持稳定的层状流动，随后经第三相剪切，得到单分散的 Janus 液滴，并实现了各向异性聚合物微米材料、复合材料的可控制备。

在分散相通道出口处，分散相被连续相剪切形成单分散的两相液滴，其中两分散相都与连续相保持接触，而非形成核/壳型结构，这种两相液滴即为 Janus 液滴。图 8-60（a）给出了液滴的显微照片。可以看出，液滴具有高度单分散性，且可以长时间稳定存在，不发生聚并或两相分离。液滴在连续相剪切力与界面张力达到平衡时发生断裂。由于所用体系的黏度与界面张力变化很小，且分散相流速对液滴尺寸的影响极小，因此，液滴尺寸主要取决于连续相流速，通过调节连续相流速，可以在 200μm 到 600μm 之间调控液滴的尺寸，如图 8-60（b）所示。

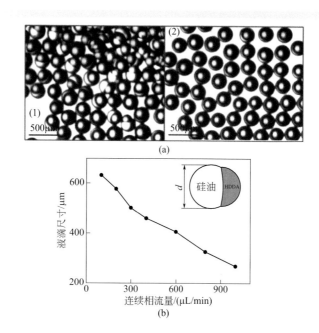

(a)

(b)

▶ 图 8-60 （a）玻璃收集器中的 Janus 液滴，其中（1）为刚离开通道时拍摄，
（2）为在收集器中静置 1min 后拍摄；（b）连续相流量 Q_c 对液滴尺寸 d 的影响
（$Q_{分散相1}$=40μL/min，$Q_{分散相2}$=10μL/min）

从液滴之间、液滴与连续相之间的受力进行分析，可以基于两个分散相液滴之间的接触角来描述 Janus 整体形态和嵌入水平，如图 8-61 所示。基于这些几何结构和位置的相对关系，可以得到下列方程：

$$\begin{cases} \alpha = a\cos\left[0.5(\gamma_E^2 + \gamma_{EW}^2 - \gamma_W^2)/(\gamma_E \gamma_{EW})\right] \\ \beta = a\cos\left[0.5(\gamma_E^2 + \gamma_W^2 - \gamma_{EW}^2)/(\gamma_E \gamma_W)\right] \\ \delta = a\cos\left[0.5(\gamma_W^2 + \gamma_{EW}^2 - \gamma_E^2)/(\gamma_W \gamma_{EW})\right] \end{cases} \quad (8-13)$$

式中，γ 和 α 表示相间界面张力和夹角总和，下标如图 8-61 中所示。

通过调控两分散相的稳定层流流动、调控各相之间的界面张力，可以在较大范围内控制 Janus 液滴中各相的比例和整体形状。此外，通过调节两股分散相流体的流量比，可以控制可固化组分在液滴中所占的比例，从而控制所得非球形颗粒的宏观形貌。例如，随着可固化流体在分散相流体中所占比例的增

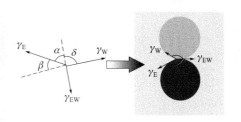

● 图 8-61　Janus 液滴中在连续相中的受力分析图

加，可以调控所得颗粒的形貌从新月型到满月型的变化，如图 8-62（a）、（e）、（f）所示。在相同的操作条件下，所得非球形颗粒的尺寸与形貌都非常均一，如图 8-62（b）、（c）所示。此外，对这些颗粒做 EDS 分析，只能检测到碳和氧元素，说明这些颗粒为有机物，未含其他杂质，如图 8-62（d）所示。

基于 Janus 液滴的可控制备方法还可以制备各向异性型的非球形微米材料。例如，若要制备材料 A 面（与连续相接触的凸面记为 A 面，与不固化分散相接触的凹面记为 B 面）负载纳米颗粒的斑状颗粒，则将纳米颗粒分散于连续相中。如图 8-63（a）所示，当液滴在主通道中流动时，连续相中的纳米颗粒与液滴发生碰撞，并有一定概率吸附在油/水界面上，液滴间的内循环强化了这一过程。可固化的分散相聚合时，吸附于界面上的纳米颗粒被原位固定。由于纳米颗粒很难穿透相界面，因此颗粒与另一分散相接触的一面不会负载纳米颗粒。之后，清洗除去不固化分散相，可得仅 A 面负载纳米颗粒的斑状颗粒。若要制备 B 面负载纳米颗粒的斑状颗粒，则将亲油性纳米颗粒分散于不可固化的分散相中。如图 8-63（b）所示，当液滴在主通道中流动时，不可固化分散相中的纳米颗粒与两相分散相的相界面发生碰撞，并有一定概率吸附于界面上。由于液滴与连续相间的摩擦，液滴内部同样存在内环流，帮助消除了流体内纳米颗粒的浓度差，强化了吸附过程。液滴聚合后，得到仅 B 面负载纳米颗粒的斑状颗粒。

四、核/壳结构微米颗粒材料

核/壳结构微米颗粒材料主要是利用其内核、壳层的差异做出功能性的调整或组合，包括通过改变材料组成、尺寸或孔径来发挥特定功能，如改性壳层、通过分子识别完成内核的定向释放，通过控制内核尺寸来控制释放量等。目前常用的制备核/壳结构微球的方法通常为间歇的多步过程，例如胶体/颗粒模板法需要先制备分散良好的胶体颗粒悬浮液，而后进行表面涂层，逐层沉积法通常需要反复多步地进行聚电解质层的吸附。另外，间歇法中所用的机械搅拌会引起温度与浓度的波

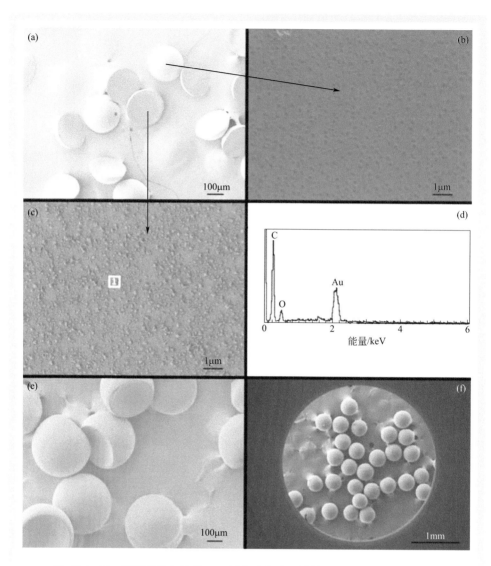

▶ 图 8-62 不同分散相流量比下制得的非球形材料的 SEM 照片及 EDS 图

（a）$Q_{分散相1}/Q_{分散相2}$=1/4，（e）$Q_{分散相1}/Q_{分散相2}$=2/1，（f）$Q_{分散相1}$=10μL/min，$Q_{分散相2}$=0mL/min，
（b）、（c）凸面与凹面扫描电镜照片，（d）图（c）中区域1上的EDS图

动，从而影响涂覆的均匀性，频繁的间歇操作也容易影响产品质量的稳定均一性。而微化工技术则可以实现核/壳结构微球的一步法制备，其中多数方法都是基于双重乳液技术。在这些方法中，通常利用液/液/液三相流体，其中的中间相流体为形成壳层材料的前驱体，内部包覆内相流体，这两相被连续相流体切断后形成双重乳液，而后固化中间相得到核/壳结构微球。不过，稳定双重乳液的形成对于体系物性，尤其是对界面张力和黏度有严格要求，因此极大地限制了体系的选择范围及

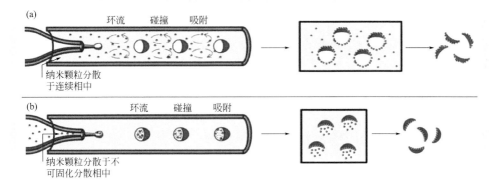

图 8-63 斑状微米颗粒制备机理图。(a) 纳米颗粒负载于 A 面;
(b) 纳米颗粒负载于 B 面

其应用。此外,三相流型较之两相流型要复杂得多,所需的设备结构、操作的复杂性也因此增加。

对此,本书作者发展了一种基于单重乳液制备核/壳结构复合微球的新方法。其基本思想为:以液/液两相液滴分散流制备球形颗粒的过程为基础,引入两相流体间的界面反应在普通球形颗粒表面生成另一功能物质的涂覆层。通过这种方法,可以成功制备出 TiO_2/SiO_2 等具有核/壳结构的微球。

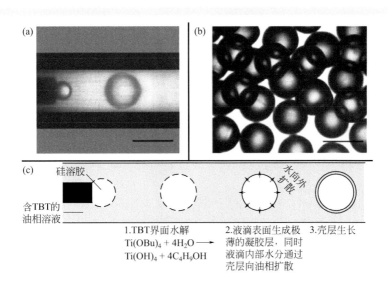

图 8-64 (a) 微通道中液滴生成的显微照片,(b) 分散在凝固浴中,
表面被一层胶体状薄膜包覆的水相液滴显微照片 (标尺为 500μm),
(c) 核/壳结构微球生成机理示意图

图 8-64 给出了在微通道中制备 TiO₂/SiO₂ 核 / 壳结构的过程和机理图。在分散相出口，硅溶胶被油相剪切形成单分散液滴，如图 8-64（a）、（b）所示。两相刚一接触，钛酸四丁酯便开始在油 / 水界面处发生水解。当液滴在盘管中流动时，金属醇盐进一步水解缩合，从液相中沉降而出，于是形成一层包含金属氢氧化物的胶

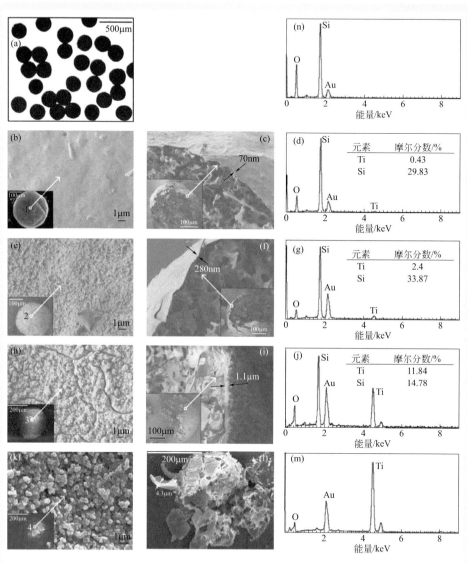

▶ 图 8-65 （a）焙烧后复合微球的显微照片；（b）、（e）、（h）、（k）壳层具有不同钛含量的复合微球的扫描电镜照片及其表面局部放大图；（k）t=50min，w_{OA}=0.1%，（c）、（f）、（i）、（l）为图（b）、（e）、（h）、（k）中复合微球的截面扫描电镜照片及其局部放大图，（d）、（g）、（j）、（m）为图（b）、（e）、（h）、（k）中微球表面区域 1、2、3、4 的 EDS 分析图

体状薄膜包覆在液滴表面。金属氢氧化物是亲水的，因此液滴中的水分可以通过外层薄膜继续向油相扩散。扩散到壳层与油相界面处的水分子与钛酸四丁酯反应，使壳层继续生长。同时，水相中的硅胶粒子会随水分一同扩散，因此得到的壳层会同时含有钛和硅元素。

通过调节连续相中油酸质量分数（w_{OA}）和液滴停留时间（t），可以制备得到表面钛含量不同的复合微球。图 8-65（a）所示为焙烧后微球的显微照片，可以看出微球颗粒的单分散性良好。对微球表面元素进行 EDS 分析，图 8-65（d）、（g）中区域 1 和 2 上可以检测到高含量的硅元素和低含量的钛元素，而图 8-65（j）、（m）中区域 3 和 4 上，硅元素的含量急剧降低，而钛元素的含量大幅升高。这说明通过调节油酸浓度和液滴停留时间，可以控制壳层钛含量在较大范围内变化。在同一微球表面不同区域进行 EDS 分析，检测得到的钛含量相同，证明钛在壳层呈均匀分布。

微球表面钛含量是该复合微球的重要性能指标，为此需要考察连续相中油酸浓度和液滴停留时间对壳层钛含量的影响。为了确定油酸的作用，利用微针头将一个水相液滴悬挂于含有不同浓度油酸的连续相溶液中，并持续观察 40min。图 8-66 为利用在线显微设备在不同时间拍摄的液滴照片。随着时间推移，液滴逐渐由无色透明变得不透明。液滴的颜色变化可以反映水解反应进行的程度。悬挂于 0.1%（质

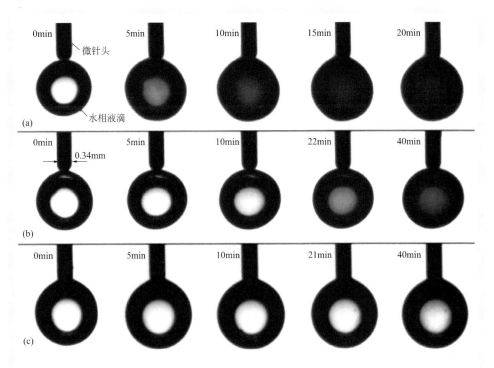

▶ 图 8-66　水相液滴悬挂于含有 3% 钛酸四丁酯的液体石蜡溶液中的显微照片。
连续相中的油酸质量分数：（a）0.1%，（b）0.3%，（c）0.7%

量分数）油酸溶液中的液滴在 20min 内变得完全不透明。而悬于较高浓度油酸溶液中的液滴在 40min 后仍然半透明。悬挂时间相同时，连续相中油酸浓度越低，则液滴颜色越深。这一结果表明油酸的存在可以有效地降低水解反应速率。

上述研究结果充分证明，利用微流控方法可以成功地一步制备 TiO$_2$/SiO$_2$ 核 / 壳结构复合微球，并且可以通过流量、停留时间等操作参数的调节很容易地实现制备条件调控，且制得的微球尺寸分布较窄，壳层中 TiO$_2$ 分布均匀，TiO$_2$ 含量也可以在较大范围内实现精确调节。

五、多核心结构微球

大多数多核心结构微球是为了达到多组分负载、活性组分分类封装与控缓释、多重荧光编码等目的，通过在微球内部包覆多个核心、腔室等方式来实现的。传统方法处理复杂结构的乳液通常需要多步间歇操作，很难保证核心组成与微球结构的可控性。尤其是受到多重乳液调控难度的限制，通常只能采用固体颗粒作为模板，通过多层、多步沉积的操作制得前驱体液滴，然后通过固化、洗脱固体颗粒模板（通常采用强酸）的方法得到最终产品，在控制前驱体内部颗粒的数目和多步操作中都存在着可控性和重复性差的问题，难以精确控制液滴内部颗粒数目、层厚度和最终微米材料的尺寸，同时对于材料种类也有较多限制（如耐酸性、颗粒在液滴内部稳定且不发生团聚等要求）。

而微流控技术处理多重乳液则具有明显的优势，尤其是有多级分散或剪切设计的微通道可以用于制备双重、多重乳液，从而制备具有核 / 壳结构或多腔室结构的复合微球或微胶囊，例如本章第一节中图 8-4（d）中所示结构，通过连续多级嵌套的同轴环管结构，可以制备单液滴内包覆多个小液滴的乳液。实际上，这一类方法的核心在于微通道内的液滴断裂时机控制，由此控制液滴的尺寸和配比，而在微通道中控制液滴的断裂机制则关系到黏性力与多相流体界面张力之间的平衡。

对此，Chen 等发展了一种简单的制备多色量子点编码的多核心微球的方法[16]，也是利用毛细管微流控技术精确编码和增强微球中多核心的稳定性。该方法以多核 O/W/O 双重乳液为模板，首先将量子点分散于内部液滴，之后随着紫外固化而成为微球的核心。其中，用于产生双重乳液的毛细管微通道由两个同轴锥形毛细管和一个方形毛细管组装而成，如图 8-67（a）所示。通过调节各相流量，双乳液液滴的直径可在 100～200μm 间调控，壳层厚度可在 20～80μm 间调控；之后通过紫外光照原位固化这些双重乳液液滴，可以制备内核由量子点编码的微球，如图 8-67（b）所示。生物医学方面的应用通常要求微球光稳定性好，而通过微球外层的封装可以有效解决这一问题，从图 8-67（c）～（e）也可以看出，量子点在内核中均匀分散，体现出了较好的稳定性和透光性。

按照同样的设计思路，还可以通过采用多个毛细管注入结构的微通道制备多核

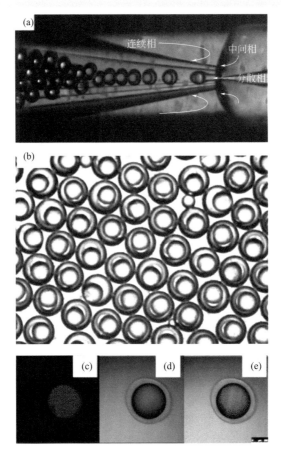

○ 图 8-67 （a）毛细管微通道制备成 O/W/O 双乳液的照片；（b）具有量子点标记聚合物核和 PEG 水凝胶壳的微球的光学显微照片；（c）激光扫描共聚焦显微镜照片；（d）显微照片；（e）为（c）、（d）照片的组合。图中标尺为 200μm

心结构微球，如图 8-68（a）、（b）所示。可以将两种量子点封装在不同的内核中，之后通过原位紫外光照固化，制备了具有两个不同核心的双色量子点编码微球，如图 8-68（c）～（g）所示。制备的量子点编码双核心微球具有优异的光学性能，适合于生物医学等方面的应用。从图中也可以明显看出，量子点均匀分布在微粒内核中。另外，这两个核可以在 405nm 波长的光线激发下，分别在 558nm 和 607nm 处出现最强的发光强度。

通过改变内核数量和每个内核中的量子点浓度，可以产生大量的编码微球。从理论上来说，如果有 N 个强度层级、M 个核心的话，可以得到 $\left[\binom{M}{3}N^3-1\right]$ 个独立

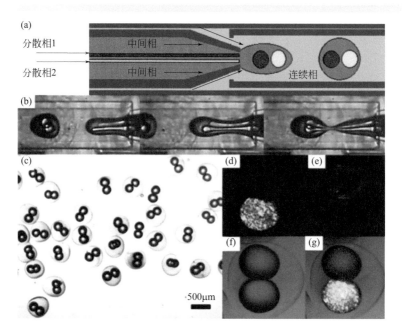

▶ 图 8-68 （a）用于制备双核心结构微球的微通道；（b）乳液形成时的高速显微照片；（c）双核心微球的光学显微照片；（d）、（e）激光扫描共聚焦显微照片（558nm 和 607nm 波长光下拍摄）；（f）亮场显微镜照片；（g）为（d）~（f）照片的组合

的编码。例如，如果使用 20 个强度层级的量子点、4 个内核的话，可以得到 31999 个可识别的编码。此外，通过检测每一个内核（对应一种量子点）即可得到独立的光谱，不需要光谱去卷积或信号再处理，可以有效避免频谱重叠的问题。换言之，通过微流控方法产生的多个量子点编码内核的微球非常适合高通量复合检测等方面的应用。

通过本章对纳微米材料的制备机理分析、微化工技术用于纳米材料、纤维材料、特殊结构材料的理论基础和方法的深入剖析和讨论，可以看出微化工技术在材料制备领域存在着明显的优势，如传递效率高、反应环境均一可控、操作简便且重复性好、易于放大等。而能够体现出这些优势也恰恰是因为材料本身的要求较高，对于成核、生长，包括前驱体乳液、流型的较高要求。尤其是随着材料科学与技术的发展，对材料的要求也不仅仅局限于传统的尺寸、形状、组成、性质等方面，还对材料的复合、改性、功能化提出了更高的要求，需要更多的处理步骤和不断改变的反应环境。也正是针对材料制备过程中不同阶段的要求，通过微尺度作用力调控适宜的反应环境和流型，可以有效避免传统方法中间歇处理造成的反应体系温度、浓度分布差异大，重复性差和存在放大效应等一系列问题。近年来，微化工技术在材料制备领域中不断涌现出的工业化应用实例也充分证明了其独特的优势。

不过，微化工技术制备纳微米材料仍然有很多需要重点研究的内容和方向，主要包括以下几个方面：

微结构设备中多相体系中的传质、传热基本原理还有待深入研究。包括纳微米材料的处理过程与其在不同的反应环境、不同相态之间的关系的理论基础仍待建立和完善。尤其是对于不同的制备体系，需要深入研究其中的动态特性，如决定分子尺度到液滴、气泡尺度流体行为变化的动态界面张力，其介尺度效应应该加以深入研究。

微化工技术制备功能纳微米材料，涉及化学、化工、物理、材料、生物和医药等诸多学科，也涉及 3D 打印技术、数据自动优化和机器学习等新兴技术的融合。因此也尤其需要注意多学科交叉，实现微化工技术在更多领域中的集成和应用。

虽然在现有的微化工平台已经实现了多通道的数目放大和一些纳微米材料的工业化生产，但自从微流体诞生以来，高性能纳微米材料的大规模生产还存在一定困难，尤其是产能达到千吨级 / 天的微化工平台仍然稀缺。微结构设备和系统规模化放大的方法和设计仍有待提高，以实现各种高新纳微米材料的工业化生产。此外，微化工系统在工业应用中的一些工程问题必须通过学术界和工业界的联合协作来解决，例如通道防堵、设备长周期稳定性、设备弹性和相应的维护技术、标准等诸多方面。

参考文献

[1] Gambardella P, Rusponi S, Veronese M, et al. Giant magnetic anisotropy of single cobalt atoms and nanoparticles[J]. Science, 2003, 300(5622): 1130-1133.

[2] Mathiowitz E, Jacob J S, Jong Y S, et al. Biologically erodable microspheres as potential oral drug delivery systems[J]. Nature, 1997, 386(6623): 410.

[3] Williamson M J, Tromp R M, Vereecken P M, et al. Dynamic microscopy of nanoscale cluster growth at the solid-liquid interface[J]. Nature Materials, 2003, 2(8): 532.

[4] Caruso F, Caruso R A, Mohwald H. Nanoengineering of inorganic and hybrid hollow spheres by colloidal templating[J]. Science, 1998, 282(5391): 1111-1114.

[5] Brust M, Walker M, Bethell D, et al. Synthesis of thiol-derivatised gold nanoparticles in a two-phase liquid-liquid system[J]. Journal of the Chemical Society-Chemical Communications, 1994, 7(7): 801-802.

[6] Kenis P J, Ismagilov R F, Whitesides G M. Microfabrication inside capillaries using multiphase laminar flow patterning[J]. Science, 1999, 285(5424): 83-85.

[7] Werner P E, Eriksson L, Westdahl M. TREOR, A semi-exhaustive trial-and-error powder indexing program for all symmetries[J]. Journal of Applied Crystallography, 1985, 18(5): 367-370.

[8] Mersmann A. Crystallization technology handbook[M]. Second Edition. New York, US: Marcel

Dekker, 2001:49-52.

[9] Coleman J T, McKechnie J, Sinton D. High-efficiency electrokinetic micromixing through symmetric sequential injection and expansion[J]. Lab on a Chip, 2006, 6(8): 1033-1039.

[10] Platt M, Muthukrishnan G, Hancock W O, et al. Millimeter scale alignment of magnetic nanoparticle functionalized microtubules in magnetic fields[J]. Journal of the American Chemical Society, 2005, 127(45): 15686-15687.

[11] Chen J F, Shao L, Guo F, et al. Synthesis of nano-fibers of aluminum hydroxide in novel rotating packed bed reactor[J]. Chemical Engineering Science, 2003, 58(3): 569-575.

[12] Monnier H, Wilhelm A M, Delmas H. Effects of ultrasound on micromixing in flow cell[J]. Chemical Engineering Science, 2000, 55(19): 4009-4020.

[13] Chen P Y, Liu H L, Hua M Y, et al. Novel magnetic/ultrasound focusing system enhances nanoparticle drug delivery for glioma treatment[J]. Neuro-oncology, 2010, 12(10): 1050-1060.

[14] Nisisako T, Torii T, Takahashi T, et al. Synthesis of monodisperse bicolored Janus particles with electrical anisotropy using a microfluidic co-low system[J]. Advanced Materials, 2006, 18(9): 1152-1156.

[15] Chu L Y, Wang W. Microfluidics for advanced functional polymeric materials[M]. Weinheim, Germany: Wiley-VCH, 2017:145-154.

[16] Chen Y, Dong P F, Xu J H, et al. Microfluidic generation of multicolor quantum-dot-encoded core-shell microparticles with precise coding and enhanced stability[J]. Langmuir, 2014, 30(28): 8538-8542.

[17] Paulsen K S, Carlo D D, Chung A J. Optofluidic fabrication for 3D-shaped particles[J]. Nature Communications, 2011, 6:6976.

[18] Habasaki S, Lee W C, Yoshida S, et al. Vertical Flow Lithography for Fabrication of 3D Anisotropic Particles[J]. Small, 2015, 11(48): 6391-6396.

[19] Fournier M C, Falk L, Villermaux J. A new parallel competing reaction system for assessing micromixing efficiency—experimental approach[J]. Chemical Engineering Science, 1996, 51(1): 5053-5064.

[20] Kawasaki S I, Sue K, Ookawara R, et al. Engineering study of continuous supercritical hydrothermal method using a T-shaped mixer: Experimental synthesis of NiO nanoparticles and CFD simulation[J]. Journal of Supercritical Fluids, 2010, 54(1): 96-102.

[21] Lee W B, Weng C H, Cheng F Y, et al. Biomedical microdevices synthesis of iron oxide nanoparticles using a microfluidic system[J]. Biomedical Microdevices, 2009, 11(1): 161-171.

[22] Chen G G, Luo G S, Xu J H, et al. Membrane dispersion precipitation method to prepare nanopartials[J]. Powder Technology, 2004, 139(2): 180-185.

[23] Shalom D, Wootton R C R, Winkle R F, et al. Synthesis of thiol functionalized gold nanoparticles using a continuous flow microfluidic reactor[J]. Materials Letters, 2007, 61(4): 1146-1150.

[24] Song Y, Kumar C S, Hormes J. Synthesis of palladium nanoparticles using a continuous flow polymeric micro reactor[J]. Journal of Nanoscience and Nanotechnology, 2004, 4(7): 788-793.

[25] Takagi M, Maki T, Miyahara M, et al. Production of titania nanoparticles by using a new microreactor assembled with same axle dual pipe[J]. Chemical Engineering Journal, 2004, 101(1): 269-276.

[26] 陈桂光. 膜分散微混合器及超细颗粒的可控制备 [D]. 北京：清华大学，2005.

[27] Liu C I, Lee D J. Micromixing effects in a couette flow reactor[J]. Chemical Engineering Science, 1999, 54(13): 2883-2888.

[28] Schwarzer H C, Peukert W. Combined experimental/numerical study on the precipitation of nanoparticles[J]. AIChE Journal, 2004, 50(12): 3234-3247.

[29] Luo G S, Du L, Wang Y J, et al. Controllable preparation of particles with microfluidics[J]. Particuology, 2011, 9: 545-558.

[30] Thiele M, Knauer A, Malsch D, et al. Combination of microfluidic high-throughput production and parameter screening for efficient shaping of gold nanocubes using Dean-flow mixing[J]. Lab on a Chip, 2017, 17: 1487-1495.

[31] 王凯. 非均相反应过程的微型化基础研究 [D]. 北京：清华大学，2010.

[32] Sebastian V, Smith C D, Jensen K F, et al. Shape-controlled continuous synthesis of metal nanostructures[J]. Nanoscale, 2016, 8: 7534-7543.

[33] 李少伟. 微结构系统内纳米颗粒可控制备的研究 [D]. 北京：清华大学，2009.

[34] 杜乐. 微分散技术可控制备无机粉体材料的研究 [D]. 北京：清华大学，2014.

[35] Besergil B, Akin A, Celik S. Determination of synthesis conditions of medium, high, and overbased alkali calcium sulfonate[J]. Industrial & Engineering Chemistry Research, 2007, 46(7): 1867-1873.

[36] Chen Z C, Xiao S, Chen F, et al. Calcium carbonate phase transformations during the carbonation reaction of calcium heavy alkylbenzene sulfonate overbased nanodetergents preparation[J]. Journal of Colloid and Interface Science, 2011, 359(1): 56-67.

[37] Duraiswamy S, Khan S A. Droplet-based microfluidic synthesis of anisotropic metal nanocrystals[J]. Small, 2009, 5(24): 2828-2834.

[38] Sotowa K I, Irie K, Fukumori T, et al. Droplet formation by the collision of two aqueous solutions in a microchannel and application to particle synthesis[J]. Chemical Engineering and Technology, 2007, 30(3): 383-388.

[39] Khan S A, Günther A, Schmidt M A, et al. Microfluidic synthesis of colloidal silica[J]. Langmuir, 2004, 20(20): 8604-8611.

[40] Li S W, Xu J H, Wang Y J, et al. Mesomixing scale controlling and its effect on micromixing performance[J]. Chemical Engineering Science, 2007, 62(13): 3620-3626.

[41] Ying Y, Chen G W, Zhao Y C, et al. A high throughput methodology for continuous preparation

of monodispersed nanocrystals in microfluidic reactors[J]. Chemical Engineering Journal, 2008, 135(3): 209-215.

[42] Mulopo J, Zvimba J N, Swanepoel H, et al. Regeneration of barium carbonate from barium sulphide in a pilot-scale bubbling column reactor and utilization for acid mine drainage[J]. Water Science and Technology, 2012, 65(2): 324-331.

[43] Jeevarathinam D, Gupta A K, Pitchumani B, et al. Effect of gas and liquid flowrates on the size distribution of barium sulfate nanoparticles precipitated in a two phase flow capillary microreactor[J]. Chemical Engineering Journal, 2011, 173(2): 607-611.

[44] Yu J G, Lei M, Cheng B, et al. Facile preparation of calcium carbonate particles with unusual morphologies by precipitation reaction[J]. Journal of Crystal Growth, 2004, 261(4): 566-570.

[45] Guo H X, Qin Z P, Qian P, et al. Crystallization of aragonite $CaCO_3$ with complex structures[J]. Advanced Powder Technology, 2011, 22(6): 777-783.

[46] Dresselhaus M S, Chen G, Tang M Y, et al. New directions for low-dimensional thermoelectric materials[J]. Advanced Materials, 2007, 19(8): 1043-1053.

[47] Yan G W, Wang L, Huang J H. The crystallization behavior of calcium carbonate in ethanol/water solution containing mixed nonionic/anionic surfactants[J]. Powder Technology, 2009, 192(1): 58-64.

[48] Hu Z S, Deng Y L. Synthesis of needle-like aragonite from calcium chloride and sparingly soluble magnesium carbonate[J]. Powder Technology, 2004, 140(1-2): 10-16.

[49] Mason T O, Michaels T C T, Levin A, et al. Synthesis of nonequilibrium supramolecular peptide polymers on a microfluidic platform[J]. Journal of the American Chemical Society, 2016, 138(30): 9589-9596.

[50] 兰文杰. 基于液 - 液微流动的材料制备基本规律研究 [D]. 北京：清华大学，2013.

[51] 翟峥. 双重孔结构 SiO_2 微球的制备及其分离性能研究 [D]. 北京：清华大学，2009.

[52] Binks B P, Lumsdon S O. Pickering emulsions stabilized by monodisperse latex particles: Effects of particle size[J]. Langmuir, 2001, 17(15): 4540-4547.

第九章

微化工设备的放大和工业应用

微化工设备的放大及其工业应用是微化工技术从实验室走向产业化的关键，由于多种原因，其研究报道很少，有些报道也只是公布一些具体的效果，如何实现微化工设备的放大、如何在工业实践中完善微化工技术仍然有很多需要解决的难题，本章将围绕微化工技术的产业化应用的关键难题开展探讨。

第一节　微化工设备的放大

虽然微化工技术具有很大的优势，但仍然存在一个关键挑战：放大。微化工设备中实现的许多关键优点是由于小尺寸系统固有的。扩展到工业应用所需的体积而不会丢失这些特性需要一套有效的放大策略。在这项技术的初期，研究者们经常声称微反应器可以通过数目放大轻松地实现放大，从而可以克服尺寸放大问题。然而，学术界和工业界的大量努力表明这种放大方法存在着诸多挑战[1-3]。比如，为了高通量，需要成千上万的反应器单元达到所要求的停留时间和输出量。流体分配以确保每个反应器单元中均匀和精确的流量和放大反应器的成本都是难以克服的问题。截至目前，研究者对微设备放大的探索涉及以下三类策略：（a）把数个单元平行组合的平行数目放大；（b）把数个单元系列组合的串联数目放大；（c）通过适当的尺寸放大实现的类比规模放大。基于以上三个策略实现的放大的例子在图9-1中给出。

平行数目放大是微反应器放大中最常用的方法。把一些通道或反应器平行放置，以便可以在相同的条件下进行反应。该方法具有保留流体动力学和传递特性的

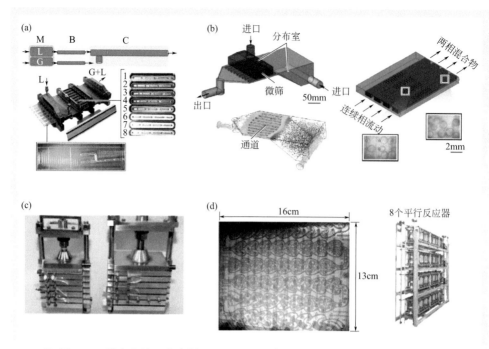

● 图 9-1　放大方法几个案例。(a) 基于屏障的微 / 毫米通道反应器 (BMMR);
(b) 微筛孔分散反应器; (c) Lonza 公司的 Lonza FlowPlate™ 微反应器; (d) 康宁
先进流动反应器。B—屏障通道; C—反应通道; G—气体; L—液体; M—支管

优点，但需要复杂的流体流动分布和控制。如图 9-1 (a) 所示，可以使用位于入口总管和反应管路之间的基于阻力的流量分配器进行流量的有效分配。基于阻力的流体分配器借助液压流动阻力，可以被动地调节和均衡八个通道[4] 内的气 / 液流量，误差在 10% 以内。但是，这种方法需要额外的与限流器相关的能源消耗并会降低反应器流量操作窗口。在以前的研究中，入口流体混合之前[5] 引入一个腔室，该大的腔室的存在可以充当液压缓冲器，从而抑制反应通道入口处的压力，有助于在每个通道中形成均匀的流动。对于这种设计，通道结构必须小心构造以确保恒定的或可控的流动阻力。如图 9-1 (b) 所示，通过 CFD 模拟[5] 优化了微筛孔分散反应器中的通道 (T 形结构的放大)，以确保恒定的流量分布。孔径间距也需要仔细确定。通常堆叠反应器板如图 9-1 (c) 所示，通常应用于平行数目放大。热量传递很容易通过反应板之间的加热 / 冷却板实现控制。

　　串联数目放大使用多个串联的反应器或通道，保持一个反应物处于高流速下并逐步将第二个反应物串联。关于串联数目放大的研究是有限的，尽管这个概念通常在实际应用中实现。采用这种技术时，应注意确保下游段较长的通道，从而可以实现当流量增加时仍保证一致的停留时间。这个策略规避了流体分配器，这有助于研

究人员实现所需的流量控制和更低的成本。与多股进料技术[6]类似，串联数目放大可以当通过在快速和强放热反应中降低反应通量来减少热点。但是，由于没办法无限制地提高流量，所以这种放大技术的发展一直备受限制。

类比规模放大是通过选择性的尺寸扩大来实现类比放大。进行尺寸放大的前提是保留微尺寸时快速混合、传质、传热的优点。这种放大方法可以降低管路堵塞的风险。早在 2000 年，Krummradt 等人[7]比较了不同尺寸反应器的反应收率。结果表明，当尺寸小于 1mm 时，产品的收率不会随着尺寸的变化而发生本质变化；在更大的尺寸下，产量可能随着尺寸急剧下降。因为，在一定的流动条件下，1μm 通道与 500μm 通道的流体动力学是相似的，但与 5mm 通道的流体动力学有着显著差异。因此，在保持流体动力学和传递特性的情况下，通过合适的尺寸放大来增加产量是可行的。另一种方法是选择性地增加一个维度的通道尺寸而保证另外维度的尺寸在微尺度。一些深[8]或狭缝状[9]的微通道已经使用这种方法提高了生产率。利用该放大方法的典型反应器是康宁先进流动反应器［图 9-1（d）］[10,11]。周期性的心形结构放大到毫米量级，流体的流量从 2 ～ 10mL/min 增加到 10 ～ 80mL/min。对于流体动力学，气／液传质和液／液转移[10,12]的研究表明，特定的界面面积（液／液：1000 ～ 10000m²/m³；气／液：160 ～ 1300m²/m³）和总体积传质系数（液／液：1.9 ～ 41s⁻¹；气／液：0.2 ～ 3s⁻¹）与微通道中的传质系数保持一致[13]。Wang 等人[5]最近提出了一种实用的结合平行放大和通过 CFD 模拟优化的结构尺寸放大的反应器放大方法。有了这个概念，Wang 等人[5]成功地设计和测试了在环己烷羧酸和发烟硫酸的反应中用于中试装置的微筛孔分散微反应器。在放大的微反应器中，产量增加了 160 倍，产物选择性达到 96%，仅比实验室规模的微反应器中的选择性低 1% ～ 2%。

上述三种放大策略各有其优缺点，在实际应用中需要根据体系的特性和工艺要求进行选择和组合。下面，仅以已经取得成功应用的三类典型微结构设备为例，对微设备的放大方法和应用情况做进一步说明。

第二节　膜分散微混合器的研究和应用

一、混合器的模型与结构设计

骆广生等[14-17]在膜技术发展的基础上，采用微孔膜或微滤膜为分散介质，发展了一种新型的混合器——膜分散混合器。膜分散混合器不仅继承了微通道式混合器混合性能好的特点，而且其处理量比一般的微通道式混合器的处理量大得多。

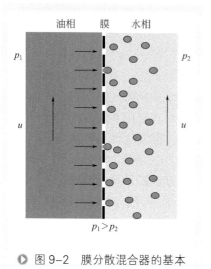

油相　膜　水相

p_1 ← → p_2

u ↑　↑ u

$p_1 > p_2$

▶ 图 9-2　膜分散混合器的基本
原理示意图

膜分散混合器的基本原理如图 9-2 所示，其混合方式近似于"将一种流体以多股支流的方式注入另一种流体中"的混合方式。膜分散混合器以微孔膜/微滤膜为分散介质，通过微孔膜/微滤膜将一种待混合的流体分割成多股子流体或以微小液滴的形式进入另一种流体中，以达到两种流体的充分混合。

一方面，微孔膜可以看成是成千上万个并列排布的微通道，整个膜孔隙率较大；另外分散膜的厚度很薄，在几十到几百微米之间，通道距离短，过膜的阻力比一般长微通道小，因此膜分散操作中压力差小，在几十到几百千帕内，所需能量小。同时形成的液滴直径均一，可以通过分散膜的孔径来实现控制，特别是能形成直径小于 10μm 的分散相液滴。另一方面，膜孔隙率大，因此单位面积膜的处理量大，可以大幅度提高混合器的处理能力。

分散膜是膜分散混合器中最为关键的元件之一。分散膜按材料可以分成有机膜和无机膜。有机膜的孔结构和表面结构比较理想，但耐压性能差。膜分散过程中分散相在压力差的作用下通过膜进入连续相，分散膜需要承受一定的压力。因此，有机膜在膜分散混合器中不便应用。无机膜有一定的耐压性能和耐溶剂性能，比较适合于作为膜分散混合器的分散介质。无机膜主要分为管式膜和平板膜两大类。管式膜中最常用的有金属管式膜和金属氧化物管式膜，其中最常用的膜为 ZrO_2 和 Al_2O_3 膜。这类膜主要是在 Al_2O_3 的基质上涂层金属氧化物或金属氢氧化物，再在高温下烧结而成。这些烧结而成的管式膜有一定的耐压性能，适合于作为分散介质。平板无机膜是另一大类的膜。平板膜的材质也很多，其中有不锈钢纤维烧结膜、金属颗粒压制膜等。这些膜一般厚度较薄，在几十到几百微米之间。同样它们也具有很好的耐压性能，适合作为分散介质。最常见的金属 Ni 烧结膜和不锈钢纤维烧结膜的结构参数如表 9-1 所示。图 9-3 给出两种平板膜的表面微观结构 SEM 照片。从图中可以看出：金属 Ni 膜孔隙率较低，约为 32%～35%，膜表面的微孔形状不规则，盲孔和孔道相连的现象较多。这主要是因为这种膜是采用一定粒径的金属粉末烧结压制成平板状多孔支撑体，然后再在其表面涂敷一层薄合金层而制成的。金属 Ni 膜比较适合作为分散介质。不锈钢纤维烧结膜的孔隙率很大，约为 60%～70%，基本无盲孔，但孔道很不规则，这是由于这种膜是采用金属纤维烧结而成的。

表 9-1　平板膜结构参数一览表

膜材料	样式	平均孔径 /μm	膜厚 /mm	孔隙率 /%
不锈钢	平板	5	0.30	60～70
镍	平板	0.9, 0.2	0.15	32～35

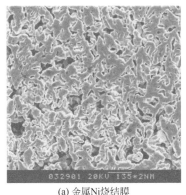

(a) 金属Ni烧结膜

(b) 不锈钢纤维烧结膜

◉ 图 9-3　平板膜表面微观结构 SEM 图

不同形式的分散膜，可以设计不同结构的膜分散混合器。膜分散微混合器包括两个膜器构件（膜器连续流体一侧的构件和膜器分散流体一侧的构件）及分散膜三个主要部分。两个膜器构件的材质均为不锈钢。连续流体一侧的构件是不锈钢材料上通过精密机械加工连续相进口、混合腔室和混合液出口；分散流体一侧的构件是在不锈钢材料上加工分散相进口和分散相腔室。混合腔室的尺寸可以根据实际设计需要进行加工，例如对于单

◉ 图 9-4　平板膜分散微混合器照片

通道的膜分散微混合器，混合腔室的尺寸为 12mm×4mm×2mm。图 9-4 是平板膜分散微混合器照片，微混合器内部剖面图见图 8-9。

膜分散实验装置如图 9-5 所示。在管式膜分散混合器中连续流体经过计量泵进入管程，分散流体经过计量泵进入壳程，并在分散膜管两侧的压力差作用下通过分散膜进入管程。两种待混合流体在管程中实现混合，并发生传质，进而流出膜器。平板式混合器的操作方式与此相似。

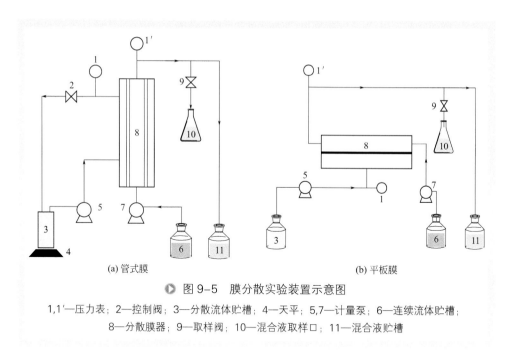

◎ 图 9-5　膜分散实验装置示意图

1,1′—压力表；2—控制阀；3—分散流体贮槽；4—天平；5,7—计量泵；6—连续流体贮槽；
8—分散膜器；9—取样阀；10—混合液取样口；11—混合液贮槽

二、混合性能

采用 Dushmann 反应对膜分散微混合器的均相混合性能进行表征，测得的分隔因子 X_s 越大，则微混合性能越差。分散相溶液流量对分隔因子 X_s 的影响如图 9-6 所示。X_s 随着分散相溶液流量的增加而减小。X_s 与 H^+ 的传递速率相关。H^+ 的传递速率提高，X_s 值就会下降。随着分散相流量的增加，分散相溶液通过分散膜进入的流速增加，湍动性能的增加，混合性能会有明显改善；湍动性能的增强，有利于提高 H^+ 的传质系数，从而减小 X_s。

图 9-7 是连续相溶液流量对分隔因子的影响。可以看出，随着连续相溶液流量

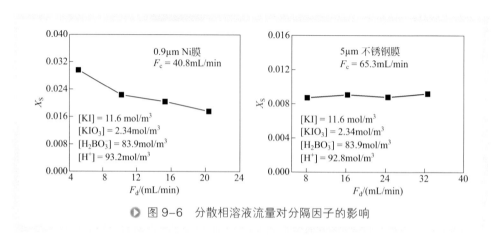

◎ 图 9-6　分散相溶液流量对分隔因子的影响

的增加，分隔因子下降。这说明混合情况随着连续相溶液流量的增大而改善。实验中的分隔因子可以达到 0.002，说明膜分散微混合器的混合性能很好。随着连续相流量的增加，流体在膜分散微混合器中的停留时间下降，这是不利于混合性能提高的；但连续相溶液流量增加，两相的相比减小，流体在膜分散微混合器中的湍动增强，这两方面都有利于提高混合性能。总的来说，增加连续相溶液流量有利于减小混合尺度，当连续相溶液流量增大到一定程度，即分散相溶液流量与连续相溶液流量的比值很小时，混合性能主要受微观混合性能的控制。当混合很好时，整个微混合器内的混合就可以达到理想混合状态。从图 9-6 和图 9-7 可以看出，在膜分散微混合器内分隔因子在 0.01 ～ 0.032 之间，说明其混合性能比传统混合器的性能要好得多。

图 9-8 是两相相比对分隔因子的影响图。可以看出，在两相相比接近 1 时，分隔因子随着相比的增加而增大。这样的操作条件下，宏观混合对两相的混合影响很大；当两相相比小于 1 时，X_S 很小，两种待混合溶液混合得很好；当两相相比大于 1 后，X_S 明显增大。

图 9-9 是膜孔径对混合性能的影响图。可以看出，膜孔径直接影响着混合尺

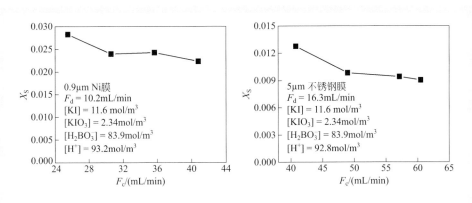

◗ 图 9-7　连续相溶液流量对分隔因子的影响

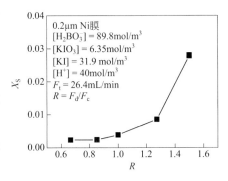

◗ 图 9-8　两相相比对分隔因子的影响

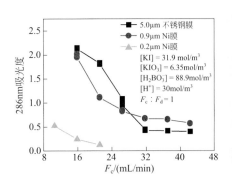

◗ 图 9-9　膜孔径对混合性能的影响

度。当膜孔径在 0.9μm 和 5.0μm 时，在实验条件下，两种微混合器的混合性能相近；当膜的孔径下降到 0.2μm 时，微混合器的混合性能有很大的提高。当膜的孔径下降，混合尺度下降，因此混合性能可以得到提高，达到更为理想的混合状态。

Fournier 等[18] 在利用平行竞争反应体系测试均相体系的混合性能时，提出了一种计算混合时间的简单模型。以此模型为基础进行计算，图 9-10 为实验条件下得到的微混合时间与分隔因子的关系图。可以看出，微混合时间与分隔因子呈线性关系，$t_m = 3.48 X_S$。根据计算结果，可以得到实际操作条件下的膜分散微混合器的微混合时间，如图 9-11 所示。可以看出，膜分散微混合器微混合时间在 10 ~ 100ms 之间。特别是在使用平均膜孔径为 0.2μm 的分散膜时，膜分散微混合器的微混合时间可以小到 10ms。

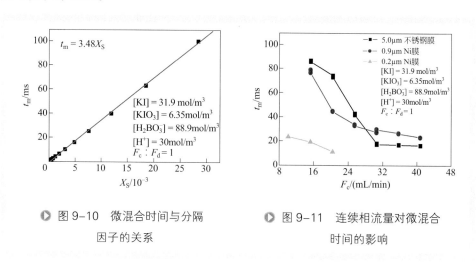

图 9-10　微混合时间与分隔
　　　　　因子的关系

图 9-11　连续相流量对微混合
　　　　　时间的影响

三、相间传质性能

非均相混合体系的混合性能可以采用相间传质的方法来进行表征，其中染料萃取示踪法是一种较好的表征方法。对于液 / 液两相混合或多相混合，混合效率不仅受宏观混合的影响，而且受到相间传质比表面积大小的影响，在微混合器中，由于混合尺度的减小，为两相的混合提供了巨大的比表面积，因而可以有效地提高混合性能。实验中可以通过测定混合过程中染料的萃取效果来表征液 / 液相间的混合性能。陈桂光[19] 对图 9-12 所示平板膜的混合性能进行了研究。实验中尼罗红的传质方向为从甲醇 / 水溶液相到正庚烷相。

图 9-13 是使用 5μm 不锈钢膜为分散介质，在两相相比 R 为 1 时，油相的最大吸收峰值与流量的关系图。从图中可以看出，随着两相流量的增加，萃取进入油相的尼罗红的量先有所下降，到一个最小值以后，再上升。这与均相混合体系的结果

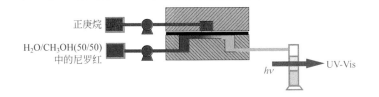

● 图 9-12 染料萃取实验示意图

有明显的不同。但这个结果与膜分散萃取的结果以及文献 Panić 等 [20] 和 Benz 等 [21] 的实验结果是一致的。在液 / 液两相的混合过程中，混合的效率受混合状态、混合尺度（液滴的大小）以及停留时间三种因素的影响。当膜的孔径很小时，随着连续相流速的上升，混合尺度减小，表观传质系数增大，这时停留时间对混合性能的影响较小，因此混合的效率很高；当膜孔径增大后，混合的尺度也随之增加，混合性能会因此变差。随着连续相流量的增加，混合尺度和停留时间都会下降。在较低的流速条件下，由于混合尺度较大，混合效率主要受停留时间的影响，因此随着连续相流量的上升，混合效率下降。当连续相的流量大于 0.60mL/s 后，随着连续相流量的增大，流体湍动加强，混合尺度变小，此时混合性能主要受混合尺度的影响，因此混合效率随着连续相流量的进一步增加而提高。

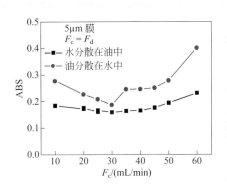

● 图 9-13　5μm 不锈钢膜的膜分散微混合器的连续相流量对染料萃取的影响图

从图 9-13 中可以看出，分散相的选择对液 / 液两相混合性能有很大的影响。将油相（正庚烷）作为分散相时混合的性能比用水相作为分散相时的性能要好得多。这主要是由于混合的尺度即分散相液滴的尺度不仅受分散膜孔径大小的影响，而且与分散膜对两相的浸润性相关。当用水相作为分散相时，由于金属膜是亲水的，比以油相作为分散相得到的液滴直径要大得多。因此，以油相作为分散相的混合性能比水相作为分散相的性能要好。

图 9-14 和图 9-15 分别是使用 0.9μm 和 0.2μm 镍膜为分散介质时，油相最大吸收峰与两相流量的关系图。可以看出，当膜孔径减小时，分散相的选择方式以及两相的流量对混合性能影响规律与采用 5μm 的不锈钢膜为分散介质时的结果是一致的。

图 9-16 是三种不同孔径的分散膜在以油相为分散相时，两相流量对两相混合

性能的影响。可以看出，随着分散膜孔径的减少，正庚烷相中的尼罗红浓度有所上升，即对尼罗红的萃取效率上升，这也表明微混合器的混合性能有所上升。当膜孔径从 5.0μm 降到 0.9μm 时，尼罗红的萃取效率增加了约 20% ~ 30%；当膜孔径继续下降到 0.2μm 时，两相中的传质急剧上升。当两相的流量达到 21.1mL/min 时，5.0μm、0.9μm 和 0.2μm 分散膜的实验结果分别是 0.23、0.27 和 0.65，即以 0.2μm 的镍膜为分散介质时，两相的传质已经接近平衡。分散膜孔径的大小直接影响着分散相进入连续相时的液滴直径大小。膜分散法制备乳液的结果表明，分散相的液滴与分散膜的孔径呈正比关系，比例因子在 5 ~ 20 之间。当分散膜的孔径下降到 0.2μm 时，分散相的液滴直径明显下降，传质比表面积急剧上升，因此混合性能明显提高。

图 9-17 分别是三种不同孔径的分散膜在以水相为分散相时，两相流量对两相混合性能的影响。当膜孔径从 5.0μm 下降到 0.9μm 时，萃取效率相近；当膜孔径

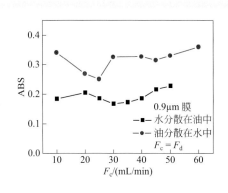

▶ 图 9-14　0.9μm 镍膜的膜分散微混合器的两相流量对染料萃取的影响图

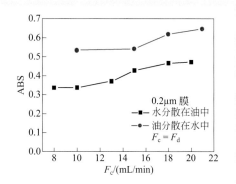

▶ 图 9-15　0.2μm 镍膜的膜分散微混合器的两相流量对染料萃取的影响图

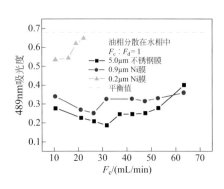

▶ 图 9-16　膜分散微混合器中两相流量对染料萃取的影响图（油相为分散相）

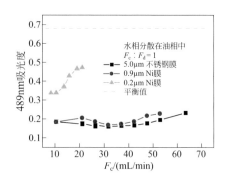

▶ 图 9-17　膜分散微混合器中两相流量对染料萃取的影响图（水相为分散相）

继续下降到 0.2μm 时，两相中的传质性能急剧上升。但以水相为分散相的混合性能比以油相为分散相的性能差。

上述关于分散相和连续相对相间传质影响差异的规律除了与流体流动路径有关外，还与体系物性有关。因此，在实际应用有必要根据具体的应用体系做进一步分析或测试，才能更合理地进行分散相和连续相的选择与流道结构设计。

四、微设备内的流场

认识微设备内的流场特征有助于理解其中的多相流动和传质性能。陈桂光[19]利用 CFX 软件对膜分散微混合器的流场进行了模拟。所选取的通道和膜的结构如图 9-18 所示。从图中可以看出，流动通道有两个进口和一个出口，连续相溶液进口通道、分散相溶液进口通道以及混合液出口通道的直径均为 4.0mm，混合腔室的尺寸为 12mm×4mm×2mm。模拟中分散孔半径分别取 70μm、50μm、30μm、20μm、10μm。

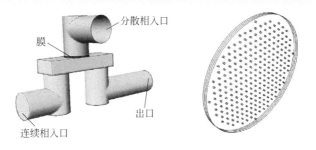

分散相入口
膜
出口
连续相入口

▶ 图 9-18　膜分散微混合器的流动通道和分散膜的结构模型

在膜分散微混合器中雷诺数 Re 在 100 以下，如果根据传统的设备中流动的分类，应该属于层流流动。但分析在混合腔室中流动，分散相溶液经过分散膜注入连续相溶液中，混合腔室中湍动程度与层流流动明显不同，加之微混合器混合室尺寸很小，入口以及出口段的影响将十分明显。此外，在微混合器中由于快速反应以及高浓度差等均会产生剧烈的湍动（如 Marangoni 效应），因此在模拟过程中选用湍流模型比层流模型更合乎实际。采用湍流的 k-ε 模型对混合腔室的流动进行模拟。

在对膜分散微混合器中的流动进行模拟时，假设连续相溶液和分散相溶液的进口都已经充分发展了。由于圆管中的充分发展的流型为径向抛物线分布，因此两个进口都采用标准的抛物线分布。图 9-19 是膜分散微混合器中的流场分布情况。分散相溶液经过分散膜进入混合腔室与连续相溶液相混合，再经过混合液的出口通道流出微混合器。在膜分散微混合器中，两进口管都是采用"L"形的管道。从图 9-19 可以看出，在拐角处流体流动方向发生转向，存在一定的死角。一方面转折改变流

向可以增加流体的湍动，另一方面也使得拐角处存在流动死区。在改进设计的过程中，可以根据模拟结果将流动死区加以克服。

图 9-20 为混合腔室中平行于分散膜且距离膜平面 0.0010m 位置的一个平面的流动情况，图中采用流动的速度矢量，颜色的深度代表矢量的大小。从图中可以看出，混合腔室中靠近连续相溶液进口一侧，流体的流动速度相对较小；在混合腔室中部与分散相溶液进口上方，分散相溶液通过分散膜加入混合腔室中，两种溶液进行混合，因此总的流体流速明显上升。在混合腔室中部，流体流速呈现中间小、两侧大的流型。这主要是由于分散膜为圆形，因而中间部分膜孔多、两侧膜孔少；分

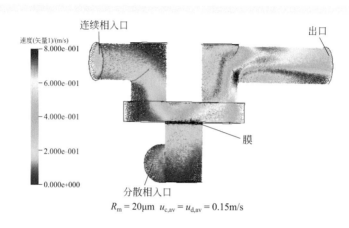

$R_{\mathrm{m}} = 20\mu\mathrm{m}$ $u_{\mathrm{c,av}} = u_{\mathrm{d,av}} = 0.15\mathrm{m/s}$

◉ 图 9-19 膜分散微混合器中的流场

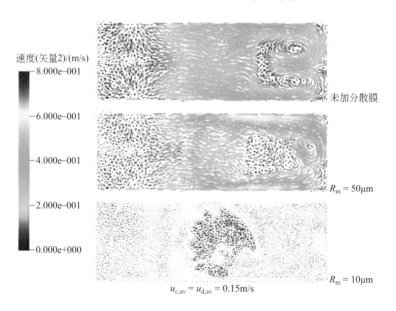

$u_{\mathrm{c,av}} = u_{\mathrm{d,av}} = 0.15\mathrm{m/s}$

◉ 图 9-20 微混合器中的平行于分散膜平面的速度剖面图

散膜位于混合腔室中部正下方，分散相溶液垂直于分散膜平面进入混合腔室，因此中央部分平行于分散膜平面的流动阻力大于两侧，两侧的流动速率大于中央部分。

当分散膜孔半径在 10μm 时，流动行为与分散膜孔较大时有所不同。当分散膜孔进一步降低时，分散相溶液进入混合腔室的速率进一步增大，对整个混合腔室中部的流动产生更大的影响，因而在中部出现极大的流动速度。

图 9-21 为膜分散微混合器垂直于分散膜平面过其中心的剖面的流动状况。从图中可以看出分散膜的孔径大小对整个膜分散微混合器中流动的影响。首先在分散膜与混合腔室的接触面上，进入连续相溶液的分散相溶液的速度是随着膜孔径的减小而增大，混合腔室受到分散相溶液的冲击也就迅速加大；从图中可以看出，混合腔室中部的（即在分散膜上方的）流体流动速度也明显上升。

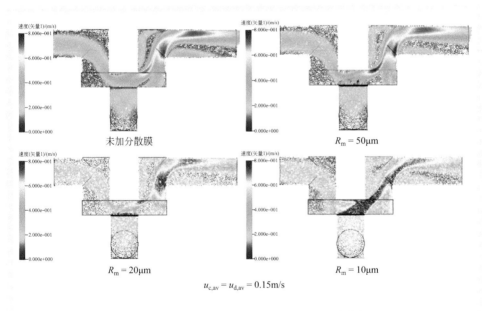

● 图 9-21　微混合器中垂直于分散膜平面的速度剖面图

五、膜分散微混合器在不同萃取体系中的应用

对于液/液萃取体系，界面张力和待萃溶质的分配系统对于设备操作和传质行为影响显著。徐建鸿[22]采用了六种有着不同界面张力和分配系数的液/液两相体系作为研究对象（主要物性见表 9-2），对膜分散微混合器中的液/液萃取行为进行了系统研究。

实验装置如图 9-22 所示。实验中，分散相流体通过计量泵打入微混合器的分散相入口；连续相流体通过计量泵打入微混合器的连续相入口；分散相流体通过分

散膜进入连续相流体中，两流体在混合腔室混合，最后从混合出口流出膜器。膜两侧压力差由压力表得出。由混合相储罐 8 取出混合液，分别分析分散相和连续相的浓度，以得到传质过程的萃取效率。通过高速在线显微系统在线观察和获取混合室出口的液滴群显微照片，以获取并分析不同实验条件下的平均液滴直径。根据传质后两相的浓度计算萃取过程的 Murphree 级效率。

表 9-2　不同实验体系的性质

实验体系	界面张力 γ/(mN/m)	分配系数 K
1（正丁醇／丁二酸／水）	1.7	1.07
2（正丁醇／磷酸／水）	1.7	0.12
3（33% 7301- 正辛醇／丁二酸／水）	8.13	18.0
4（33% 7301- 正辛醇／柠檬酸／水）	8.13	51.0
5（30%TBP- 煤油／硝酸／水）	9.95	0.26
6（正己烷／水）	51.0	—

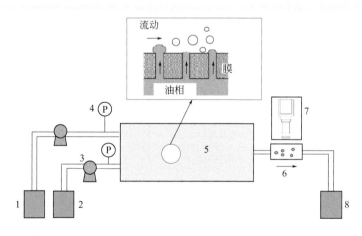

▶ 图 9-22　实验装置示意图

1，2，8—储罐；3—泵；4—压力表；5—微反应器；6—观察窗；7—图像系统

　　图 9-23 给出了对于体系 3，在固定相比为 1：1 时不同总流量下的分散相液滴群的显微照片。从图中可以看出，当两相流量较小时，所形成的液滴平均直径较大（>300μm）且液滴分布很不均匀。当两相流量增大到一定程度以后（>150mL/min），液滴直径基本一致，且平均直径随着总流量的增加而降低。

　　图 9-24 给出了对于不同的实验体系，液滴平均直径随总流量的变化关系。由图中可以看出，在膜分散微混合器中，固定相比条件下，随着总流量增大，膜表面的连续相流速加大，透过膜孔的分散相液滴所受的连续相剪切力增大，所形成的液

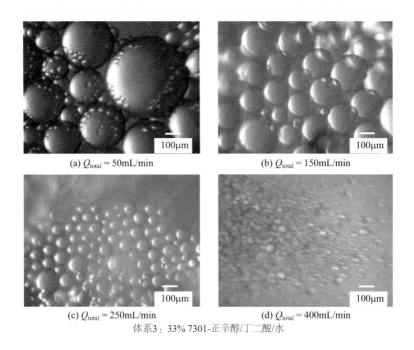

(a) Q_{total} = 50mL/min   (b) Q_{total} = 150mL/min

(c) Q_{total} = 250mL/min   (d) Q_{total} = 400mL/min

体系3：33% 7301-正辛醇/丁二酸/水

▶ 图 9-23 不同流量下分散相液滴群的显微照片

滴直径减小，两相的混合更加充分，当流量增大到 400mL/min 以上时，液滴直径达到最小值且基本不随流量变化。许多膜分散方面的研究都得出了类似的结论，此时液滴直径是膜孔径的常数倍，且常数 m 随界面张力的增大而增加。在本实验研究中，对于四种具有不同界面张力的实验体系，m 的值分别为 4.2，8.0，8.3 和 12.5。这主要是由于在膜分散过程，由于膜孔隙率和分散相流量较大，在液滴形成和运动过程中很容易产生相邻液滴间的聚并。

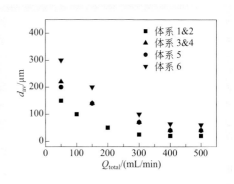

▶ 图 9-24 不同实验体系下总流量对液滴直径的影响（相比 1∶1）

通过以上研究可以看出，在膜分散微混合器中，通过改变两相流速，可以实现分散尺寸的可控调节。在实验条件下，对于不同的实验体系，平均液滴直径在 20～300μm 之间。

在膜分散微混合器中，液/液萃取的级效率主要受传质速率以及接触时间（即在设备内的停留时间）的影响。由图 9-25 可以看出，在相比为 1∶1 的情况下，萃取效率随着总流量的增大而快速增加，在约 400mL/min 时基本达到平衡，但当流

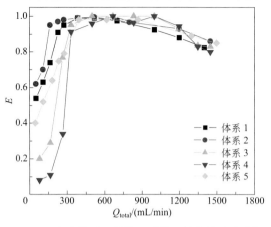

图 9-25　不同实验体系下总流量对萃取效率的影响（相比 1∶1）

量继续增大到一定程度时（>1000mL/min），萃取效率呈下降趋势。这主要是由于，随着总流量的增加，液滴直径呈线性下降趋势，而对于相间传质过程，传质速率基本与液滴直径的二次方呈倒数关系，传质时间则与总流量呈反比，因此在微混合器中的总传质量随总流量的增加基本线性上升；当总流量增大到一定程度，液滴直径基本不变，此时传质速率基本不变，而传质时间随着总流量的增加而降低，因此萃取效率呈下降趋势。

从图中还可以看出，在总流量较低的时候，相同流量下各体系的萃取效果差别较大，这主要受各个体系的界面张力及分配系数差别的影响。体系 1 和体系 2 的界面张力较低，两相混合比较容易，在一定流量下所得的液滴直径较小，可以得到更大的传质面积和传质系数，在相同的停留时间里能达到较高的传质效率，而且液滴直径随流量的变化更快，因此更快地达到了萃取平衡。而体系 5 的界面张力最大，相同流量条件下传质效率最低。

由于该微混合器的混合室体积为 2.4mL，因此当两相的传质时间在 0.15～0.35s 时，对于 5 种不同的实验体系，传质效率均在 95% 以上。这比传统的萃取设备传质速度要快得多。

陈桂光[19]探究了管式膜分散混合器的传质性能。选用 α-Al$_2$O$_3$ 陶瓷膜作为管式膜。实验中采用管长分别为 19.3cm 和 5.1cm 的管式膜为分散介质；管式膜的结构参数如表 9-3 所示。实验体系为 30%TBP- 煤油 / 硝酸 / 水体系，实验中有机相为分散相，硝酸从水相传递到油相中。

表 9-3　管式膜结构参数一览表

膜材料	平均孔径 /μm	膜厚 /mm	孔隙率 /%	膜管外径 /cm	膜管内径 /cm	膜管长度 /cm
Al$_2$O$_3$	0.8	2.53	30	1.212	0.706	19.3 和 5.1

图 9-26 是不同操作条件下，长度为 19.3cm 的管式膜混合器中的传质效率与分散膜两侧的压力差关系图。从图中可以看出，传质效率在 87% ～ 92% 之间。图 9-27 为两侧压力差对分散相通量的影响图。从图中可以看出，分散相的流量随着膜两侧压力差的增加而增大，连续相流量对分散相的影响很小。在压力差为 100kPa 时，分散相的通量可以达到 $9 \times 10^{-5} m^3/(m^2 \cdot s)$，即为 1.5L/h。

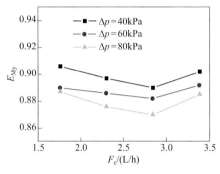

图 9-26　传质效率与连续相流量关系图

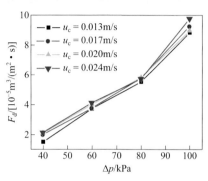

图 9-27　分散相通量与压力差关系图

由于管式膜的内径为 0.706cm，管内的混合不均匀，特别是在分散膜膜管中心部分。为了通过加入内构件的方式来改善管内的混合，进而提高传质效率，实验中设计了螺旋形和同心圆柱体两种内构件，其结构如图 9-28 所示。同心圆柱体内构件可以减小管式膜内管中心混合不均匀的区域；螺旋形内构件可以改变膜管内的流动通道，通过流动强化管内混合。图 9-29 是在不同的膜两侧压力差时管内加入内构件与未加入内构件时的传质效率对比图。从图中可以看出加入内构件传质效率在

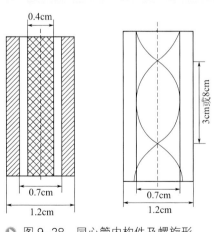

图 9-28　同心管内构件及螺旋形
内构件示意图

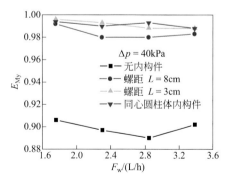

图 9-29　不同内构件时连续相流量与
传质效率关系图（$\Delta p = 40kPa$）

97%以上，可以有效地提高传质效率。同时内构件的加入对分散相的过膜阻力影响很小。在同样的膜两侧压力差和连续相通量时，分散相的通量虽然有所下降，但变化较小，如图9-30所示。

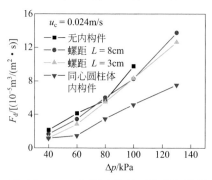

● 图9-30 不同内构件时连续相流量
　　　 与分散相通量关系图

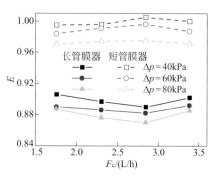

● 图9-31 长短两种膜器中连续相流
　　　 量与传质效率关系图

图9-31为两种不同管长的管式膜分散混合器中传质效率的对比结果。从图中可以看出，在分散膜管长为5.1cm的短管膜器中，未加内构件时，传质效率可以达到96%以上，这比长管膜器（管长为19.3cm）在空管时的传质效率还要高。短管膜器长度是长管膜器的四分之一，即宏观的停留时间是长管的四分之一，一般来说，这不利于传质。但短管中的传质接近于平衡，一定程度上也说明了宏观停留时间对传质效率的影响很小，膜分散传质是在短接触中完成的。

● 图9-32　多通道膜分散微混合
　　　 器实验装置图

六、膜分散微混合器的放大及其工程应用

采用数目放大的原理，设计了含有10个平行通道的多通道膜分散微混合器（图9-32），并进行了膜分散微混合器在汽柴油碱洗脱酸过程的中试研究。图9-33给出了汽油和柴油的脱酸效果。从图中可以看出，在油品处理量为320L/h、相比为10∶1左右时，脱酸率均为95%以上，碱洗后油品的

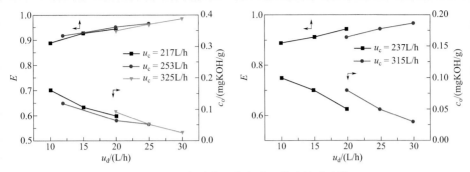

● 图 9-33　中试装置中汽油和柴油的脱酸效果

E 为级效率；u_c、u_d 为连续相、分散相流量；c_o 为有机相浓度

酸值小于 0.05mg KOH/g。这说明放大后的多通道膜分散微混合过程对于汽柴油碱洗脱酸过程同样有着很好的性能，碱洗后的油品满足脱酸要求。

以上研究结果说明，可以采用数目放大的方法方便地实现微结构混合器的放大，这为膜分散微结构混合器在化工分离和反应过程中的应用提供了基础。

另一方面，采用多通道膜分散微混合器进行了单分散纳米碳酸钙制备的应用研究。分别设计了含 100 个和 1000 个平行通道的中试和工业实验反应器，并成功制得粒径在 20 ~ 100nm 之间可控、粒度均一的纳米碳酸钙颗粒，实现了新型微分散技术在大规模制备单分散纳米碳酸钙中的工业应用。现已建成万吨级微反应生产系统并投入工业生产。图 9-34 给出了微反应生产系统的现场照片及所制得的纳米碳酸钙颗粒的 TEM 照片。

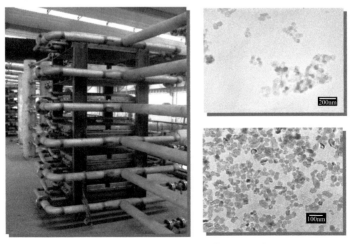

● 图 9-34　微反应生产系统及纳米碳酸钙颗粒的 TEM 照片

第三节 微筛孔设备的研究和应用

一、反应器的模型与结构设计

　　微通道设备的放大一般按平行数目放大的原则进行，因此 T 形分散设备的放大可以是许多 T 形通道并列操作。但是这种放大方式给加工和操作都带来很大困难，而且设备结构不易布置。由于 T 形分散的本质是错流剪切，其关键微结构在分散通道，因此考虑将分散通道按平行放大原则进行放大，而主通道合并为一个通道，按二维几何放大的方式进行放大。将分散通道的平行放大与主通道的二维几何放大相结合，设计出多孔阵列分散的微结构设备，即微筛孔设备。如图 9-35（a）和（b）分别是 3×3 和 4×4 的多孔阵列分散微结构设备内部结构示意图，分散相通过孔状的分散通道引入，连续相在主通道内流动并对通过孔的分散相流体发生错流剪切的作用，从而形成液滴。其本质与 T 形分散是类似的，不同之处主要在于两点：一是多个分散通道之间会有一定的相互影响；二是不同于 T 形分散主通道的四个面作用，主通道的壁面作用主要体现在上下两个面。

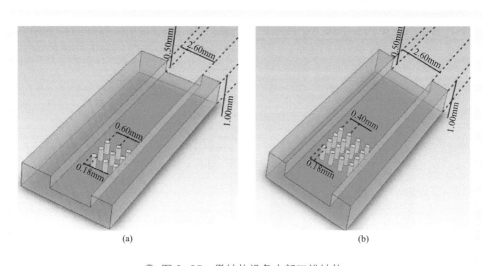

(a)　　　　　　　　　　　　　(b)

▶ 图 9-35　微结构设备内部三维结构

　　在微筛孔阵列中，可以是由均一孔径分布，也可以设计为双重孔径，如图 9-36所示。

　　研究微筛孔设备内分散与流动规律对指导设计和应用具有重大的意义。郑晨[23]

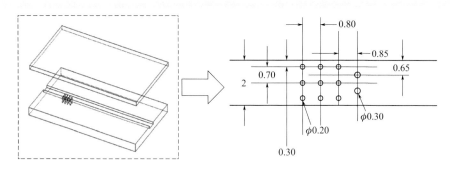

图 9-36 双重孔径微筛孔阵列反应器（单位：mm）

对于微筛孔结构内气/液微尺度分散规律进行了探究。在本书第三章中对于微筛孔阵列的分散规律进行了较为详细的介绍，分别针对单孔、双孔至多孔分散规律均有介绍，有关分散规律读者可参见相关章节。

二、微筛孔阵列微设备的工程应用

在微筛孔阵列分散规律及其传质性能研究的基础上，本书作者就湿法磷酸净化过程高效微萃取器的开发展开了研究。设计了湿法磷酸净化中试和工业实验微萃取器，如图 9-37 所示。微筛孔萃取器用于磷酸反萃工段，磷酸萃取率高于 94%，且操作温度对磷酸萃取率的影响不大。

图 9-37 湿法磷酸净化中试和工业实验微萃取器

微筛孔反应器放大的另一应用实例为环己基甲酸与发烟硫酸反应的反应器。内部模型结构如图 9-38 所示[25]。

图 9-39 为其组合成的反应器结构。利用 CFD 模拟方法，可以对所得微反应器进行结构优化设计，优化后的反应器结构与内部流场如图 9-40 所示。根据反应器

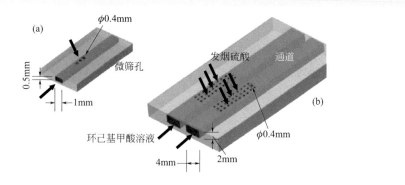

◉ 图 9-38　装置示意图。(a)实验室结构,(b)中试放大结构

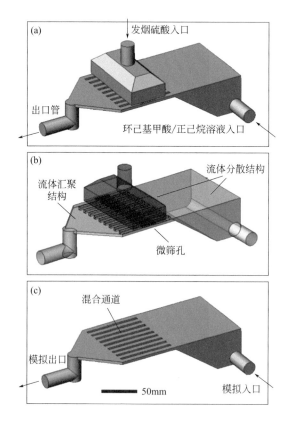

图 9-39　反应器结构

(a)中试微反应器的概况;　(b)中试微反应器的内部结构;　(c)用于CFD模拟的简化模型

结构的优化设计与放大,可以得到如图9-41所示的中试反应装置,利用该装置可进行环己基甲酸与发烟硫酸的反应,并且所得反应的选择性可达到95%以上。

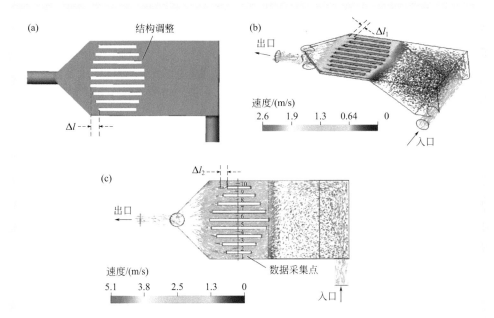

图 9-40 改进后微反应器的结构及内部流场。（a）缩短的通道长度图；
（b）第一通道长度改变时的流场；（c）第二通道改变后的流场

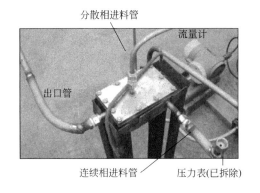

图 9-41 中试微反应器实物图

第四节 微槽反应器的研究和应用

一、微槽通道的模型与结构设计

通过将微通道数目增加并行放大，如微筛孔阵列设备和微滤膜分散设备，已有

实际生产应用报道。但是，对于固体杂质含量高的反应和分离体系，常用的微滤膜设备和微筛孔设备容易发生堵塞，影响操作稳定性，发展新型的抗堵微设备是解决这一问题的关键。

Wyss 等利用并行 PDMS 通道系统地研究了微通道中颗粒聚集的动力学，定量地分析了微通道堵塞的时间与通道尺寸、颗粒大小等参数的关系。他们提出以下数学模型用于预测通道在堵塞之前颗粒的通过数目大小：

$$N^* \simeq \frac{1}{2}\sum_{n=0}^{N}\frac{(WH-nD^2)^2}{\alpha^2 D^2 H^2} \simeq \frac{W^3 H}{6\alpha^2 D^4} \qquad (9\text{-}1)$$

式中，N^* 是颗粒数量；W 是通道宽度；H 是通道的深度；D 是颗粒的直径大小；α 是黏滞层厚度与颗粒大小的比值。通过式（9-1）指数分析，通道的宽度较通道高度对于堵塞过程影响更大，即可以在不改变通道深度的情况下，增大通道的宽度便能有效地提高通道的抗堵性能。

T 形微通道结构简单，分散效果好，滴内循环强烈更利于传递过程强化，有很好的应用前景，将 T 形微通道宽度方向进行放大得到如图 9-42 所示的微槽通道，其抗堵性能要优于传统的 T 形通道，同时单通道的处理量更大，有望解决微设备堵塞问题。把微槽通道通过组成可构成反应器如图 9-43 所示。微尺度下多相流动状态对其传质反应性能有至关重要的影响，而微槽通道由于其截面长宽比较 T 形通道大，所呈现的液液微尺度流动规律会有所区别。

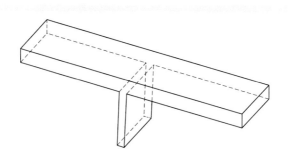

● 图 9-42　微槽通道示意图

二、微槽通道的流动性能

刘国涛 [24] 对于微槽通道的流动性能进行了分析。所选模型如图 9-43 所示。实验所用到的 4 个不同尺寸的微槽通道均由三块厚度分别为 2 mm 和 4 mm 的加工上微结构的有机玻璃板（PMMA）组成。其中，上下的 PMMA 板分别为利用数控机床加工的分散相进口缓冲室和主通道。中间 PMMA 板为利用激光雕刻机加工的微槽，微槽与主通道的尺寸如表 9-4 所示。

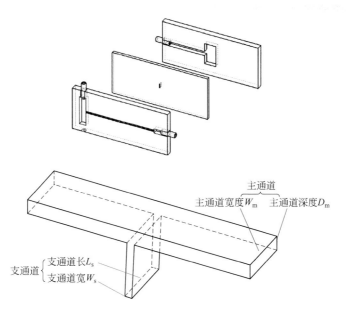

◎ 图9-43　微槽通道结构组成和尺寸示意图

实验过程中以 0.5%（质量分数）SDS 水溶液作为连续相，正辛烷作为分散相，通过平流泵导入到微槽通道中，两相的物性如表9-5所示。将微槽通道置于显微镜下，利用高速 CCD 采集微槽通道主通道和支通道交接处以及下游观察室的流动情况，图像采集速率为 200 ～ 1000 帧 /s。

表9-4　微槽通道尺寸

通道	支通道长 L_s/mm	支通道宽 W_s/mm	主通道宽 W_m/mm	主通道深 D_m/mm	长宽比
A	1.0	0.17	1.0	0.5	5.9
B	1.0	0.277	1.0	0.5	3.6
C	2.0	0.187	2.0	0.5	10.7
D	3.0	0.4	3.0	0.6	7.5

表9-5　流动实验体系物性

项目	密度 ρ/(g/cm³)	黏度 μ/mPa·s	界面张力 γ/(mN/m)
连续相	0.991	0.92	5.75
分散相	0.700	0.51	

实验中分别对错流剪切和垂直流剪切两种分散方式开展研究。其中，当连续相从主通道引入，而分散相从支通道引入时为错流剪切；当连续相从支通道引入而分散相从主通道引入时为垂直流剪切。

1. 错流剪切

当采用错流剪切分散方式时，液/液两相流主要以喷射流和层流为主。同时，随着连续相流量高低，喷射流和层流的形态也有所区别。如表9-6所示。低连续相剪切作用下，分散相从支通道中部流进主通道以液柱的形式流向通道下游；而在高连续相剪切作用下，分散相从支通道流进主通道后被迅速剪切成薄层，若是喷射流薄层，会在下游收缩成液柱后发生断裂，而层流下薄层则一直保持稳定。

表9-6 喷射流和层流形态

项目	低连续相流速	高连续相流速
喷射流		
层流		

上述不同尺寸的4个微槽通道的流型与连续相和分散相流速的关系，如图9-44所示。从四个通道的流型分布可以看出，喷射流向层流转变主要受分散相的流速控制，并且随着支通道的宽度增加（通道 A=B<C<D），临界的分散相速度是逐渐降低的。

为了消除通道尺寸的影响，可用无量纲特征数代替流速考察流型演变规律。例如，采用分散相的雷诺数 Re 和连续相毛细管数 Ca 为基准考察了四个通道的流型分布情况，两个无量纲特征数的计算如式（9-2）和式（9-3）所示，Q_c 和 Q_d 分别

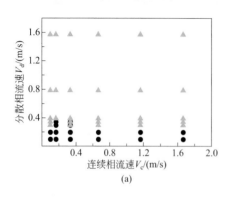

(a)

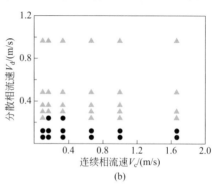

(b)

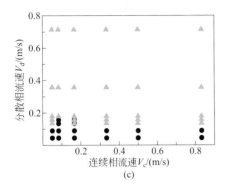
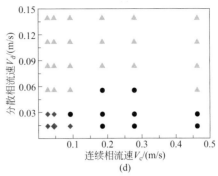

图 9-44 四个微槽通道中流型分布（▲喷射流，●滴流，◆挤压流）

为连续相和分散相的流量。

$$Ca_c = \frac{\mu_c u_c}{\gamma} = \frac{Q_c \mu_c}{D_m W_m \gamma} \tag{9-2}$$

$$Re_d = \frac{\rho_d d_w u_d}{\mu_d} \tag{9-3}$$

从图 9-45 可得，在微槽通道中，错流剪切作用下喷射流到层流的转变受分散相 Re 数控制，其流型转变的判据为 $Re_d \approx 200$。

2. 垂直流剪切

相对于错流剪切，垂直流剪切分散过程的流型则更加丰富。除了常见的滴流、喷射流和层流以外，实验中还观察到双喷射流，双层流，变形层流和强烈的破碎流动，如表 9-7 所示。

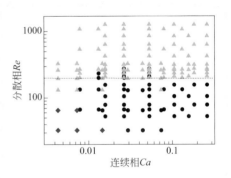

图 9-45 无量纲特征数为基准的四个微槽通道中流型分布（▲层流，●喷射流，◆滴流）

不同微槽通道的垂直流分散下流型的划分情况如图 9-46 所示。在低连续相流速下，微槽通道两相流容易形成层流，在高流速下则容易形成破碎流。在其中的双

表 9-7　喷射流和层流形态

项目	流型特征	说明
双喷射流		连续相从支通道中流进主通道时，中部流速最大，此处的能量最高，分散相被挤成两部分被分别剪切

项目	流型特征	说明
变形层流	低流速	在高分散相流速下，连续相的动能不足以在短时间内将分散相破碎，使其油／水界面发生形变，呈褶皱状
破碎流	高流速	当连续相流速很高时，连续相从支通道冲出，与主通道的壁面发生强烈碰撞并形成涡流。在此强烈的能量耗散区域中，分散相被涡流剪切挤压破碎成尺寸很小的液滴，实现乳化

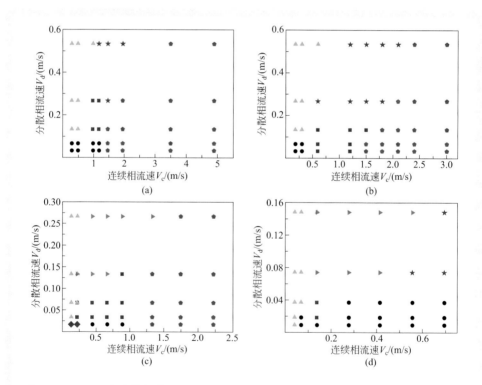

▶ 图 9-46　垂直流剪切微槽通道中流型分布。喷射流（●），双喷射流（■），层流（▲），双层流（▶），滴流（◆），变形层流（★），破碎流（⬟）

喷射流，双层流，变形层流可视为过渡流流型，在比较窄的操作范围中出现。

消除尺寸的影响，以连续相的雷诺数 Re 和分散相毛细管数 Ca 为基准考察了四个通道的流型分布情况（见图9-47）。与错流剪切不一样，垂直流剪切下喷射流到层流转变不仅仅由分散相流速决定，连续相的剪切作用不可忽略。同时可知，破碎流一般在连续相 Re 大于450之后出现，随着连续相 Re 的增加，破碎流动强度增加，此流型下由于分散相破碎尺寸小，体系比表面积大，同时连续相扰动十分剧烈，对物质传递有很大程度的强化。

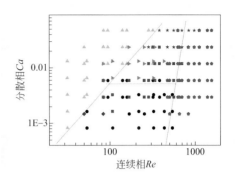

▶ 图9-47 无量纲特征数为基准的垂直流剪切微槽通道中流型分布。喷射流（●），双喷射流（▪），层流（▲），双层流（▶），滴流（◆），变形层流（★），破碎流（•）

三、微槽通道的传质性能

在上述微槽通道流动分布研究的基础上，以正丁醇／丁二酸／水模拟体系考察其传质性能，进而得到合适的操作条件。由于PMMA通道不能耐受丁二酸腐蚀，传质实验采用的微槽通道由不锈钢材质的膜器和半导体激光器加工的不锈钢垫片组成，如图9-48所示，其微槽参数如表9-8所示。

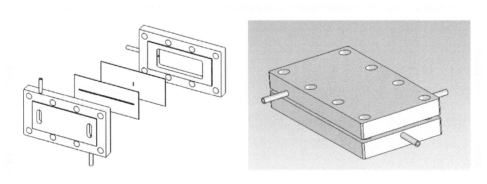

▶ 图9-48 不锈钢微槽通道结构组成和装配图

表9-8 微槽通道尺寸

通道	支通道长 L_s/mm	支通道宽 W_s/mm	主通道宽 W_m/mm	主通道深 D_m/mm	长宽比
E	1.1	0.22	1.1	0.58	5

实验过程中以 0.21mol/L 丁二酸水溶液（正丁醇饱和）作为连续相，水饱和正丁醇作为分散相。两相通过平流泵分别导入到微槽通道中，充分接触后经出口管流出至取样试管中。取上层油相清液，用 NaOH 标准液滴定，得到油相的浓度（由于两相分离时间很短，此过程的传质量可以忽略）。微槽通道与出口管之间有一个缓冲室，实际从两相接触至取样之间的通道总体积为 1.8cm³。实验过程中，每个流量条件的稳定时间为 2min。两相的物性如表 9-9 所示。

表 9-9　传质实验体系物性

项目	密度 ρ/(g/cm³)	黏度 μ/mPa·s	界面张力 γ/(mN/m)	丁二酸分配系数
连续相	0.987	1.2	1.7	1.07
分散相	0.813	3.2		

由于微通道一般采用并流流动，因此单级的高效率十分关键。利用单级 Murphree 效率 E 考察了不同相比和流速下的传质性能，其计算公式如式（9-4）所示。其中，c_1 为出口油相的丁二酸浓度；c_0 为油相丁二酸初始浓度；c^* 为平衡条件下油相的丁二酸浓度。

$$E = \frac{c_1 - c_0}{c^* - c_0} \tag{9-4}$$

为了更好地描述传质的快慢，计算了传质过程的总体积传质系数 k_1a，其计算公式如式（9-5）所示。其中，τ 为停留时间；ε_1 为水相的体积分数；K 为分配比。

$$k_1a = \frac{1}{\tau\left[\dfrac{1}{K\varepsilon_1} + \dfrac{1}{1-\varepsilon_1}\right]}\ln\left(\frac{c^* - c_0}{c^* - c_1}\right) \tag{9-5}$$

1. 错流剪切

在固定相比条件下，Murphree 效率随连续相流速先稍降低后增加，特别当连续相流速达 0.5m/s 上，Murphree 效率有极大的提高，如图 9-49 所示。

这个传质规律可大致由相比和连续相流速对比表面积和停留时间解释，定量的分析可由式（9-6）大致得到。

$$\frac{c_1}{c_0} = f\left(\frac{Dt}{r^2}, \frac{kV_E}{V_R}\right) \tag{9-6}$$

式（9-6）由 Benz 等[21]提出。在微槽通道中，低流速下以喷射流为主，液柱直径大小正比于油/水相比，因此油/水相比小的条件液滴半径 r 小，Dt/r^2 较大，因此 Murphree 效率高；随着连续相流速增加，液柱变化不大，但是停留时间 t 减小，导致 Murphree 效率下降。而当连续相流速大于 0.5m/s 或者连续相雷诺数大于 400 以

上时，Murphree 效率迅速提高则是由于喷射流或者层流在下游的缓冲室进一步破碎成小液滴，有效地提高比表面积导致的，其缓冲室中的流动情况如图 9-50 所示。在高流速下，液滴直径的大小与相比关系不大，此时分散相的流量对 Murphree 效率影响不大。

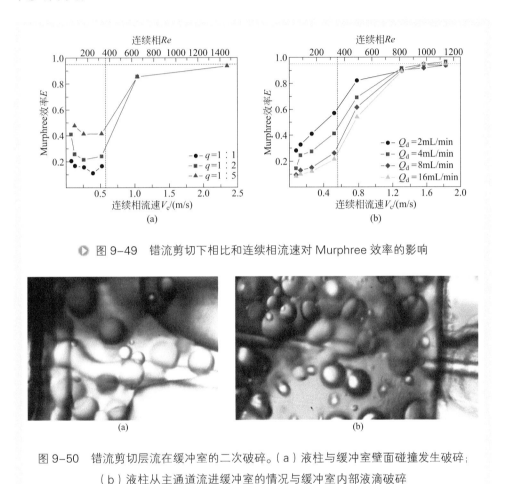

图 9-49　错流剪切下相比和连续相流速对 Murphree 效率的影响

图 9-50　错流剪切层流在缓冲室的二次破碎。(a) 液柱与缓冲室壁面碰撞发生破碎；(b) 液柱从主通道流进缓冲室的情况与缓冲室内部液滴破碎

2. 垂直流剪切

垂直流剪切的规律与错流剪切的类似，如图 9-51 所示。主要的区别在于垂直流剪切 Murphree 效率随连续相流速或者 Re 发生突跃的临界值有所差别。垂直流剪切的突跃发生在连续相 Re 为 450 左右。这临界值与破碎流发生的判据是一致的，也就是说垂直流剪切的传质强化不是通过层流在缓冲室进行二次破碎导致的，而是微槽通道处发生强烈破碎实现的。同样的，在高流速下，分散相的流量对 Murphree 效率影响不大，均能达到 95% 甚至以上。

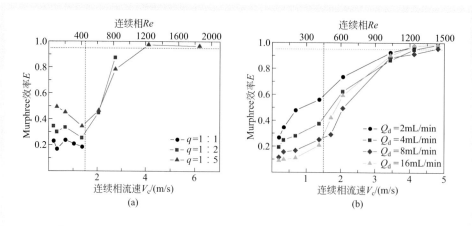

图 9-51　垂直流剪切下相比和连续相流速对 Murphree 效率的影响

3. 总体积传质系数预测模型

计算得到错流剪切分散下总体积传质系数与两相流量关系如图 9-52 所示。在低流速下，总体积传质系数随连续相流量增加缓慢提高，在连续相 Re 达到 400 以后总体积传质系数迅速上升，同时两相相比的影响不可忽略。因此，总体积传质系数可由连续相 Re 与相比预测，提出式（9-7）所示的半经验模型。

$$k_1 a = ARe^B \left(\frac{Q_d}{Q_c} \right)^C \qquad (9-7)$$

由于总体积传质系数在 Re 为 400 前后所表现的规律不一，因此分别计算两种条件下的模型参数如式（9-8）所示。

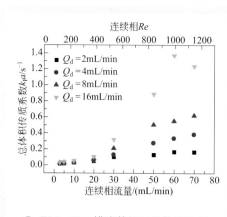

图 9-52　错流剪切下总体积传质
系数变化规律

$$Re_c < 400 \rightarrow k_1 a = 4.9 \times 10^{-4} Re_c^{0.9} \left(\frac{Q_d}{Q_c} \right)^{0.32}$$

$$Re_c > 400 \rightarrow k_1 a = 2.3 \times 10^{-6} Re_c^2 \left(\frac{Q_d}{Q_c} \right)^{0.85}$$

$$(9-8)$$

从雷诺数与相比的指数可以看出，在低流速下总体积传质系数 $k_1 a$ 正比于连续相 Re 以及相比的 1/3。在高流速下总体积传质系数 $k_1 a$ 正比于连续相雷诺数平方以及相比。

由式（9-8）两模型计算得到的总体积传质系数与实验值比较如图 9-53 所

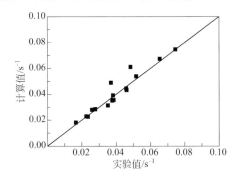
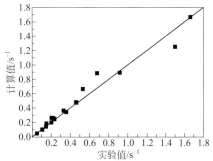

● 图 9-53　错流剪切总体积传质系数模型计算值与实验值比较

示，r^2 分别为 0.923 和 0.951，可见模型的预测效果良好。

　　同样的，计算得到垂直流剪切条件下的总体积传质系数如图 9-54 所示。总体积传质系数变化规律也可根据连续相 Re 在 450 前后区分，亦可以式（9-7）模型预测，得到的具体参数值如式（9-9）所示。

$$Re_c < 450 \rightarrow k_l a = 8.2 \times 10^{-4} Re_c^{0.8} \left(\frac{Q_d}{Q_c} \right)^{0.32}$$

$$Re_c > 450 \rightarrow k_l a = 1.5 \times 10^{-8} Re_c^{27} \left(\frac{Q_d}{Q_c} \right)^{0.85}$$

（9-9）

从雷诺数与相比的指数可以看出，在低流速下总体积传质系数 $k_l a$ 正比于连续相 Re 以及相比的 1/3，与错流剪切几乎一样。在高流速下总体积传质系数 $k_l a$ 受连续相的影响更大，约正比于连续相雷诺数的 3 次方。

　　由式（9-9）两模型计算得到的总体积传质系数与实验值比较如图 9-55 所示，模型的预测效果良好，r^2 分别为 0.92 和 0.95。

四、微槽通道与商用微通道的对比

　　根据传质性能的研究，利用微槽通道进行液/液萃取，在高连续相流速下，短时间内能达到 1 个理论级，表现出其优秀的传质强化性能。为了进一步考察其在工业生产中的应用，将其与常用的

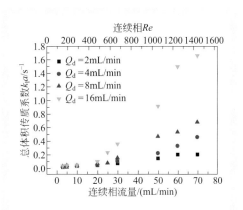

● 图 9-54　垂直流剪切下总体积传质系数变化规律

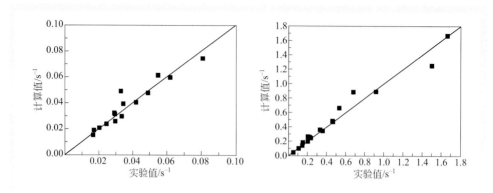

图 9-55　垂直流剪切总体积传质系数模型计算值与实验值比较

分散结构（T 形通道，膜分散萃取器）以及目前有报道商用的微通道或者微通道阵列进行比较。比较基准为同样的萃取体系，达到同样的萃取效率（95%）的处理量。商用的微通道和阵列为 IMM 混合器（30 个单通道）、IMM 微通道阵列系统（300 个单通道）以及 YM-1 微混合器，分别如图 9-56 所示 [25,26]。

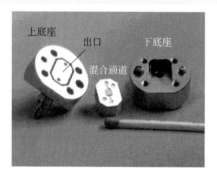
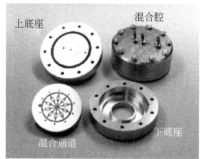

图 9-56　商用微通道及微通道阵列

　　比较结果如图 9-57 所示。可见，微槽通道处理量较常规的微滤膜分散器以及 T 形通道都要高，与 300 个通道集成的 IMM 微通道阵系统相当。同时，微槽通道结构简单，易于尺寸和数目同时放大，制造成本低，抗堵性能好，有很好的工业应用前景。

　　垂直流微槽元件已经成功应用于 12 万吨 / 年湿法磷酸萃取装置上，单级效率可达 95% 以上，总体积传质系数比传统设备高 2 个数量级。此外，垂直流微槽元件还成功应用于池水石灰乳法生产饲料钙、萃余酸中和生产晶体磷酸一铵、氟硅渣氨法生产纳米二氧化硅等工业生产中，使这些涉及大量固体和剧烈相态变化的转化过程得以在微设备内完成，降低单耗、保证产品质量、提高操作平稳性和安全性的

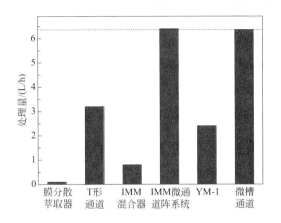

🔵 图 9-57　垂直流剪切下相比和连续相流速对 Murphree 效率的影响

效果突出。

微反应器应用在过去的二十年中迅速扩大并不断发展，已成为实验室与工业上广泛应用的技术。尽管微反应器技术取得了显著进展，但仍然存在许多挑战，需要化学家和工程师们的努力来进一步促进微反应器技术的进步。首先，研究者已经提出并成功实施了一系列针对各种连续流应用的微反应器设计方案。但是，微混合器的设计策略、表征、优化等方面仍然有很多不足。例如，除了简单的接触结构之外，对微混合器中多相流动的流动动力学和传质特性表征仍很少。在一些微流动体系中，我们甚至缺乏关于流体动力学与传递之间相互作用关系的基础研究，而这恰恰是微化工过程区别于传统化工过程的主要因素。

微化工系统的第二个挑战是流动过程中的连续多步合成，这通常受限于现有的纯化技术。为了与微反应技术整合，净化技术仍需要进一步地发展，特别是处理固体方面。

第三个挑战是由于微反应器的独特特性，许多常规反应器中的传统合成路线不适合微反应器；相反，一些因考虑安全因素而在常规反应器中避免的有害试剂或路径，可以考虑在微反应器中进行反应。所以，在微反应器中存在着发展创造性、创新性反应路径的空间。

此外，微反应器放大方法还没有进入成熟阶段，要发展可靠、灵活的放大技术还需要研究者们投入更多的努力。

参考文献

[1] Kockmann N, Gottsponer M, Roberge D M. Scale-up concept of single-channel microreactors from process development to industrial production[J]. Chem Eng J, 2011, 167: 718-726.

[2] Noel T, Su Y, Hessel V. Beyond organometallic flow chemistry: the principles behind the use of continuous-flow reactors for synthesis[J]. Top Organomet Chem, 2015, 57: 1-41.

[3] Kockmann N, Roberge D M. Scale-up concept for modular microstructured reactors based on mixing, heat transfer, and reactor safety[J]. Chem Eng Proc: Proc Intensif, 2011, 50: 1017-1026.

[4] Al-Rawashdeh M, Zalucky J, Muller C, Nijhuis T A, Hessel V, Schouten J C. Phenylacetylene hydrogenation over $[Rh(NBD)(PPh_3)_2]BF_4$ catalyst in a numbered-up microchannels reactor[J]. Ind Eng Chem Res, 2013, 52: 11516-11526.

[5] Wang K, Lu Y, Luo G. Strategy for scaling-up of a microsieve dispersion reactor[J]. Chem Eng Technol, 2014, 37: 2116-2122.

[6] Haber J, Jiang B, Maeder T, Borhani N, Thome J, et al. Intensification of highly exothermic fast reaction by multi-injection microstructured reactor[J]. Chem Eng Proc: Proc Intensif, 2014, 84: 14-23.

[7] Krummradt H, Koop U, Stoldt J. Experiences with the use of microreactors in organic synthesis In Microreaction Technology: Industrial Prospects[M]// Ehrfeld W. Berlin: Springer, 2000: 181-186.

[8] Sotowa K I, Sugiyama S, Nakagawa K. Flow uniformity in deep microchannel reactor under high throughput conditions[J]. Org Proc Res Dev, 2009, 13: 1026-1031.

[9] Liu G, Wang K, Lu Y, Luo G. Liquid-liquid microflows and mass transfer performance in slit-like microchannels[J]. Chem Eng J, 2014, 258: 34-42.

[10] Nieves-Remacha M J, Kulkarni A A, Jensen K F. Hydrodynamics of liquid-liquid dispersion in an advanced-flow reactor[J]. Ind Eng Chem Res, 2012, 51: 16251-16262.

[11] Calabrese G S, Pissavini S. From batch to continuous flow processing in chemicals manufacturing[J]. AIChE J, 2011, 57: 828-834.

[12] Nieves-Remacha M J, Kulkarni A A, Jensen K F. Gas-liquid flow and mass transfer in an advancedflow reactor[J]. Ind Eng Chem Res, 2013, 52: 8996-9010.

[13] Woitalka A, Kuhn S, Jensen K F. Scalability of mass transfer in liquid-liquid flow[J]. Chem Eng Sci, 2014,116: 1-8.

[14] 徐建鸿, 骆广生, 孙永, 等. 膜分散式混合澄清萃取器性能研究 [J]. 高校化学工程学报. 2003, 17: 361-364.

[15] 徐建鸿, 骆广生, 陈桂光. 新型高效混合器用于油品脱酸的研究 [J]. 石油炼制与化工, 2004, 35: 47-49.

[16] Xu J H, Luo G S, Chen G G, et al. Mass transfer performance and two-phase flow characteristic in membrane dispersion mini-extractor[J]. Journal of Membrane Science, 2005, 249: 75-81.

[17] 孙永. 液液体系膜分散及其传质性能研究 [D]. 北京 : 清华大学 , 2002.

[18] Fournier M C, Falk K, Villermaux J. A new parallel competing reaction system for assessing micromixing efficiency-Determination of micromixing time by a simple mixing model[J]. Chemical Engineering Science, 1996, 51: 5187-5192.

[19] 陈桂光 . 膜分散微混合器及超细颗粒的可控制备 [D]. 北京 : 清华大学 , 2005.

[20] Panić S, Loebbecke S, Tuercke T, et al. Experimental approaches to a better understanding of mixing performance of microfluidic devices[J]. Chem Eng J, 2004, 101: 409-419.

[21] Benz K, Jäckel K P, Regenauern K J, et al. Utilization of micromixers for extraction processes[J]. Chem Eng Technol, 2001, 24: 11-17.

[22] 徐建鸿 . 微分散体系尺度调控与传质性能研究 [D]. 北京 : 清华大学 , 2007.

[23] 郑晨 . 微气泡群形成机制及性能的基础研究 [D]. 北京：清华大学，2016.

[24] 刘国涛 . 湿法磷酸净化新工艺和过程微型化的研究 [D]. 北京 : 清华大学 , 2016.

[25] Li S W, Xu J H, Wang Y J, et al. Liquid-liquid two-phase flow in pore array microstructured devices for scaling-up of nanoparticle preparation[J]. AIChE J, 2009, 55: 3041-3051.

[26] Mae K, Maki T, Hasegawa I, et al. Development of a new micromixer based on split/recombination for mass production and its application to soap free emulsifier[J]. Chem Eng J, 2004, 101: 31-38.

索　引